高孝忠 编著

数学分析教程

（下册）

清华大学出版社
北 京

内 容 简 介

本书以极限为工具，研讨了函数的分析性质——连续性、可微性、可积性与可展性，其内容分为5大部分：极限、连续、微分、积分和级数，从一元函数入手，拓展到多元函数. 全书分上下两册，共20章（上册10章，下册10章）.

本书注重学生对数学分析的基本概念、基本理论、基本方法的理解和掌握，以及数学思维能力、逻辑思维能力的培养和训练. 教材条理清晰，简明易学.

本书可作为综合性大学、师范院校数学系各专业的教材，还可作为高等学校数学系教师以及数学工作者的参考用书.

图书在版编目（CIP）数据

数学分析教程. 下册/高孝忠编著. --北京：清华大学出版社，2012.10（2019.9重印）
ISBN 978-7-302-29930-1

Ⅰ. ①数… Ⅱ. ①高… Ⅲ. ①数学分析—教材 Ⅳ. ①O17

中国版本图书馆CIP数据核字（2012）第202644号

责任编辑：刘 颖
封面设计：常雪影
责任校对：王淑云
责任印制：宋 林

出版发行：清华大学出版社
网 址：http://www.tup.com.cn，http://www.wqbook.com
地 址：北京清华大学学研大厦A座 邮 编：100084
社 总 机：010-62770175 邮 购：010-62786544
投稿与读者服务：010-62776969，c-service@tup.tsinghua.edu.cn
质 量 反 馈：010-62772015，zhiliang@tup.tsinghua.edu.cn

印 装 者：北京虎彩文化传播有限公司
经 销：全国新华书店
开 本：185mm×230mm **印 张**：17.25 **字 数**：373千字
版 次：2012年10月第1版 **印 次**：2019年9月第6次印刷
定 价：46.00元

产品编号：047685-03

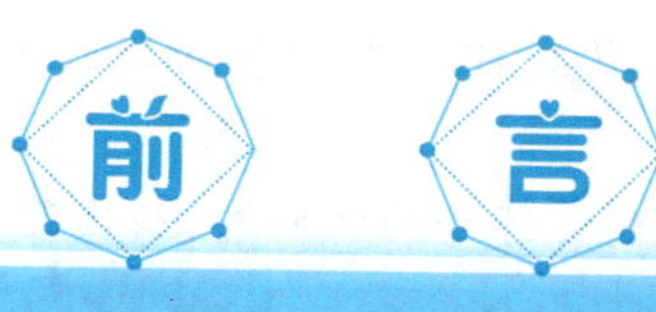

前言

FOREWORD

数学分析是大学数学专业的一门基础主干课,其思想、内容和方法是学习后续课程的基础.掌握数学分析的思想、内容和方法是开设数学分析课程的基本目标,它教给学生如何用数学的思维方法去处理在社会实践中面临的课题.为此,根据教育部关于高校精品课程教材建设的要求,结合多年来积累的教学经验和对教学改革的积极思考与探索,作者编写了这本《数学分析教程》.

本书有如下特点:

(1) 风格:采用通俗易懂的语言.

林群院士说:"深奥的东西,能说你懂了,以什么为标准呢?那就是看你能否用粗浅的语言去描述."本书的编写风格恰以此为宗旨,语言通俗易懂,学生喜闻乐见,容易接受.

(2) 题材:采用抽象与应用相结合.

应用体现在理论与实际的联系.知道了抽象的过程,就懂得了应用的方法.书中对每一个抽象的概念,都给出其引入的情境,告知抽象的过程和应用的方法.

(3) 内容:采用严密要求下的解释.

严密的逻辑推理,是数学的基本要求之一.本书注重引导学生从简单的解释达到严密的论证,掌握数学思维方法,培养逻辑推理能力.

(4) 拓展:采用推理中的必然性力量.

梳理出知识中的逻辑线,是学生掌握知识的最佳方案,使学生变机械记忆为理解记忆,从而真正理解和掌握数学分析的基本概念、基本理论和方法.

(5) 形式:采用立体彩图,图文并茂.

本书较之该学科教材一贯采用黑白的立体图有了突破,书中图形皆采用双色印刷,直观且空间感强,立体效果更好.而且图形配合恰当,易于理解,更有利于教与学.

(6) 方法:配备多媒体教学课件.

本书的每一章节都配有多媒体课件(教学光盘).课件中的教学情境设置得当,动图效果生动,在教学实践中已得到同行教师与学生的好评.

本书在内容上有如下亮点(在现行教科书中尚未出现):

(1) 在数的发展论述中来介绍实数.

(2) 给出毕达哥拉斯可公度原理的粗浅解释,说明"无理数"的来由.

(3) 在数集的确界中给出较小的正数 ε,对函数的单调性定义给出认识过程,为极限的介绍作准备.

(4) 极限定义由浅入深,给出芝诺悖论的新解释,指出芝诺悖论与魏尔斯特拉斯 ε-N 语言的联系,在教学中学生容易接受.

(5) 引入记号 $o(g(x))$表示 $g(x)$的所有高阶无穷小构成的集合.

(6) 以实数的连续性为背景,给出函数连续的两个定义.

(7) 在导数的引入中给出数学推导,再寻找实际背景.

(8) 在微分介绍中,先给出数学引入,再给出实际背景.并给出其与拉格朗日中值公式、泰勒公式的联系.

(9) 不定积分定义为 $\int f(x)\mathrm{d}x = \{F(x): F'(x) = f(x)\}$. $\mathrm{d}\int f(x)\mathrm{d}x$ 表示对集合 $\{F(x): F'(x) = f(x)\}$ 中的每一个元素取微分.

(10) 在现行教材中,不定积分$\int f(x)\mathrm{d}x$ 里的 $\mathrm{d}x$ 由指示积分变元的概念不明不白地变成了微分,本书已简单解决了这一问题.

(11) 总练习题中选录了一些近年来的硕士研究生统一入学考试的试题,以便学生提高.

由于篇幅有限,不再一一罗列,读者可参照其他教材识别之.可以说,对数学分析教材的改革,要突出思想方法的介绍.只有这样,学生才能真正受益.

本书在编写、修订过程中,得到了贵州师范大学数学与计算机科学学院的大力支持;清华大学出版社编辑刘颖、贵州师范大学的游泰杰教授对本书的编写提出了很多宝贵的意见;贵州大学的郭正林副教授、秦新波副教授对本书作了认真的校对,在此对他们表示诚挚的感谢.

高孝忠
2012 年 2 月

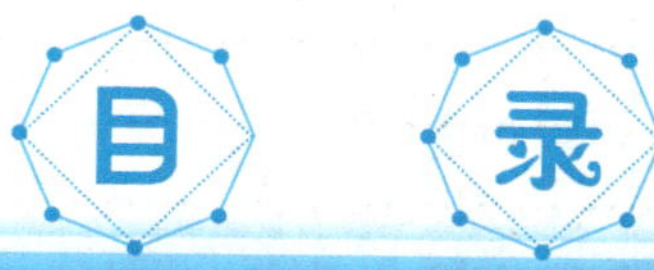

CONTENTS

第11章

反常积分

11.1 反常积分的概念

定积分的定义有两个要求：(1)积分区间有限；(2)被积函数有界.

如果扩大讨论范围，即得两类反常积分——无穷限积分与瑕积分.

11.1.1 无穷限积分

定义 1 设函数 $f(x)$ 在 $[a,+\infty)$ 上有定义，且在任意区间 $[a,u]$ 上可积，极限 $\lim\limits_{u\to+\infty}\int_a^u f(x)\mathrm{d}x$ 称为 $f(x)$ 在 $[a,+\infty)$ 上的无穷限积分，记作 $\int_a^{+\infty}f(x)\mathrm{d}x$.

$$\text{ie：}\int_a^{+\infty}f(x)\mathrm{d}x=\lim_{u\to+\infty}\int_a^u f(x)\mathrm{d}x.$$

如果极限 $\lim\limits_{u\to+\infty}\int_a^u f(x)\mathrm{d}x$ 存在，则称无穷限积分 $\int_a^{+\infty}f(x)\mathrm{d}x$ 收敛；如果 $\lim\limits_{u\to+\infty}\int_a^u f(x)\mathrm{d}x$ 不存在，则称无穷限积分 $\int_a^{+\infty}f(x)\mathrm{d}x$ 发散.

同理可定义

$$\int_{-\infty}^b f(x)\mathrm{d}x=\lim_{u\to-\infty}\int_u^b f(x)\mathrm{d}x,$$

$$\int_{-\infty}^{+\infty}f(x)\mathrm{d}x=\int_{-\infty}^a f(x)\mathrm{d}x+\int_a^{+\infty}f(x)\mathrm{d}x.$$

值得注意的是，$\int_a^{+\infty}f(x)\mathrm{d}x$ 的敛散性与 a 无关. 但 $\int_{-\infty}^{+\infty}f(x)\mathrm{d}x$ 收敛必须 $\int_{-\infty}^a f(x)\mathrm{d}x$，$\int_a^{+\infty}f(x)\mathrm{d}x$ 都收敛. 如果 $\int_{-\infty}^a f(x)\mathrm{d}x$，$\int_a^{+\infty}f(x)\mathrm{d}x$ 有一个发散，则 $\int_{-\infty}^{+\infty}f(x)\mathrm{d}x$ 发散.

几何解释 如图 11.1 所示，$\int_a^{+\infty}f(x)\mathrm{d}x$ 收敛是指图中阴影区域的面积趋于有限的定值.

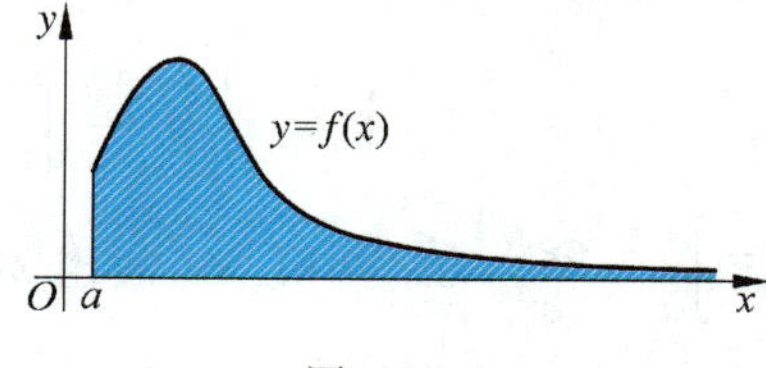

图 11.1

例 1 讨论无穷限积分 $\int_1^{+\infty}\frac{1}{x^p}\mathrm{d}x$ 的敛散性.

解 $\forall u>1$，因为

$$\int_1^u \frac{1}{x^p}\mathrm{d}x=\begin{cases}\dfrac{1}{1-p}(u^{1-p}-1), & p\neq 1,\\ \ln u, & p=1,\end{cases}$$

所以

$$\lim_{u\to\infty}\int_1^u \frac{1}{x^p}\mathrm{d}x=\begin{cases}\dfrac{1}{p-1}, & p>1,\\ +\infty, & p\leqslant 1.\end{cases}$$

故无穷限积分 $\int_1^{+\infty}\frac{1}{x^p}\mathrm{d}x$ 当 $p>1$ 时收敛，且收敛于$\frac{1}{p-1}$，当 $p\leqslant 1$ 时发散.

例 2 讨论无穷限积分 $\int_{-\infty}^{+\infty}\frac{1}{1+x^2}\mathrm{d}x$ 的敛散性.

解 因为

$$\lim_{u\to+\infty}\int_0^u \frac{1}{1+x^2}\mathrm{d}x=\lim_{u\to+\infty}\arctan u=\frac{\pi}{2},$$

$$\lim_{u\to-\infty}\int_u^0 \frac{1}{1+x^2}\mathrm{d}x=\lim_{u\to-\infty}(-\arctan u)=\frac{\pi}{2}.$$

故无穷限积分 $\int_{-\infty}^{+\infty}\frac{1}{1+x^2}\mathrm{d}x$ 收敛，且 $\int_{-\infty}^{+\infty}\frac{1}{1+x^2}\mathrm{d}x=\pi$，参见图 11.2.

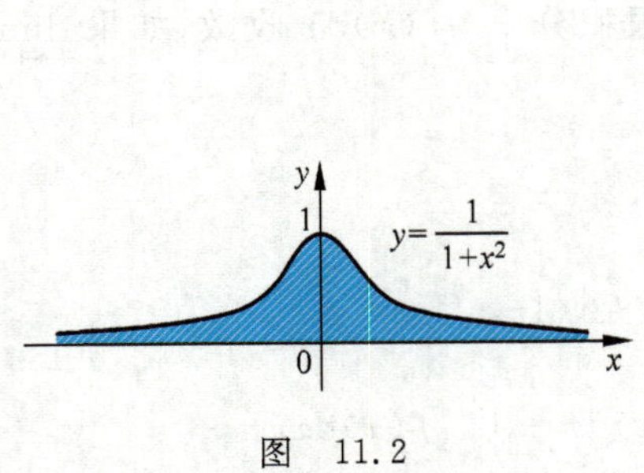

图 11.2

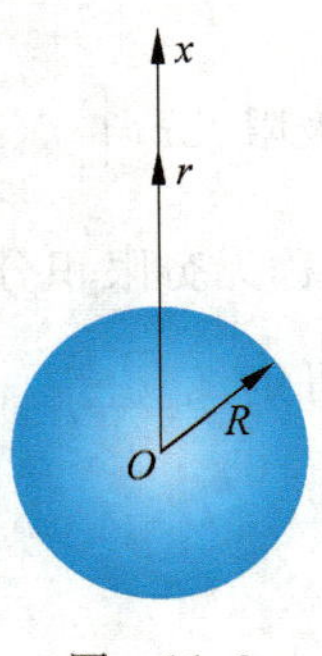

图 11.3

例 3 在地球表面发射火箭，要使火箭远离地球，初速度 v_0 应为多大?

解 如图 11.3 所示，以地心为原点建立坐标系，设火箭的质量为 m，则火箭在离地心 x 处的引力为 $F=\frac{mgR^2}{x^2}$，于是火箭由 $x=R$ 到 $x=r$ 所做的功为

$$W=\int_R^r \frac{mgR^2}{x^2}\mathrm{d}x=mgR^2\left(\frac{1}{R}-\frac{1}{r}\right),$$

从而 $\int_R^{+\infty}\frac{mgR^2}{x^2}\mathrm{d}x=mgR$. 故由 $mgR=\frac{1}{2}mv_0^2$ 得 $v_0=\sqrt{2gR}\approx 11.2\mathrm{km/s}$，此即所求.

11.1.2 瑕积分

定义 2 设函数 $f(x)$在$(a,b]$上有定义，且在点 a 的任一右邻域内无界，而在$[u,b]\subset(a,b]$上有界可积，极限 $\lim\limits_{u\to a^+}\int_u^b f(x)\mathrm{d}x$ 称为 $f(x)$在$(a,b]$上的反常积分，记作 $\int_a^b f(x)\mathrm{d}x$.

$$\text{ie:}\int_a^b f(x)\mathrm{d}x=\lim_{u\to a^+}\int_u^b f(x)\mathrm{d}x.$$

如果 $\lim\limits_{u\to a^+}\int_u^b f(x)\mathrm{d}x$ 存在，则称 $\int_a^b f(x)\mathrm{d}x$ 收敛，否则称其发散. 无界函数的反常积分亦称为瑕积分，对上式而言 a 称为瑕点. 同理可得 b 为瑕点时，

$$\int_a^b f(x)\mathrm{d}x=\lim_{u\to b^-}\int_a^u f(x)\mathrm{d}x.$$

当 $f(x)$的瑕点 $c\in(a,b)$时，则定义

$$\int_a^b f(x)\mathrm{d}x=\int_a^c f(x)\mathrm{d}x+\int_c^b f(x)\mathrm{d}x=\lim_{u\to c^-}\int_a^u f(x)\mathrm{d}x+\lim_{u\to c^+}\int_u^b f(x)\mathrm{d}x.$$

若 a,b 都是 $f(x)$的瑕点，则定义

$$\int_a^b f(x)\mathrm{d}x=\int_a^c f(x)\mathrm{d}x+\int_c^b f(x)\mathrm{d}x=\lim_{u\to a^+}\int_u^c f(x)\mathrm{d}x+\lim_{u\to b^-}\int_c^u f(x)\mathrm{d}x.$$

例 4 讨论瑕积分 $\int_0^1\frac{1}{\sqrt{1-x^2}}\mathrm{d}x$ 的敛散性.

解 显然，1 为瑕点. 而

$$\int_0^1\frac{1}{\sqrt{1-x^2}}\mathrm{d}x=\lim_{u\to 1^-}\int_0^u\frac{1}{\sqrt{1-x^2}}\mathrm{d}x=\lim_{u\to 1^-}\arcsin u=\frac{\pi}{2},$$

故 $\int_0^1\frac{1}{\sqrt{1-x^2}}\mathrm{d}x$ 收敛于$\frac{\pi}{2}$.

例 5 讨论瑕积分 $\int_0^1\frac{1}{x^q}\mathrm{d}x$ 的敛散性.

解 $x=0$ 为瑕点，由于

$$\int_u^1\frac{1}{x^q}\mathrm{d}x=\begin{cases}\dfrac{1}{1-q}(1-u^{1-q}), & q\neq 1,\\ -\ln u, & q=1,\end{cases}$$

故当 $0<q<1$ 时，$\int_0^1\frac{1}{x^q}\mathrm{d}x$ 收敛，且$\int_0^1\frac{1}{x^q}\mathrm{d}x=\frac{1}{1-q}$；当 $q\geqslant 1$ 时，$\int_0^1\frac{1}{x^q}\mathrm{d}x$ 发散.

对于 $\int_0^{+\infty}f(x)\mathrm{d}x$，有$\int_0^{+\infty}f(x)\mathrm{d}x=\int_0^a f(x)\mathrm{d}x+\int_a^{+\infty}f(x)\mathrm{d}x$，即可分为两部分讨论之.

习　题 11.1

1. 讨论下列无穷积分是否收敛？若收敛，则求其值.

(1) $\int_0^{+\infty} x\mathrm{e}^{-x^2}\mathrm{d}x$；　　(2) $\int_{-\infty}^{+\infty} x\mathrm{e}^{-x^2}\mathrm{d}x$；

(3) $\int_0^{+\infty} \frac{1}{\sqrt{\mathrm{e}^x}}\mathrm{d}x$；　　(4) $\int_1^{+\infty} \frac{1}{x^2(1+x)}\mathrm{d}x$；

(5) $\int_{-\infty}^{+\infty} \frac{1}{4x^2+4x+5}\mathrm{d}x$；　　(6) $\int_0^{+\infty} \mathrm{e}^{-x}\sin x\mathrm{d}x$；

(7) $\int_{-\infty}^{+\infty} \mathrm{e}^{x}\sin x\mathrm{d}x$；　　(8) $\int_1^{+\infty} \frac{1}{\sqrt{1+x^2}}\mathrm{d}x$.

2. 讨论下列瑕积分是否收敛？若收敛，则求其值.

(1) $\int_a^b \frac{1}{(x-a)^p}\mathrm{d}x(p\in\mathbb{R})$；　　(2) $\int_0^1 \frac{1}{1-x^2}\mathrm{d}x$；

(3) $\int_0^2 \frac{1}{\sqrt{|x-1|}}\mathrm{d}x$；　　(4) $\int_0^1 \frac{x}{\sqrt{1-x^2}}\mathrm{d}x$；

(5) $\int_0^1 \ln x\mathrm{d}x$；　　(6) $\int_0^1 \sqrt{\frac{x}{1-x}}\mathrm{d}x$；

(7) $\int_0^1 \frac{1}{\sqrt{x-x^2}}\mathrm{d}x$；　　(8) $\int_0^1 \frac{1}{x(\ln x)^p}\mathrm{d}x(p\in\mathbb{R})$.

3. 举例说明：瑕积分 $\int_a^b f(x)\mathrm{d}x$ 收敛时，$\int_a^b f^2(x)\mathrm{d}x$ 不一定收敛.

4. 举例说明：瑕积分 $\int_a^{+\infty} f(x)\mathrm{d}x$ 收敛，且 $f(x)$ 在 $[a,+\infty)$ 上连续时，不一定有 $\lim\limits_{x\to+\infty} f(x)=0$.

5. 证明：若 $\int_a^{+\infty} f(x)\mathrm{d}x$ 收敛，且 $\lim\limits_{x\to+\infty} f(x)=A$ 存在，则 $A=0$.

6. 证明：若 $f(x)$ 在 $[a,+\infty)$ 上可导，且 $\int_a^{+\infty} f(x)\mathrm{d}x$ 与 $\int_a^{+\infty} f'(x)\mathrm{d}x$ 都收敛，则 $\lim\limits_{x\to+\infty} f(x)=0$.

11.2　无穷限积分的性质与收敛判别

11.2.1　无穷限积分的性质

由无穷限积分的定义知

$$\int_a^{+\infty} f(x)\mathrm{d}x \text{ 收敛} \Leftrightarrow \lim_{u\to+\infty}\int_a^u f(x)\mathrm{d}x \text{ 存在};$$

由极限的柯西收敛准则得

$$\lim_{u\to+\infty}\int_a^u f(x)\mathrm{d}x \text{ 存在} \Leftrightarrow \forall\varepsilon>0, \exists G\geqslant a, \ni \text{“}u_1, u_2>G \Rightarrow \left|\int_{u_1}^{u_2} f(x)\mathrm{d}x\right|<\varepsilon\text{”}.$$

所以有下面的定理.

定理 1 $\int_a^{+\infty} f(x)\mathrm{d}x$ 收敛$\Leftrightarrow \forall\varepsilon>0, \exists G\geqslant a, \ni$“$u_1, u_2>G\Rightarrow\left|\int_{u_1}^{u_2} f(x)\mathrm{d}x\right|<\varepsilon$”.

由定理 1 可得下面的性质.

性质 1 若 $\int_a^{+\infty} f_1(x)\mathrm{d}x, \int_a^{+\infty} f_2(x)\mathrm{d}x$ 都收敛,则 $\forall k_1, k_2$, $\int_a^{+\infty}[k_1 f_1(x)+k_2 f_2(x)]\mathrm{d}x$ 也收敛,且

$$\int_a^{+\infty}[k_1 f_1(x)+k_2 f_2(x)]\mathrm{d}x = k_1\int_a^{+\infty} f_1(x)\mathrm{d}x + k_2\int_a^{+\infty} f_2(x)\mathrm{d}x.$$

性质 2 若 $\forall u>a$, $f(x)$在$[a,u]$上可积,则 $\forall b>a$, $\int_a^{+\infty} f(x)\mathrm{d}x$ 与$\int_b^{+\infty} f(x)\mathrm{d}x$ 同时收敛或同时发散,且

$$\int_a^{+\infty} f(x)\mathrm{d}x = \int_a^b f(x)\mathrm{d}x + \int_b^{+\infty} f(x)\mathrm{d}x.$$

性质 3 若 $\forall u>a$, $f(x)$在$[a,u]$上可积,则

$$\int_a^{+\infty} |f(x)|\mathrm{d}x \text{ 收敛} \Rightarrow \int_a^{+\infty} f(x)\mathrm{d}x \text{ 收敛},$$

且 $\left|\int_a^{+\infty} f(x)\mathrm{d}x\right| \leqslant \int_a^{+\infty}|f(x)|\mathrm{d}x$.

证 因为 $\int_a^{+\infty}|f(x)|\mathrm{d}x$ 收敛,则 $\forall\varepsilon>0, \exists G\geqslant a, \ni$“$u_1, u_2>G\Rightarrow\int_{u_1}^{u_2}|f(x)|\mathrm{d}x<\varepsilon$”.

而 $\left|\int_{u_1}^{u_2} f(x)\mathrm{d}x\right|\leqslant\int_{u_1}^{u_2}|f(x)|\mathrm{d}x$,故$\int_a^{+\infty} f(x)\mathrm{d}x$ 收敛.

又 $\forall u>a$, $\left|\int_a^u f(x)\mathrm{d}x\right|\leqslant\int_a^u|f(x)|\mathrm{d}x$, 于是令 $u\to+\infty$得

$$\left|\int_a^{+\infty} f(x)\mathrm{d}x\right|\leqslant\int_a^{+\infty}|f(x)|\mathrm{d}x.$$

定义 1 如果 $\int_a^{+\infty}|f(x)|\mathrm{d}x$ 收敛,则称$\int_a^{+\infty} f(x)\mathrm{d}x$ 绝对收敛.

由性质 3 知

$$\int_a^{+\infty} f(x)\mathrm{d}x \text{ 绝对收敛} \Rightarrow \int_a^{+\infty} f(x)\mathrm{d}x \text{ 收敛},$$

反之不成立. 如果 $\int_a^{+\infty} f(x)\mathrm{d}x$ 收敛,而 $\int_a^{+\infty}|f(x)|\mathrm{d}x$ 发散,则称$\int_a^{+\infty} f(x)\mathrm{d}x$ 条件收敛.

11.2.2 比较判别法

比较判别法仅应用于绝对收敛的判别.

由于 $F(u)=\int_a^u |f(x)|\mathrm{d}x$ 单调上升，所以

$$\int_a^{+\infty} |f(x)|\mathrm{d}x \text{ 收敛} \Leftrightarrow F(u)=\int_a^u |f(x)|\mathrm{d}x \text{ 有上界}.$$

定理 2　若 $\forall u>a, f(x), g(x)$ 在 $[a,u]$ 上可积，且

$$\forall x>a,\quad |f(x)|\leqslant g(x),$$

则

$$\int_a^{+\infty} g(x)\mathrm{d}x \text{ 收敛} \Rightarrow \int_a^{+\infty} |f(x)|\mathrm{d}x \text{ 收敛};$$

而

$$\int_a^{+\infty} |f(x)|\mathrm{d}x \text{ 发散} \Rightarrow \int_a^{+\infty} g(x)\mathrm{d}x \text{ 发散}.$$

例 1　讨论 $\int_0^{+\infty} \frac{\sin x}{1+x^2}\mathrm{d}x$ 的敛散性.

解　因为 $\forall x>0, \left|\frac{\sin x}{1+x^2}\right|\leqslant\frac{1}{1+x^2}$，而 $\int_0^{+\infty}\frac{1}{1+x^2}\mathrm{d}x=\frac{\pi}{2}$，所以 $\int_0^{+\infty}\frac{\sin x}{1+x^2}\mathrm{d}x$ 绝对收敛.

推论（比较判别法的极限形式）　若 $\forall u>a, f(x), g(x)$ 在 $[a,u]$ 上可积，$\forall x>a, g(x)>0$，且

$$\lim_{x\to+\infty}\frac{|f(x)|}{g(x)}=c,$$

则：

(1) $0<c<+\infty \Rightarrow \int_a^{+\infty} |f(x)|\mathrm{d}x$ 与 $\int_a^{+\infty} g(x)\mathrm{d}x$ 同时收敛或同时发散；

(2) 当 $c=0$ 时，$\int_a^{+\infty} g(x)\mathrm{d}x$ 收敛 $\Rightarrow \int_a^{+\infty} |f(x)|\mathrm{d}x$ 收敛；

(3) 当 $c=+\infty$ 时，$\int_a^{+\infty} g(x)\mathrm{d}x$ 发散 $\Rightarrow \int_a^{+\infty} |f(x)|\mathrm{d}x$ 发散.

当选用 $\int_1^{+\infty}\frac{1}{x^p}\mathrm{d}x$ 为比较"尺子"时，则得下面的柯西判别法.

定理 3（柯西判别法）　若 $\forall u>a>0, f(x)$ 在 $[a,u]$ 上可积，则：

(1) 当 $|f(x)|\leqslant\frac{1}{x^p}$，且 $p>1$ 时，$\int_a^{+\infty} |f(x)|\mathrm{d}x$ 收敛；

(2) 当 $|f(x)|\geqslant\frac{1}{x^p}$，且 $p\leqslant1$ 时，$\int_a^{+\infty} |f(x)|\mathrm{d}x$ 发散.

定理 3′（柯西判别法的极限形式）　若 $\forall u>a>0, f(x)$ 在 $[a,u]$ 上可积，且 $\lim\limits_{x\to+\infty} x^p|f(x)|=\lambda$，则：

(1) 当 $0\leqslant\lambda<+\infty$，且 $p>1$ 时，$\int_a^{+\infty} |f(x)|\mathrm{d}x$ 收敛；

(2) 当 $0<\lambda\leqslant+\infty$，且 $p\leqslant 1$ 时，$\int_a^{+\infty}|f(x)|\mathrm{d}x$ 发散.

例 2 讨论 $\int_1^{+\infty}x^{\alpha}\mathrm{e}^{-x}\mathrm{d}x$ 的敛散性.

解 因为 $\lim\limits_{x\to+\infty}x^2\cdot x^{\alpha}\mathrm{e}^{-x}=\lim\limits_{x\to+\infty}\dfrac{x^{\alpha+2}}{\mathrm{e}^x}=0$，即 $\lambda=0,p=2$，所以 $\int_1^{+\infty}x^{\alpha}\mathrm{e}^{-x}\mathrm{d}x$ 收敛.

例 3 讨论 $\int_0^{+\infty}\dfrac{x^2}{\sqrt{x^5+1}}\mathrm{d}x$ 的敛散性.

解 因为 $\lim\limits_{x\to+\infty}x^{\frac{1}{2}}\cdot\dfrac{x^2}{\sqrt{x^5+1}}=1$，即 $\lambda=1,p=\dfrac{1}{2}$，所以 $\int_0^{+\infty}\dfrac{x^2}{\sqrt{x^5+1}}\mathrm{d}x$ 发散.

注 对于 $\int_{-\infty}^{a}|f(x)|\mathrm{d}x$，亦可用比较判别法讨论.

11.2.3 狄利克雷判别法与阿贝尔判别法

此法是对一般无穷限积分的敛散性的判别.

定理 4（狄利克雷判别法） 若 $\forall u>a,F(u)=\int_a^u f(x)\mathrm{d}x$ 有界，$g(x)$ 在 $[a,+\infty)$ 上单调，且 $\lim\limits_{x\to+\infty}g(x)=0$，则 $\int_a^{+\infty}f(x)g(x)\mathrm{d}x$ 收敛.

证 设 $\forall u\in[a,+\infty)$，$\left|\int_a^u f(x)\mathrm{d}x\right|\leqslant M$，因为 $\lim\limits_{x\to+\infty}g(x)=0$，所以

$$\forall\varepsilon>0,\quad \exists G\geqslant a,\quad \ni \text{“}x>G\Rightarrow|g(x)|<\frac{\varepsilon}{4M}\text{”}.$$

又 $g(x)$ 在 $[a,+\infty)$ 上单调，由积分第二中值定理得

$$\forall u_1>u_2>G,\quad \exists\xi\in[u_1,u_2],$$
$$\ni \text{“}\int_{u_1}^{u_2}f(x)g(x)\mathrm{d}x=g(u_1)\int_{u_1}^{\xi}f(x)\mathrm{d}x+g(u_2)\int_{\xi}^{u_2}f(x)\mathrm{d}x\text{”}.$$

于是

$$\begin{aligned}\left|\int_{u_1}^{u_2}f(x)g(x)\mathrm{d}x\right|&\leqslant|g(u_1)|\left|\int_a^{\xi}f(x)\mathrm{d}x-\int_a^{u_1}f(x)\mathrm{d}x\right|\\&\quad+|g(u_2)|\left|\int_a^{u_2}f(x)\mathrm{d}x-\int_a^{\xi}f(x)\mathrm{d}x\right|\\&\leqslant\frac{\varepsilon}{4M}\cdot 2M+\frac{\varepsilon}{4M}\cdot 2M=\varepsilon.\end{aligned}$$

故由柯西收敛准则知 $\int_a^{+\infty}f(x)g(x)\mathrm{d}x$ 收敛.

定理 5（阿贝尔判别法） 若 $\int_a^{+\infty}f(x)\mathrm{d}x$ 收敛，$g(x)$ 在 $[a,+\infty)$ 上单调有界，则 $\int_a^{+\infty}f(x)g(x)\mathrm{d}x$ 收敛.

证　设 $\forall x\in[a,+\infty)$，$|g(x)|\leqslant M$，因为 $\int_a^{+\infty} f(x)\mathrm{d}x$ 收敛，所以

$$\forall \varepsilon>0,\quad \exists G\geqslant a,\quad \ni \text{“}u\geqslant G\Rightarrow\left|\int_a^{+\infty} f(x)\mathrm{d}x\right|<\frac{\varepsilon}{4M}\text{”}.$$

又 $g(x)$ 在 $[a,+\infty)$ 上单调，由积分第二中值定理得

$$\forall u_1>u_2>G,\quad \exists\xi\in[u_1,u_2],$$

$$\ni\text{“}\int_{u_1}^{u_2} f(x)g(x)\mathrm{d}x=g(u_1)\int_{u_1}^{\xi} f(x)\mathrm{d}x+g(u_2)\int_{\xi}^{u_2} f(x)\mathrm{d}x\text{”}.$$

于是

$$\begin{aligned}\left|\int_{u_1}^{u_2} f(x)g(x)\mathrm{d}x\right|&\leqslant|g(u_1)|\left|\int_{u_1}^{+\infty} f(x)\mathrm{d}x-\int_{\xi}^{+\infty} f(x)\mathrm{d}x\right|\\&\quad+|g(u_2)|\left|\int_{\xi}^{+\infty} f(x)\mathrm{d}x-\int_{u_2}^{+\infty} f(x)\mathrm{d}x\right|\\&\leqslant M\cdot 2\frac{\varepsilon}{4M}+M\cdot 2\frac{\varepsilon}{4M}=\varepsilon.\end{aligned}$$

故由柯西收敛准则知 $\int_a^{+\infty} f(x)g(x)\mathrm{d}x$ 收敛.

例 4　讨论 $\int_1^{+\infty}\frac{\sin x}{x^p}\mathrm{d}x\,(p>0)$ 的敛散性.

解　当 $p>1$ 时，$\int_1^{+\infty}\frac{\sin x}{x^p}\mathrm{d}x$ 绝对收敛.

实因 $\forall x\geqslant 1$，$\left|\frac{\sin x}{x^p}\right|\leqslant\frac{1}{x^p}$，而 $p>1$ 时，$\int_1^{+\infty}\frac{1}{x^p}\mathrm{d}x$ 收敛，故 $\int_1^{+\infty}\left|\frac{\sin x}{x^p}\right|\mathrm{d}x$ 收敛.

当 $0<p\leqslant 1$ 时，$\int_1^{+\infty}\frac{\sin x}{x^p}\mathrm{d}x$ 条件收敛.

实因 $\forall u\geqslant 1$，$\left|\int_1^u \sin x\mathrm{d}x\right|\leqslant 2$，而 $\frac{1}{x^p}\xrightarrow{\text{单调}}0$，所以 $\int_1^{+\infty}\frac{\sin x}{x^p}\mathrm{d}x$ 收敛.

又

$$\left|\frac{\sin x}{x^p}\right|\geqslant\frac{\sin^2 x}{x^p}=\frac{1}{2x^p}-\frac{\cos 2x}{2x^p}.$$

而 $\int_1^{+\infty}\frac{1}{2x^p}\mathrm{d}x$ 发散，$\int_1^{+\infty}\frac{\cos 2x}{2x^p}\mathrm{d}x$ 收敛，所以 $\int_1^{+\infty}\left|\frac{\sin x}{x^p}\right|\mathrm{d}x$ 发散，故 $\int_1^{+\infty}\frac{\sin x}{x^p}\mathrm{d}x$ 条件收敛.

例 5　证明 $\int_1^{+\infty}\sin x^2\mathrm{d}x$ 条件收敛.

证　设 $x^2=t$ 得 $\int_1^{+\infty}\sin x^2\mathrm{d}x=\int_1^{+\infty}\frac{\sin t}{2\sqrt{t}}\mathrm{d}t$. 设 $f(t)=\sin t$，$g(t)=\frac{1}{2\sqrt{t}}$，则其满足狄利克雷判别法的条件，所以 $\int_1^{+\infty}\sin x^2\mathrm{d}x$ 收敛.

又 $\int_{1}^{+\infty} |\sin x^2| \mathrm{d}x = \int_{1}^{+\infty} \left|\frac{\sin t}{2\sqrt{t}}\right| \mathrm{d}t$ 发散，故结论成立.

习　题 11.2

1. 设 $f(x)$ 与 $g(x)$ 是定义在 $[a,+\infty)$ 上的函数，$\forall u>a$，$f(x)$ 与 $g(x)$ 在 $[a,u]$ 上可积，证明：若 $\int_{a}^{+\infty} f^2(x)\mathrm{d}x$ 与 $\int_{a}^{+\infty} g^2(x)\mathrm{d}x$ 都收敛，则 $\int_{a}^{+\infty} f(x)g(x)\mathrm{d}x$ 与 $\int_{a}^{+\infty} [f(x)+g(x)]^2\mathrm{d}x$ 亦收敛.

2. 设 $f(x)$，$g(x)$，$h(x)$ 是定义在 $[a,+\infty)$ 上的 3 个连续函数，且

$$f(x) \leqslant g(x) \leqslant h(x),$$

证明：

(1) 若 $\int_{a}^{+\infty} f(x)\mathrm{d}x$，$\int_{a}^{+\infty} h(x)\mathrm{d}x$ 都收敛，则 $\int_{a}^{+\infty} g(x)\mathrm{d}x$ 也收敛；

(2) 若 $\int_{a}^{+\infty} f(x)\mathrm{d}x = \int_{a}^{+\infty} h(x)\mathrm{d}x = A$，则 $\int_{a}^{+\infty} g(x)\mathrm{d}x = A$.

3. 讨论下列无穷限积分的收敛性：

(1) $\int_{0}^{+\infty} \frac{1}{\sqrt[3]{x^4+1}}\mathrm{d}x$；　　(2) $\int_{1}^{+\infty} \frac{x}{1-\mathrm{e}^x}\mathrm{d}x$；

(3) $\int_{0}^{+\infty} \frac{1}{1+\sqrt{x}}\mathrm{d}x$；　　(4) $\int_{1}^{+\infty} \frac{x\arctan x}{1+x^3}\mathrm{d}x$；

(5) $\int_{1}^{+\infty} \frac{\ln(1+x)}{x^n}\mathrm{d}x\,(n>0)$；　　(6) $\int_{0}^{+\infty} \frac{x^m}{1+x^n}\mathrm{d}x\,(m,n>0)$.

4. 讨论下列无穷限积分是绝对收敛还是条件收敛：

(1) $\int_{1}^{+\infty} \frac{\sin\sqrt{x}}{x}\mathrm{d}x$；　　(2) $\int_{0}^{+\infty} \frac{\mathrm{sgn}(\sin x)}{1+x^2}\mathrm{d}x$；

(3) $\int_{0}^{+\infty} \frac{\sqrt{x}\cos x}{100+x}\mathrm{d}x$；　　(4) $\int_{0}^{+\infty} \frac{\ln(\ln x)}{\ln x}\sin x\mathrm{d}x$.

5. 举例说明：$\int_{a}^{+\infty} f(x)\mathrm{d}x$ 收敛时，$\int_{a}^{+\infty} f^2(x)\mathrm{d}x$ 不一定收敛；$\int_{a}^{+\infty} f(x)\mathrm{d}x$ 绝对收敛时，$\int_{a}^{+\infty} f^2(x)\mathrm{d}x$ 也不一定收敛.

6. 证明：$\int_{a}^{+\infty} f(x)\mathrm{d}x$ 若绝对收敛，且 $\lim\limits_{x\to+\infty} f(x)=0$，则 $\int_{a}^{+\infty} f(x)\mathrm{d}x$ 必定收敛.

7. 证明：若 $f(x)$ 是 $[a,+\infty)$ 上的单调函数，且 $\int_{a}^{+\infty} f(x)\mathrm{d}x$ 收敛，则 $\lim\limits_{x\to+\infty} f(x)=0$.

8. 证明：若 $f(x)$ 是 $[a,+\infty)$ 上一致连续，且 $\int_{a}^{+\infty} f(x)\mathrm{d}x$ 收敛，则 $\lim\limits_{x\to+\infty} f(x)=0$.

9. 利用狄利克雷判别法证明阿贝尔判别法.

11.3 瑕积分的性质与收敛判别

11.3.1 瑕积分的性质

设 a 为瑕点,由瑕积分的定义知 $\int_a^b f(x)\mathrm{d}x$ 收敛 $\Leftrightarrow \lim\limits_{u\to a^+}\int_u^b f(x)\mathrm{d}x$ 存在,由极限的柯西收敛准则知

$$\lim_{u\to a^+}\int_u^b f(x)\mathrm{d}x \text{ 存在} \Leftrightarrow \forall\varepsilon>0,\exists\delta>0,\ni\text{“}u_1,u_2\in(a,a+\delta)\Rightarrow\left|\int_{u_1}^{u_2} f(x)\mathrm{d}x\right|<\varepsilon\text{”}.$$

所以有下面的定理.

定理 1 设 a 为瑕点,则

$$\int_a^b f(x)\mathrm{d}x \text{ 收敛} \Leftrightarrow \forall\varepsilon>0,\exists\delta>0,\ni\text{“}u_1,u_2\in(a,a+\delta)\Rightarrow\left|\int_{u_1}^{u_2} f(x)\mathrm{d}x\right|<\varepsilon\text{”}.$$

性质 1 设 a 为瑕点,若 $\int_a^b f_1(x)\mathrm{d}x,\int_a^b f_2(x)\mathrm{d}x$ 都收敛,则

$$\forall k_1,k_2,\quad \int_a^b[k_1f_1(x)+k_2f_2(x)]\mathrm{d}x$$

也收敛,且

$$\int_a^b[k_1f_1(x)+k_2f_2(x)]\mathrm{d}x=k_1\int_a^b f_1(x)\mathrm{d}x+k_2\int_a^b f_2(x)\mathrm{d}x.$$

性质 2 设 a 为瑕点,则 $\forall c\in(a,b)$, $\int_a^b f(x)\mathrm{d}x$ 与 $\int_a^c f(x)\mathrm{d}x$ 同时收敛或同时发散,且收敛时,有

$$\int_a^b f(x)\mathrm{d}x=\int_a^c f(x)\mathrm{d}x+\int_c^b f(x)\mathrm{d}x.$$

性质 3 设 a 为瑕点,若 $\forall u>a$, $f(x)$在$[u,b]$上可积,则

$$\int_a^b |f(x)|\mathrm{d}x \text{ 收敛} \Rightarrow\int_a^b f(x)\mathrm{d}x \text{ 收敛},$$

且 $\left|\int_a^b f(x)\mathrm{d}x\right|\leqslant\int_a^b|f(x)|\mathrm{d}x$.

证 因为 $\int_a^b|f(x)|\mathrm{d}x$ 收敛,则

$$\forall\varepsilon>0,\exists\delta>0,\ni\text{“}u_1,u_2\in(a,a+\delta)\Rightarrow\int_{u_1}^{u_2}|f(x)|\mathrm{d}x<\varepsilon\text{”},$$

而 $\left|\int_{u_1}^{u_2} f(x)\mathrm{d}x\right|\leqslant\int_{u_1}^{u_2}|f(x)|\mathrm{d}x$,故$\int_a^b f(x)\mathrm{d}x$ 收敛.

又 $\forall u>a$, $\left|\int_u^b f(x)\mathrm{d}x\right|\leqslant\int_u^b|f(x)|\mathrm{d}x$, 于是令 $u\to a^+$ 得

$$\left|\int_a^b f(x)\mathrm{d}x\right| \leqslant \int_a^b |f(x)|\mathrm{d}x.$$

故性质成立.

定义 1 如果 $\int_a^b |f(x)|\mathrm{d}x$ 收敛,则称 $\int_a^b f(x)\mathrm{d}x$ 绝对收敛.

由性质 3 知 $\int_a^b f(x)\mathrm{d}x$ 绝对收敛 $\Rightarrow \int_a^b f(x)\mathrm{d}x$ 收敛,反之不成立.

如果 $\int_a^b f(x)\mathrm{d}x$ 收敛,而 $\int_a^b |f(x)|\mathrm{d}x$ 发散,则称 $\int_a^b f(x)\mathrm{d}x$ 条件收敛.

11.3.2 比较判别法

比较判别法仅应用于绝对收敛的判别.

定理 2 设 a 为瑕点,若 $\forall u>a$, $f(x)$, $g(x)$ 在 $[u,b]$ 上可积,且

$$\forall x>a,\quad |f(x)| \leqslant g(x),$$

则 $\int_a^b g(x)\mathrm{d}x$ 收敛 $\Rightarrow \int_a^b |f(x)|\mathrm{d}x$ 收敛;而 $\int_a^b |f(x)|\mathrm{d}x$ 发散 $\Rightarrow \int_a^b g(x)\mathrm{d}x$ 发散.

例 1 讨论 $\int_0^1 \frac{\sin x}{\sqrt{x}}\mathrm{d}x$ 的敛散性.

解 显然,$x=0$ 为瑕点.因为 $\forall x>0$, $\left|\frac{\sin x}{\sqrt{x}}\right| \leqslant \frac{1}{\sqrt{x}}$,而 $\int_0^1 \frac{1}{\sqrt{x}}\mathrm{d}x=2$,所以 $\int_0^1 \frac{\sin x}{\sqrt{x}}\mathrm{d}x$ 绝对收敛.

推论(比较判别法的极限形式) 设 a 为瑕点,若 $\forall u>a$, $f(x)$, $g(x)$ 在 $[u,b]$ 上可积,$\forall x>a$, $g(x)>0$,且 $\lim\limits_{x\to a^+}\frac{|f(x)|}{g(x)}=c$,则:

(1) 当 $0<c<+\infty$ 时,$\int_a^b |f(x)|\mathrm{d}x$ 与 $\int_a^b g(x)\mathrm{d}x$ 同时收敛或同时发散;

(2) 当 $c=0$ 时,$\int_a^b g(x)\mathrm{d}x$ 收敛 $\Rightarrow \int_a^b |f(x)|\mathrm{d}x$ 收敛;

(3) 当 $c=+\infty$ 时,$\int_a^b g(x)\mathrm{d}x$ 发散 $\Rightarrow \int_a^b |f(x)|\mathrm{d}x$ 发散.

当选用 $\int_a^b \frac{1}{(x-a)^p}\mathrm{d}x$ 为比较"尺子"时,则得下面的柯西判别法.

定理 3(柯西判别法) 设 a 为瑕点,若 $\forall u>a>0$, $f(x)$ 在 $[u,b]$ 上可积,则:

(1) 当 $|f(x)| \leqslant \frac{1}{(x-a)^p}$ 且 $0<p<1$ 时,$\int_a^b |f(x)|\mathrm{d}x$ 收敛;

(2) 当 $|f(x)| \geqslant \frac{1}{(x-a)^p}$ 且 $p\geqslant 1$ 时,$\int_a^b |f(x)|\mathrm{d}x$ 发散.

定理 4（柯西判别法的极限形式）　设 a 为瑕点，若 $\forall u>a>0$，$f(x)$ 在 $[u,b]$ 上可积，且

$$\lim_{x\to a^+}(x-a)^p\,|f(x)|=\lambda,$$

则：

（1）当 $0\leqslant\lambda<+\infty$ 且 $0<p<1$ 时，$\int_a^b|f(x)|\mathrm{d}x$ 收敛；

（2）当 $0<\lambda\leqslant+\infty$ 且 $p\geqslant 1$ 时，$\int_a^b|f(x)|\mathrm{d}x$ 发散.

例 2　讨论 $\int_0^1\frac{\ln x}{\sqrt{x}}\mathrm{d}x$ 的敛散性.

解　显然，$x=0$ 为瑕点. 因为 $\lambda=\lim_{x\to 0^+}x^{\frac{3}{4}}\cdot\left|\frac{\ln x}{\sqrt{x}}\right|=\lim_{x\to 0^+}x^{\frac{1}{4}}\ln x=0$，即 $\lambda=0$，$p=\frac{3}{4}$，所以 $\int_0^1\frac{\ln x}{\sqrt{x}}\mathrm{d}x$ 收敛.

例 3　讨论 $\int_1^2\frac{\sqrt{x}}{\ln x}\mathrm{d}x$ 的敛散性.

解　显然，$x=1$ 为瑕点. 因为 $\lim_{x\to 1^+}(x-1)\cdot\frac{\sqrt{x}}{\ln x}=1$，即 $\lambda=1$，$p=1$，所以 $\int_1^2\frac{\sqrt{x}}{\ln x}\mathrm{d}x$ 发散.

例 4　讨论反常积分 $\Phi(\alpha)=\int_0^{+\infty}\frac{x^{\alpha-1}}{1+x}\mathrm{d}x\,(\alpha\in\mathbb{R})$ 的敛散性.

解　$\Phi(\alpha)=\int_0^1\frac{x^{\alpha-1}}{1+x}\mathrm{d}x+\int_1^{+\infty}\frac{x^{\alpha-1}}{1+x}\mathrm{d}x=I(\alpha)+J(\alpha)$，其中

$$I(\alpha)=\int_0^1\frac{x^{\alpha-1}}{1+x}\mathrm{d}x,\quad J(\alpha)=\int_1^{+\infty}\frac{x^{\alpha-1}}{1+x}\mathrm{d}x.$$

对于 $I(\alpha)=\int_0^1\frac{x^{\alpha-1}}{1+x}\mathrm{d}x$，当 $\alpha\geqslant 1$ 时，$I(\alpha)=\int_0^1\frac{x^{\alpha-1}}{1+x}\mathrm{d}x$ 为定积分；当 $\alpha<1$ 时，$I(\alpha)=\int_0^1\frac{x^{\alpha-1}}{1+x}\mathrm{d}x$ 为瑕积分，瑕点 $x=0$.

由 $\lim_{x\to 0^+}x^{1-\alpha}\frac{x^{\alpha-1}}{1+x}=1$ 知，$I(\alpha)$ 与 $\int_0^1\frac{1}{x^{1-\alpha}}\mathrm{d}x$ 同时收敛或同时发散，所以当 $0<1-\alpha<1$，即 $0<\alpha<1$ 时，$I(\alpha)$ 收敛；当 $1-\alpha\geqslant 1$，即 $\alpha\leqslant 0$ 时，$I(\alpha)$ 发散.

对于无穷限积分

$$J(\alpha)=\int_1^{+\infty}\frac{x^{\alpha-1}}{1+x}\mathrm{d}x,$$

由 $\lim_{x\to+\infty}x^{2-\alpha}\cdot\frac{x^{\alpha-1}}{1+x}=\lim_{x\to+\infty}\frac{x}{1+x}=1$ 知 $J(\alpha)$ 与 $\int_1^{+\infty}\frac{1}{x^{2-\alpha}}\mathrm{d}x$ 同时收敛或同时发散，故当 $2-\alpha>1$，即 $\alpha<1$ 时，$J(\alpha)$ 收敛；而当 $2-\alpha\leqslant 1$，即 $\alpha\geqslant 1$ 时，$J(\alpha)$ 发散.

综上可得 $\Phi(\alpha)=\int_0^{+\infty}\frac{x^{\alpha-1}}{1+x}\mathrm{d}x$ 仅当 $0<\alpha<1$ 时收敛.

习　题 11.3

1. 讨论瑕积分的收敛性：

(1) $\int_0^2 \frac{1}{(x-1)^2}\mathrm{d}x$；　(2) $\int_0^{\pi} \frac{\sin x}{\sqrt{x^3}}\mathrm{d}x$；

(3) $\int_0^1 \frac{1}{\sqrt{x}\ln x}\mathrm{d}x$；　(4) $\int_0^1 \frac{\ln x}{1-x}\mathrm{d}x$；

(5) $\int_0^1 \frac{\arctan x}{1-x^3}\mathrm{d}x$；　(6) $\int_0^{\frac{\pi}{2}} \frac{1-\cos x}{x^m}\mathrm{d}x\,(m>0)$；

(7) $\int_0^1 \frac{1}{x^{\alpha}}\sin\frac{1}{x}\mathrm{d}x\,(\alpha>0)$；　(8) $\int_0^{+\infty} \mathrm{e}^{-x}\ln x\mathrm{d}x$.

2. 计算下列瑕积分的值：

(1) $\int_0^1 (\ln x)^n\mathrm{d}x\,(n\in\mathbb{R})$；　(2) $\int_0^1 \frac{x^n}{\sqrt{1-x}}\mathrm{d}x\,(n\in\mathbb{R})$.

3. 证明瑕积分 $J=\int_0^{\frac{\pi}{2}}\ln(\sin x)\mathrm{d}x$ 收敛，且 $J=-\frac{\pi}{2}\ln 2$（提示：利用 $\int_0^{\frac{\pi}{2}}\ln(\sin x)\mathrm{d}x=\int_0^{\frac{\pi}{2}}\ln(\cos x)\mathrm{d}x$，并将它们相加）.

4. 利用上题的方法，证明：

(1) $\int_0^{\pi}\theta\ln(\sin\theta)\mathrm{d}\theta=-\frac{\pi^2}{2}\ln 2$；　(2) $\int_0^{\pi}\frac{\theta\sin\theta}{1-\cos\theta}\mathrm{d}\theta=2\pi\ln 2$.

总练习题 11

1. 证明下列等式：

(1) $\int_0^1 \frac{x^{p-1}}{x+1}\mathrm{d}x=\int_1^{+\infty}\frac{x^{-p}}{x+1}\mathrm{d}x,\ p>0$；

(2) $\int_0^{+\infty} \frac{x^{p-1}}{x+1}\mathrm{d}x=\int_0^{+\infty}\frac{x^{-p}}{x+1}\mathrm{d}x,\ 0<p<1$.

2. 证明下列不等式：

(1) $\frac{\pi}{2\sqrt{2}}<\int_0^1\frac{\mathrm{d}x}{\sqrt{x+1}}<\frac{\pi}{2}$；　(2) $\frac{1}{2}\left(1-\frac{1}{\mathrm{e}}\right)<\int_0^{+\infty}\mathrm{e}^{-x^2}\mathrm{d}x<1+\frac{1}{2\mathrm{e}}$.

3. 计算下列反常积分的值：

(1) $\int_0^{+\infty}\mathrm{e}^{-ax}\cos bx\,\mathrm{d}x\,(a>0)$；　(2) $\int_0^{+\infty}\mathrm{e}^{-ax}\sin bx\,\mathrm{d}x\,(a>0)$；

(3) $\int_0^{+\infty}\frac{\ln x}{1+x^2}\mathrm{d}x$；　(4) $\int_0^{\frac{\pi}{2}}\ln(\tan\theta)\mathrm{d}\theta$.

4. 讨论反常积分 $\int_0^{+\infty} \frac{\sin bx}{x^\lambda}\mathrm{d}x\,(b \neq 0)$ 在 λ 取何值时绝对收敛，λ 取何值时条件收敛.

5. 设 $f(x)$ 在 $[0,+\infty)$ 上连续，$0<a<b$. 证明：

(1) 若 $\lim\limits_{x\to+\infty} f(x)=k$，则 $\int_0^{+\infty} \frac{f(ax)-f(bx)}{x}\mathrm{d}x = (f(0)-k)\ln\frac{b}{a}$；

(2) 若 $\int_a^{+\infty} \frac{f(x)}{x}\mathrm{d}x$ 收敛，则 $\int_0^{+\infty} \frac{f(ax)-f(bx)}{x}\mathrm{d}x = f(0)\ln\frac{b}{a}$.

6. 设 $f(x)$ 为 $[0,+\infty)$ 上的非负连续函数，若 $\int_0^{+\infty} xf(x)\mathrm{d}x$ 收敛，则 $\int_0^{+\infty} f(x)\mathrm{d}x$ 也收敛.

硕士研究生入学试题选录

7. 设 $f(x)\in C[0,+\infty)$，且 $\forall x\in[0,+\infty)$，$f(x)\geqslant 0$，证明 $\lim\limits_{n\to\infty}\frac{1}{n}\int_a^{+\infty} xf(x)\mathrm{d}x = 0$.(2001 数一)

8. (填空题) $\int_a^{+\infty} \frac{1}{x\ln^2 x}\mathrm{d}x =$ ________. (2002 数一)

9. 证明：反常积分 $\int_a^{+\infty} \frac{\sin x^2}{1+x^p}\mathrm{d}x\,(p \geqslant 0)$ 收敛. (1998 数一)

10. 设 $f(x)$ 为 $[1,+\infty)$ 上可微、单调减且 $\lim\limits_{x\to+\infty} f(x)=0$. 若 $\int_1^{+\infty} f(x)\mathrm{d}x$ 收敛，证明：$\int_1^{+\infty} xf'(x)\mathrm{d}x$ 收敛. (1995 数一)

第12章

数项级数

12.1 级数的收敛性

12.1.1 级数的基本概念

定义 1 给定一个数列$\{u_n\}$，用加号连接的表达式

$$u_1+u_2+\cdots+u_n+\cdots$$

称为数项级数，简称级数，其中 u_n 称为通项. 级数

$$u_1+u_2+\cdots+u_n+\cdots$$

常记为 $\sum\limits_{n=1}^{\infty}u_n$，简记为 $\sum u_n$.

$$\text{ie:}\ \sum_{n=1}^{\infty}u_n=u_1+u_2+\cdots+u_n+\cdots.$$

级数 $\sum\limits_{i=1}^{\infty}u_n$ 前 n 项的和记为 $S_n=\sum\limits_{k=1}^{n}u_k=u_1+u_2+\cdots+u_n$，称为第 n 个部分和，简称部分和.

定义 2 若级数 $\sum\limits_{n=1}^{\infty}u_n$ 的部分和序列$\{S_n\}$收敛于 S，则称级数 $\sum\limits_{n=1}^{\infty}u_n$ 收敛，S 称为级数 $\sum\limits_{n=1}^{\infty}u_n$ 的和. 记作 $S=\sum\limits_{n=1}^{\infty}u_n$. 若$\{S_n\}$发散，则称级数 $\sum\limits_{n=1}^{\infty}u_n$ 发散.

实质 级数的敛散性是由部分和序列的敛散性确定.

显然有 $\forall n, u_n=S_n-S_{n-1}$. 如果级数 $\sum\limits_{n=1}^{\infty}u_n$ 收敛，则$\lim\limits_{n\to\infty}S_n$ 存在，设$\lim\limits_{n\to\infty}S_n=S$，则$\lim\limits_{n\to\infty}u_n=\lim\limits_{n\to\infty}(S_n-S_{n-1})=0$，故级数 $\sum\limits_{n=1}^{\infty}u_n$ 收敛的必要条件为$\lim\limits_{n\to\infty}u_n=0$.

例 1 讨论等比级数(几何级数) $\sum\limits_{n=1}^{\infty}aq^{n-1}$ 的敛散性.

解 因为 $q\neq1$ 时，$S_n=a+aq+aq^2+\cdots+aq^{n-1}=\dfrac{a(1-q^n)}{1-q}$，所以：

(1) 当$|q|<1$ 时，$\lim\limits_{n\to\infty}S_n=\dfrac{a}{1-q}$，从而 $\sum\limits_{n=1}^{\infty}aq^{n-1}=\dfrac{a}{1-q}$；

(2) 当$|q|>1$时,$\lim\limits_{n\to\infty}S_n=\infty$,所以 $\sum\limits_{n=1}^{\infty}aq^{n-1}$ 发散;

(3) 当 $q=1$ 时,$S_n=an$,所以 $\sum\limits_{n=1}^{\infty}aq^{n-1}$ 发散;

(4) 当 $q=-1$ 时,$S_{2k}=0,S_{2k+1}=a$,所以 $\sum\limits_{n=1}^{\infty}aq^{n-1}$ 发散.

综上可得,当$|q|<1$时,$\sum\limits_{n=1}^{\infty}aq^{n-1}$ 收敛;当$|q|\geqslant 1$时,$\sum\limits_{n=1}^{\infty}aq^{n-1}$ 发散.

例 2　讨论级数 $\sum\limits_{n=1}^{\infty}\dfrac{1}{n(n+1)}$ 的敛散性.

解　因为

$$\begin{aligned}S_n&=\frac{1}{1\cdot 2}+\frac{1}{2\cdot 3}+\cdots+\frac{1}{n(n+1)}\\&=\left(1-\frac{1}{2}\right)+\left(\frac{1}{2}-\frac{1}{3}\right)+\cdots+\left(\frac{1}{n}-\frac{1}{n+1}\right)\\&=1-\frac{1}{n+1}.\end{aligned}$$

所以$\lim\limits_{n\to\infty}S_n=\lim\limits_{n\to\infty}\left(1-\dfrac{1}{n+1}\right)=1$,故 $\sum\limits_{n=1}^{\infty}\dfrac{1}{n(n+1)}=1$.

例 3　讨论级数 $\sum\limits_{n=1}^{\infty}\cos\dfrac{1}{n}$ 的敛散性.

解　因为$\lim\limits_{n\to\infty}u_n=\lim\limits_{n\to\infty}\cos\dfrac{1}{n}=1\neq 0$,所以 $\sum\limits_{n=1}^{\infty}\cos\dfrac{1}{n}$ 发散.

12.1.2　级数的柯西收敛准则

定理 1　级数 $\sum\limits_{n=1}^{\infty}u_n$ 收敛$\Leftrightarrow\forall\varepsilon>0,\exists N>0$,

$$\ni \text{“}n>N,\forall p=1,2,\cdots\Rightarrow\left|\sum_{k=n+1}^{n+p}u_k\right|<\varepsilon\text{”};$$

级数 $\sum u_n$ 发散$\Leftrightarrow\exists\varepsilon_0>0,\forall N>0,\exists n_0>N,\exists p_0$,

$$\ni \text{“}|u_{n_0+1}+u_{n_0+2}+\cdots+u_{n_0+p_0}|\geqslant\varepsilon_0\text{”}.$$

证　由数列的柯西收敛准则即知结论成立.

例 4　证明级数 $\sum\limits_{n=1}^{\infty}\dfrac{1}{n^2}$ 收敛.

证　由于对于任意自然数 p,有

$$|u_{n+1}+u_{n+2}+\cdots+u_{n+p}|=\frac{1}{(n+1)^2}+\frac{1}{(n+2)^2}+\cdots+\frac{1}{(n+p)^2}$$

$$< \frac{1}{n(n+1)} + \frac{1}{(n+1)(n+2)} + \cdots + \frac{1}{(n+p-1)(n+p)}$$

$$= \frac{1}{n} - \frac{1}{n+p} < \frac{1}{n},$$

所以 $\forall \varepsilon > 0$,取 $N = \left[\frac{1}{\varepsilon}\right]$,当 $n > N$ 时,有

$$|u_{n+1} + u_{n+2} + \cdots + u_{n+p}| < \varepsilon,$$

故 $\sum\limits_{n=1}^{\infty} \frac{1}{n^2}$ 收敛.

例 5 证明调和级数 $\sum\limits_{n=1}^{\infty} \frac{1}{n}$ 发散.

证 取 $p = n$ 时,有

$$|u_{n+1} + u_{n+2} + \cdots + u_{2n}| = \left|\frac{1}{n+1} + \frac{1}{n+2} + \cdots + \frac{1}{n+n}\right|$$

$$\geqslant \left|\frac{1}{2n} + \frac{1}{2n} + \cdots + \frac{1}{2n}\right| = \frac{1}{2},$$

所以取 $\varepsilon_0 = \frac{1}{2}$,$\forall N > 0$,只要 $n > N$,$p = n$,就有

$$|u_{n+1} + u_{n+2} + \cdots + u_{2n}| > \frac{1}{2},$$

故 $\sum\limits_{n=1}^{\infty} \frac{1}{n}$ 发散.

由此例可得 $\lim\limits_{n\to\infty} u_n = 0 \nRightarrow \sum\limits_{n=1}^{\infty} u_n$ 收敛.

12.1.3 收敛级数的性质

性质 1 若 $\sum\limits_{n=1}^{\infty} u_n$,$\sum\limits_{n=1}^{\infty} v_n$ 都收敛,则 $\forall k_1, k_2$,$\sum\limits_{n=1}^{\infty} (k_1 u_n + k_2 v_n)$ 亦收敛,且

$$\sum_{n=1}^{\infty} (k_1 u_n + k_2 v_n) = k_1 \sum_{n=1}^{\infty} u_n + k_2 \sum_{n=1}^{\infty} v_n.$$

证 由数列极限的线性运算知结论成立.

性质 2 去掉、增加或改变级数的有限项,不改变级数的敛散性.

证 由数列极限的收敛性知结论成立.

性质 3 在收敛级数中任意添加括号,既不改变级数的收敛性,也不改变级数的和.

证 设 $\sum\limits_{n=1}^{\infty} u_n$ 收敛,其和为 S,记

$$v_1 = u_1 + u_2 + \cdots + u_{n_1},$$

$$v_2 = u_{n_1+1} + u_{n_1+2} + \cdots + u_{n_2},$$

$$\vdots$$

$$v_k = u_{n_{k-1}+1} + u_{n_{k-1}+2} + \cdots + u_{n_k},$$

则 $\sum\limits_{n=1}^{\infty} v_k$ 是 $\sum\limits_{n=1}^{\infty} u_n$ 加括号后所得的级数，可见 $\sum\limits_{n=1}^{\infty} v_k$ 的部分和序列 $\{S_{n_k}\}$ 是 $\sum\limits_{n=1}^{\infty} u_n$ 的部分和序列 $\{S_n\}$ 的子列，故结论成立.

注　添加括号收敛，并不能得到未加括号的级数也收敛，如

$$\sum (1-1) = (1-1) + (1-1) + \cdots = 0$$

收敛，但

$$\sum_{n=1}^{\infty} (-1)^{n-1} = 1 - 1 + 1 - 1 + \cdots$$

发散，实因 $\lim\limits_{n\to\infty} u_n \neq 0$.

习题 12.1

1. 证明下列级数的收敛性并求其和数：

(1) $\dfrac{1}{1\cdot 6} + \dfrac{1}{6\cdot 11} + \dfrac{1}{11\cdot 16} + \cdots + \dfrac{1}{(5n-4)(5n+1)} + \cdots$；

(2) $\left(\dfrac{1}{2} + \dfrac{1}{3}\right) + \left(\dfrac{1}{2^2} + \dfrac{1}{3^2}\right) + \cdots + \left(\dfrac{1}{2^n} + \dfrac{1}{3^n}\right) + \cdots$；

(3) $\sum\limits_{n=1}^{\infty} \dfrac{1}{n(n+1)(n+2)}$；

(4) $\sum\limits_{n=1}^{\infty} (\sqrt{n+2} - 2\sqrt{n+1} + \sqrt{n})$；

(5) $\sum\limits_{n=1}^{\infty} \dfrac{2n-1}{2^n}$.

2. 证明：若级数 $\sum\limits_{n=1}^{\infty} u_n$ 发散，$c\neq 0$，则 $\sum\limits_{n=1}^{\infty} cu_n$ 也发散.

3. 设级数 $\sum\limits_{n=1}^{\infty} u_n$ 与 $\sum\limits_{n=1}^{\infty} v_n$ 都发散，试问 $\sum\limits_{n=1}^{\infty} (u_n + v_n)$ 一定发散吗？又若 u_n 与 v_n $(n=1,2,\cdots)$ 都是非负数，则能得出什么结论？

4. 证明：若数列 $\{a_n\}$ 收敛于 a，则级数 $\sum\limits_{n=1}^{\infty} (a_n - a_{n+1}) = a_1 - a$.

5. 证明：若数列 $\{b_n\}$ 有 $\lim\limits_{n\to\infty} b_n = \infty$，则级数 $\sum\limits_{n=1}^{\infty} (b_{n+1} - b_n)$ 发散；当 $b_n \neq 0$ 时，级数

$\sum\limits_{n=1}^{\infty}\left(\frac{1}{b_n}-\frac{1}{b_{n+1}}\right)=\frac{1}{b_1}$.

6. 应用第 4、5 题的结果求下列级数的和：

(1) $\sum\limits_{n=1}^{\infty}\frac{1}{(a+n-1)(a+n)}$；　　(2) $\sum\limits_{n=1}^{\infty}(-1)^{n+1}\frac{2n+1}{n(n+1)}$；

(3) $\sum\limits_{n=1}^{\infty}\frac{2n+1}{(n^2+1)[(n+1)^2+1]}$.

7. 应用柯西准则判别下列级数的敛散性：

(1) $\sum\limits_{n=1}^{\infty}\frac{\sin 2^n}{2^n}$；　　(2) $\sum\limits_{n=1}^{\infty}\frac{(-1)^{n+1}n^2}{2n^2+1}$；

(3) $\sum\limits_{n=1}^{\infty}\frac{(-1)^n}{n}$；　　(4) $\sum\limits_{n=1}^{\infty}\frac{1}{\sqrt{n+n^2}}$.

8. 证明：级数 $\sum\limits_{n=1}^{\infty}u_n$ 收敛$\Leftrightarrow\forall\varepsilon>0,\exists N>0,\ni$“$n>N\Rightarrow|u_N+u_{N+1}+\cdots+u_n|<\varepsilon$”.

9. 举例说明：若级数 $\sum\limits_{n=1}^{\infty}u_n$ 对每个固定的自然数 p 满足条件

$$\lim_{n\to\infty}(u_{n+1}+\cdots+u_{n+p})=0,$$

此级数仍可能不收敛.

10. 设级数 $\sum\limits_{n=1}^{\infty}u_n$ 满足：加括号后级数 $\sum\limits_{k=1}^{\infty}(u_{n_k+1}+\cdots+u_{n_{k+1}})(n_1=0)$ 收敛，且在同一括号中 $u_{n_k+1},u_{n_k+2},\cdots,u_{n_{k+1}}$ 的符号相同，证明 $\sum\limits_{n=1}^{\infty}u_n$ 也收敛.

12.2 正项级数

12.2.1 正项级数与比较判别法

定义 1 如果 $\forall n,u_n\geqslant 0$，则称 $\sum\limits_{n=1}^{\infty}u_n$ 为正项级数. 如果 $\forall n,u_n\leqslant 0$，则称 $\sum\limits_{n=1}^{\infty}u_n$ 为负项级数.

正项级数与负项级数有相同的敛散性，所以我们仅仅讨论正项级数.

由于 $\forall n,u_n\geqslant 0\Rightarrow\{S_n\}\uparrow$，从而有如下定理.

定理 1 正项级数 $\sum\limits_{n=1}^{\infty}u_n$ 收敛$\Leftrightarrow$部分和序列$\{S_n\}$有上界

$$\Leftrightarrow\exists M>0,\quad\ni\text{“}\forall n,S_n\leqslant M\text{”}.$$

定理 2（比较原则） 设 $\sum\limits_{n=1}^{\infty}u_n,\sum\limits_{n=1}^{\infty}v_n$ 是两个正项级数，如果

$$\exists N>0,\quad \exists c>0,\quad \ni \text{“}n>N\Rightarrow u_n\leqslant cv_n\text{”},$$

则：

(1) $\sum\limits_{n=1}^{\infty}v_n$ 收敛 $\Rightarrow\sum\limits_{n=1}^{\infty}u_n$ 收敛；

(2) $\sum\limits_{n=1}^{\infty}u_n$ 发散 $\Rightarrow\sum\limits_{n=1}^{\infty}v_n$ 发散.

证　(1) 不妨设 $\forall n,u_n\leqslant cv_n$，记

$$S'_n=\sum_{k=1}^{n}u_k,\quad S''_n=\sum_{k=1}^{n}v_k,$$

则 $\forall n,S'_n\leqslant cS''_n$，而 $\sum\limits_{n=1}^{\infty}v_n$ 收敛$\Rightarrow\{S''_n\}$有界$\Rightarrow\{S'_n\}$有界，所以 $\sum\limits_{n=1}^{\infty}u_n$ 收敛；

(2) 为(1)的逆否命题.

例 1　考查 $\sum\limits_{n=1}^{\infty}\dfrac{1}{n^2-n+1}$ 的敛散性.

解　因为当 $n\geqslant2$ 时，

$$\frac{1}{n^2-n+1}\leqslant\frac{1}{n^2-n}=\frac{2}{n^2+n(n-2)}\leqslant2\cdot\frac{1}{n^2},$$

而 $\sum\limits_{n=1}^{\infty}\dfrac{1}{n^2}$ 收敛，所以原级数收敛.

例 2　考查 $\sum\limits_{n=1}^{\infty}\dfrac{1}{\sqrt{n^2-n+1}}$ 的敛散性.

解　因为

$$\frac{1}{\sqrt{n^2-n+1}}>\frac{1}{\sqrt{n^2+1}}>\frac{1}{\sqrt{n^2+n^2}}=\frac{1}{\sqrt{2}}\cdot\frac{1}{n},$$

而 $\sum\limits_{n=1}^{\infty}\dfrac{1}{n}$ 发散，所以原级数发散.

定理 3(比较判别法的极限形式)　设 $\sum\limits_{n=1}^{\infty}u_n,\sum\limits_{n=1}^{\infty}v_n$ 是两个正项级数，如果 $\lim\limits_{n\to\infty}\dfrac{u_n}{v_n}=l$，则：

(1) 当 $0<l<+\infty$ 时，$\sum\limits_{n=1}^{\infty}u_n$ 与 $\sum\limits_{n=1}^{\infty}v_n$ 同时收敛或同时发散；

(2) 当 $l=0$ 时，$\sum\limits_{n=1}^{\infty}v_n$ 收敛 $\Rightarrow\sum\limits_{n=1}^{\infty}u_n$ 收敛；

(3) 当 $l=\infty$ 时，$\sum\limits_{n=1}^{\infty}v_n$ 发散 $\Rightarrow\sum\limits_{n=1}^{\infty}u_n$ 发散.

提示　由分母的敛散性获得分子的敛散性.

证　(1) 因为 $\lim\limits_{n\to\infty}\dfrac{u_n}{v_n}=l$，所以取 $\varepsilon=\dfrac{l}{2}$，

$$\exists N>0,\quad \ni \text{“} n>N \Rightarrow \left|\frac{u_n}{v_n}-l\right|<\frac{l}{2}\text{”},$$

即$\frac{l}{2}\cdot v_n<u_n<\frac{3l}{2}\cdot v_n$,故 $\sum_{n=1}^{\infty}u_n$ 与 $\sum_{n=1}^{\infty}v_n$ 同时收敛或同时发散;

(2) 当 $l=0$ 时,$\lim\limits_{n\to\infty}\frac{u_n}{v_n}=0$,所以取 $\varepsilon=1$,

$$\exists N>0,\quad \ni \text{“} n>N \Rightarrow \left|\frac{u_n}{v_n}-0\right|<1\text{”},$$

即 $u_n<v_n$,故 $\sum_{n=1}^{\infty}v_n$ 收敛 $\Rightarrow \sum_{n=1}^{\infty}u_n$ 收敛;

(3) 当 $l=\infty$时,$\lim\limits_{n\to\infty}\frac{u_n}{v_n}=+\infty$,所以取 $M=1$ 时,

$$\exists N>0,\quad \ni \text{“} n>N \Rightarrow \frac{u_n}{v_n}>1\text{”},$$

即 $u_n>v_n$,故 $\sum_{n=1}^{\infty}v_n$ 发散 $\Rightarrow \sum_{n=1}^{\infty}u_n$ 发散.

综上可知,结论成立.

12.2.2 比式判别法与根式判别法

由比较判别法知,要判别一个级数的敛散性,必须用已知敛散性的级数作为“尺子”去比较,下面介绍由级数本身的属性来讨论其敛散性的方法.

定理 4(**达朗贝尔判别法或比式判别法**) 设 $\sum_{n=1}^{\infty}u_n$ 为正项级数.

(1) 若 $\exists N_0>0,\ni$“$n>N_0\Rightarrow\frac{u_{n+1}}{u_n}\leqslant q<1$”,则 $\sum_{n=1}^{\infty}u_n$ 收敛;

(2) 若 $\exists N_0>0,\ni$“$n>N_0\Rightarrow\frac{u_{n+1}}{u_n}\geqslant 1$”,则 $\sum_{n=1}^{\infty}u_n$ 发散.

证 (1) 不妨设 $\forall n,\frac{u_{n+1}}{u_n}\leqslant q<1$,则

$$\frac{u_2}{u_1}\cdot\frac{u_3}{u_2}\cdot\cdots\cdot\frac{u_n}{u_{n-1}}\leqslant q^{n-1},$$

即 $u_n\leqslant u_1q^{n-1}$,而 $0<q<1$ 时,$\sum_{n=1}^{\infty}u_1q^{n-1}$ 收敛,所以 $\sum_{n=1}^{\infty}u_n$ 收敛.

(2) 因 $\exists N_0>0,\ni$“$n>N_0\Rightarrow\frac{u_{n+1}}{u_n}\geqslant 1$”,所以 $\forall n>N_0$,$u_n\geqslant u_{N_0}$,从而$\lim\limits_{n\to\infty}u_n\geqslant u_{N_0}\neq 0$,故 $\sum_{n=1}^{\infty}u_n$ 发散.

实质 用等比级数作为“尺子”.

定理 4′（达朗贝尔判别法的极限形式）　设 $\sum_{n=1}^{\infty} u_n$ 为正项级数，如果 $\lim_{n\to\infty}\frac{u_{n+1}}{u_n}=l$，则：

(1) 当 $l<1$ 时，$\sum_{n=1}^{\infty} u_n$ 收敛；

(2) 当 $l>1$ 时，$\sum_{n=1}^{\infty} u_n$ 发散；

(3) 当 $l=1$ 时，不能用此法判断.

证　因为 $\lim_{n\to\infty}\frac{u_{n+1}}{u_n}=l$，所以

$$\forall \varepsilon>0,\quad \exists N>0,\quad \ni \text{“}n>N \Rightarrow \left|\frac{u_{n+1}}{u_n}-l\right|<\varepsilon\text{”}.$$

(1) 当 $l<1$ 时，取 $\varepsilon=\frac{1-l}{2}$，则

$$\exists N_0>0,\quad \ni \text{“}n>N_0 \Rightarrow \left|\frac{u_{n+1}}{u_n}-l\right|<\frac{1-l}{2}\text{”},$$

即 $\frac{u_{n+1}}{u_n}<\frac{1+l}{2}<1$，所以 $\sum_{n=1}^{\infty} u_n$ 收敛；

(2) 当 $l>1$ 时，取 $\varepsilon=\frac{l-1}{2}$，则

$$\exists N_0>0,\quad \ni \text{“}n>N_0 \Rightarrow \left|\frac{u_{n+1}}{u_n}-l\right|<\frac{l-1}{2}\text{”},$$

即 $\frac{u_{n+1}}{u_n}>\frac{1+l}{2}>1$，故 $\sum_{n=1}^{\infty} u_n$ 发散；

(3) 当 $l=1$ 时，不能用此法判断. 例如 $\sum_{n=1}^{\infty}\frac{1}{n}$ 发散，$\sum_{n=1}^{\infty}\frac{1}{n^2}$ 收敛，但

$$\lim_{n\to\infty}\frac{\frac{1}{n+1}}{\frac{1}{n}}=1,\quad 而\quad \lim_{n\to\infty}\frac{\frac{1}{(n+1)^2}}{\frac{1}{n^2}}=1.$$

例 3　讨论级数 $\sum_{n=1}^{\infty} nx^{n-1}\ (x>0)$ 的敛散性.

解　因为

$$\frac{u_{n+1}}{u_n}=\frac{(n+1)x^{n+1}}{nx^n}=\frac{(n+1)x}{n}\to x,\quad n\to\infty,$$

所以当 $0<x<1$ 时，$\sum_{n=1}^{\infty} nx^{n-1}$ 收敛；当 $x>1$ 时，$\sum_{n=1}^{\infty} nx^{n-1}$ 发散；而当 $x=1$ 时，$\sum_{n=1}^{\infty} nx^{n-1}$ 亦发散.

定理 5（柯西判别法或称根式判别法） 设 $\sum_{n=1}^{\infty} u_n$ 为正项级数.

(1) 若 $\exists N_0>0$，$\ni$“$n>N_0 \Rightarrow \sqrt[n]{u_n} \leqslant q<1$”，则 $\sum_{n=1}^{\infty} u_n$ 收敛；

(2) 若 $\exists N_0>0$，$\ni$“$n>N_0 \Rightarrow \sqrt[n]{u_n} \geqslant 1$”，则 $\sum_{n=1}^{\infty} u_n$ 发散.

证 (1) 因为 $\exists N_0>0$，$\ni$“$n>N_0 \Rightarrow \sqrt[n]{u_n} \leqslant q<1$”，所以 $\exists N_0>0$，$\ni$“$n>N_0 \Rightarrow u_n \leqslant q^n$”，而 $\sum_{n=1}^{\infty} q^n\ (0<q<1)$ 收敛，故 $\sum_{n=1}^{\infty} u_n$ 收敛；

(2) 因为 $\exists N_0>0$，$\ni$“$n>N_0 \Rightarrow \sqrt[n]{u_n} \geqslant 1$”，所以 $\exists N_0>0$，$\ni$“$n>N_0 \Rightarrow u_n \geqslant 1$”，从而 $\sum_{n=1}^{\infty} u_n$ 发散.

定理 5′（柯西判别法的极限形式） 设 $\sum_{n=1}^{\infty} u_n$ 为正项级数，且 $\lim_{n\to\infty} \sqrt[n]{u_n}=q$，则：

(1) 当 $q<1$ 时，$\sum_{n=1}^{\infty} u_n$ 收敛；

(2) 当 $q>1$ 时，$\sum_{n=1}^{\infty} u_n$ 发散；

(3) 当 $q=1$ 时，不能作出判断.

例 4 讨论级数 $\sum_{n=1}^{\infty} \frac{(-1)^n+2}{2^n}$ 的敛散性.

解 因为 $\lim_{n\to\infty} \sqrt[n]{u_n}=\lim_{n\to\infty} \sqrt[n]{\frac{(-1)^n+2}{2^n}}=\frac{1}{2}<1$，所以 $\sum_{n=1}^{\infty} \frac{(-1)^n+2}{2^n}$ 收敛.

可以看出，柯西根式判别法亦是以等比级数作为“尺子”而得到的判别法. 达朗贝尔判别法与柯西判别法在应用上比较简单，但应用面较小，例如对 $\sum_{n=1}^{\infty} \frac{1}{n^p}$ 这样的级数都不能作出判断. 因此，还需要寻求更“好”的判别法.

12.2.3 积分判别法

定理 6 设 $f(x)$ 是 $[1,+\infty)$ 上的非负单调减函数，那么，级数 $\sum_{n=1}^{\infty} f(n)$ 与反常积分 $\int_1^{+\infty} f(x)\mathrm{d}x$ 同时收敛或同时发散.

证 因为 $f(x)$ 是 $[1,+\infty)$ 上的非负单调减函数，所以 $\forall A\in(1,+\infty)$，$f(x)$ 在 $[1,A]$ 上可积，从而由图 12.1 知

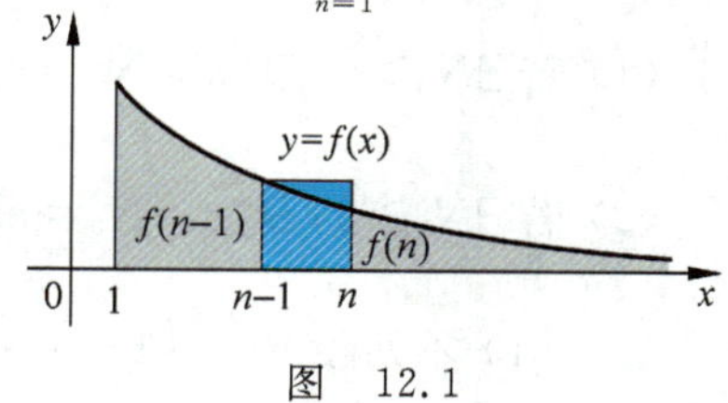

图 12.1

$$f(n) \leqslant \int_{n-1}^{n} f(x)\mathrm{d}x \leqslant f(n-1),$$

于是 $\sum\limits_{n=2}^{m} f(n) \leqslant \int_{1}^{m} f(x)\mathrm{d}x \leqslant \sum\limits_{n=2}^{m} f(n-1) = \sum\limits_{n=1}^{m-1} f(n)$，故结论成立.

例 5　讨论级数 $\sum\limits_{n=1}^{\infty} \dfrac{1}{n^p}$ 的敛散性.

解　因为 $\int_{1}^{+\infty} \dfrac{1}{x^p}\mathrm{d}x$ 当 $p>1$ 时收敛，当 $0<p\leqslant 1$ 时发散，所以级数 $\sum\limits_{n=1}^{\infty} \dfrac{1}{n^p}$ 当 $p>1$ 时收敛，当 $0<p\leqslant 1$ 时发散.

而当 $p\leqslant 0$ 时，$\sum\limits_{n=1}^{\infty} \dfrac{1}{n^p}$ 发散，故 $\sum\limits_{n=1}^{\infty} \dfrac{1}{n^p}$ 当 $p>1$ 时收敛，当 $p\leqslant 1$ 时发散.

级数 $\sum\limits_{n=1}^{\infty} \dfrac{1}{n^p}$ 称为 p-级数，用其作为比较判别法的“尺子”较“等比尺子”要好，即等比级数能判别的，p-级数亦能判别，而 p-级数能判别的级数，等比级数不一定能判别.

例 6　讨论级数 $\sum\limits_{n=2}^{\infty} \dfrac{1}{n\ln^p n}$ 的敛散性.

解　因为反常积分当 $\int_{2}^{+\infty} \dfrac{1}{x\ln^p x}\mathrm{d}x$ 当 $p>1$ 时收敛，当 $0<p\leqslant 1$ 时发散，所以级数 $\sum\limits_{n=2}^{\infty} \dfrac{1}{n\ln^p n}$ 当 $p>1$ 时收敛，当 $0<p\leqslant 1$ 时发散.

又 $\sum\limits_{n=2}^{\infty} \dfrac{1}{n\ln^p n}$ 当 $p\leqslant 0$ 时发散，故 $\sum\limits_{n=2}^{\infty} \dfrac{1}{n\ln^p n}$ 当 $p>1$ 时收敛，当 $p\leqslant 1$ 时发散.

在比较判别法中，并没有最精密的“尺子”，实因

$$\sum_{n=1}^{\infty} aq^{n-1}, \sum_{n=1}^{\infty} \frac{1}{n^p}, \sum_{n=3}^{\infty} \frac{1}{n\ln^p n}, \sum_{n=9}^{\infty} \frac{1}{n\ln n\ln\ln^p n}, \cdots$$

一个比一个“精密”.

12.2.4　拉贝判别法与高斯判别法

用等比级数作为“尺子”时，我们获得了比式判别法和根式判别法，如果用 p-级数作为“尺子”，则可得下面的拉贝判别法.

定理 7（拉贝判别法）　设 $\sum\limits_{n=1}^{\infty} u_n$ 为正项级数.

(1) 若 $\exists N_0>0$，$\ni$“$n>N_0 \Rightarrow n\left(1-\dfrac{u_{n+1}}{u_n}\right)\geqslant q>1$”，则 $\sum\limits_{n=1}^{\infty} u_n$ 收敛；

(2) 若 $\exists N_0>0$，$\ni$“$n>N_0 \Rightarrow n\left(1-\dfrac{u_{n+1}}{u_n}\right)\leqslant 1$”，则 $\sum\limits_{n=1}^{\infty} u_n$ 发散.

证　(1) 不妨设 $\forall n$，$n\left(1-\dfrac{u_{n+1}}{u_n}\right)\geqslant q>1$，则 $\dfrac{u_{n+1}}{u_n}\leqslant 1-\dfrac{q}{n}$.

取 $p\in(1,q)$，则

$$\lim_{n\to\infty}\frac{\left(1-\frac{1}{n}\right)^p-1}{-\frac{q}{n}}=\frac{1}{q}\lim_{n\to\infty}\frac{\left(1-\frac{1}{n}\right)^p-1}{-\frac{1}{n}}=\frac{p}{q}<1,$$

于是 $\exists N_1>0$，$\ni$“$n>N_1\Rightarrow 1-\frac{q}{n}<\left(1-\frac{1}{n}\right)^p$”，即 $n>N_1$ 时，$\frac{u_{n+1}}{u_n}<\left(1-\frac{1}{n}\right)^p$.

又不妨设 $\forall n,\frac{u_{n+1}}{u_n}<\left(1-\frac{1}{n}\right)^p$，则

$$u_{n+1}=\frac{u_{n+1}}{u_n}\cdot\frac{u_n}{u_{n-1}}\cdot\cdots\cdot\frac{u_3}{u_2}\cdot u_2<\frac{(n-1)^p}{n^p}\cdot\frac{(n-2)^p}{(n-1)^p}\cdots\frac{1}{2^p}\cdot u_2=\frac{1}{n^p}\cdot u_2.$$

而 $\sum\limits_{n=1}^{\infty}\frac{1}{n^p}$ 收敛，所以 $\sum\limits_{n=1}^{\infty}u_n$ 收敛.

(2) 不妨设 $\forall n,n\left(1-\frac{u_{n+1}}{u_n}\right)<1$，则 $\frac{u_{n+1}}{u_n}>1-\frac{1}{n}$，从而

$$u_{n+1}=\frac{u_{n+1}}{u_n}\cdot\frac{u_n}{u_{n-1}}\cdot\cdots\cdot\frac{u_3}{u_2}\cdot u_2>\frac{n-1}{n}\cdot\frac{n-2}{n-1}\cdots\frac{1}{2}\cdot u_2=\frac{1}{n}\cdot u_2,$$

而 $\sum\limits_{n=1}^{\infty}\frac{1}{n}$ 发散，所以 $\sum\limits_{n=1}^{\infty}u_n$ 发散.

定理 7′（拉贝判别法的极限形式） 设 $\sum\limits_{n=1}^{\infty}u_n$ 为正项级数，且 $\lim\limits_{n\to\infty}n\left(1-\frac{u_{n+1}}{u_n}\right)=q$，则：

(1) 当 $q>1$ 时，$\sum\limits_{n=1}^{\infty}u_n$ 收敛；

(2) 当 $q<1$ 时，$\sum\limits_{n=1}^{\infty}u_n$ 发散；

(3) 当 $q=1$ 时，不能用此法判别.

证明略.

例 7 讨论级数 $\sum\limits_{n=1}^{\infty}\left[\frac{(2n-1)!!}{(2n)!!}\right]^s$ 当 $s=1,2,3$ 时的敛散性.

解 因为

$$\lim_{n\to\infty}\frac{u_{n+1}}{u_n}=\lim_{n\to\infty}\left[\frac{(2n+1)!!}{2(n+1)!!}\cdot\frac{(2n)!!}{(2n-1)!!}\right]^s=\lim_{n\to\infty}\left[\frac{2n+1}{2(n+1)}\right]^s=1,$$

所以当 $s=1,2,3$ 时不能用比值判别法判别.

下面用拉贝判别法来讨论.

当 $s=1$ 时，因为

$$\lim_{n\to\infty}n\left(1-\frac{u_{n+1}}{u_n}\right)=\lim_{n\to\infty}n\left(1-\frac{2n+1}{2n+2}\right)=\lim_{n\to\infty}\frac{n}{2n+2}=\frac{1}{2},$$

所以 $\sum\limits_{n=1}^{\infty}\left[\frac{(2n-1)!!}{(2n)!!}\right]$ 发散.

当 $s=2$ 时，因为

$$\lim_{n\to\infty} n\left(1-\frac{u_{n+1}}{u_n}\right)=\lim_{n\to\infty} n\left(1-\frac{(2n+1)^2}{(2n+2)^2}\right)=\lim_{n\to\infty}\frac{n(4n+3)}{(2n+2)^2}=1,$$

所以 $\sum_{n=1}^{\infty}\left[\frac{(2n-1)!!}{(2n)!!}\right]^2$ 不能用拉贝判别法的极限形式判别. 而 $\forall n$,

$$n\left(1-\frac{u_{n+1}}{u_n}\right)=n\left(1-\frac{(2n+1)^2}{(2n+2)^2}\right)=\frac{n(4n+3)}{(2n+2)^2}<1,$$

所以 $\sum_{n=1}^{\infty}\left[\frac{(2n-1)!!}{(2n)!!}\right]^2$ 发散.

当 $s=3$ 时，因为

$$\lim_{n\to\infty} n\left(1-\frac{u_{n+1}}{u_n}\right)=\lim_{n\to\infty} n\left(1-\frac{(2n+1)^3}{(2n+2)^3}\right)=\lim_{n\to\infty}\frac{n(12n^2+18n+7)}{(2n+2)^3}=\frac{3}{2},$$

所以 $\sum_{n=1}^{\infty}\left[\frac{(2n-1)!!}{(2n)!!}\right]^3$ 收敛.

如果用级数 $\sum_{n=1}^{\infty}\frac{1}{n\ln^p n}$ 作为“尺子”，则可得下面的高斯判别法.

定理 8（**高斯判别法**）　设 $\sum_{n=1}^{\infty}u_n$ 为正项级数，且

$$\frac{u_{n+1}}{u_n}=1-\frac{p}{n}+\frac{\theta_n}{n^{1+\mu}},$$

其中 θ_n 有界，$\mu>0$，则：

(1)当 $p>1$ 时，$\sum_{n=1}^{\infty}u_n$ 收敛；(2)当 $p\leqslant 1$ 时，$\sum_{n=1}^{\infty}u_n$ 发散.

证明略.

可以看出，$\theta_n=0$ 时，高斯判别法就是拉贝判别法. 所以当用比值判别法失效时，就用拉贝判别法，当拉贝判别法失效时，就用高斯判别法，而且没有最优的判别法.

习　题 12.2

1. 应用比较原则判别下列级数的敛散性：

(1) $\sum_{n=1}^{\infty}\frac{1}{n^2+a^2}(a>0)$；　　(2) $\sum_{n=1}^{\infty}2^n\sin\frac{\pi}{3^n}$；

(3) $\sum_{n=1}^{\infty}\frac{1}{\sqrt{1+n^2}}$；　　(4) $\sum_{n=2}^{\infty}\frac{1}{(\ln n)^n}$；

(5) $\sum_{n=1}^{\infty}\left(1-\cos\frac{1}{n}\right)$；　　(6) $\sum_{n=1}^{\infty}\frac{1}{n\sqrt[n]{n}}$；

(7) $\sum_{n=2}^{\infty}(\sqrt[n]{a}-1)(a>1)$；　　(8) $\sum_{n=2}^{\infty}\frac{1}{(\ln n)^{\ln n}}$；

(9) $\sum\limits_{n=1}^{\infty}(a^{\frac{1}{n}}+a^{-\frac{1}{n}}-2)(a>0)$.

2. 用比式判别法或根式判别法鉴定下列级数的敛散性：

(1) $\sum\limits_{n=1}^{\infty}\frac{1\cdot 3\cdots(2n-1)}{n!}$； (2) $\sum\limits_{n=1}^{\infty}\frac{(n+1)!}{10^n}$；

(3) $\sum\limits_{n=1}^{\infty}\left(\frac{n}{2n+1}\right)^n$； (4) $\sum\limits_{n=1}^{\infty}\frac{n!}{n^n}$；

(5) $\sum\limits_{n=1}^{\infty}\frac{n^2}{2^n}$； (6) $\sum\limits_{n=1}^{\infty}\frac{3^n\cdot n!}{n^n}$；

(7) $\sum\limits_{n=1}^{\infty}\left(\frac{b}{a_n}\right)^n$（其中 $a_n\to a(n\to\infty)$；$a_n,b,a>0$，且 $a\neq b$）.

3. 设 $\sum\limits_{n=1}^{\infty}u_n$ 和 $\sum\limits_{n=1}^{\infty}v_n$ 为正项级数，且 $\exists N_0$，$\ni$“$n>N_0\Rightarrow\frac{u_{n+1}}{u_n}\leqslant\frac{v_{n+1}}{v_n}$”，证明：若级数 $\sum\limits_{n=1}^{\infty}v_n$ 收敛，则级数 $\sum\limits_{n=1}^{\infty}u_n$ 也收敛；若 $\sum\limits_{n=1}^{\infty}u_n$ 发散，则 $\sum\limits_{n=1}^{\infty}v_n$ 也发散.

4. 设正项级数 $\sum\limits_{n=1}^{\infty}a_n$ 收敛，证明级数 $\sum\limits_{n=1}^{\infty}a_n^2$ 也收敛；试问反之是否成立？

5. 设 $a_n\geqslant 0(n=1,2,\cdots)$，且 $\{na_n\}$ 有界，证明 $\sum\limits_{n=1}^{\infty}a_n^2$ 收敛.

6. 设级数 $\sum\limits_{n=1}^{\infty}a_n^2$ 收敛，证明 $\sum\limits_{n=1}^{\infty}\frac{a_n}{n}(a_n>0)$ 也收敛.

7. 设正项级数 $\sum\limits_{n=1}^{\infty}u_n$ 收敛，证明级数 $\sum\limits_{n=1}^{\infty}\sqrt{u_nu_{n+1}}$ 也收敛.

8. 利用级数收敛的必要条件，证明下列等式：

(1) $\lim\limits_{n\to\infty}\frac{n^n}{(n!)^2}=0$； (2) $\lim\limits_{n\to\infty}\frac{(2n)!}{a^{n!}}=0(a>1)$.

9. 用积分判别法讨论下列级数的敛散性：

(1) $\sum\limits_{n=1}^{\infty}\frac{1}{n^2+1}$； (2) $\sum\limits_{n=1}^{\infty}\frac{n}{n^2+1}$；

(3) $\sum\limits_{n=3}^{\infty}\frac{1}{n\ln n\ln(\ln n)}$； (4) $\sum\limits_{n=3}^{\infty}\frac{1}{n(\ln n)^p(\ln\ln n)^q}$.

10. 设 $\{a_n\}$ 为单调减的正项数列，证明：级数 $\sum\limits_{n=1}^{\infty}a_n$ 与 $\sum\limits_{m=1}^{\infty}2^m a_{2^m}$ 同时收敛或同时发散.

11. 用拉贝判别法判别下列级数的敛散性：

(1) $\sum\limits_{n=1}^{\infty}\frac{1\cdot 3\cdot\cdots\cdot(2n-1)}{2\cdot 4\cdot\cdots\cdot(2n)}\cdot\frac{1}{2n+1}$； (2) $\sum\limits_{n=1}^{\infty}\frac{n!}{(x+1)(x+2)\cdots(x+n)}(x>0)$.

12. 用根式判别法证明级数 $\sum\limits_{n=1}^{\infty} 2^{-n-(-1)^n}$ 收敛，并说明比式判别法对此级数无效.

13. 求下列极限(其中 $p>1$)：

(1) $\lim\limits_{n\to\infty}\left[\dfrac{1}{(n+1)^p}+\dfrac{1}{(n+2)^p}+\cdots+\dfrac{1}{(2n)^p}\right]$；(2) $\lim\limits_{n\to\infty}\left(\dfrac{1}{p^{n+1}}+\dfrac{1}{p^{n+2}}+\cdots+\dfrac{1}{p^{2n}}\right)$.

14. 设 $a_n>0(n=1,2,\cdots)$，证明数列 $\{(1+a_1)(1+a_2)\cdots(1+a_n)\}$ 与级数 $\sum\limits_{n=1}^{\infty} a_n$ 同时收敛或同时发散.

12.3　一般项级数

本节只讨论某些特殊级数的敛散性.

12.3.1　交错级数

定义 1　如果 $\forall n, u_n>0$，则称级数 $\sum\limits_{n=1}^{\infty}(-1)^{n-1}u_n$ 为交错级数.

交错级数亦称为莱布尼茨级数，这是因为莱布尼茨首先研究这种级数，并给出下面的判别法，此判别法亦称为莱布尼茨判别法.

定理 1　如果交错级数 $\sum\limits_{n=1}^{\infty}(-1)^{n-1}u_n$ 满足：

(1) $\{u_n\}$ 单调下降；(2) $\lim\limits_{n\to\infty}u_n=0$；则 $\sum\limits_{n=1}^{\infty}(-1)^{n-1}u_n$ 收敛.

证　设 $S_n=\sum\limits_{k=1}^{n}(-1)^{k-1}u_k$，则

$$S_{2m-1}=u_1-(u_2-u_3)-\cdots-(u_{2m-2}-u_{2m-1}),$$
$$S_{2m}=(u_1-u_2)+(u_3-u_4)+\cdots+(u_{2m-1}-u_{2m}),$$

从而奇子列 $\{S_{2m-1}\}\downarrow$，偶子列 $\{S_{2m}\}\uparrow$，且

$$\lim_{m\to\infty}(S_{2m-1}-S_{2m})=\lim_{m\to\infty}u_{2m}=0,$$

于是 $\{[S_{2m},S_{2m-1}]\}$ 构成一闭区间套.

由闭区间套定理知 $\exists| S$，$\ni$ “$\lim\limits_{m\to\infty}S_{2m-1}=\lim\limits_{m\to\infty}S_{2m}=S$”，所以 $\{S_n\}$ 收敛，故 $\sum\limits_{n=1}^{\infty}(-1)^n u_n$ 收敛.

推论　若 $\sum\limits_{n=1}^{\infty}(-1)^n u_n$ 满足莱布尼茨条件，则余项

$$R_n=\sum_{k=1}^{\infty}(-1)^{n+k}u_{n+k}$$

有估计式$|R_n|\leqslant u_{n+1}$.

实因

$$|R_n|=u_{n+1}-(u_{n+2}-u_{n+3})-\cdots-(u_{n+2k}-u_{n+2k+1})-\cdots.$$

显然，由莱布尼茨判别法知$\sum_{n=2}^{\infty}(-1)^{n-1}\frac{1}{n}$，$\sum_{n=2}^{\infty}(-1)^{n-1}\frac{1}{\sqrt{n}}$，$\sum_{n=2}^{\infty}(-1)^{n}\frac{1}{\ln n}$皆收敛.

12.3.2 绝对收敛与条件收敛

对于一般项级数，如果每一项都取绝对值就变成了正项级数. 由此，我们就得到了绝对收敛与条件收敛的概念.

定义 2 如果$\sum_{n=1}^{\infty}|u_n|$收敛，则称级数$\sum_{n=1}^{\infty}u_n$绝对收敛；如果$\sum_{n=1}^{\infty}u_n$收敛，而$\sum_{n=1}^{\infty}|u_n|$发散，则称$\sum_{n=1}^{\infty}u_n$条件收敛.

定理 2 绝对收敛的级数一定收敛.

证 设$\sum_{n=1}^{\infty}u_n$绝对收敛，因为

$$|u_{n+1}+u_{n+2}+\cdots+u_{n+p}|\leqslant|u_{n+1}|+|u_{n+2}|+\cdots+|u_{n+p}|,$$

所以由柯西收敛准则知结论成立.

定理 2 的逆不成立，例如$\sum_{n=1}^{\infty}(-1)^{n-1}\frac{1}{n}$收敛，但$\sum_{n=1}^{\infty}\frac{1}{n}$发散.

例 1 判断级数$\sum_{n=1}^{\infty}\frac{\sin n}{n^2}$的敛散性.

解 因为$\forall n$有$\left|\frac{\sin n}{n^2}\right|\leqslant\frac{1}{n^2}$，而$\sum_{n=1}^{\infty}\frac{1}{n^2}$收敛，所以由比较原理知$\sum_{n=1}^{\infty}\frac{\sin n}{n^2}$收敛，且为绝对收敛.

例 2 讨论级数的$\sum_{n=1}^{\infty}\frac{x^n}{n}(x\in\mathbb{R})$的敛散性.

解 当$x=0$时，$\sum_{n=1}^{\infty}\frac{x^n}{n}$显然收敛；当$x\neq0$时，因为$\left|\frac{a_{n+1}}{a_n}\right|=\frac{n}{n+1}|x|\to|x|(n\to\infty)$，所以当$|x|<1$时，原级数绝对收敛；当$|x|>1$时，原级数发散；当$x=-1$时，原级数为条件收敛；当$x=1$时，原级数发散.

例 3 判定下列级数的敛散性，若收敛，是绝对收敛还是条件收敛？

(1) $\sum_{n=1}^{\infty}\frac{\sin nx}{n^2}(x\in\mathbb{R})$； (2) $\sum_{n=1}^{\infty}(-1)^{n-1}\frac{n}{3^{n-1}}$；

(3) $\sum_{n=1}^{\infty}n!\,x^n(x\in\mathbb{R})$； (4) $\sum_{n=1}^{\infty}\frac{x^n}{n!}(x\in\mathbb{R})$.

解　(1) $\forall x\in\mathbb{R}, |u_n|=\left|\dfrac{\sin nx}{n^2}\right|\leqslant\dfrac{1}{n^2}$,

因 $\sum\limits_{n=1}^{\infty}\dfrac{1}{n^2}$ 收敛,故原级数绝对收敛.

(2) $$\lim_{n\to\infty}\left|\frac{u_{n+1}}{u_n}\right|=\lim_{n\to\infty}\left|\frac{\frac{n+1}{3^n}}{\frac{n}{3^{n-1}}}\right|=\lim_{n\to\infty}\frac{n+1}{3n}=\frac{1}{3}<1,$$

故原级数绝对收敛.

(3) 当 $x=0$ 时,级数显然收敛于零,当 $x\neq0$ 时,

$$\lim_{n\to\infty}\left|\frac{u_{n+1}}{u_n}\right|=\lim_{n\to\infty}\frac{(n+1)!\,|x|^{n+1}}{n!\,|x|^n}=\lim_{n\to\infty}(n+1)|x|=\infty,$$

所以原级数仅在 $x=0$ 时收敛.

(4) 当 $x=0$ 时,级数显然收敛于零,当 $x\neq0$ 时,

$$\lim_{n\to\infty}\left|\frac{u_{n+1}}{u_n}\right|=\lim_{n\to\infty}\frac{\frac{|x|^{n+1}}{(n+1)!}}{\frac{|x|^n}{n!}}=\lim_{n\to\infty}\frac{|x|}{(n+1)}=0,$$

所以原级数 $\forall x\in\mathbb{R}$ 绝对收敛.

12.3.3　绝对收敛与条件收敛的性质

性质 1　如果 $\sum\limits_{n=1}^{\infty}u_n$ 绝对收敛,则 $\sum\limits_{n=1}^{\infty}u_n$ 的重排级数也绝对收敛,且和不变.

证　设 $\sum\limits_{n=1}^{\infty}u_n$ 的重排级数为 $\sum\limits_{k=1}^{\infty}v_k$,则 $v_k=u_{n(k)}$,记

$$S_m=\sum_{k=1}^{m}|v_k|,\quad n=\max_{1\leqslant i\leqslant m}\{n(i)\},\quad \text{从而 } S_m\leqslant\sum_{k=1}^{n}|u_k|,$$

故 $\sum\limits_{k=1}^{\infty}v_k$ 重排级数绝对收敛,且 $\sum\limits_{k=1}^{\infty}|v_k|\leqslant\sum\limits_{n=1}^{\infty}|u_n|$.

视 $\sum\limits_{n=1}^{\infty}u_n$ 为 $\sum\limits_{k=1}^{\infty}v_k$ 的重排级数,亦有 $\sum\limits_{k=1}^{\infty}|u_k|\leqslant\sum\limits_{n=1}^{\infty}|v_n|$,故 $\sum\limits_{k=1}^{\infty}|v_k|=\sum\limits_{n=1}^{\infty}|u_n|$.
取

$$p_n=\frac{|u_n|+u_n}{2},\quad q_n=\frac{|u_n|-u_n}{2},$$

则 $0\leqslant p_n\leqslant|u_n|, 0\leqslant q_n\leqslant|u_n|$,从而 $\sum\limits_{n=1}^{\infty}p_n, \sum\limits_{n=1}^{\infty}q_n$ 收敛. 又 $u_n=p_n-q_n$,所以

$$\sum_{n=1}^{\infty}u_n=\sum_{n=1}^{\infty}p_n-\sum_{n=1}^{\infty}q_n.$$

用同样的方法可得 $\sum_{n=1}^{\infty} v_n = \sum_{n=1}^{\infty} p'_n - \sum_{n=1}^{\infty} q'_n$，其中 $p'_n = \frac{|v_n| + v_n}{2}, q'_n = \frac{|v_n| - v_n}{2}$，则

$$\sum v_n = \sum p'_n - \sum q'_n = \sum p_n - \sum q_n = \sum u_n,$$

由此可知，重排级数的和不变.

对于条件收敛，性质 1 不成立.

例如 $\sum_{n=1}^{\infty} (-1)^{n-1} \frac{1}{n} = 1 - \frac{1}{2} + \frac{1}{3} - \frac{1}{4} + \cdots$ 收敛，若记

$$S = 1 - \frac{1}{2} + \frac{1}{3} - \frac{1}{4} + \frac{1}{5} - \frac{1}{6} + \frac{1}{7} - \frac{1}{8} + \frac{1}{9} - \frac{1}{10} + \frac{1}{11} - \frac{1}{12} + \cdots,$$

则

$$\frac{S}{2} = \frac{1}{2} - \frac{1}{4} + \frac{1}{6} - \frac{1}{8} + \frac{1}{10} - \frac{1}{12} + \frac{1}{14} - \cdots,$$

两式相加得

$$\frac{3S}{2} = 1 + \frac{1}{3} - \frac{1}{2} + \frac{1}{5} + \frac{1}{7} - \frac{1}{4} + \frac{1}{9} + \frac{1}{11} - \frac{1}{6} + \cdots \neq S.$$

对于条件收敛，还有下面的定理.

定理 3（**黎曼定理**） 设 $\sum_{n=1}^{\infty} a_n$ 条件收敛，则 $\forall L \in \mathbb{R}$，总可以找到 $\sum_{n=1}^{\infty} a_n$ 的一个更序级数 $\sum_{n=1}^{\infty} a'_n$，$\ni$“$\sum_{n=1}^{\infty} a'_n = L$”.

证明略.

性质 2 设 $\sum_{n=1}^{\infty} u_n = u_1 + u_2 + \cdots + u_n + \cdots$，$\sum_{n=1}^{\infty} v_n = v_1 + v_2 + \cdots + v_n + \cdots$，其所有可能乘积如下表.

$$\begin{matrix} u_1 v_1 & u_1 v_2 & u_1 v_3 & \cdots & u_1 v_n \cdots \\ u_2 v_1 & u_2 v_2 & u_2 v_3 & \cdots & u_2 v_n \cdots \\ u_3 v_1 & u_3 v_2 & u_3 v_3 & \cdots & u_3 v_n \cdots \\ \vdots & \vdots & \vdots & & \vdots \\ u_n v_1 & u_n v_2 & u_n v_3 & \cdots & u_n v_n \cdots \\ \vdots & \vdots & \vdots & & \vdots \end{matrix}$$

设正方形排列 $u_1 v_1 + (u_1 v_2 + u_2 v_2 + u_2 v_1) + \cdots$ 或对角线排列 $u_1 v_1 + (u_1 v_2 + u_2 v_1) + (u_1 v_3 + u_2 v_2 + u_3 v_1) + \cdots$ 的级数为 $\sum_{n=1}^{\infty} w_n$，若 $\sum_{n=1}^{\infty} u_n$，$\sum_{n=1}^{\infty} v_n$ 绝对收敛，则 $\sum_{n=1}^{\infty} w_n$ 绝对收敛，且 $\sum_{n=1}^{\infty} w_n = \sum_{n=1}^{\infty} u_n \cdot \sum_{n=1}^{\infty} v_n$.

证明略.

例 4　等比级数 $\sum_{n=1}^{\infty} x^{n-1}$，当 $|x|<1$ 时绝对收敛，且

$$\sum_{n=1}^{\infty} x^{n-1} = \frac{1}{1-x},$$

由对角线排列法得

$$\begin{aligned}\frac{1}{(1-x)^2} &= 1 + (x + x) + (x^2 + x^2 + x^2) + \cdots + \overbrace{(x^n + x^n + \cdots + x^n)}^{n+1} + \cdots \\ &= 1 + 2x + 3x^2 + \cdots + nx^{n-1} + \cdots,\end{aligned}$$

所以当 $|x|<1$ 时，$\sum_{n=1}^{\infty} nx^{n-1} = \frac{1}{(1-x)^2}$.

12.3.4　阿贝尔判别法与狄利克雷判别法

引理 1（阿贝尔变换）　对于两组数 $a_k, b_k, k=1,2,\cdots,n$，令 $B_k = b_1 + b_2 + \cdots + b_k$，则

$$\sum_{k=1}^{n} a_k b_k = (a_1 - a_2)B_1 + (a_2 - a_3)B_2 + \cdots + (a_{n-1} - a_n)B_{n-1} + a_n B_n.$$

证　因为 $b_k = B_k - B_{k-1}$，所以

$$\begin{aligned}\sum_{k=1}^{n} a_k b_k &= a_1 B_1 + a_2(B_2 - B_1) + a_3(B_3 - B_2) + \cdots + a_n(B_n - B_{n-1}) \\ &= (a_1 - a_2)B_1 + (a_2 - a_3)B_2 + \cdots + (a_{n-1} - a_n)B_{n-1} + a_n B_n,\end{aligned}$$

故结论成立.

引理 2（阿贝尔引理）　对于两组数 $a_k, b_k, k=1,2,\cdots,n$，令 $B_k = b_1 + b_2 + \cdots + b_k$，如果 $a_1, a_2, \cdots, a_n$ 单调，且 $\forall k=1,2,\cdots,n, |B_k| \leqslant B$，则

$$\left|\sum_{k=1}^{n} a_k b_k\right| \leqslant B(|a_1| + 2|a_n|).$$

证　因 $a_1, a_2, \cdots, a_n$ 单调，所以

$$\begin{aligned}\left|\sum_{k=1}^{n} a_k b_k\right| &= |(a_1 - a_2)B_1 + (a_2 - a_3)B_2 + \cdots + (a_{n-1} - a_n)B_{n-1} + a_n B_n| \\ &\leqslant B|(a_1 - a_2) + (a_2 - a_3) + \cdots + (a_{n-1} - a_n)| + B|a_n| \\ &\leqslant B(|a_1| + 2|a_n|).\end{aligned}$$

故结论成立.

定理 4（阿贝尔判别法）　若数列 $\{a_k\}$ 单调有界，且级数 $\sum_{n=1}^{\infty} b_n$ 收敛，则 $\sum_{n=1}^{\infty} a_n b_n$ 收敛.

证　因为 $\sum_{n=1}^{\infty} b_n$ 收敛，所以

$$\forall \varepsilon > 0, \quad \exists N > 0, \quad \ni \text{“} \forall p \in \mathbb{Z}, \quad \left|\sum_{k=n+1}^{n+p} b_k\right| < \varepsilon \text{”}.$$

由$\{a_k\}$有界得$\exists M>0$，$\ni$“$\forall n$，$|a_n|\leqslant M$”，又由阿贝尔引理得

$$\left|\sum_{k=n+1}^{n+p} a_k b_k\right| < 3M\varepsilon,$$

故$\sum\limits_{n=1}^{\infty} a_n b_n$收敛.

定理 5（**狄利克雷判别法**） 若数列$\{a_k\}$单调下降，$\lim\limits_{n\to\infty} a_n=0$，且$\sum\limits_{n=1}^{\infty} b_n$的部分和有界，则$\sum\limits_{n=1}^{\infty} a_n b_n$收敛.

证 因为$\lim\limits_{n\to\infty} a_n=0$，所以$\forall\varepsilon>0$，$\exists N>0$，$\ni$“$n>N\Rightarrow|a_n|<\varepsilon$”.

由$\sum\limits_{n=1}^{\infty} b_n$的部分和有界得$\exists M>0$，$\ni$“$\forall n$，$\left|\sum\limits_{k=n+1}^{n+p} b_k\right|\leqslant M$”. 由阿贝尔引理得

$$\left|\sum_{k=n+1}^{n+p} a_k b_k\right| < 3M\varepsilon,$$

故$\sum\limits_{n=1}^{\infty} a_n b_n$收敛.

例 5 若数列$\{a_k\}$单调下降，$\lim\limits_{n\to\infty} a_n=0$，则$\forall x\in(0,2\pi)$，级数$\sum\limits_{n=1}^{\infty} a_n\sin nx$，$\sum\limits_{n=1}^{\infty} a_n\cos nx$都收敛.

证 因为

$$\begin{aligned}
2\sin\frac{x}{2}\left(\frac{1}{2}+\sum_{k=1}^{n}\cos kx\right) &= \sin\frac{x}{2}+\sum_{k=1}^{n}2\sin\frac{x}{2}\cos kx \\
&= \sin\frac{x}{2}+\left[\sin\frac{3x}{2}-\sin\frac{x}{2}\right]+\cdots \\
&\quad +\left[\sin\left(n+\frac{1}{2}\right)x-\sin\left(n-\frac{1}{2}\right)x\right] \\
&= \sin\left(n+\frac{1}{2}\right)x,
\end{aligned}$$

而$x\in(0,2\pi)\Rightarrow\sin\frac{x}{2}\neq 0$，从而

$$\frac{1}{2}+\sum_{k=1}^{n}\cos kx=\frac{\sin\left(n+\frac{1}{2}\right)x}{\sin\frac{x}{2}},$$

所以$\sum\limits_{n=1}^{\infty}\cos nx$的部分和有界，故由狄利克雷判别法知$\sum\limits_{n=1}^{\infty} a_n\cos nx$收敛.

同理可证$\sum\limits_{n=1}^{\infty} a_n\sin nx$也收敛.

习　题 12.3

1. 判别下列级数哪些是绝对收敛、条件收敛或发散的：

(1) $\sum_{n=1}^{\infty}\frac{\sin nx}{n!}$；

(2) $\sum_{n=1}^{\infty}(-1)^n\frac{n}{n+1}$；

(3) $\sum_{n=1}^{\infty}\frac{(-1)^n}{n^{p+\frac{1}{n}}}(p\in\mathbb{R})$；

(4) $\sum_{n=1}^{\infty}(-1)^n\sin\frac{2}{n}$；

(5) $\sum_{n=1}^{\infty}\left(\frac{(-1)^n}{\sqrt{n}}+\frac{1}{n}\right)$；

(6) $\sum_{n=1}^{\infty}\frac{(-1)^n\ln(n+1)}{n+1}$；

(7) $\sum_{n=1}^{\infty}(-1)^n\left(\frac{2n+100}{3n+1}\right)^n$；

(8) $\sum_{n=1}^{\infty}n!\left(\frac{x}{n}\right)^n(x\in\mathbb{R})$.

2. 应用阿贝尔判别法或狄利克雷判别法判断下列级数的敛散性：

(1) $\sum_{n=1}^{\infty}\frac{(-1)^n}{n}\frac{x^n}{1+x^n}(x>0)$；

(2) $\sum_{n=1}^{\infty}\frac{\sin nx}{n^{\alpha}}, x\in(0,2\pi), \alpha>0$.

3. 设 $a_n>0, a_n>a_{n+1}(n=1,2,\cdots)$，且 $\lim\limits_{n\to\infty}a_n=0$，证明级数

$$\sum_{n=1}^{\infty}(-1)^{n-1}\frac{a_1+a_2+\cdots+a_n}{n}$$

是收敛的.

4. 设 $p_n=\frac{|u_n|+u_n}{2}, q_n=\frac{|u_n|-u_n}{2}$，证明：若 $\sum_{n=1}^{\infty}u_n$ 条件收敛，则级数 $\sum_{n=1}^{\infty}p_n$ 与 $\sum_{n=1}^{\infty}q_n$ 都是发散的.

5. 写出下列级数的乘积：

(1) $\left(\sum_{n=1}^{\infty}nx^{n-1}\right)\left(\sum_{n=1}^{\infty}(-1)^{n-1}nx^{n-1}\right)(|x|<1)$；

(2) $\left(\sum_{n=0}^{\infty}\frac{1}{n!}\right)\left(\sum_{n=0}^{\infty}\frac{(-1)^n}{n!}\right)$.

6. 设 $a,b\in\mathbb{R}$，证明：级数 $\sum_{n=0}^{\infty}\frac{a^n}{n!}$ 与 $\sum_{n=0}^{\infty}\frac{b^n}{n!}$ 绝对收敛，且 $\sum_{n=0}^{\infty}\frac{a^n}{n!}\cdot\sum_{n=0}^{\infty}\frac{b^n}{n!}=\sum_{n=0}^{\infty}\frac{(a+b)^n}{n!}$.

7. 重排级数 $\sum_{n=1}^{\infty}(-1)^{n+1}\frac{1}{n}$ 使之成为发散级数.

8. 证明：级数 $\sum_{n=0}^{\infty}\frac{(-1)^{[\sqrt{n}]}}{n}$ 收敛.

总练习题12

1. 证明：若正项级数 $\sum_{n=1}^{\infty} u_n$ 收敛，且数列$\{u_n\}$单调，则$\lim_{n\to\infty} nu_n=0$.

2. 若级数 $\sum_{n=1}^{\infty} a_n$ 与 $\sum_{n=1}^{\infty} c_n$ 都收敛，且成立不等式 $a_n \leqslant b_n \leqslant c_n(n=1,2,\cdots)$，证明级数 $\sum_{n=1}^{\infty} b_n$ 也收敛. 若 $\sum_{n=1}^{\infty} a_n$，$\sum_{n=1}^{\infty} c_n$ 都发散，试问 $\sum_{n=1}^{\infty} b_n$ 一定发散吗?

3. 若$\lim_{n\to\infty}\frac{a_n}{b_n}=k\neq 0$，且级数 $\sum_{n=1}^{\infty} b_n$ 绝对收敛，证明级数 $\sum_{n=1}^{\infty} a_n$ 也收敛. 若上述条件中只知道 $\sum_{n=1}^{\infty} b_n$ 收敛，能推得 $\sum_{n=1}^{\infty} a_n$ 收敛吗?

4. 回答下列问题：

(1) 设 $\sum_{n=1}^{\infty} u_n$ 为正项级数，且$\frac{u_{n+1}}{u_n}<1$，能否断定 $\sum_{n=1}^{\infty} u_n$ 收敛?

(2) 对于级数 $\sum_{n=1}^{\infty} u_n$ 有 $\left|\frac{u_{n+1}}{u_n}\right| \geqslant 1$，能否断定级数 $\sum_{n=1}^{\infty} u_n$ 非绝对收敛，但可能条件收敛?

(3) 设 $\sum_{n=1}^{\infty} u_n$ 为收敛的正项级数，能否

$$\exists\,\varepsilon>0,\quad \ni \text{“}\lim_{n\to\infty}\frac{u_n}{\frac{1}{n^{1+\varepsilon}}}=c>0\text{”?}$$

5. 证明：若级数 $\sum_{n=1}^{\infty} a_n$ 收敛，$\sum_{n=1}^{\infty}(b_{n+1}-b_n)$ 绝对收敛，则级数 $\sum_{n=1}^{\infty} a_n b_n$ 也收敛.

6. 设 $a_n>0(n=1,2,\cdots)$，证明级数 $\sum_{n=1}^{\infty}\frac{a_n}{(1+a_1)(1+a_2)\cdots(1+a_n)}$ 是收敛的.

7. 证明：若级数 $\sum_{n=1}^{\infty} a_n^2$ 与 $\sum_{n=1}^{\infty} b_n^2$ 都收敛，则级数 $\sum_{n=1}^{\infty} a_n b_n$ 和 $\sum_{n=1}^{\infty}(a_n+b_n)^2$ 也收敛，且：

(1) $\left(\sum_{n=1}^{\infty} a_n b_n\right)^2 \leqslant \sum_{n=1}^{\infty} a_n^2 \sum_{n=1}^{\infty} b_n^2$；　　(2) $\left(\sum_{n=1}^{\infty}(a_n+b_n)^2\right)^{\frac{1}{2}} \leqslant \left(\sum_{n=1}^{\infty} a_n^2\right)^{\frac{1}{2}}+\left(\sum_{n=1}^{\infty} b_n^2\right)^{\frac{1}{2}}$.

硕士研究生入学试题选录

8. 设正项数列$\{a_n\}\downarrow$，且 $\sum_{n=1}^{\infty}(-1)^n a_n$ 发散，试回答 $\sum_{n=1}^{\infty}\left(\frac{1}{a_n+1}\right)^n$ 是否收敛，并说明理由.（1998 数一）

9. 设 $a_n=\int_0^{\frac{\pi}{4}}\tan^n x\,dx$.（1999 数一）

(1) 求 $\sum\limits_{n=1}^{\infty}\frac{a_n+a_{n+2}}{n}$ 的值；　　(2) 试证：$\forall\lambda>0$，$\sum\limits_{n=1}^{\infty}\frac{a_n}{n^{\lambda}}$ 收敛.

10.（选择题）设级数 $\sum\limits_{n=1}^{\infty}u_n$ 收敛，则级数（　　）收敛.（2000 数一）

(A) $\sum\limits_{n=1}^{\infty}(-1)^n\frac{u_n}{n}$　　(B) $\sum\limits_{n=1}^{\infty}u_n^2$

(C) $\sum\limits_{n=1}^{\infty}(u_{2n-1}-u_{2n})$　　(D) $\sum\limits_{n=1}^{\infty}(u_n+u_{n+1})$

11.（选择题）设 $\forall n, u_n\neq 0$，且 $\lim\limits_{n\to\infty}\frac{n}{u_n}=1$，则级数 $\sum\limits_{n=1}^{\infty}(-1)^{n+1}\left(\frac{1}{u_n}+\frac{1}{u_{n+1}}\right)$（　　）.（2002 数一）

(A) 发散　　(B) 绝对收敛　　(C) 条件收敛　　(D) 不能判断

12.（选择题）设 $\sum\limits_{n=1}^{\infty}a_n$ 为正项级数，下列正确的是（　　）.（2004 数一）

(A) 若 $\lim\limits_{n\to\infty}na_n=0$，则 $\sum\limits_{n=1}^{\infty}a_n$ 收敛.

(B) 若存在非零常数 λ，使得 $\lim\limits_{n\to\infty}na_n=\lambda$，则 $\sum\limits_{n=1}^{\infty}a_n$ 发散.

(C) 若 $\sum\limits_{n=1}^{\infty}a_n$ 收敛，则 $\lim\limits_{n\to\infty}n^2a_n=0$.

(D) 若 $\sum\limits_{n=1}^{\infty}a_n$ 发散，则存在非零常数 λ，使得 $\lim\limits_{n\to\infty}na_n=\lambda$.

13.（选择题）若级数 $\sum\limits_{n=1}^{\infty}a_n$ 收敛，则（　　）.（2006 数一）

(A) $\sum\limits_{n=1}^{\infty}|a_n|$ 收敛　　(B) $\sum\limits_{n=1}^{\infty}(-1)^n a_n$ 收敛

(C) $\sum\limits_{n=1}^{\infty}a_n a_{n+1}$ 收敛　　(D) $\sum\limits_{n=1}^{\infty}\frac{a_n+a_{n+1}}{2}$ 收敛

第13章

函数列与函数项级数

13.1 函数列的一致收敛性

一般项是数的级数称为数项级数，一般项是函数的级数称为函数项级数. 由于函数项级数的部分和序列是一函数列，所以我们先讨论函数列，再讨论函数项级数.

13.1.1 函数列及其一致收敛性的概念

定义 1 定义在 E 上的一列函数 $f_1(x), f_2(x), \cdots, f_n(x), \cdots, x \in E$ 称为函数列，记作 $\{f_n(x)\}$. 取 $x = x_0 \in E$，则得数列

$$f_1(x_0), f_2(x_0), \cdots, f_n(x_0), \cdots.$$

如果数列 $\{f_n(x_0)\}$ 收敛，则称函数列 $\{f_n(x)\}$ 在 $x = x_0$ 点**收敛**，x_0 称为**收敛点**. 如果数列 $\{f_n(x_0)\}$ **发散**，则称函数列 $\{f_n(x)\}$ 在 $x = x_0$ 点**发散**. 如果函数列 $\{f_n(x)\}$ 在 $D \subseteq E$ 中的每一点都收敛，则称函数列 $\{f_n(x)\}$ 在 D 上**收敛**. 此时，$\forall x \in D$，数列 $\{f_n(x)\}$ 都有唯一的极限值与之对应，由此而确定的函数称为函数列 $\{f_n(x)\}$ 的极限函数，记作 $f(x), x \in D$.

$$\text{ie: } \lim_{n \to \infty} f_n(x) = f(x), \quad x \in D.$$

以上介绍的收敛称为**点收敛**，用 ε-N 语言叙述如下：

在 D 上有一函数 $f(x)$，如果 $\forall x \in D$，对于任意的 $\varepsilon > 0$，都可以找到 $N > 0$，使得函数列 $\{f_n(x)\}$ 自 N 后的所有项满足 $|f_n(x) - f(x)| < \varepsilon$，则称函数列 $\{f_n(x)\}$ 在 D 上收敛于 $f(x)$.

$$\text{ie: } \lim_{n \to \infty} f_n(x) = f(x) \Leftrightarrow \forall x \in D, \quad \forall \varepsilon > 0, \exists N > 0,$$

$$\ni \text{“} n > N \Rightarrow |f_n(x) - f(x)| < \varepsilon \text{”}.$$

函数列 $\{f_n(x)\}$ 的所有收敛点构成的集合称为函数列 $\{f_n(x)\}$ 的**收敛域**.

例 1 设 $f_n(x) = x^n, n = 1, 2, \cdots$，则 $\{x^n\}$ 的收敛域为 $(-1, 1]$，且极限函数为

$$f(x) = \begin{cases} 1, & x = 1, \\ 0, & -1 < x < 1. \end{cases}$$

实因当 $0 < |x| < 1$ 时，$|f_n(x) - f(x)| = x^n$，所以 $\forall \varepsilon > 0$，取 $N = \left[\dfrac{\ln \varepsilon}{\ln |x|}\right]$，则 $n > N \Rightarrow |x^n - 0| < \varepsilon$，故当 $0 < |x| < 1$ 时，$\lim\limits_{n \to \infty} x^n = 0$；又当 $x = 0, x = 1$ 时，$\{x^n\}$ 都收敛.

而 $|x|>1$ 时，$\lim\limits_{n\to\infty}x^n=\infty$，且 $x=-1$ 时对应的数列为

$$-1,1,-1,1,\cdots,$$

所以在 $(-1,1]$ 外，$\{x^n\}$ 都发散，故其收敛域为 $(-1,1]$.

例 2　设 $f_n(x)=\dfrac{\sin nx}{n}$，$n=1,2,\cdots$，因为 $\forall x\in\mathbb{R}$，有 $\left|\dfrac{\sin nx}{n}\right|\leqslant\dfrac{1}{n}$，所以 $\forall\varepsilon>0$，取 $N=\left[\dfrac{1}{\varepsilon}\right]$，当 $n>N$ 时，$\left|\dfrac{\sin nx}{n}-0\right|<\varepsilon$，故在实数域上，$\lim\limits_{n\to\infty}\dfrac{\sin nx}{n}=0$.

由两个例题可以看出，函数列的每项都连续，但例 1 的极限函数不连续，而例 2 的极限函数连续，这说明函数列的每一项具有的分析性质，其极限函数不一定具有，所以要强化收敛性的讨论，从而得到一致收敛的概念.

定义 2　设有定义在 D 上的函数列 $\{f_n(x)\}$ 及函数 $f(x)$，如果对于任意给定的 $\varepsilon>0$，总可以找到仅与 ε 有关的 $N>0$，使得 D 中的任一点 x，自 N 后函数列 $\{f_n(x)\}$ 的所有项都满足 $|f_n(x)-f(x)|<\varepsilon$，则称 $\{f_n(x)\}$ 在 D 上**一致收敛**于 $f(x)$，记作 $f_n(x)\xrightarrow[D]{\text{一致}}f(x)$.

$$\text{ie: } f_n(x)\xrightarrow[D]{\text{一致}}f(x)\Leftrightarrow\forall\varepsilon>0,\quad\exists N(\varepsilon)>0,$$
$$\ni\text{“}\forall x\in D, n>N\Rightarrow|f_n(x)-f(x)|<\varepsilon\text{”}.$$

而 $f_n(x)\xrightarrow[D]{\text{非一致}}f(x)\Leftrightarrow\exists\varepsilon_0>0,\forall N>0,\exists x_0\in D,\exists n_0>N,$

$$\ni\text{“}|f_{n_0}(x_0)-f(x_0)|\geqslant\varepsilon_0\text{”}.$$

例 3　$f_n(x)=\dfrac{\sin nx}{n}$ $(n=1,2,\cdots)$ 在 $\mathbb{R}$ 上一致收敛于 0.

实因 $\forall\varepsilon>0$，取 $N=\left[\dfrac{1}{\varepsilon}\right]$，当 $n>N$ 时，$\left|\dfrac{\sin nx}{n}-0\right|<\varepsilon$. 所以结论成立.

例 4　函数列 $\{x^n\}$ 在 $(0,1)$ 上非一致收敛于 0.

实因取 $\varepsilon_0=\dfrac{1}{2}$，$\forall N>0$，取 $n=N+1$，$x_0=\left(1-\dfrac{1}{n}\right)^{\frac{1}{n}}$，则有

$$|x_0^n-0|=1-\frac{1}{n}\geqslant\frac{1}{2},$$

所以结论成立.

一致收敛的几何解释　函数 $y=f(x)$，$x\in[a,b]$ 是平面上的一条曲线，将其上、下分别平移 ε 得

$$y=f(x)+\varepsilon,\quad y=f(x)-\varepsilon,$$

于是 $f_n(x)\xrightarrow[{[a,b]}]{\text{一致}}f(x)$，是指 $\forall\varepsilon>0$，$\exists N(\varepsilon)>0$，$\forall x\in[a,b]$，当 $n>N$ 时，曲线 $y=f_n(x)$ 一定位于两条平移线 $y=f(x)+\varepsilon$，$y=f(x)-\varepsilon$ 构成的带形区域内（见图 13.1）.

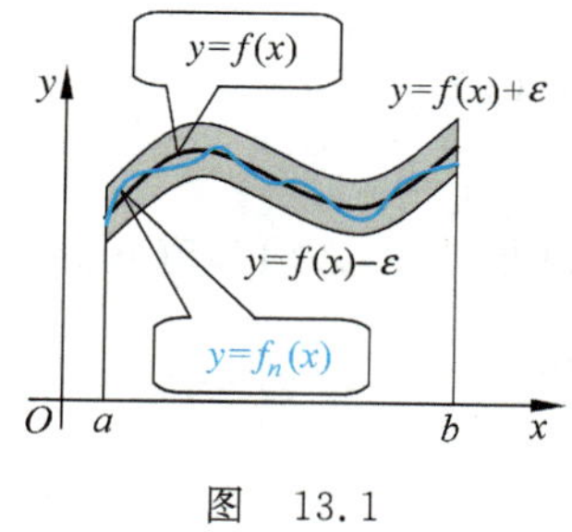

图　13.1

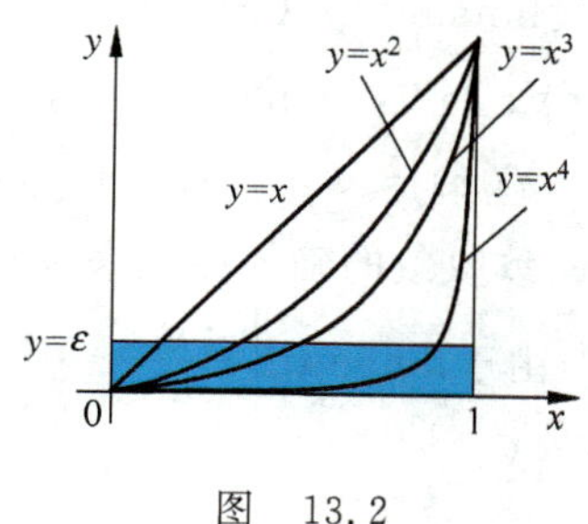

图　13.2

函数列$\{x^n\}$在$(0,1)$上非一致收敛于0的几何解释,如图13.2所示. $\forall n\in\mathbb{N}$,曲线$y=x^n$都有一部分位于带形区域$\{(x,y): x\in[0,1],0\leqslant y\leqslant\varepsilon\}$之外,所以非一致收敛.

如果在$x=1$处挖去一个小邻域$U(1,\delta)$,则函数列$\{x^n\}$在$[0,1-\delta]$上一致收敛于0.

实因$\forall\varepsilon>0$,取$N=\left[\dfrac{\ln\varepsilon}{\ln(1-\delta)}\right]$,则$n>N$时,$|x^n|\leqslant(1-\delta)^n<\varepsilon$,故函数列$\{x^n\}$在$[0,1-\delta]$上一致收敛于0.

13.1.2　函数列一致收敛性的等价条件

定理1(**柯西一致收敛准则**)　$\{f_n(x)\}$在D上一致收敛$\Leftrightarrow\forall\varepsilon>0,\exists N>0,$

$$\ni\text{“}\forall x\in D,m,n>N\Rightarrow|f_m(x)-f_n(x)|<\varepsilon\text{”}.$$

证　$(\Rightarrow)$设$f_n(x)\xrightarrow[D]{\text{一致}}f(x)$,则$\forall\varepsilon>0,\exists N(\varepsilon)>0,$

$$\ni\text{“}\forall x\in D,m,n>N\Rightarrow|f_n(x)-f(x)|<\frac{\varepsilon}{2},|f_m(x)-f(x)|<\frac{\varepsilon}{2}\text{”},$$

于是,当$m,n>N$时,

$$|f_m(x)-f_n(x)|\leqslant|f_m(x)-f(x)|+|f_n(x)-f(x)|<\varepsilon.$$

$(\Leftarrow)$因为$\forall\varepsilon>0,\exists N>0,\ni\text{“}\forall x\in D,m,n>N\Rightarrow|f_m(x)-f_n(x)|<\varepsilon\text{”}$.
所以函数列$\{f_n(x)\}$在D上收敛. 设$\lim\limits_{n\to\infty}f_n(x)=f(x),x\in D$.

固定n,令$m\to\infty$,则有

$$\forall\varepsilon>0,\quad\exists N>0,\quad\ni\text{“}\forall x\in D,n>N\Rightarrow|f_n(x)-f(x)|<\varepsilon\text{”},$$

故$\{f_n(x)\}$在D上一致收敛.

定理2(**一致收敛确界原理**)

$$f_n(x)\xrightarrow[D]{\text{一致}}f(x)\Leftrightarrow\lim_{n\to\infty}\sup_{x\in D}\{|f_n(x)-f(x)|\}=0.$$

证　$(\Rightarrow)$设$f_n(x)\xrightarrow[D]{\text{一致}}f(x)$,则

$$\forall\varepsilon>0,\quad\exists N(\varepsilon)>0,\quad\ni\text{“}\forall x\in D,n>N\Rightarrow|f_n(x)-f(x)|<\varepsilon\text{”},$$

此时$\sup\limits_{x\in D}\{|f_n(x)-f(x)|\}\leqslant\varepsilon$,所以$\lim\limits_{n\to\infty}\sup\limits_{x\in D}\{|f_n(x)-f(x)|\}=0$.

(⇐)设$\lim\limits_{n\to\infty}\sup\limits_{x\in D}\{|f_n(x)-f(x)|\}=0$,则

$$\forall\varepsilon>0,\quad \exists N(\varepsilon)>0,\quad \ni\text{“}n>N\Rightarrow\sup_{x\in D}\{|f_n(x)-f(x)|\}<\varepsilon\text{”},$$

而$|f_n(x)-f(x)|\leqslant\sup\limits_{x\in D}\{|f_n(x)-f(x)|\}$. 故结论成立.

利用一致收敛的确界原理来判别函数列的敛散性较为方便,但必须知道其极限函数.

例 5　由于$\lim\limits_{n\to\infty}\sup\limits_{x\in\mathbb{R}}\left\{\left|\dfrac{\sin nx}{n}-0\right|\right\}=0$,所以$\dfrac{\sin nx}{n}\xrightarrow[\mathbb{R}]{\text{一致}}0$.

例 6　设

$$f_n(x)=\begin{cases}2n^2x, & 0\leqslant x\leqslant\dfrac{1}{2n},\\ 2n-2n^2x, & \dfrac{1}{2n}<x\leqslant\dfrac{1}{n},\quad n=1,2,\cdots,\\ 0, & \dfrac{1}{n}<x\leqslant 1,\end{cases}$$

试讨论函数列$\{f_n(x)\}$的敛散性.

解　如图 13.3 所示,由于 $f_n(0)=0$,所以 $f(0)=\lim\limits_{n\to\infty}f_n(0)=0$.

又当$\dfrac{1}{n}<x\leqslant 1$时,$f_n(x)=0$,所以 $f(x)=\lim\limits_{n\to\infty}f_n(x)=0$,从而极限函数 $f(x)=0$.

然而$\lim\limits_{n\to\infty}\sup\limits_{x\in[0,1]}\{|f_n(x)-0|\}=\lim\limits_{n\to\infty}f_n\left(\dfrac{1}{2n}\right)=\lim\limits_{n\to\infty}n=\infty$,故函数列$\{f_n(x)\}$在$[0,1]$上非一致收敛.

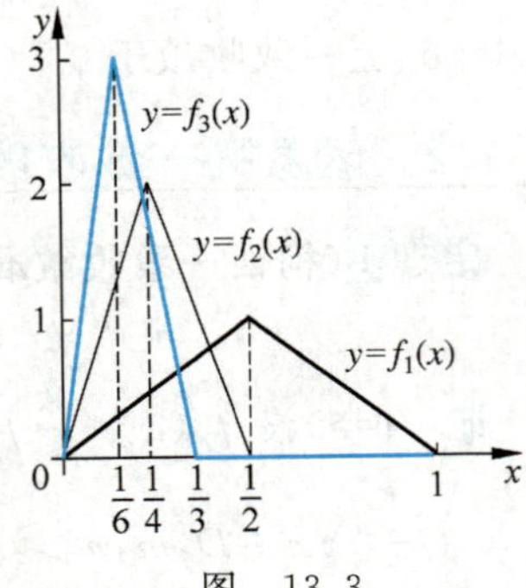

图　13.3

对于函数列的一致收敛性的讨论,我们可以加强条件而得到充分性的讨论,这就是习题 13.1 中的习题 2.

习　题 13.1

1. 讨论下列函数列在所示区间上是否一致收敛,并说明理由:

(1) $f_n(x)=\sqrt{x^2+\dfrac{1}{n^2}}$,$n=1,2,\cdots$,$D=(-1,1)$;

(2) $f_n(x)=\dfrac{x}{1+n^2x^2}$,$n=1,2,\cdots$,$D=(-\infty,+\infty)$;

(3) $f_n(x)=\begin{cases}-(n+1)x+1, & 0\leqslant x\leqslant\dfrac{1}{n+1},\\ 0, & \dfrac{1}{n+1}<x<1,n=1,2,\cdots;\end{cases}$

(4) $f_n(x)=\dfrac{x}{n}$,$n=1,2,\cdots$,①$D=[0,+\infty)$,②$D=[0,1000]$;

(5) $f_n(x)=\sin\dfrac{x}{n}$, $n=1,2,\cdots$, ① $D=[-l,l]$, ② $D=(-\infty,+\infty)$.

2. 证明：设 $f_n(x)\to f(x)$, $x\in D$, $a_n\to 0(n\to\infty, a_n>0)$. 若 $\forall n$,

$$|f_n(x)-f(x)|\leqslant a_n,\quad x\in D,$$

则 $\{f_n(x)\}$ 在 D 上一致收敛于 $f(x)$.

3. 设 $f(x)$ 为定义在区间 (a,b) 内的任一函数，记

$$f_n(x)=\frac{[nf(x)]}{n},\quad n=1,2,\cdots,$$

证明函数列 $\{f_n(x)\}$ 在 (a,b) 内一致收敛于 $f(x)$.

13.2 函数项级数的一致收敛性

13.2.1 函数项级数及其一致收敛性的概念

定义 1 设 $\{u_n(x)\}$, $x\in E$ 是一函数列，级数 $\sum\limits_{n=1}^{\infty}u_n(x)$ 称为定义在 E 上的**函数项级数**. 和式

$$S_n(x)=\sum_{k=1}^{n}u_k(x)$$

称为**函数项级数 $\sum\limits_{n=1}^{\infty}u_n(x)$ 的部分和序列**. 取 $x=x_0\in E$，则得数项级数 $\sum\limits_{n=1}^{\infty}u_n(x_0)$. 如果其**收敛**，则称函数项级数 $\sum\limits_{n=1}^{\infty}u_n(x)$ 在 $x=x_0$ 处**收敛**，称 x_0 为**收敛点**.

如果数项级数 $\sum\limits_{n=1}^{\infty}u_n(x_0)$ **发散**，则称函数项级数 $\sum\limits_{n=1}^{\infty}u_n(x)$ 在 $x=x_0$ 处**发散**，称 x_0 为**发散点**. 如果函数项级数 $\sum\limits_{n=1}^{\infty}u_n(x)$ 在 $D\subseteq E$ 中的每一点都收敛，则称 $\sum\limits_{n=1}^{\infty}u_n(x)$ 在 D 上收敛. 此时 $\forall x\in D$，数项级数 $\sum\limits_{n=1}^{\infty}u_n(x)$ 都有唯一的和与之对应，由此而确定的函数称为函数项级数 $\sum\limits_{n=1}^{\infty}u_n(x)$ 的和函数，记作 $S(x)$, $x\in D$，即

$$\sum_{n=1}^{\infty}u_n(x)=S(x),x\in D\quad 或\quad \lim_{n\to\infty}S_n(x)=S(x),x\in D.$$

函数项级数所有收敛点构成的集合称为该级数的**收敛域**.

例 1 几何级数 $\sum\limits_{n=1}^{\infty}x^{n-1}$ 的部分和序列为

$$S_n(x)=1+x+x^2+\cdots+x^{n-1}.$$

当 $|x|<1$ 时，和函数 $S(x)=\lim\limits_{n\to\infty}S_n(x)=\lim\limits_{n\to\infty}\dfrac{1-x^n}{1-x}=\dfrac{1}{1-x}$，而当 $|x|\geqslant 1$ 时，$\lim\limits_{n\to\infty}S_n(x)$ 发

散，故 $\sum_{n=1}^{\infty}x^{n-1}$ 在$(-1,1)$内收敛于 $S(x)=\dfrac{1}{1-x}$，在$(-1,1)$外发散，所以 $\sum_{n=1}^{\infty}x^{n-1}$ 的收敛域为$(-1,1)$.

定义 2　设 $S_n(x)=\sum_{k=1}^{n}u_k(x)$，若函数列$\{S_n(x)\}$在 D 上一致收敛于 $S(x)$，则称函数项级数 $\sum_{n=1}^{\infty}u_n(x)$ 在 D 上一致收敛于 $S(x)$.

ie：$\sum_{n=1}^{\infty}u_n(x)$ 在 D 上一致收敛$\Leftrightarrow\{S_n(x)\}$在 D 上一致收敛.

定理 1（**柯西一致收敛准则**）　$\sum_{n=1}^{\infty}u_n(x)$ 在 D 上一致收敛

$\Leftrightarrow\forall\varepsilon>0,\exists N>0,\ni$"$\forall x\in D,\forall p>0,n>N\Rightarrow|S_{n+p}(x)-S_n(x)|<\varepsilon$"

$\Leftrightarrow\forall\varepsilon>0,\exists N>0,$

$\ni$"$\forall x\in D,\forall p>0,n>N\Rightarrow|u_{n+1}(x)+u_{n+2}(x)+\cdots+u_{n+p}(x)|<\varepsilon$".

推论（**一致收敛的必要条件**）

$$\sum_{n=1}^{\infty}u_n(x)\text{ 在 }D\text{ 上一致收敛}\Rightarrow u_n(x)\xrightarrow[D]{\text{一致}}0.$$

定理 2（**一致收敛的确界原理**）

$$\sum_{n=1}^{\infty}u_n(x)\xrightarrow[D]{\text{一致}}S(x)\Leftrightarrow\lim_{n\to\infty}\sup_{x\in D}\{|S_n(x)-S(x)|\}=0.$$

记 $R_n(x)=S(x)-S_n(x)$，称为 $\sum_{n=1}^{\infty}u_n(x)$ 的余项，则

$$\sum_{n=1}^{\infty}u_n(x)\xrightarrow[D]{\text{一致}}S(x)\Leftrightarrow\lim_{n\to\infty}\sup_{x\in D}\{|R_n(x)|\}=0.$$

例 2　几何级数 $\sum_{n=0}^{\infty}x^n$ 在$[-a,a]$$(0<a<1)$上一致收敛.

证　$\lim\limits_{n\to\infty}\sup\limits_{x\in[-a,a]}\{|S_n(x)-S(x)|\}=\lim\limits_{n\to\infty}\sup\limits_{x\in[-a,a]}\left\{\left|\dfrac{x^n}{1-x}\right|\right\}=\lim\limits_{n\to\infty}\dfrac{a^n}{1-a}=0$，

故由一致收敛的确界原理知结论成立.

例 3　几何级数 $\sum_{n=0}^{\infty}x^n$ 在$(-1,1)$上非一致收敛.

证　因为

$$\sup_{x\in(-1,1)}\{|S_n(x)-S(x)|\}=\sup_{x\in(-1,1)}\left\{\left|\frac{x^n}{1-x}\right|\right\}>\frac{\left(\frac{n}{n+1}\right)^n}{1-\frac{n}{n+1}}$$

$$=(n+1)\left(\frac{n}{n+1}\right)^n\to\infty,\quad n\to\infty,$$

所以结论成立.

例 4 求函数项级数 $\sum\limits_{n=1}^{\infty}\frac{x^2}{(1+x^2)^n}$，$x\in\mathbb{R}$ 的和函数，并讨论一致收敛性.

解 因为 $\forall x\in\mathbb{R}$，

$$\begin{aligned}\lim_{n\to\infty}S_n(x)&=\lim_{n\to\infty}\sum_{k=1}^{n}\frac{x^2}{(1+x^2)^k}=\lim_{n\to\infty}\sum_{k=1}^{n}\left[\frac{1}{(1+x^2)^{k-1}}-\frac{1}{(1+x^2)^k}\right]\\&=\lim_{n\to\infty}\left[1-\frac{1}{(1+x^2)^n}\right]=\begin{cases}0, & x=0,\\1, & x\neq 0,\end{cases}\end{aligned}$$

所以和函数为

$$S(x)=\begin{cases}0, & x=0,\\1, & x\neq 0.\end{cases}$$

而

$$\sup_{x\in\mathbb{R}}\{\,|S_n(x)-S(x)|\,\}=\sup_{x\in\mathbb{R}}\left\{\frac{1}{(1+x^2)^n}\right\}>\frac{1}{\left[1+\left(\frac{1}{\sqrt{n}}\right)^2\right]^n}>\frac{1}{\mathrm{e}},$$

所以该函数项级数在 $\mathbb{R}$ 上非一致收敛.

13.2.2 函数项级数一致收敛性的判别法

柯西收敛准则在理论上是很有用的，但用其判别函数项级数的敛散性却相当困难. 我们可以考虑用较强一点的条件去获得级数的一致收敛性的讨论，这就是下面的判别法.

定理 3（**优级数判别法**） 设 $\sum\limits_{n=1}^{\infty}M_n$ 为收敛的正项级数，若

$$\forall x\in D,\quad \forall n,\ |u_n(x)|\leqslant M_n,$$

则函数项级数 $\sum\limits_{n=1}^{\infty}u_n(x)$ 在 D 上一致收敛.

证 因为 $\sum\limits_{n=1}^{\infty}M_n$ 收敛，所以

$$\forall\varepsilon>0,\quad \exists N>0,\quad \ni\text{“}\forall p,n>N\Rightarrow\left|\sum_{k=1}^{p}M_{n+k}\right|<\varepsilon\text{”},$$

由所给条件有

$$\forall x\in D,\quad \left|\sum_{k=1}^{p}u_{n+k}(x)\right|\leqslant\sum_{k=1}^{p}M_{n+k}<\varepsilon,$$

所以 $\sum\limits_{n=1}^{\infty}u_n(x)$ 在 D 上一致收敛.

例 5　证明级数 $\sum\limits_{n=1}^{\infty}\dfrac{\sin nx}{n^2},\sum\limits_{n=1}^{\infty}\dfrac{\cos nx}{n^2}$ 在$\mathbb{R}$上一致收敛.

证　因为 $\forall x\in\mathbb{R},\left|\dfrac{\sin nx}{n^2}\right|\leqslant\dfrac{1}{n^2},\left|\dfrac{\cos nx}{n^2}\right|\leqslant\dfrac{1}{n^2}$，而 $\sum\limits_{n=1}^{\infty}\dfrac{1}{n^2}$ 收敛，所以结论成立.

例 6　设 $0<r<\mathrm{e}$，证明 $\sum\limits_{n=1}^{\infty}n!\left(\dfrac{x}{n}\right)^n$ 在$[-r,r]$上一致收敛.

证　显然，$\forall x\in[-r,r]$，$\left|n!\left(\dfrac{x}{n}\right)^n\right|\leqslant n!\left(\dfrac{r}{n}\right)^n$.

对于级数 $\sum\limits_{n=1}^{\infty}n!\left(\dfrac{r}{n}\right)^n$，因为

$$\lim_{n\to\infty}\frac{(n+1)!\left(\dfrac{r}{n+1}\right)^{n+1}}{n!\left(\dfrac{r}{n}\right)^n}=\lim_{n\to\infty}\frac{r}{\left(1+\dfrac{1}{n}\right)^n}=\frac{r}{\mathrm{e}}<1,$$

所以 $\sum\limits_{n=1}^{\infty}n!\left(\dfrac{r}{n}\right)^n$ 收敛，故由优级数判别法知 $\sum\limits_{n=1}^{\infty}n!\left(\dfrac{x}{n}\right)^n$ 在$[-r,r]$上一致收敛.

定理 4（阿贝尔判别法）　设：

（1）$\forall x\in D,\{v_n(x)\}$单调；

（2）$\exists M>0,\ni$“$\forall n,|v_n(x)|\leqslant M$”，即$\{v_n(x)\}$在 D 上一致有界；

（3）$\sum\limits_{n=1}^{\infty}u_n(x)$ 在 D 上一致收敛；

则 $\sum\limits_{n=1}^{\infty}u_n(x)v_n(x)$ 在 D 上一致收敛.

证　由阿贝尔引理知

$$|u_{n+1}(x)v_{n+1}(x)+\cdots+u_{n+p}(x)v_{n+p}(x)|\leqslant(|v_{n+1}(x)|+2|v_{n+p}(x)|)\left|\sum_{k=1}^{p}u_{n+k}(x)\right|,$$

故结论成立.

定理 5（狄利克雷判别法）　设：

（1）$\forall x\in D,\{v_n(x)\}$单调；

（2）$v_n(x)\xrightarrow[D]{\text{一致}}0$；

（3）$\sum\limits_{n=1}^{\infty}u_n(x)$ 的部分和序列一致有界；

则 $\sum\limits_{n=1}^{\infty}u_n(x)v_n(x)$ 在 D 上一致收敛.

证　由阿贝尔引理知

$$\left|u_{n+1}(x)v_{n+1}(x)+\cdots+u_{n+p}(x)v_{n+p}(x)\right|\leqslant(|v_{n+1}(x)|+2|v_{n+p}(x)|)\left|\sum_{k=1}^{p}u_{n+k}(x)\right|,$$

故结论成立.

注 定理 4 与定理 5 的证明是一样的，能对此给出解释吗？

例 7 函数项级数 $\sum\limits_{n=1}^{\infty}\dfrac{(-1)^n(x+n)^n}{n^{n+1}}$ 在$[0,1]$上一致收敛.

证 记 $u_n=\dfrac{(-1)^n}{n}$，$v_n=\left(1+\dfrac{x}{n}\right)^n$，则$\{v_n\}$在$[0,1]$上单调，且一致有界；又 $\sum\limits_{n=1}^{\infty}\dfrac{(-1)^n}{n}$ 在$[0,1]$上一致收敛，所以 $\sum\limits_{n=1}^{\infty}\dfrac{(-1)^n(x+n)^n}{n^{n+1}}$ 在$[0,1]$上一致收敛.

例 8 若数列$\{a_n\}$单调且收敛于 0，则 $\sum\limits_{n=1}^{\infty}a_n\cos nx$ 在$[\alpha,2\pi-\alpha]$$(0<\alpha<\pi)$上一致收敛.

证 在$[\alpha,2\pi-\alpha]$$(0<\alpha<\pi)$上，因为

$$\begin{aligned}\left|\sum_{k=1}^{n}\cos kx\right|&=\left|\frac{\sum\limits_{k=1}^{n}2\cos kx\sin\dfrac{x}{2}}{2\sin\dfrac{x}{2}}\right|=\left|\frac{\sum\limits_{k=1}^{n}\left[-\sin\left(k-\dfrac{1}{2}\right)x+\sin\left(k+\dfrac{1}{2}\right)x\right]}{2\sin\dfrac{x}{2}}\right|\\&=\left|\frac{\sin\left(n+\dfrac{1}{2}\right)x}{2\sin\dfrac{x}{2}}-\frac{1}{2}\right|\leqslant\frac{1}{2\left|\sin\dfrac{x}{2}\right|}+\frac{1}{2}\\&\leqslant\frac{1}{2\sin\dfrac{\alpha}{2}}+\frac{1}{2}.\end{aligned}$$

所以 $\sum\limits_{n=1}^{\infty}\cos nx$ 的部分和在$[\alpha,2\pi-\alpha]$上一致有界，故由狄利克雷判别法知 $\sum\limits_{n=1}^{\infty}a_n\cos nx$ 在$[\alpha,2\pi-\alpha]$上一致收敛.

习 题 13.2

1. 判别下列函数项级数在所给区间上的一致收敛性：

(1) $\sum\limits_{n=2}^{\infty}\dfrac{x^n}{(n-1)!}$，$x\in[-r,r]$；

(2) $\sum\limits_{n=1}^{\infty}\dfrac{(-1)^{n-1}x^2}{(1+x^2)^n}$，$x\in(-\infty,+\infty)$；

(3) $\sum\limits_{n=1}^{\infty}\dfrac{n}{x^n}$，$|x|>r\geqslant1$；

(4) $\sum\limits_{n=1}^{\infty}\dfrac{x^n}{n^2}$，$x\in[0,1]$；

(5) $\sum\limits_{n=1}^{\infty}\dfrac{(-1)^{n-1}}{x^2+n}$，$x\in(-\infty,+\infty)$；

(6) $\sum\limits_{n=1}^{\infty}\dfrac{x^2}{(1+x^2)^{n-1}}$，$x\in(-\infty,+\infty)$.

2. 设函数项级数 $\sum\limits_{n=1}^{\infty}u_n(x)$ 在 D 上一致收敛于 $S(x)$，函数 $g(x)$ 在 D 上有界. 证明函数项级数 $\sum\limits_{n=1}^{\infty}g(x)u_n(x)$ 在 D 上一致收敛于 $g(x)S(x)$.

3. 若在区间 I 上，$\forall n$，$|u_n(x)|\leqslant v_n(x)$，证明当 $\sum\limits_{n=1}^{\infty}v_n(x)$ 在 I 上一致收敛时，函数项级数 $\sum\limits_{n=1}^{\infty}u_n(x)$ 在 I 上也一致收敛.

4. 设 $u_n(x)(n=1,2,\cdots)$ 是 $[a,b]$ 上的单调函数，证明：若 $\sum\limits_{n=1}^{\infty}u_n(a)$ 与 $\sum\limits_{n=1}^{\infty}u_n(b)$ 都绝对收敛，则 $\sum\limits_{n=1}^{\infty}u_n(x)$ 在 $[a,b]$ 上绝对且一致收敛.

5. 在 $[0,1]$ 上定义函数列

$$u_n(x)=\begin{cases}\dfrac{1}{n}, & x=\dfrac{1}{n},\\ 0, & x\neq\dfrac{1}{n},\end{cases}\qquad n=1,2,\cdots,$$

证明函数项级数 $\sum\limits_{n=1}^{\infty}u_n(x)$ 在 $[0,1]$ 上一致收敛，但它不存在优级数.

6. 讨论下列函数列或函数项级数在所给区间 D 上的一致收敛性：

(1) $\sum\limits_{n=2}^{\infty}\dfrac{1-2n}{(x^2+n^2)[x^2+(n-1)^2]}, D=[-1,1]$；

(2) $\sum\limits_{n=1}^{\infty}\dfrac{x^2}{[1+(n-1)x^2](1+nx^2)}, D=(0,+\infty)$；

(3) $\sum\limits_{n=1}^{\infty}2^n\sin\dfrac{x}{3^n}, D=(0,+\infty)$；

(4) $\sum\limits_{n=1}^{\infty}\dfrac{x^n}{\sqrt{n}}, D=(-1,0)$；

(5) $\sum\limits_{n=1}^{\infty}(-1)^n\dfrac{x^{2n+1}}{2n+1}, D=(-1,1)$；

(6) $\sum\limits_{n=1}^{\infty}\dfrac{\sin nx}{n}, D=[0,2\pi]$.

7. 证明：级数 $\sum\limits_{n=1}^{\infty}(-1)^n x^n(1-x)$ 在 $[0,1]$ 上绝对并一致收敛，但由其各项绝对值组成的级数在 $[0,1]$ 上却不一致收敛.

8. 设 $\{u_n(x)\}$ 为 $[a,b]$ 上正的单调减且收敛于零的函数列，每个 $u_n(x)$ 都是 $[a,b]$ 上的单调函数，则级数 $u_1(x)-u_2(x)+u_3(x)-u_4(x)+\cdots$ 在 $[a,b]$ 上不仅收敛，而且一致收敛.

13.3 函数列与函数项级数的分析性质

在一致收敛的前提条件下，我们可以由函数列与函数项级数的分析性质去分别得到其极限函数与和函数的分析性质. 由于分析性质都是建立在极限的基础上，所以先介绍下面的引理.

引理 设函数列$\{f_n(x)\}$在$\mathring{U}(x_0)$内一致收敛，且$\forall n$，$\lim\limits_{x\to x_0}f_n(x)$存在，则$\lim\limits_{n\to\infty}\lim\limits_{x\to x_0}f_n(x)$存在，且

$$\lim_{n\to\infty}\lim_{x\to x_0}f_n(x)=\lim_{x\to x_0}\lim_{n\to\infty}f_n(x).$$

证 设$\forall n$，$\lim\limits_{x\to x_0}f_n(x)=a_n$，由于$\{f_n(x)\}$在$\mathring{U}(x_0)$内一致收敛，所以

$$\forall\varepsilon>0,\quad\exists N>0,\quad\ni\text{“}\forall x\in\mathring{U}(x_0),\forall p,n>N\Rightarrow|f_{n+p}(x)-f_n(x)|<\varepsilon\text{”},$$

从而$|a_{n+p}-a_n|=\lim\limits_{x\to x_0}|f_{n+p}(x)-f_n(x)|\leqslant\varepsilon$，所以数列$\{a_n\}$收敛.

设$\lim\limits_{n\to\infty}a_n=A$，$\lim\limits_{n\to\infty}f_n(x)=f(x)$，则$\forall\varepsilon>0$，$\exists N>0$，

$$\ni\text{“}\forall x\in\mathring{U}(x_0),n>N\Rightarrow|f_n(x)-f(x)|<\frac{\varepsilon}{3},\ |a_n-A|<\frac{\varepsilon}{3}\text{”}.$$

取$n=N+1$，亦有

$$|f_{N+1}(x)-f(x)|<\frac{\varepsilon}{3},\qquad|a_{N+1}-A|<\frac{\varepsilon}{3},$$

又$\lim\limits_{x\to x_0}f_{N+1}(x)=a_{N+1}$，所以

$$\forall\varepsilon>0,\quad\exists\delta>0,\quad\ni\text{“}\forall x\in\mathring{U}(x_0,\delta)\Rightarrow|f_{N+1}(x)-a_{N+1}|<\frac{\varepsilon}{3}\text{”},$$

于是当$x\in\mathring{U}(x_0,\delta)$时，

$$|f(x)-A|\leqslant|f_{N+1}(x)-f(x)|+|f_{N+1}(x)-a_{N+1}|+|a_{N+1}-A|<\varepsilon,$$

故$\lim\limits_{n\to\infty}\lim\limits_{x\to x_0}f_n(x)=A=\lim\limits_{x\to x_0}\lim\limits_{n\to\infty}f_n(x)$.

类似地，在一致收敛的条件下亦有

$$\lim_{n\to\infty}\lim_{x\to x_0^-}f_n(x)=\lim_{x\to x_0^-}\lim_{n\to\infty}f_n(x),\qquad\lim_{n\to\infty}\lim_{x\to x_0^+}f_n(x)=\lim_{x\to x_0^+}\lim_{n\to\infty}f_n(x).$$

13.3.1 连续性

定理 1 设$\forall n$，$f_n(x)$在D上连续，且$f_n(x)\xrightarrow[D]{\text{一致}}f(x)$，则极限函数$f(x)$在$D$上连续.

证 因为$\forall n$，$f_n(x)$在D上连续，所以

$$\forall x_0\in D,\quad\lim_{x\to x_0}f_n(x)=f_n(x_0),$$

于是$\forall x_0\in D$，

$$\lim_{x\to x_0} f(x) = \lim_{x\to x_0}\lim_{n\to\infty} f_n(x) = \lim_{n\to\infty}\lim_{x\to x_0} f_n(x) = \lim_{n\to\infty} f_n(x_0) = f(x_0),$$

故极限函数 $f(x)$在 D 上连续.

定理 2　设 $\forall n, u_n(x)$在 D 上连续，且 $\sum_{n=1}^{\infty} u_n(x) \xrightarrow[D]{\text{一致}} S(x)$，则和函数 $S(x)$在 D 上连续，即

$$\lim_{x\to x_0} S(x) = \lim_{x\to x_0}\sum_{n=1}^{\infty} u_n(x) = \sum_{n=1}^{\infty}\lim_{x\to x_0} u_n(x) = \sum_{n=1}^{\infty} u_n(x_0) = S(x_0).$$

证　设 $S_n(x) = \sum_{k=1}^{n} u_k(x)$，则 $\forall n, S_n(x)$在 D 上连续，且 $S_n(x) \xrightarrow[D]{\text{一致}} S(x)$，即 $\forall x_0 \in D$，$\lim_{x\to x_0} S_n(x) = S_n(x_0)$，于是 $\forall x_0 \in D$，

$$\lim_{x\to x_0} S(x) = \lim_{x\to x_0}\lim_{n\to\infty} S_n(x) = \lim_{n\to\infty}\lim_{x\to x_0} S_n(x) = \lim_{n\to\infty} S_n(x_0) = S(x_0),$$

故和函数 $S(x)$在 D 上连续.

由定理 1 或定理 2 知：如果 $\forall n, f_n(x)$在 D 上连续，$f_n(x) \xrightarrow[D]{} f(x)$，而 $f(x)$在 D 上不连续，则 $f_n(x) \xrightarrow[D]{\text{非一致}} f(x)$.

例如，$\forall n, f_n(x) = x^n$ 在 $D = (0,1]$上连续，

$$f_n(x) = x^n \xrightarrow[(0,1]]{} f(x) = \begin{cases} 1, & x = 1, \\ 0, & 0 < x < 1, \end{cases}$$

而 $f(x)$在 D 上不连续，所以$\{f_n(x)\}$在$(0,1]$上非一致收敛于 $f(x)$.

值得注意的是，即使 $\forall n, f_n(x), f(x)$在 D 上连续，也不能得到

$$f_n(x) \xrightarrow[D]{\text{一致}} f(x).$$

例如，$f_n(x) = x^n \xrightarrow[(0,1)]{} f(x) = 0$，$\forall n, f_n(x), f(x)$在$(0,1)$上连续，而

$$f_n(x) \xrightarrow[(0,1)]{\text{非一致}} f(x).$$

13.3.2　可积性

定理 3　设 $\forall n, f_n(x)$在$[a,b]$上连续，且 $f_n(x) \xrightarrow[[a,b]]{\text{一致}} f(x)$，则 $f(x)$在$[a,b]$上可积，且

$$\int_a^b f(x)\,\mathrm{d}x = \int_a^b \lim_{n\to\infty} f_n(x)\,\mathrm{d}x = \lim_{n\to\infty}\int_a^b f_n(x)\,\mathrm{d}x.$$

证　由定理 1 知 $f(x)$在$[a,b]$上连续，所以 $f(x)$在$[a,b]$上可积.

又 $f_n(x) \xrightarrow[[a,b]]{\text{一致}} f(x)$，所以

$$\forall \varepsilon > 0,\quad \exists N > 0,\quad \ni \text{“} \forall x \in [a,b], n > N \Rightarrow |f_n(x) - f(x)| < \frac{\varepsilon}{b-a} \text{”},$$

于是

$$\left|\int_a^b f_n(x)\mathrm{d}x-\int_a^b f(x)\mathrm{d}x\right|=\left|\int_a^b [f_n(x)-f(x)]\mathrm{d}x\right|\leqslant\int_a^b |f_n(x)-f(x)|\mathrm{d}x<\varepsilon,$$

所以 $\int_a^b f(x)\mathrm{d}x=\lim\limits_{n\to\infty}\int_a^b f_n(x)\mathrm{d}x$，即 $\int_a^b \lim\limits_{n\to\infty}f_n(x)\mathrm{d}x=\lim\limits_{n\to\infty}\int_a^b f_n(x)\mathrm{d}x$.

定理 4（逐项求积） 设 $\forall n,u_n(x)$ 在 $[a,b]$ 上连续，且 $\sum\limits_{n=1}^{\infty}u_n(x)$ 在 $[a,b]$ 上一致收敛，则

$$\sum_{n=1}^{\infty}\int_a^b u_n(x)\mathrm{d}x=\int_a^b\sum_{n=1}^{\infty}u_n(x)\mathrm{d}x.$$

证 因为部分和序列满足 $\int_a^b \lim\limits_{n\to\infty}S_n(x)\mathrm{d}x=\lim\limits_{n\to\infty}\int_a^b S_n(x)\mathrm{d}x$，所以结论成立.

值得注意的是，一致收敛是极限号与积分号交换的充分条件，而不是必要条件.

例如，函数列

$$f_n(x)=\begin{cases}2nx, & 0\leqslant x\leqslant\dfrac{1}{2n},\\ 2-2nx, & \dfrac{1}{2n}<x\leqslant\dfrac{1}{n},\\ 0, & \dfrac{1}{n}<x\leqslant 1,\end{cases}\quad n=1,2,\cdots,$$

如图 13.4 所示，显然 $\forall n,f_n(x)$ 在 $[0,1]$ 上连续，且

$$\forall x\in[0,1],\quad \lim_{n\to\infty}f_n(x)=0,$$

而 $\sup\limits_{x\in[0,1]}\{|f_n(x)-0|\}=1$，所以

$$f_n(x)\xrightarrow[{[0,1]}]{\text{非一致}}0.$$

但 $\lim\limits_{n\to\infty}\int_0^1 f_n(x)\mathrm{d}x=\int_0^1\lim\limits_{n\to\infty}f_n(x)\mathrm{d}x=0.$

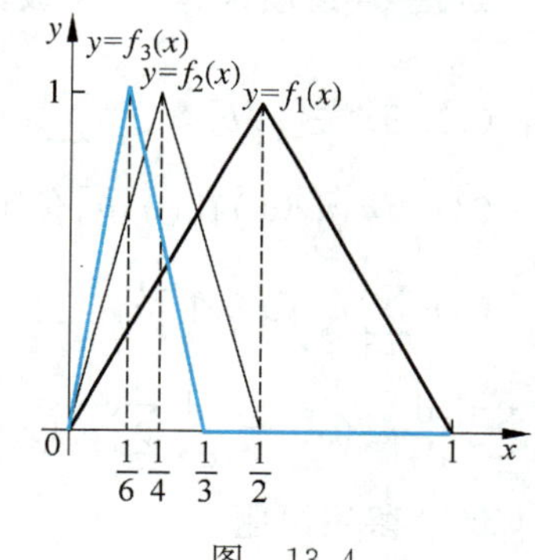

图 13.4

13.3.3 可微性

定理 5 设函数列 $\{f_n(x)\}$ 在 $[a,b]$ 上满足：

(1) $\exists x_0\in[a,b]$，$\ni$“$\{f_n(x_0)\}$ 收敛”；

(2) $\forall n,f_n(x)$ 在 $[a,b]$ 有连续的导函数 $f_n'(x)$；

(3) $\{f_n'(x)\}$ 在 $[a,b]$ 上一致收敛；

则 $\dfrac{\mathrm{d}}{\mathrm{d}x}\lim\limits_{n\to\infty}f_n(x)=\lim\limits_{n\to\infty}\dfrac{\mathrm{d}}{\mathrm{d}x}f_n(x)$.

证 设 $\lim\limits_{n\to\infty}f_n(x_0)=A$，$f_n'(x)\xrightarrow[{[a,b]}]{\text{一致}}g(x)$，则

$$\forall x\in[a,b],\quad f_n(x)=f_n(x_0)+\int_{x_0}^x f_n'(t)\mathrm{d}t,$$

于是

$$\lim_{n\to\infty} f_n(x) = A + \lim_{n\to\infty}\int_{x_0}^{x} f'_n(t)\,\mathrm{d}t = A + \int_{x_0}^{x} \lim_{n\to\infty} f'_n(t)\,\mathrm{d}t = A + \int_{x_0}^{x} g(t)\,\mathrm{d}t,$$

所以 $\{f_n(x)\}$ 在 $[a,b]$ 上收敛，且极限函数 $f(x) = A + \int_{x_0}^{x} g(t)\,\mathrm{d}t$.

而 $f'(x)=g(x)$，故 $\frac{\mathrm{d}}{\mathrm{d}x}\lim\limits_{n\to\infty} f_n(x) = \lim\limits_{n\to\infty}\frac{\mathrm{d}}{\mathrm{d}x} f_n(x)$.

值得注意的是，一致收敛是极限号与微分号交换的充分条件，而不是必要条件.

例如，令 $f_n(x)=\frac{1}{2n}\ln(1+n^2x^2)$，$n=1,2,\cdots$，则

$$\forall x\in[0,1],\quad \lim_{n\to\infty} f'_n(x) = \lim_{n\to\infty}\frac{nx}{1+n^2x^2} = 0,$$

在这里 $\lim\limits_{n\to\infty} f'_n(x)=0=[\lim\limits_{n\to\infty} f_n(x)]'$，但

$$\lim_{n\to\infty}\max_{x\in[0,1]}\{|f'_n(x)-f'(x)|\} = \frac{1}{2}\neq 0,\quad \text{即 } f'_n(x) \xrightarrow[{[0,1]}]{\text{非一致}} 0.$$

定理 6（**逐项求导**） 设级数 $\sum\limits_{n=1}^{\infty} u_n(x)$ 在 $[a,b]$ 上满足：

(1) $\exists x_0\in[a,b]$，$\ni$ “$\sum\limits_{n=1}^{\infty} u_n(x_0)$ 收敛”；

(2) $\forall n$，$u_n(x)$ 在 $[a,b]$ 有连续的导函数 $u'_n(x)$；

(3) $\sum\limits_{n=1}^{\infty} u'_n(x)$ 在 $[a,b]$ 上一致收敛；

则 $\sum\limits_{n=1}^{\infty}\frac{\mathrm{d}}{\mathrm{d}x}u_n(x) = \frac{\mathrm{d}}{\mathrm{d}x}\sum\limits_{n=1}^{\infty}u_n(x)$.

证 留用习题.

例 1 证明 $\sum\limits_{n=1}^{\infty}\frac{1}{n^3}\ln(1+n^2x^2)$ 在 $[0,1]$ 上一致收敛，并讨论其和函数的分析性质.

证 因为在 $[0,1]$ 上，$u_n(x)=\frac{1}{n^3}\ln(1+n^2x^2)\uparrow$，所以

$$u_n(x)\leqslant\frac{1}{n^3}\ln(1+n^2) < \frac{1}{n^3}\cdot n = \frac{1}{n^2}.$$

由优级数判别法知 $\sum\limits_{n=1}^{\infty}\frac{1}{n^3}\ln(1+n^2x^2)$ 在 $[0,1]$ 上一致收敛，故其和函数在 $[0,1]$ 上连续、可积.

又

$$u'_n(x) = \frac{2x}{n(1+n^2x^2)} = \frac{2nx}{n^2(1+n^2x^2)} \leqslant \frac{1}{n^2},$$

所以 $\sum\limits_{n=1}^{\infty} u'_n(x)$ 在[0,1]上一致收敛，故 $\sum\limits_{n=1}^{\infty} u_n(x)$ 的和函数在[0,1]上可导.

习 题13.3

1．对下列各函数列$\{f_n(x)\}$，讨论$\{f'_n(x)\}$在所定义的区间上是否一致收敛，$\{f_n(x)\}$的极限函数是否具有连续性、可积性、可微性：

(1) $f_n(x)=\dfrac{2x+n}{x+n}, x\in[0,b]$；

(2) $f_n(x)=x-\dfrac{x^n}{n}, x\in[0,1]$；

(3) $f_n(x)=nx\mathrm{e}^{-nx^2}, x\in[0,1]$.

2．证明：若函数列$\{f_n(x)\}$在$[a,b]$上满足：

(1) $\exists x_0\in[a,b]$，$\ni$“$f_n(x_0)$收敛”；

(2) $\forall n, f_n(x)$在$[a,b]$有连续的导函数$f'_n(x)$；

(3) $\{f'_n(x)\}$在$[a,b]$上一致收敛；

则$\{f_n(x)\}$在$[a,b]$上一致收敛.

3．证明：若级数 $\sum\limits_{n=1}^{\infty} u_n(x)$ 在$[a,b]$上满足：

(1) $\exists x_0\in[a,b]$，$\ni$“$\sum\limits_{n=1}^{\infty} u_n(x_0)$ 收敛”；

(2) $\forall n, u_n(x)$在$[a,b]$有连续的导函数$u'_n(x)$；

(3) $\sum\limits_{n=1}^{\infty} u'_n(x)$ 在$[a,b]$上一致收敛；

则 $\sum\limits_{n=1}^{\infty} \dfrac{\mathrm{d}}{\mathrm{d}x}u_n(x) = \dfrac{\mathrm{d}}{\mathrm{d}x}\sum\limits_{n=1}^{\infty} u_n(x)$.

4．设 $S(x) = \sum\limits_{n=1}^{\infty} \dfrac{x^{n-1}}{n^2}, x \in [-1,1]$，计算积分 $\int_0^x S(t)\mathrm{d}t$.

5．设 $S(x) = \sum\limits_{n=1}^{\infty} \dfrac{\cos nx}{n\sqrt{n}}, x \in (-\infty, +\infty)$，计算积分 $\int_0^x S(t)\mathrm{d}t$.

6．设 $S(x) = \sum\limits_{n=1}^{\infty} n\mathrm{e}^{-nx}, x > 0$，计算 $\int_{\ln 2}^{\ln 3} S(t)\mathrm{d}t$.

7．证明：函数 $f(x) = \sum\limits_{n=1}^{\infty} \dfrac{\sin nx}{n^3}$ 在$(-\infty,+\infty)$上连续，且有连续的导函数.

8．证明：定义在$[0,2\pi]$上的函数项级数 $\sum\limits_{n=0}^{\infty} r^n\cos nx\ (0<r<1)$ 满足：

(1) $\exists x_0\in[a,b]$，$\ni$“$\sum\limits_{n=0}^{\infty} r^n\cos nx_0$ 收敛”；

(2) $\sum_{n=0}^{\infty} r^n \cos nx$ 在$[a,b]$上一致收敛；

(3) $\int_0^{2\pi} \left(\sum_{n=0}^{\infty} r^n \cos nx \right) \mathrm{d}x = 2\pi$.

9. 讨论下列函数列在所定义区间上的一致收敛性及极限函数的连续性、可微性和可积性：

(1) $f_n(x) = x\mathrm{e}^{-nx^2}, n=1,2,\cdots, x\in[-l,l], l>0$；

(2) $f_n(x) = \dfrac{nx}{nx+1}, n=1,2,\cdots$；

① $x\in[0,+\infty)$；　　② $x\in[a,+\infty), a>0$.

10. 证明函数 $S(x) = \sum_{n=1}^{\infty} \dfrac{1}{n^x}$ 在$(1,+\infty)$内连续，且有连续的各阶导数.

11. 设 $f(x)$在$(-\infty,+\infty)$上有任何阶导数，记 $F_n(x) = f^{(n)}(x)$，且在任何有限区间内 $F_n(x) \xrightarrow{\text{一致}} \varphi(x)\ (n\to\infty)$，试证：$\varphi(x) = c\mathrm{e}^x$（$c$ 为常数).

13.4 幂级数

型如

$$\sum_{n=0}^{\infty} a_n(x-x_0)^n = a_0 + a_1(x-x_0) + \cdots + a_n(x-x_0)^n + \cdots$$

的级数称为**幂级数**. 我们的重点是讨论 $x_0=0$ 时的幂级数，即

$$\sum_{n=0}^{\infty} a_n x^n = a_0 + a_1 x + \cdots + a_n x^n + \cdots.$$

实因在 $\sum_{n=0}^{\infty} a_n x^n$ 中，把 x 换为 $x-x_0$ 即得 $\sum_{n=0}^{\infty} a_n(x-x_0)^n$.

13.4.1 幂级数的基本概念

1. 阿贝尔绝对收敛定理

定理 1　若 $\sum_{n=0}^{\infty} a_n x^n$ 在点 $x=\bar{x}\neq 0$ 处收敛，则当$|x|<|\bar{x}|$时，$\sum_{n=0}^{\infty} a_n x^n$ 绝对收敛；若 $\sum_{n=0}^{\infty} a_n x^n$ 在点 $x=\bar{x}\neq 0$ 处发散，则当$|x|>|\bar{x}|$时，$\sum_{n=0}^{\infty} a_n x^n$ 发散.

证　设 $\sum_{n=0}^{\infty} a_n \bar{x}^n$ 收敛，则$\lim\limits_{n\to\infty} a_n \bar{x}^n = 0$，从而

$$\exists M>0,\quad \ni \text{“} \forall n,\ |a_n \bar{x}^n| < M \text{”}.$$

又当$|x|<|\bar{x}|$时，取$r=\frac{|x|}{|\bar{x}|}$，则$r<1$，于是$|a_nx^n|=\left|a_n\bar{x}^n\cdot\frac{x^n}{\bar{x}^n}\right|<Mr^n$，所以由优级数判别法知，当$|x|<|\bar{x}|$时，$\sum\limits_{n=0}^{\infty}a_nx^n$绝对收敛.

如果$\sum\limits_{n=0}^{\infty}a_n\bar{x}^n$发散，假设$\exists|x_0|>|\bar{x}|$，有$\sum\limits_{n=0}^{\infty}a_nx_0^n$收敛，则由已证的结论知$\sum\limits_{n=0}^{\infty}a_n\bar{x}^n$收敛，矛盾，故当$|x|>|\bar{x}|$时，$\sum\limits_{n=0}^{\infty}a_nx^n$发散.

阿贝尔绝对收敛定理实质：幂级数$\sum\limits_{n=0}^{\infty}a_nx^n$在以原点为中心的某开区间上绝对收敛.

2. 收敛半径、收敛区间、收敛域

定义 1 如果$\sum\limits_{n=0}^{\infty}a_nx^n$在$(-R,R)$上收敛，在$(-\infty,-R)\cup(R,+\infty)$上发散，则称$R$为$\sum\limits_{n=0}^{\infty}a_nx^n$的收敛半径. 称$(-R,R)$为收敛区间. 而所有收敛点构成的集合称为收敛域.

显然：

(1) 当$R=0$时，$\sum\limits_{n=0}^{\infty}a_nx^n$仅在$x=0$点收敛；

(2) 当$R=\infty$时，$\sum\limits_{n=0}^{\infty}a_nx^n$在$(-\infty,+\infty)$内收敛；

(3) 当$0<R<\infty$时，$\sum\limits_{n=0}^{\infty}a_nx^n$在$(-R,R)$内收敛.

关于怎样求幂级数的收敛半径，我们有下面的定理.

定理 2 对于$\sum\limits_{n=0}^{\infty}a_nx^n$，若$\lim\limits_{n\to\infty}\left|\frac{a_{n+1}}{a_n}\right|=l$或$\lim\limits_{n\to\infty}\sqrt[n]{|a_n|}=l$，则其收敛半径为

$$R=\begin{cases}\frac{1}{l}, & 0<l<+\infty,\\ 0, & l=+\infty,\\ +\infty, & l=0.\end{cases}$$

证 对于$\sum\limits_{n=0}^{\infty}a_nx^n$，有$\lim\limits_{n\to\infty}\left|\frac{a_{n+1}x^{n+1}}{a_nx^n}\right|=l\cdot|x|$，于是当$l\cdot|x|<1$时，$\sum\limits_{n=0}^{\infty}a_nx^n$绝对收敛，当$l\cdot|x|>1$时，$\sum\limits_{n=0}^{\infty}a_nx^n$发散. 由$0<l<+\infty$得$|x|<\frac{1}{l}$，故收敛半径$R=\frac{1}{l}$；由$l=0$得$|x|<+\infty$，故收敛半径$R=+\infty$；由$l=+\infty$得$|x|=0$，故收敛半径$R=0$.

同理，当$\lim\limits_{n\to\infty}\sqrt[n]{|a_n|}=l$时，亦有上面的结论.

故结论成立.

值得注意的是：$\sum_{n=0}^{\infty} a_n x^n$ 的收敛半径为 $R \nRightarrow \lim_{n\to\infty} \sqrt[n]{a_n} = \frac{1}{R}$.

例 1　求级数 $\sum_{n=1}^{\infty} \frac{x^n}{n^2}$ 的收敛半径与收敛域.

解　因为 $\lim_{n\to\infty} \frac{a_{n+1}}{a_n} = \lim_{n\to\infty} \left(\frac{n}{n+1}\right)^2 = 1$，所以 $R=1$，故收敛区间为 $(-1,1)$.

又 $\left|\frac{(\pm 1)^n}{n^2}\right| = \frac{1}{n^2}$，而 $\sum_{n=1}^{\infty} \frac{1}{n^2}$ 收敛，所以 $\sum_{n=1}^{\infty} \frac{x^n}{n^2}$ 在 $x=\pm 1$ 处收敛，故收敛域为 $[-1,1]$.

例 2　求级数 $\sum_{n=1}^{\infty} \frac{3^n x^n}{\sqrt{n}}$ 的收敛半径与收敛域.

解　因为 $\lim_{n\to\infty} \frac{a_{n+1}}{a_n} = \lim_{n\to\infty} 3\sqrt{\frac{n}{n+1}} = 3$，所以 $R=\frac{1}{3}$，故收敛区间为 $\left(-\frac{1}{3},\frac{1}{3}\right)$.

又当 $x=-\frac{1}{3}$ 时，$\sum_{n=1}^{\infty} \frac{3^n}{\sqrt{n}} \cdot \left(-\frac{1}{3}\right)^n = \sum_{n=1}^{\infty} \frac{(-1)^n}{\sqrt{n}}$ 收敛，当 $x=\frac{1}{3}$ 时，$\sum_{n=1}^{\infty} \frac{3^n}{\sqrt{n}} \cdot \left(\frac{1}{3}\right)^n = \sum_{n=1}^{\infty} \frac{1}{\sqrt{n}}$ 发散，故收敛域为 $\left[-\frac{1}{3},\frac{1}{3}\right)$.

例 3　求级数 $\sum_{n=1}^{\infty} \frac{(x-1)^n}{2^n n}$ 的收敛半径与收敛域.

解　因为 $\lim_{n\to\infty} \frac{a_{n+1}}{a_n} = \lim_{n\to\infty} \frac{n}{2(n+1)} = \frac{1}{2}$，所以 $R=2$，故收敛区间为 $\{x : |x-1| < 2\} = (-1,3)$.

又当 $x=-1$ 时，$\sum_{n=1}^{\infty} \frac{(-1-1)^n}{2^n n} = \sum_{n=1}^{\infty} \frac{(-1)^n}{n}$ 收敛，当 $x=3$ 时，$\sum_{n=1}^{\infty} \frac{(3-1)^n}{2^n n} = \sum_{n=1}^{\infty} \frac{1}{n}$ 发散，故收敛域为 $[-1,3)$.

13.4.2　幂级数的性质

1. 内闭一致收敛性

为了讨论幂级数的分析性质，必须了解幂级数的一致收敛性.

定理 3　若 $\sum_{n=0}^{\infty} a_n x^n$ 的收敛半径为 R，则在其收敛区间 $(-R,R)$ 内的任一闭区间 $[a,b]$ 上，$\sum_{n=0}^{\infty} a_n x^n$ 一致收敛.

证　设 $\bar{x} = \max\{|a|,|b|\} \in (-R,R)$，则 $\sum_{n=0}^{\infty} a_n \bar{x}^n$ 收敛，于是由

$$\forall x \in [a,b], \quad |a_n x^n| \leqslant |a_n \bar{x}^n|$$

知 $\sum_{n=0}^{\infty} a_n x^n$ 在 $[a,b]$ 上一致收敛，故结论成立.

关于包含端点的一致收敛性,由下面定理给出.

定理 4 若 $\sum_{n=0}^{\infty}a_nx^n$ 的收敛半径为 R,且在 $x=R$ 处收敛,则 $\sum_{n=0}^{\infty}a_nx^n$ 在 $[0,R]$ 上一致收敛.

证 因为 $\sum_{n=0}^{\infty}a_nx^n$ 在 $x=R$ 处收敛,所以

$$\forall x\in[0,R],\quad \sum_{n=0}^{\infty}a_nx^n=\sum_{n=0}^{\infty}a_nR^n\left(\frac{x}{R}\right)^n.$$

而 $\left(\frac{x}{R}\right)^n$ 在 $x\in[0,R]$ 上关于 n 单调下降,关于 x 一致有界,故由阿贝尔判别法知 $\sum_{n=0}^{\infty}a_nx^n$ 在 $[0,R]$ 内一致收敛.

同理可得,若级数 $\sum_{n=0}^{\infty}a_nx^n$ 在 $x=-R$ 处收敛,则级数 $\sum_{n=0}^{\infty}a_nx^n$ 在 $[-R,0]$ 内一致收敛.

在给出幂级数的分析性质之前,我们先给出幂级数的收敛半径不变性.

定理 5 对幂级数 $\sum_{n=0}^{\infty}a_nx^n$ 逐项求导得到级数 $\sum_{n=1}^{\infty}na_nx^{n-1}$ 与逐项求积后得到级数 $\sum_{n=0}^{\infty}\frac{1}{n+1}a_nx^{n+1}$,其收敛半径不变.

证 设 $\sum_{n=0}^{\infty}a_nx^n$ 的收敛半径为 R,则 $\forall x_0\in(-R,0)\cup(0,R)$,

$\exists M>0,\quad \exists r\in(0,1),\quad \ni$"$\forall n,\ |a_nx_0^n|\leqslant Mr^n$",(阿贝尔收敛定理的证明)

于是 $|na_nx_0^{n-1}|=\left|\frac{n}{x_0}\right|\cdot|a_nx_0^n|\leqslant\frac{M}{|x_0|}\cdot nr^n$,而级数 $\sum_{n=1}^{\infty}nr^n$ 收敛,所以 $\sum_{n=1}^{\infty}na_nx_0^{n-1}$ 收敛,由 $x_0\in(-R,0)\cup(0,R)$ 知,$\sum_{n=1}^{\infty}na_nx^{n-1}$ 在 $(-R,R)$ 内收敛.

又 $\forall x,|x|>R$ 时,$\sum_{n=1}^{\infty}na_nx^{n-1}$ 发散. 实因:假设 $\exists x_0,\ni$"$|x_0|>R$,$\sum_{n=1}^{\infty}na_nx_0^{n-1}$"收敛,因 $n>|x_0|$ 时,$|a_nx_0^n|\leqslant\left|\frac{n}{x_0}\right|\cdot|a_nx_0^n|=|na_nx_0^{n-1}|$,所以 $\sum_{n=0}^{\infty}a_nx_0^n$ 收敛,此与 $\sum_{n=0}^{\infty}a_nx_0^n$ 的收敛区间为 $(-R,R)$ 矛盾,故 $\sum_{n=1}^{\infty}na_nx^{n-1}$ 的收敛半径为 R.

同理可证,$\sum_{n=0}^{\infty}\frac{1}{n+1}a_nx^{n+1}$ 的收敛半径亦为 R.

2. 和函数的分析性质

定理 6(连续性) 若 $\sum_{n=0}^{\infty}a_nx^n$ 在 D 内收敛,则其和函数在 D 内连续.

定理 7（逐项积分）　若 $\sum_{n=0}^{\infty} a_n x^n$ 在 D 内收敛，则 $\forall x \in (-R,R)$，有

$$\int_0^x \sum_{n=0}^{\infty} a_n t^n \mathrm{d}t = \sum_{n=0}^{\infty} \frac{a_n}{n+1} x^{n+1}.$$

定理 8（逐项求导）　若 $\sum_{n=0}^{\infty} a_n x^n$ 在 D 内收敛，则 $\forall x \in (-R,R)$，有

$$\frac{\mathrm{d}}{\mathrm{d}x} \sum_{n=0}^{\infty} a_n x^n = \sum_{n=1}^{\infty} n a_n x^{n-1}.$$

定理 9（系数与和函数的关系）　若在 $(-R,R)$ 内，$f(x) = \sum_{n=0}^{\infty} a_n x^n$，则

$$\forall n = 0,1,2,\cdots, \quad a_n = \frac{1}{n!} f^{(n)}(0).$$

证　因为

$$f(x) = \sum_{n=0}^{\infty} a_n x^n = a_0 + a_1 x + \cdots + a_n x^n + \cdots,$$

逐项求导得

$$f'(x) = \sum_{n=0}^{\infty} (a_n x^n)' = a_1 + 2a_2 x + \cdots + n a_n x^{n-1} + \cdots,$$

$$f''(x) = \sum_{n=0}^{n} (a_n x^n)'' = 2a_2 + 3 \cdot 2 a_3 x + \cdots + n(n-1) a_n x^{n-2} + \cdots,$$

$$\vdots$$

$$f^{(n)}(x) = \sum_{n=0}^{\infty} (a_n x^n)^{(n)} = n! a_n + (n+1) \cdot n \cdot \cdots \cdot 3 \cdot 2 \cdot a_{n+1} x + \cdots,$$

所以 $\forall n=0,1,2,\cdots, a_n = \frac{1}{n!} f^{(n)}(0)$.

3. 四则运算性质

定理 10　若 $\sum_{n=0}^{\infty} a_n x^n, \sum_{n=0}^{\infty} b_n x^n$ 有相同的收敛域，且 $\sum_{n=0}^{\infty} a_n x^n = \sum_{n=0}^{\infty} b_n x^n$，则 $a_n = b_n$.

证　设 $\sum_{n=0}^{\infty} a_n x^n = \sum_{n=0}^{\infty} b_n x^n = f(x)$，故 $a_n = \frac{f^{(n)}(0)}{n!} = b_n$.

由定理 10 知：$f(x)$ 为奇函数 $\Leftrightarrow f(x) = \sum_{n=0}^{\infty} a_n x^n$ 不含偶次项；

$f(x)$ 为偶函数 $\Leftrightarrow f(x) = \sum_{n=0}^{\infty} a_n x^n$ 不含奇次项.

定理 11　若在 $(-R,R)$ 上，$\sum_{n=0}^{\infty} a_n x^n = f(x)$，$\sum_{n=0}^{\infty} b_n x^n = g(x)$，则在 $(-R,R)$ 上，

$$\sum_{n=0}^{\infty}\lambda a_n x^n=\lambda f(x),\quad \sum_{n=0}^{\infty}(a_n\pm b_n)x^n=f(x)\pm g(x),$$

$$\sum_{n=0}^{\infty}a_n x^n\sum_{n=0}^{\infty}b_n x^n=\sum_{n=0}^{\infty}\sum_{k=0}^{n}a_k b_{n-k}x^n=f(x)\cdot g(x).$$

定理的证明可由数项级数相应的性质推出.

例 4 几何级数 $\sum\limits_{n=0}^{\infty}x^n$ 在 $(-1,1)$ 上有 $\sum\limits_{n=0}^{\infty}x^n=\dfrac{1}{1-x}$，逐项求导得 $\sum\limits_{n=1}^{\infty}nx^{n-1}=\dfrac{1}{(1-x)^2}$，逐项求积得 $\sum\limits_{n=0}^{\infty}\dfrac{1}{n+1}x^{n+1}=\sum\limits_{n=1}^{\infty}\dfrac{1}{n}x^n=-\ln(1-x)$.

因为 $\sum\limits_{n=1}^{\infty}\dfrac{(-1)^n}{n}$ 收敛，所以 $\sum\limits_{n=1}^{\infty}\dfrac{(-1)^{n-1}}{n}=\ln 2$，即

$$\ln 2=1-\frac{1}{2}+\frac{1}{3}-\frac{1}{4}+\cdots+\frac{(-1)^{n-1}}{n}+\cdots.$$

习题 13.4

1. 求下列幂级数的收敛半径与收敛域：

(1) $\sum\limits_{n=0}^{\infty}nx^n$；

(2) $\sum\limits_{n=1}^{\infty}\dfrac{x^n}{n^2\cdot 2^n}$；

(3) $\sum\limits_{n=1}^{\infty}\dfrac{(n!)^2}{n^2 2^n}x^n$；

(4) $\sum\limits_{n=0}^{\infty}r^{n^2}x^n(0<r<1)$；

(5) $\sum\limits_{n=1}^{\infty}\dfrac{(x-2)^{2n-1}}{(2n-1)!}$；

(6) $\sum\limits_{n=1}^{\infty}\dfrac{3^n+(-2)^n}{n}(x+1)^n$；

(7) $\sum\limits_{n=1}^{\infty}\left(1+\dfrac{1}{2}+\cdots+\dfrac{1}{n}\right)x^n$；

(8) $\sum\limits_{n=0}^{\infty}\dfrac{x^{n^2}}{2^n}$.

2. 应用逐项求导、逐项求积方法，求下列幂级数的和函数，并同时指出它们的定义域：

(1) $x+\dfrac{x^3}{3}+\dfrac{x^5}{5}+\cdots+\dfrac{x^{2n+1}}{2n+1}+\cdots$；

(2) $x+2x^2+3x^3+\cdots+nx^n+\cdots$；

(3) $1\cdot 2x+2\cdot 3x^2+\cdots+n(n+1)x^n+\cdots$.

3. 证明：设 $f(x)=\sum\limits_{n=0}^{\infty}a_n x^n$ 在 $|x|<R$ 内收敛，若 $\sum\limits_{n=0}^{\infty}\dfrac{a_n}{n+1}R^{n+1}$ 也收敛，则

$$\int_0^R f(x)\mathrm{d}x=\sum_{n=0}^{\infty}\frac{a_n}{n+1}R^{n+1}.$$

（注意：这里不管 $\sum\limits_{n=0}^{\infty}a_n x^n$ 在 $x=R$ 处是否收敛。）并应用这个结果证明

$$\int_0^1\frac{1}{1+x}\mathrm{d}x=\ln 2=\sum_{n=1}^{\infty}(-1)^{n-1}\frac{1}{n}.$$

4. 证明：

(1) $y=\sum\limits_{n=0}^{\infty}\dfrac{x^{4n}}{(4n)!}$ 满足方程 $y^{(4)}=y$；

(2) $y=\sum\limits_{n=0}^{\infty}\dfrac{x^{n}}{(n!)^{2}}$ 满足方程 $xy''+y'-y=0$.

5. 证明：设 $f(x)$ 为幂级数 $\sum\limits_{n=0}^{\infty}a_nx^n$ 在 $(-R,R)$ 上的和函数，若 $f(x)$ 为奇函数，则级数 $\sum\limits_{n=0}^{\infty}a_nx^n$ 仅出现奇次幂的项，若 $f(x)$ 为偶函数，则 $\sum\limits_{n=0}^{\infty}a_nx^n$ 仅出现偶次幂的项.

6. 求下列幂级数的收敛域：

(1) $\sum\limits_{n=0}^{\infty}\dfrac{x^n}{a^n+b^n}(a>0,b>0)$；　　(2) $\sum\limits_{n=1}^{\infty}\left(1+\dfrac{1}{n}\right)^{n^2}x^n$.

7. 求下列幂级数的收敛半径：

(1) $\sum\limits_{n=1}^{\infty}\dfrac{[3+(-1)^n]^n}{n}x^n$；　　(2) $a+bx+ax^2+bx^3+\cdots(0<a<b)$.

8. 求下列幂级数的收敛半径及其和函数：

(1) $\sum\limits_{n=1}^{\infty}\dfrac{x^n}{n(n+1)}$；　　(2) $\sum\limits_{n=1}^{\infty}\dfrac{x^n}{n(n+1)(n+2)}$.

9. 设 $\{a_n\}$ 为等差数列 $(a_0\neq 0)$，试求：

(1) 幂级数 $\sum\limits_{n=0}^{\infty}a_nx^n$ 的收敛半径；　　(2) 数项级数 $\sum\limits_{n=0}^{\infty}\dfrac{a_n}{2^n}$ 的和数.

13.5　函数的幂级数展开

在上一节的讨论中，我们由幂级数寻求其和函数. 此节却是寻求函数的幂级数展开，由泰勒定理可获得回答.

13.5.1　泰勒级数

如果函数 $f(x)$ 在 $x=x_0$ 的某邻域 $U(x_0)$ 内存在直到 $n+1$ 阶导数，则由泰勒定理得

$$f(x)=f(x_0)+\frac{f'(x_0)}{1!}(x-x_0)+\cdots+\frac{f^{(n)}(x_0)}{n!}(x-x_0)^n+R_n(x),$$

其中

$$R_n(x)=\frac{f^{(n+1)}(\xi)}{(n+1)!}(x-x_0)^{n+1}\quad(\xi\text{ 介于 }x_0\text{ 与 }x\text{ 之间})$$

称为拉格朗日余项.

如果函数 $f(x)$ 在 $x=x_0$ 的某邻域 $U(x_0)$ 内存在直到无穷阶导数，则称级数

$$\sum_{n=0}^{\infty}\frac{f^{(n)}(x_0)}{n!}(x-x_0)^n,\quad x\in U(x_0)$$

为 $f(x)$ 在 $x=x_0$ 点的**泰勒级数**,记作

$$f(x)\sim f(x_0)+\frac{f'(x_0)}{1!}(x-x_0)+\cdots+\frac{f^{(n)}(x_0)}{n!}(x-x_0)^n+\cdots,\quad x\in U(x_0).$$

问题　$f(x)=\sum\limits_{n=0}^{\infty}\frac{f^{(n)}(x_0)}{n!}(x-x_0)^n$ 吗?回答是否定的,例如

$$f(x)=\begin{cases}e^{-\frac{1}{x^2}}, & x\neq 0\\ 0, & x=0\end{cases},$$

$\forall n, f^{(n)}(0)=0$,当 $x\neq 0$ 时,$f(x)\neq 0+0\cdot x+\cdots+\frac{0}{n!}x^n+\cdots$.

在什么条件下才有 $f(x)=\sum\limits_{n=0}^{\infty}\frac{f^{(n)}(x_0)}{n!}(x-x_0)^n$ 呢?这就是下面的定理.

定理 1　若 $f(x)$ 在 $U(x_0)$ 内存在直到无穷阶导数,则

$$f(x)=\sum_{n=0}^{\infty}\frac{f^{(n)}(x_0)}{n!}(x-x_0)^n\Leftrightarrow\forall x\in U(x_0),\quad \lim_{n\to\infty}R_n(x)=0,$$

其中 $R_n(x)$ 是 $f(x)$ 在 x_0 点处的泰勒公式的余项.

证　因为 $\left|\sum\limits_{k=0}^{n}\frac{f^{(k)}(x_0)}{k!}(x-x_0)^k-f(x)\right|=|R_n(x)|$,所以结论成立.

定理 1 在应用中常常是不方便的,稍作改变即得下面的定理.

定理 2　若 $f(x)$ 在 $U(x_0)$ 内存在直到无穷阶导数,且

$$\exists M>0,\quad \ni\text{“}\forall n,\forall x\in U(x_0),\ |f^{(n)}(x)|\leqslant M\text{”},$$

则 $\forall x\in U(x_0)$, $f(x)=\sum\limits_{n=0}^{\infty}\frac{f^{(n)}(x_0)}{n!}(x-x_0)^n$.

证　$R_n(x)$ 取为拉格朗日余项,即

$$R_n(x)=\frac{f^{(n+1)}(\xi)}{(n+1)!}(x-x_0)^{n+1},$$

ξ 介于 x_0 与 x 之间,则

$$|R_n(x)|=\left|\frac{f^{(n+1)}(\xi)}{(n+1)!}(x-x_0)^{n+1}\right|\leqslant M\cdot\left|\frac{(x-x_0)^{n+1}}{(n+1)!}\right|,$$

而 $\sum\limits_{n=0}^{\infty}\frac{(x-x_0)^{n+1}}{(n+1)!}$ 收敛,所以 $\lim\limits_{n\to\infty}\frac{(x-x_0)^{n+1}}{(n+1)!}=0$,从而 $\lim\limits_{n\to\infty}R_n(x)=0$,故结论成立.

注　定理 2 的条件是充分条件.

若 $f(x)$ 在 $U(x_0)$ 内是其泰勒级数的和函数,则称 $f(x)$ 在 $U(x_0)$ 内可展开为泰勒级数.表达式

$$f(x)=f(x_0)+\frac{f'(x_0)}{1!}(x-x_0)+\cdots+\frac{f^{(n)}(x_0)}{n!}(x-x_0)^n+\cdots,\quad x\in U(x_0)$$

称为 $f(x)$在 $U(x_0)$内的**泰勒级数**，或称为**幂级数展开**.

当 $x_0=0$ 时，表达式

$$f(x)=f(0)+\frac{f'(0)}{1!}x+\cdots+\frac{f^{(n)}(0)}{n!}x^n+\cdots,\quad x\in U(0),$$

称为 $f(x)$的**麦克劳林级数**.

13.5.2 初等函数的幂级数展开

1. 由定义展开

例 1 求 $f(x)=3+4x-6x^2+x^3$ 在 $x=1$ 处的泰勒展式.

解 $f(1)=2$；$f'(x)=4-12x+3x^2\Rightarrow f'(1)=-5$；$f''(x)=-12+6x\Rightarrow f''(1)=-6$；$f'''(x)=6\Rightarrow f'''(1)=6$. 而 $\forall n>3, f^{(n)}(x)=0$，所以

$$f(x)=2-5(x-1)-3(x-1)^2+(x-1)^3,$$

此即所求.

例 2 求 $f(x)=\mathrm{e}^x$ 的麦克劳林展式.

解 $\forall n, f^{(n)}(x)=\mathrm{e}^x$，所以 $\forall n, f^{(n)}(0)=1$，而 $\forall x\in(-\infty,+\infty)$，使得

$$|R_n(x)|=\left|\frac{\mathrm{e}^{\xi}}{(n+1)!}x^{n+1}\right|\leqslant\frac{\mathrm{e}^{|x|}}{(n+1)!}|x|^{n+1},\quad \xi\text{ 介于 }0\text{ 与 }x\text{ 之间}.$$

又 $\forall x\in(-\infty,+\infty), \lim\limits_{n\to\infty}\frac{\mathrm{e}^{|x|}}{(n+1)!}|x|^{n+1}=0$，所以

$$\mathrm{e}^x=1+\frac{1}{1!}x+\frac{1}{2!}x^2+\cdots+\frac{1}{n!}x^n+\cdots,\quad x\in(-\infty,+\infty).$$

例 3 求 $f(x)=\sin x$ 的麦克劳林展式.

解 $\forall n, f^{(n)}(x)=\sin\left(x+\frac{n\pi}{2}\right)$，故

$$f^{n}(0)=\begin{cases}0, & n=2k,\\ 1, & n=2k+1,\end{cases}\quad k=0,1,2,\cdots.$$

而

$$\forall x\in(-\infty,+\infty),\quad |R_n(x)|=\left|\frac{\sin\left(\xi+(n+1)\frac{\pi}{2}\right)}{(n+1)!}x^{n+1}\right|\leqslant\frac{x^{n+1}}{(n+1)!}\to 0,$$

其中 ξ 介于 0 与 x 之间，所以

$$\sin x=x-\frac{1}{3!}x^3+\cdots+\frac{(-1)^{n+1}}{(2n-1)!}x^{2n-1}+\cdots,\quad x\in(-\infty,+\infty).$$

同理可得

$$\cos x=1-\frac{1}{2!}x^2+\cdots+\frac{(-1)^n}{(2n)!}x^{2n}+\cdots,\quad x\in(-\infty,+\infty).$$

例 4 求二项式 $f(x)=(1+x)^{\alpha}(\alpha\in\mathbb{R})$ 的麦克劳林展式.

解 当 $\alpha\in\mathbb{Z}$ 时，由二项式定理得

$$(1+x)^{\alpha}=C_{\alpha}^{0}1+C_{\alpha}^{1}x+\cdots+C_{\alpha}^{\alpha}x^{\alpha}=1+\frac{\alpha}{1!}x+\frac{\alpha(\alpha-1)}{2!}x^{2}+\cdots+\frac{\alpha!}{\alpha!}x^{\alpha},$$

当 $\alpha\notin\mathbb{Z}$ 时，$\forall n, f^{(n)}(x)=\alpha(\alpha-1)\cdots(\alpha-n+1)(1+x)^{\alpha-n}$，所以

$$\forall n,\quad f^{(n)}(0)=\alpha(\alpha-1)\cdots(\alpha-n+1).$$

于是

$$(1+x)^{\alpha}=1+\frac{\alpha}{1!}x+\frac{\alpha(\alpha-1)}{2!}x^{2}+\cdots+\frac{\alpha(\alpha-1)\cdots(\alpha-n+1)}{n!}x^{n}+\cdots.$$

记 $a_n=\dfrac{\alpha(\alpha-1)\cdots(\alpha-n+1)}{n!}$，则 $\lim\limits_{n\to\infty}\left|\dfrac{a_{n+1}}{a_n}\right|=\lim\limits_{n\to\infty}\left|\dfrac{\alpha-n}{n+1}\right|=1$，由此得其麦克劳林级数的收敛半径 $R=1$，所以 $\forall x\in(-1,1)$，$\lim\limits_{n\to\infty}R_n(x)=0$，故

$$(1+x)^{\alpha}=1+\frac{\alpha}{1!}x+\frac{\alpha(\alpha-1)}{2!}x^{2}+\cdots+\frac{\alpha(\alpha-1)\cdots(\alpha-n+1)}{n!}x^{n}+\cdots,\quad x\in(-1,1).$$

至于端点的情况，有如下结论：

(1) 当 $\alpha\leqslant-1$ 时，收敛域为 $(-1,1)$；

(2) 当 $-1<\alpha<0$ 时，收敛域为 $(-1,1]$；

(3) 当 $\alpha>1$ 时，收敛域为 $[-1,1]$.

推导参见菲赫金哥尔茨著《微积分教程》第二卷第三分册.

2. 用间接法展开

一般来说，用定义求函数的幂级数展开只能处理比较简单的函数. 而更多情况是利用已知函数的幂级数展开式，通过变量替换、四则运算或逐项求导、逐项求积等方法来间接求出.

例 5 已知 $\dfrac{1}{1+x}=1-x+x^{2}-\cdots+(-1)^{n}x^{n}+\cdots$，$x\in(-1,1)$，以 x^2 代替上式中 x 得

$$\frac{1}{1+x^{2}}=1-x^{2}+x^{4}-\cdots+(-1)^{n}x^{2n}+\cdots,\quad x\in(-1,1),$$

逐项求积得

$$\arctan x=\int_{0}^{x}\frac{1}{1+t^{2}}\mathrm{d}t=x-\frac{1}{3}x^{3}+\frac{1}{5}x^{5}-\cdots+\frac{(-1)^{n}}{2n+1}x^{2n+1}+\cdots x\in[-1,1].$$

例 6 求 $\arcsin x$ 的麦克劳林展式.

解 在二项式展开式中，取 $\alpha=-\dfrac{1}{2}$，得

$$\frac{1}{\sqrt{1+x}}=1-\frac{1}{2}x+\frac{1\cdot3}{2\cdot4}x^{2}-\frac{1\cdot3\cdot5}{2\cdot4\cdot6}x^{3}+\cdots,\quad x\in(-1,1],$$

以 $-x^2$ 代替上式中 x 得

$$\frac{1}{\sqrt{1-x^2}}=1+\frac{1}{2}x^2+\frac{1\cdot 3}{2\cdot 4}x^4+\frac{1\cdot 3\cdot 5}{2\cdot 4\cdot 6}x^6+\cdots,\quad x\in(-1,1),$$

所以

$$\begin{aligned}\arcsin x&=\int_0^x\frac{1}{\sqrt{1-t^2}}\mathrm{d}t\\&=x+\frac{1}{2\cdot 3}x^3+\frac{1\cdot 3}{2\cdot 4\cdot 5}x^5+\frac{1\cdot 3\cdot 5}{2\cdot 4\cdot 6\cdot 7}x^7+\cdots,\quad x\in(-1,1).\end{aligned}$$

例 7 求 $\ln(1+x)$ 的麦克劳林展式.

解 在二项式展开式中，取 $\alpha=-1$，得

$$\frac{1}{1+x}=1-x+x^2-\cdots+(-1)^nx^n+\cdots,\quad x\in(-1,1),$$

逐项积分得

$$\begin{aligned}\ln(1+x)&=\int_0^x\frac{1}{1+t}\mathrm{d}t\\&=x-\frac{1}{2}x^2+\frac{1}{3}x^3-\cdots+\frac{(-1)^{n-1}}{n}x^n+\cdots,\quad x\in(-1,1].\end{aligned}$$

例 8 求 $\frac{x}{(1-x)(1-x^2)}$ 的麦克劳林展式.

解 因为

$$\frac{x}{1-x}=x+x^2+\cdots+x^{n+1}+\cdots,\quad x\in(-1,1),$$

$$\frac{1}{1-x^2}=1+x^2+x^4+\cdots+x^{2n}+\cdots,\quad x\in(-1,1),$$

所以

$$\frac{1}{1-x^2}=1+\frac{1+(-1)^1}{2}x+\frac{1+(-1)^2}{2}x^2+\cdots+\frac{1+(-1)^n}{2}x^n+\cdots.$$

设 $a_n=\frac{1+(-1)^n}{2}$，则 $\frac{x}{1-x}=\sum\limits_{n=0}^{\infty}x^{n+1}$，$\frac{1}{1-x^2}=\sum\limits_{n=0}^{\infty}a_nx^n$，于是

$$\frac{x}{(1-x)(1-x^2)}=\sum_{n=0}^{\infty}x^{n+1}\cdot\sum_{n=0}^{\infty}a_nx^n=\sum_{n=0}^{\infty}\sum_{k=0}^{n}a_kx^{n+1}.$$

而 $\sum\limits_{k=0}^{n}a_k-\sum\limits_{k=0}^{n-1}a_k=\frac{1+(-1)^n}{2}$，$\sum\limits_{k=0}^{n}a_k+\sum\limits_{k=0}^{n-1}a_k=n+1$，所以

$$\sum_{k=0}^{n}a_k=\frac{1}{2}\left(n+1+\frac{1+(-1)^n}{2}\right),$$

故

$$\frac{x}{(1-x)(1-x^2)}=\sum_{n=0}^{\infty}\frac{1}{2}\left(n+1+\frac{1+(-1)^n}{2}\right)x^{n+1},\quad x\in(-1,1).$$

注 此题亦可变为和差处理.

实因 $\dfrac{x}{(1-x)(1-x^2)}=\dfrac{x}{2}\left[\dfrac{1}{1-x^2}+\dfrac{1}{(1-x)^2}\right]$，而 $\dfrac{1}{1-x^2}=\sum\limits_{n=0}^{\infty}\dfrac{1+(-1)^n}{2}x^n$，又对 $\dfrac{1}{1-x}=\sum\limits_{n=0}^{\infty}x^n$ 两端求导得 $\dfrac{1}{(1-x)^2}=\sum\limits_{n=0}^{\infty}(n+1)x^n$，所以

$$\frac{x}{(1-x)(1-x^2)}=\sum_{n=0}^{\infty}\frac{1}{2}\left(n+1+\frac{1+(-1)^n}{2}\right)x^{n+1}.$$

例 9 将 $\ln x$ 按 $\dfrac{x-1}{x+1}$ 的幂展开成幂级数.

解 设 $y=\dfrac{x-1}{x+1}$，则 $x=\dfrac{1+y}{1-y}$，于是 $\ln x=\ln(1+y)-\ln(1-y)$. 而

$$\ln(1+y)=\sum_{n=1}^{\infty}\frac{(-1)^{n-1}}{n}y^n,\quad -\ln(1-y)=\sum_{n=1}^{\infty}\frac{1}{n}y^n,\quad y\in(-1,1),$$

所以

$$\ln x=\sum_{n=1}^{\infty}\frac{(-1)^{n-1}}{n}y^n+\sum_{n=1}^{\infty}\frac{1}{n}y^n=\sum_{n=1}^{\infty}\frac{1+(-1)^{n-1}}{n}\left(\frac{x-1}{x+1}\right)^n,\quad x\in(0,+\infty).$$

习题 13.5

1. 设函数 $f(x)$ 在区间 (a,b) 内的各阶导数一致有界，即

$$\exists M>0,\quad \forall x\in(a,b),\quad |f^{(n)}(x)|\leqslant M, n=1,2,\cdots.$$

证明：$\forall x,x_0\in(a,b)$，$f(x)=\sum\limits_{n=0}^{\infty}\dfrac{f^{(n)}(x_0)}{n!}(x-x_0)^n$ $(f^{(0)}(x)=f(x), 0!=1)$.

2. 利用已知函数的幂级数展开式，求下列函数在 $x=0$ 处的幂级数展开式，并确定它收敛于该函数的区间：

(1) e^{x^2}；　(2) $\dfrac{x^{10}}{1-x}$；　(3) $\dfrac{x}{\sqrt{1-2x}}$；

(4) $\sin^2 x$；　(5) $\dfrac{e^x}{1-x}$；　(6) $\dfrac{x}{1+x-2x^2}$；

(7) $\displaystyle\int_0^x \frac{\sin t}{t}\mathrm{d}t$；　(8) $(1+x)e^{-x}$；　(9) $\ln(x+\sqrt{1+x^2})$.

3. 求下列函数的麦克劳林级数展开式：

(1) $\dfrac{1}{(1+x)(1-x^2)}$；　(2) $x\arctan x-\ln\sqrt{1+x^2}$.

4. 试将 $f(x)=\ln x$ 按 $\dfrac{x+1}{x-1}$ 的幂展开成幂级数.

总练习题13

1. 证明：

(1) 若 $f_n(x)\xrightarrow{\text{一致}}f(x)$，$x\in I$，且 $f(x)$ 在 I 上有界，则 $\{f_n(x)\}$ 至多除有限项外，在 I 上是一致有界的；

(2) 若 $f_n(x)\xrightarrow[I]{\text{一致}}f(x)$，且 $\forall n$，$f_n(x)$ 在 I 上有界，则 $\{f_n(x)\}$ 在 I 上一致有界.

2. 试问 k 为何值时，下列函数列 $\{f_n(x)\}$ 一致收敛：

(1) $f_n(x)=xn^k\mathrm{e}^{-nx}$，$0\leqslant x<+\infty$；

(2) $f_n(x)=\begin{cases}xn^k, & 0\leqslant x\leqslant\dfrac{1}{n},\\ \left(\dfrac{2}{n}-x\right)n^k, & \dfrac{1}{n}<x\leqslant\dfrac{2}{n},\\ 0, & \dfrac{2}{n}<x\leqslant 1.\end{cases}$

3. 设 $f(x)$ 为 $\left[\dfrac{1}{2},1\right]$ 上的连续函数，证明：

(1) $\{x^nf(x)\}$ 在 $\left[\dfrac{1}{2},1\right]$ 上收敛；

(2) $\{x^nf(x)\}$ 在 $\left[\dfrac{1}{2},1\right]$ 上一致收敛 $\Leftrightarrow f(1)=0$.

4. 若函数列 $f_n(x)\xrightarrow[{[a,b]}]{\text{一致}}f(x)$，且 $\forall n$，$f_n(x)$ 在 $[a,b]$ 上可积，则 $f(x)$ 在 $[a,b]$ 上可积.

5. 设级数 $\sum\limits_{n=1}^{\infty}a_n$ 收敛，证明：$\lim\limits_{x\to0^+}\sum\limits_{n=1}^{\infty}\dfrac{a_n}{n^x}=\sum\limits_{n=1}^{\infty}a_n$.

6. 设可微函数列 $\{f_n(x)\}$ 在 $[a,b]$ 上收敛，$\{f_n'(x)\}$ 在 $[a,b]$ 上一致有界，证明：$\{f_n(x)\}$ 在 $[a,b]$ 上一致收敛.

7. 证明：当 $|x|<\dfrac{1}{2}$ 时，$\dfrac{1}{1-3x+2x^2}=1+3x+7x^2+\cdots+(2^n-1)x^{n-1}+\cdots$.

8. 求下列函数的幂级数展开式：

(1) $f(x)=(1+x)\ln(1+x)$；

(2) $f(x)=\sin^3x$；

(3) $f(x)=\int_0^x\cos t^2\,\mathrm{d}t$.

9. 确定下列幂级数的收敛域，并求其和函数：

(1) $\sum\limits_{n=1}^{\infty}n^2x^{n-1}$；

(2) $\sum\limits_{n=0}^{\infty}\dfrac{2n+1}{2^{n+1}}x^{2n}$；

(3) $\sum\limits_{n=1}^{\infty}n(x-1)^{n-1}$；

(4) $\sum\limits_{n=1}^{\infty}(-1)^{n-1}\dfrac{x^{2n+1}}{(2n)^2-1}$.

10. 应用幂级数性质求下列级数的和：

(1) $\sum\limits_{n=1}^{\infty}\dfrac{n}{(n+1)!}$；　　　　(2) $\sum\limits_{n=0}^{\infty}\dfrac{(-1)^n}{3n+1}$.

11. 设函数 $f(x)=\sum\limits_{n=1}^{\infty}\dfrac{x^n}{n^2}$ 定义在$[0,1]$上，证明它在$(0,1)$上满足方程

$$f(x)+f(1-x)+\ln x\ln(1-x)=f(1).$$

12. 利用函数的幂级数展开式求下列不定式极限：

(1) $\lim\limits_{x\to\infty}\left[x-x^2\ln\left(1+\dfrac{1}{x}\right)\right]$；　　　　(2) $\lim\limits_{x\to 0}\dfrac{x-\arcsin x}{\sin^3 x}$.

硕士研究生入学试题选录

13. 设有方程 $x^n+nx-1=0$，其中 n 为正整数，证明此方程存在唯一正实根 x_n，并证明当 $\alpha>1$ 时，级数 $\sum\limits_{n=1}^{\infty}x_n^{\alpha}$ 收敛.（2004 数一）

14. 求幂级数 $\sum\limits_{n=1}^{\infty}\dfrac{1}{3^n+(-2)^n}\cdot\dfrac{x^n}{n}$ 的收敛区间，并讨论该区间端点处的收敛性.（2000 数一）

15. 求幂级数 $\sum\limits_{n=1}^{\infty}\left(1+\dfrac{1}{n(2n-1)}\right)x^{2n}$ 的收敛区间与和函数 $f(x)$.（2005 数一）

16. 将函数 $f(x)=\dfrac{x}{2+x-x^2}$展开成 x 的幂级数.（2006 数一）

17. 设幂级数 $\sum\limits_{n=1}^{\infty}a_nx^n$ 在$(-\infty,+\infty)$内收敛，其和函数 $y(x)$满足

$$y''-2xy'-4y=0,\quad y(0)=0,\quad y'(0)=1,$$

(1) 证明：$a_{n+2}=\dfrac{2}{n+1}a_n,n=1,2,\cdots$；

(2) 求 $y(x)$的表达式.

18. 设

$$f(x)=\begin{cases}\dfrac{1+x^2}{x}\arctan x, & x\neq 0,\\ 1, & x=0,\end{cases}$$

试将 $f(x)$展开成 x 的幂级数，并求 $\sum\limits_{n=1}^{\infty}\dfrac{(-1)^n}{1-4n^2}$ 的和.（2001 数一）

19. 将函数 $f(x)=\arctan\dfrac{1-2x}{1+2x}$展开成 x 的幂级数，并求级数 $\sum\limits_{n=0}^{\infty}\dfrac{(-1)^n}{2n+1}$ 的和.（2003 数一）

20. (填空题)已知幂级数 $\sum_{n=0}^{\infty} a_n(x+2)^n$ 在 $x=0$ 处收敛,在 $x=4$ 处发散,则幂级数 $\sum_{n=0}^{\infty} a_n(x-3)^n$ 的收敛域为________. (2008 数一)

21. 设 $\sum_{n=1}^{\infty} a_n$ 收敛,$\lim_{n\to\infty} na_n=0$,证明:$\sum_{n=1}^{\infty} n(a_n-a_{n-1})=\sum_{n=1}^{\infty} a_n$. (2000 数一)

22. 设 $\sum_{n=1}^{\infty} a_n$ 绝对收敛,证明:$\sum_{n=1}^{\infty} a_n(a_1+a_2+\cdots+a_n)$ 绝对收敛. (2001 数一)

第14章

傅里叶级数

14.1　傅里叶级数

自然界中，周期现象普遍存在. 而周期现象可通过正弦、余弦函数的叠加来获得. 傅里叶(Fourier)就是通过这种方法而获得正弦、余弦的函数项级数，故称这种级数为傅里叶级数.

14.1.1　傅里叶级数的定义

在幂级数 $f(x)=\sum\limits_{n=1}^{\infty}a_nx^n$ 的讨论中，$f(x)$可视为经函数系

$$1,x,x^2,\cdots,x^n,\cdots$$

线性表出而得. 不妨称$\{1,x,x^2,\cdots,x^n,\cdots\}$为**基**，则不同的基就有不同的级数. 如果用三角函数系作为基，就得到**傅里叶级数**.

1. 三角函数系

对于可积的函数列

$$\{u_n(x):\ x\in[a,b],n=1,2,\cdots\},$$

定义两个函数的内积为

$$\langle u_n(x),u_m(x)\rangle=\int_a^b u_n(x)\cdot u_m(x)\mathrm{d}x,$$

如果

$$\langle u_n(x),u_m(x)\rangle=\begin{cases}l\neq 0, & m=n,\\ 0, & m\neq n,\end{cases}$$

则称函数列$\{u_n(x):\ x\in[a,b],n=1,2,\cdots\}$为正交系.

函数列

$$\{1,\cos x,\sin x,\cos 2x,\sin 2x,\cdots,\cos nx,\sin nx,\cdots\}$$

称为三角函数系，它有下面两个重要性质：

(1) **周期性**：每一个函数都是以 2π 为周期的周期函数；

(2) **正交性**：任意两个不同函数的积在$[-\pi,\pi]$上的积分等于零，任意一个函数的平方在$[-\pi,\pi]$上的积分不等于零.

由于

$$\langle 1,\sin nx\rangle=\int_{-\pi}^{\pi}1\cdot\sin nx\,dx=\int_{-\pi}^{\pi}1\cdot\cos nx\,dx=0;$$

$$\langle \sin mx,\sin nx\rangle=\int_{-\pi}^{\pi}\sin mx\cdot\sin nx\,dx=\begin{cases}\pi, & m=n,\\ 0, & m\neq n;\end{cases}$$

$$\langle \cos mx,\cos nx\rangle=\int_{-\pi}^{\pi}\cos mx\cdot\cos nx\,dx=\begin{cases}\pi, & m=n,\\ 0, & m\neq n;\end{cases}$$

$$\langle \sin mx,\cos nx\rangle=\int_{-\pi}^{\pi}\sin mx\cdot\cos nx\,dx=0;$$

$$\langle 1,1\rangle=\int_{-\pi}^{\pi}1^2\,dx=2\pi.$$

所以三角函数系在$[-\pi,\pi]$上具有正交性,故称为**正交系**.

利用三角函数系构成的级数

$$\frac{a_0}{2}+\sum_{n=1}^{\infty}(a_n\cos nx+b_n\sin nx)$$

称为**三角级数**,其中 $a_0,a_1,b_1,\cdots,a_n,b_n,\cdots$为常数.

2. 以 2π 为周期的傅里叶级数

如果函数 $f(x)=\frac{a_0}{2}+\sum\limits_{n=1}^{\infty}(a_n\cos nx+b_n\sin nx),x\in[-\pi,\pi]$,且级数是一致收敛的,则由逐项积分得

$$\langle f(x),1\rangle=\int_{-\pi}^{\pi}\left[\frac{a_0}{2}+\sum_{n=1}^{\infty}(a_n\cos nx+b_n\sin nx)\right]dx=\pi a_0,$$

所以 $a_0=\frac{1}{\pi}\langle f(x),1\rangle=\frac{1}{\pi}\int_{-\pi}^{\pi}f(x)\,dx$. 又

$$\langle f(x),\cos kx\rangle=\int_{-\pi}^{\pi}\left[\frac{a_0}{2}+\sum_{n=1}^{\infty}(a_n\cos nx+b_n\sin nx)\right]\cos kx\,dx=\pi a_k,$$

所以 $a_k=\frac{1}{\pi}\langle f(x),\cos kx\rangle=\frac{1}{\pi}\int_{-\pi}^{\pi}f(x)\cos kx\,dx$. 又

$$\langle f(x),\sin kx\rangle=\int_{-\pi}^{\pi}\left[\frac{a_0}{2}+\sum_{n=1}^{\infty}(a_n\cos nx+b_n\sin nx)\right]\sin kx\,dx=\pi b_k,$$

所以 $b_k=\frac{1}{\pi}\langle f(x),\sin kx\rangle=\frac{1}{\pi}\int_{-\pi}^{\pi}f(x)\sin kx\,dx$.

定义 1 设函数 $f(x)$在$[-\pi,\pi]$上可积,令

$$a_k=\frac{1}{\pi}\langle f(x),\cos kx\rangle=\frac{1}{\pi}\int_{-\pi}^{\pi}f(x)\cos kx\,dx,\quad k=0,1,2,\cdots;$$

$$b_k=\frac{1}{\pi}\langle f(x),\sin kx\rangle=\frac{1}{\pi}\int_{-\pi}^{\pi}f(x)\sin kx\,dx,\quad k=1,2,\cdots,$$

称为函数 $f(x)$的**傅里叶系数**,而三角级数

$$\frac{a_0}{2}+\sum_{n=1}^{\infty}(a_n\cos nx+b_n\sin nx)$$

称为 $f(x)$ 的**傅里叶级数**，记作

$$f(x)\sim\frac{a_0}{2}+\sum_{n=1}^{\infty}(a_n\cos nx+b_n\sin nx).$$

这里之所以不用等号，是因为函数 $f(x)$ 按定义 1 所得系数而获得的傅里叶级数并不知其是否收敛于 $f(x)$.

14.1.2 傅里叶级数收敛定理

为了获得函数 $f(x)$ 按定义 1 所得系数的傅里叶级数收敛于 $f(x)$，我们必须增加函数 $f(x)$ 具有的条件. 这就是下面的定义.

定义 2 如果 $f'(x)\in C[a,b]$，则称 $f(x)$ 在 $[a,b]$ 上光滑. 若
$\forall x\in[a,b), f(x+0), f'(x+0)$ 存在；
$\forall x\in(a,b], f(x-0), f'(x-0)$ 存在，
且至多存在有限个点的左、右极限不相等，则称 $f(x)$ 在 $[a,b]$ 上按段光滑.

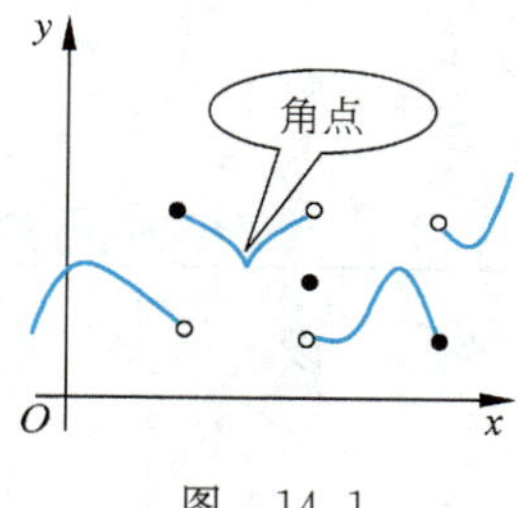

图 14.1

几何解释 如图 14.1 所示. 按段光滑函数图像是由有限条光滑曲线段组成，它至多有有限个第一类间断点与角点.

ie：点 x_0 称为函数 $f(x)$ 的角点 $\Leftrightarrow f'(x_0-0), f'(x_0+0)$ 存在，但 $f'(x_0-0)\neq f'(x_0+0)$.

定理 1 若以 2π 为周期的函数 $f(x)$ 在 $[-\pi,\pi]$ 上按段光滑，则

$$\frac{a_0}{2}+\sum_{n=1}^{\infty}(a_n\cos nx+b_n\sin nx)=\frac{f(x+0)+f(x-0)}{2},$$

其中 a_n, b_n 为 $f(x)$ 的傅里叶系数.

定理 1 的证明在 14.3 节中给出.

推论 如果 $f(x)$ 是以 2π 为周期的连续函数，且在 $[-\pi,\pi]$ 上按段光滑，则 $\forall x\in\mathbb{R}$，有

$$f(x)=\frac{a_0}{2}+\sum_{n=1}^{\infty}(a_n\cos nx+b_n\sin nx).$$

证 实因 $\forall x\in\mathbb{R}, f(x)=\dfrac{f(x+0)+f(x-0)}{2}$.

由于傅里叶级数的每一项都是以 2π 为周期的函数，其和也是以 2π 为周期的函数，所以当所给函数 $f(x)$ 不是周期函数时，我们可先只认定 $f(x)$ 在一个周期上的定义，然后把 $f(x)$ 延拓为一个周期函数.

定义 3 设 $f(x)$ 在 $(-\pi,\pi]$ 上有定义，函数

$$\hat{f}(x)=\begin{cases}f(x), & x\in(-\pi,\pi],\\ f(x-2k\pi), & x\in(2k\pi-\pi,2k\pi+\pi], \quad k=\pm 1,\pm 2,\cdots\end{cases}$$

称为 $f(x)$ 的**周期延拓**.

图 14.2 中所有曲线构成 $y=\hat{f}(x)$ 的图像. 在讨论函数的傅里叶级数时，常只给出函数在 $[-\pi,\pi)$ 或 $(-\pi,\pi]$ 上的解析式，但我们应理解为定义在实数域上以 2π 为周期的函数，即是函数的周期延拓.

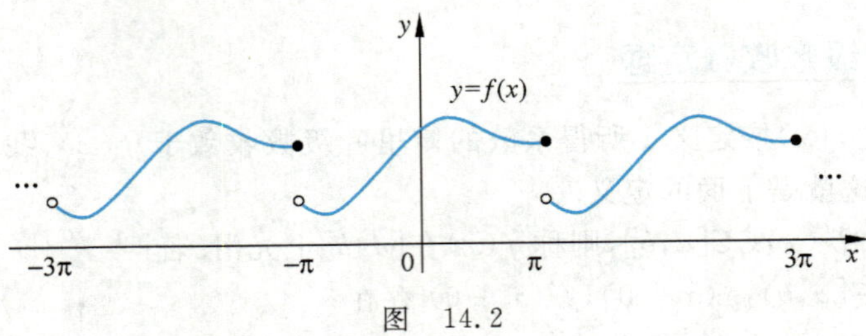

图 14.2

14.1.3 以 2π 为周期的傅里叶级数展开

例 1 设

$$f(x)=\begin{cases}x, & 0\leqslant x\leqslant\pi,\\ 0, & -\pi<x<0,\end{cases}$$

求 $f(x)$ 的傅里叶级数.

解 对 $f(x)$ 作周期延拓后的图像如图 14.3(a)所示.

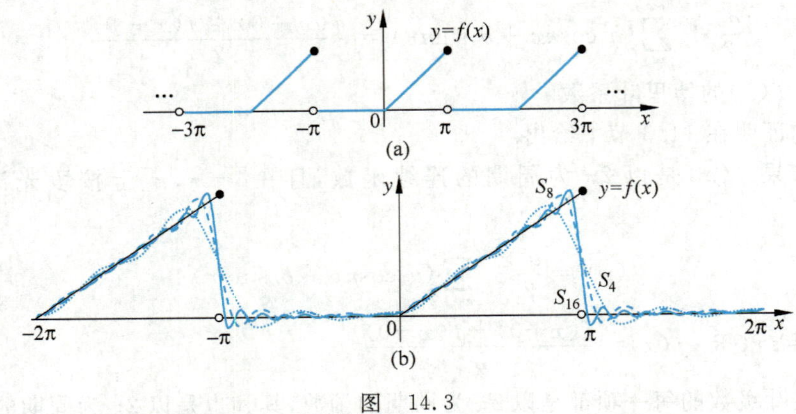

图 14.3

因为 $f(x)$ 按段光滑，所以可展为傅里叶级数. 由系数公式得

$$a_0=\frac{1}{\pi}\int_{-\pi}^{\pi}f(x)\,\mathrm{d}x=\frac{1}{\pi}\int_{0}^{\pi}x\,\mathrm{d}x=\frac{\pi}{2}.$$

当 $n\geqslant 1$ 时，

$$a_n=\frac{1}{\pi}\int_{-\pi}^{\pi}f(x)\cos nx\,dx=\frac{1}{\pi}\int_0^{\pi}x\cos nx\,dx$$

$$=\frac{1}{n^2\pi}(\cos n\pi-1)=\begin{cases}-\dfrac{2}{n^2\pi}, & n\text{ 为奇数},\\ 0, & n\text{ 为偶数};\end{cases}$$

$$b_n=\frac{1}{\pi}\int_{-\pi}^{\pi}f(x)\sin nx\,dx=\frac{1}{\pi}\int_0^{\pi}x\sin nx\,dx=\frac{(-1)^{n+1}}{n}.$$

所以在开区间$(-\pi,\pi)$上，

$$f(x)=\frac{\pi}{4}+\sum_{n=1}^{\infty}\left(\frac{(-1)^n-1}{n^2\pi}\cos nx+\frac{(-1)^{n+1}}{n}\sin nx\right).$$

当 $x=\pm\pi$ 时，上式收敛于$\dfrac{f(\pi-0)+f(-\pi+0)}{2}=\dfrac{\pi}{2}$.

为了反映傅里叶级数收敛的过程，记 S_n 为傅里叶级数的部分和，即

$$S_n=\frac{\pi}{4}+\sum_{k=1}^{n}\left(\frac{(-1)^k-1}{k^2\pi}\cos kx+\frac{(-1)^{k+1}}{k}\sin kx\right).$$

图 14.3(b)给出了 $y=f(x)$，S_4，S_8 以及 S_{16} 的图形.

例 2 把函数

$$f(x)=\begin{cases}x^2, & 0<x<\pi,\\ 0, & x=\pi,\\ -x^2, & \pi<x\leqslant 2\pi\end{cases}$$

展开为傅里叶级数.

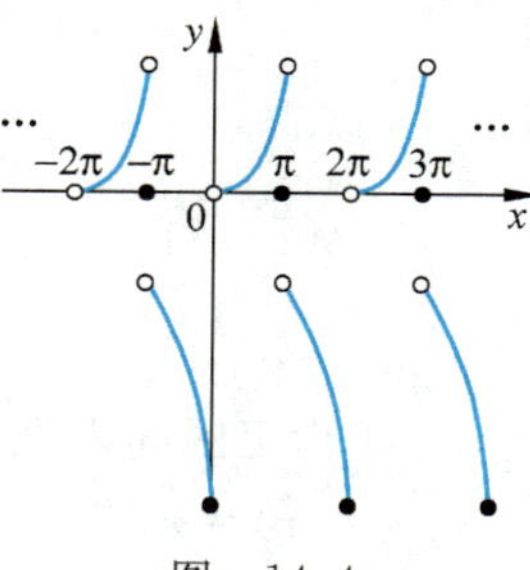

图 14.4

解 $f(x)$的周期延拓图像如图 14.4 所示.

$$a_0=\frac{1}{\pi}\int_0^{2\pi}f(x)\,dx=\frac{1}{\pi}\int_0^{\pi}x^2\,dx+\frac{1}{\pi}\int_{\pi}^{2\pi}(-x^2)\,dx=-2\pi^2,$$

当 $n\geqslant 1$ 时，

$$a_n=\frac{1}{\pi}\int_0^{2\pi}f(x)\cos nx\,dx=\frac{4}{n^2}[(-1)^n-1],$$

$$b_n=\frac{1}{\pi}\int_0^{2\pi}f(x)\sin nx\,dx=\frac{2}{\pi}\left[\frac{\pi^2}{n}+\left(\frac{\pi^2}{n}-\frac{2}{n^3}\right)((-1)^n-1)\right],$$

所以 $x\neq k\pi$ 时，

$$f(x)=-\pi^2+\sum_{n=1}^{\infty}\left\{\frac{4}{n^2}((-1)^n-1)\cos nx\right.$$

$$\left.+\frac{2}{\pi}\left[\frac{\pi^2}{n}+\left(\frac{\pi^2}{n}-\frac{2}{n^3}\right)((-1)^n-1)\right]\sin nx\right\}$$

$$=-\pi^2-8\left(\cos x+\frac{1}{3^2}\cos 3x+\cdots+\frac{1}{(2n-1)^2}\cos(2n-1)x+\cdots\right)$$

$$+\frac{2}{\pi}\left[(3\pi^2-4)\sin x+\frac{\pi^2}{2}\sin 2x+\left(\frac{3\pi^2}{3}-\frac{4}{3^3}\right)\sin 3x+\frac{\pi^2}{4}\sin 4x+\cdots\right].$$

当 $x=(2k+1)\pi$ 时，算术平均值为 0，从而有

$$-2\pi^2=-\pi^2-8\left(\frac{1}{1^2}+\frac{1}{3^2}+\cdots+\frac{1}{(2n-1)^2}+\cdots\right),$$

于是

$$\frac{1}{1^2}+\frac{1}{3^2}+\cdots+\frac{1}{(2n-1)^2}+\cdots=\frac{\pi^2}{8}.$$

令

$$S=\frac{1}{1^2}+\frac{1}{2^2}+\cdots+\frac{1}{n^2}+\cdots,$$

则

$$\begin{aligned}S&=\frac{1}{1^2}+\frac{1}{3^2}+\cdots+\frac{1}{(2n-1)^2}+\cdots+\frac{1}{2^2}+\frac{1}{4^2}+\cdots+\frac{1}{(2n)^2}+\cdots\\&=\frac{\pi^2}{8}+\frac{1}{4}\left(\frac{1}{1^2}+\frac{1}{2^2}+\cdots+\frac{1}{n^2}+\cdots\right).\end{aligned}$$

所以 $S=\frac{\pi^2}{8}+\frac{1}{4}S$，从而 $S=\frac{\pi^2}{6}$，即

$$\frac{1}{1^2}+\frac{1}{2^2}+\cdots+\frac{1}{n^2}+\cdots=\frac{\pi^2}{6}.$$

习　题 14.1

1. 在指定区间内把下列函数展开为傅里叶级数：

(1) $f(x)=x$，① $-\pi<x<\pi$，② $0<x<2\pi$；

(2) $f(x)=x^2$，① $-\pi<x<\pi$，② $0<x<2\pi$；

(3) $f(x)=\begin{cases}ax, & -\pi<x\leqslant 0,\\ bx, & 0<x<\pi,\end{cases}$ $(a\neq b, a\neq 0, b\neq 0)$.

2. 设 $f(x)$ 是以 2π 为周期的可积函数，证明对任何实数 c，有

$$a_n=\frac{1}{\pi}\int_c^{c+2\pi}f(x)\cos nx\,\mathrm{d}x=\frac{1}{\pi}\int_{-\pi}^{\pi}f(x)\cos nx\,\mathrm{d}x,\quad n=0,1,2,\cdots,$$

$$b_n=\frac{1}{\pi}\int_c^{c+2\pi}f(x)\sin nx\,\mathrm{d}x=\frac{1}{\pi}\int_{-\pi}^{\pi}f(x)\sin nx\,\mathrm{d}x,\quad n=1,2,\cdots.$$

3. 把函数

$$f(x)=\begin{cases}-\dfrac{\pi}{4}, & -\pi<x<0,\\[2ex] \dfrac{\pi}{4}, & 0\leqslant x<\pi\end{cases}$$

展开成傅里叶级数，并由它推出：

(1) $\frac{\pi}{4}=1-\frac{1}{3}+\frac{1}{5}-\frac{1}{7}+\cdots$；　　(2) $\frac{\pi}{3}=1+\frac{1}{5}-\frac{1}{7}-\frac{1}{11}+\frac{1}{13}-\frac{1}{17}+\cdots$；

(3) $\frac{\sqrt{3}}{6}\pi=1-\frac{1}{5}+\frac{1}{7}-\frac{1}{11}+\frac{1}{13}-\frac{1}{17}+\cdots$.

4. 设函数 $f(x)$满足条件 $f(x+\pi)=-f(x)$，问此函数在$(-\pi,\pi)$内的傅里叶级数具有什么特性.

5. 设函数 $f(x)$满足条件 $f(x+\pi)=f(x)$，问此函数在$(-\pi,\pi)$内的傅里叶级数具有什么特性.

6. 试证函数系 $\cos nx(n=0,1,2,\cdots)$和 $\sin nx(n=1,2,\cdots)$都是$[0,\pi]$上的正交函数系，但它们合起来却不是$[0,\pi]$上的正交函数系.

7. 求下列函数的傅里叶级数展开式：

(1) $f(x)=\frac{\pi-x}{2},0<x<2\pi$；　　(2) $f(x)=\sqrt{1-\cos x},-\pi\leqslant x<\pi$；

(3) $f(x)=ax^2+bx+c$，① $0<x<2\pi$，② $-\pi<x<\pi$；

(4) $f(x)=\cosh x,-\pi<x<\pi$；　　(5) $f(x)=\sinh x,-\pi<x<\pi$.

8. 求函数 $f(x)=\frac{1}{12}(3x^2-6\pi x+2\pi^2)$的傅里叶级数展开式，并推出 $\sum_{n=1}^{\infty}\frac{1}{n^2}=\frac{\pi^2}{6}$.

9. 设 $f(x)$为$[-\pi,\pi]$上的光滑函数，$f(-\pi)=f(\pi)$，且 a_n,b_n 为 $f(x)$的傅里叶系数，a_n',b_n'为 $f(x)$的导函数 $f'(x)$的傅里叶系数. 证明

$$a_0'=0,\quad a_n'=nb_n,\quad b_n'=-na_n,\quad n=1,2,\cdots.$$

10. 证明：若三角级数 $\frac{a_0}{2}+\sum_{n=1}^{\infty}(a_n\cos nx+b_n\sin nx)$中的系数 a_n，b_n 满足关系$\sup\limits_n\{|n^3a_n|,|n^3b_n|\}\leqslant M$，$M$ 为常数，则上述三角级数收敛，且其和函数具有连续的导函数.

14.2 以 $2l$ 为周期的函数的展开

14.2.1 以 $2l$ 为周期的函数的傅里叶级数

设 $f(x)$是以 $2l$ 为周期的函数，作替换 $x=\frac{lt}{\pi}$，则 $F(t)=f\left(\frac{lt}{\pi}\right)$是以 2π 为周期的函数，且

$$f(x)\text{ 在}(-l,l)\text{ 上可积}\Leftrightarrow F(t)\text{ 在}(-\pi,\pi)\text{ 上可积},$$

于是

$$F(t)\sim\frac{a_0}{2}+\sum_{n=1}^{\infty}(a_n\cos nt+b_n\sin nt),$$

其中，$a_n=\frac{1}{\pi}\int_{-\pi}^{\pi}F(t)\cos nt\,\mathrm{d}t,b_n=\frac{1}{\pi}\int_{-\pi}^{\pi}F(t)\sin nt\,\mathrm{d}t$.

令 $t=\frac{\pi x}{l}$，得

$$F(t)=f\left(\frac{lt}{\pi}\right)=f(x),\quad \sin nt=\sin\frac{n\pi x}{l},\quad \cos nt=\cos\frac{n\pi x}{l},$$

从而

$$f(x)\sim\frac{a_0}{2}+\sum_{n=1}^{\infty}\left(a_n\cos\frac{n\pi x}{l}+b_n\sin\frac{n\pi x}{l}\right).$$

其中 $a_n=\frac{1}{l}\int_{-l}^{l}f(x)\cos\frac{n\pi x}{l}\mathrm{d}x, b_n=\frac{1}{l}\int_{-l}^{l}f(x)\sin\frac{n\pi x}{l}\mathrm{d}x.$

上式就是以 $2l$ 为周期的函数 $f(x)$ 的傅里叶系数. 在按段光滑的条件下，亦有

$$\frac{f(x+0)+f(x-0)}{2}=\frac{a_0}{2}+\sum_{n=1}^{\infty}\left(a_n\cos\frac{n\pi x}{l}+b_n\sin\frac{n\pi x}{l}\right).$$

例 1　把函数

$$f(x)=\begin{cases}0, & -5\leqslant x<0,\\ 3, & 0\leqslant x<5\end{cases}$$

展开成傅里叶级数.

解　$a_0=\frac{1}{5}\int_0^5 3\mathrm{d}x=3, a_n=\frac{1}{5}\int_0^5 3\cos\frac{n\pi x}{5}\mathrm{d}x=0,$

$$b_n=\frac{1}{5}\int_0^5 3\sin\frac{n\pi x}{5}\mathrm{d}x=\frac{3(1-\cos n\pi)}{n\pi}=\frac{3(1-(-1)^n)}{n\pi},$$

所以 $b_{2k-1}=\frac{6}{(2k-1)\pi}, b_{2k}=0$，于是当 $x\neq 0,\pm 5$ 时，

$$\begin{aligned}f(x)&=\frac{3}{2}+\sum_{k=1}^{\infty}\frac{6}{(2k-1)\pi}\sin\frac{(2k-1)\pi x}{5}\\&=\frac{3}{2}+\frac{6}{\pi}\left(\sin\frac{\pi x}{5}+\frac{1}{3}\sin\frac{3\pi x}{5}+\cdots+\frac{1}{2k-1}\sin\frac{(2k-1)\pi x}{5}+\cdots\right).\end{aligned}$$

14.2.2　偶函数与奇函数的傅里叶级数

设 $f(x)$ 是以 $2l$ 为周期的偶函数，则 $f(x)\cos nx$ 为偶函数，$f(x)\sin nx$ 为奇函数. 于是

$$a_n=\frac{1}{l}\int_{-l}^{l}f(x)\cos\frac{n\pi x}{l}\mathrm{d}x=\frac{2}{l}\int_0^l f(x)\cos\frac{n\pi x}{l}\mathrm{d}x,$$

$$b_n=\frac{1}{l}\int_{-l}^{l}f(x)\sin\frac{n\pi x}{l}\mathrm{d}x=0.$$

从而 $f(x)\sim\frac{a_0}{2}+\sum_{n=1}^{\infty}a_n\cos\frac{n\pi x}{l}$，其只含余弦项，故称为**余弦级数**.

同理，设 $f(x)$ 是以 $2l$ 为周期的奇函数，则 $f(x)\cos nx$ 为奇函数，$f(x)\sin nx$ 为偶函数. 于是

$$a_n = \frac{1}{l}\int_{-l}^{l} f(x)\cos\frac{n\pi x}{l}\mathrm{d}x = 0,$$

$$b_n = \frac{1}{l}\int_{-l}^{l} f(x)\sin\frac{n\pi x}{l}\mathrm{d}x = \frac{2}{l}\int_{0}^{l} f(x)\sin\frac{n\pi x}{l}\mathrm{d}x.$$

从而 $f(x) \sim \sum\limits_{n=1}^{\infty} b_n \sin\frac{n\pi x}{l}$. 其只含正弦项，故称为**正弦级数**.

由此可知，函数 $f(x)$，$x\in[0,l)$ 要展开为余弦级数，必须作偶延拓(见图 14.5(a))，即

$$\tilde{f}(x) = \begin{cases} f(x), & x \in [0,l), \\ f(-x), & x \in (-l,0); \end{cases}$$

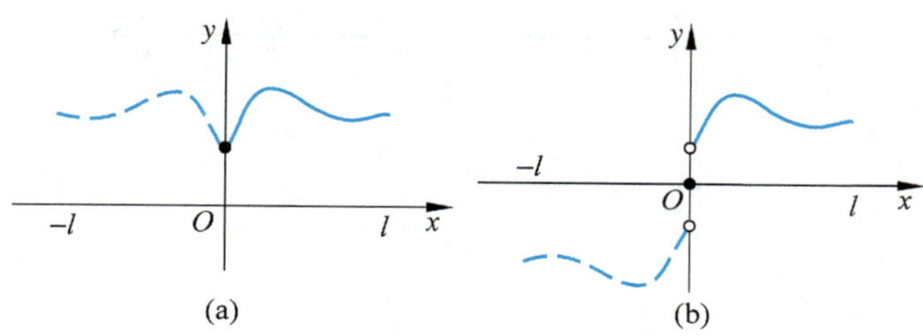

图 14.5

函数 $f(x)$，$x\in(0,l)$ 要展开为正弦级数，必须作奇延拓(见图 14.5(b))，即

$$\tilde{f}(x) = \begin{cases} f(x), & x \in (0,l), \\ 0, & x = 0, \\ -f(-x), & x \in (-l,0). \end{cases}$$

例 2 将函数 $f(x)=|\sin x|$，$-\pi\leqslant x<\pi$ 展开成傅里叶级数.

解 因为 $f(x)=|\sin x|$ 是偶函数，所以

$$b_n = \frac{2}{\pi}\int_0^{\pi}\sin x\sin nx\,\mathrm{d}x = 0, \quad a_0 = \frac{2}{\pi}\int_0^{\pi}\sin x\,\mathrm{d}x = \frac{4}{\pi}.$$

当 $n>1$ 时，

$$a_n = \frac{2}{\pi}\int_0^{\pi}\sin x\cos nx\,\mathrm{d}x = \frac{2}{\pi}\int_0^{\pi}\frac{\sin(1-n)x+\sin(1+n)x}{2}\mathrm{d}x$$

$$= \frac{2}{(n^2-1)\pi}[\cos(n-1)\pi - 1] = \begin{cases} 0, & n = 3,5,\cdots, \\ \dfrac{-4}{(n^2-1)\pi}, & n = 2,4,\cdots. \end{cases}$$

从而 $|\sin x| \sim \frac{2}{\pi} - \frac{4}{\pi}\sum\limits_{m=1}^{\infty}\frac{1}{4m^2-1}\cos 2mx$.

由于 $f(x)=|\sin x|$ 在 $(-\infty,+\infty)$ 上连续，所以

$$|\sin x| = \frac{2}{\pi} - \frac{4}{\pi}\sum_{m=1}^{\infty}\frac{1}{4m^2-1}\cos 2mx, \quad -\infty < x < +\infty.$$

特别地，当 $x=0$ 时，$\sum_{m=1}^{\infty}\frac{1}{4m^2-1}=\frac{1}{2}$；当 $x=\frac{\pi}{2}$ 时，$\sum_{m=1}^{\infty}\frac{(-1)^{m+1}}{4m^2-1}=\frac{\pi-2}{4}$.

例 3　对 $f(x)=x,x\in(0,2)$，试：

(1) 展开成正弦级数；(2) 展开成余弦级数.

解　(1) 如图 14.6(a)所示，作奇延拓，有

$$\tilde{f}(x)=x,\quad x\in(-2,2),$$

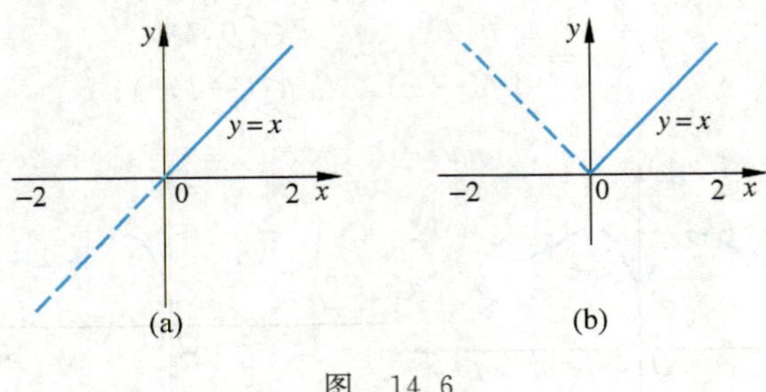

图　14.6

则

$$a_n=0,$$

$$b_n=\frac{2}{2}\int_0^2 x\sin\frac{n\pi x}{2}\mathrm{d}x=\frac{-4}{n\pi}\cos n\pi=\frac{4}{n\pi}(-1)^{n+1},\quad n=1,2,\cdots.$$

所以当 $x\in(0,2)$时，由收敛定理知

$$f(x)=x=\sum_{n=1}^{\infty}\frac{4}{n\pi}(-1)^{n+1}\sin\frac{n\pi x}{2}$$

$$=\frac{4}{\pi}\left(\sin\frac{\pi x}{2}-\frac{1}{2}\sin\frac{2\pi x}{2}+\frac{1}{3}\sin\frac{3\pi x}{2}-\cdots\right).$$

(2) 如图 14.6(b)所示，作偶延拓，则

$$b_n=0,$$

$$a_n=\frac{2}{2}\int_0^2 x\cos\frac{n\pi x}{2}\mathrm{d}x=\frac{4}{n^2\pi^2}(\cos n\pi-1)$$

$$=\frac{4}{n^2\pi^2}[(-1)^n-1],\quad n=1,2,\cdots.$$

所以 $x\in(0,2)$时，由收敛定理知

$$f(x)=x=1-\sum_{n=1}^{\infty}\frac{4}{n^2\pi^2}[(-1)^{n+1}+1]\cos\frac{n\pi x}{2}.$$

故当 $x\in(0,2)$时，

$$x=1-\frac{8}{\pi^2}\left(\cos\frac{\pi x}{2}+\frac{1}{3^2}\cos\frac{3\pi x}{2}+\frac{1}{5^2}\cos\frac{5\pi x}{2}+\cdots\right).$$

习　题 14.2

1. 求下列周期函数的傅里叶级数展开式：

(1) $f(x)=|\cos x|$（周期 π）；　　(2) $f(x)=x-[x]$（周期 1）；

(3) $f(x)=\sin^4 x$（周期 π）；　　(4) $f(x)=\operatorname{sgn}(\cos x)$（周期 2π）.

2. 求函数

$$f(x)=\begin{cases}x, & 0<x\leqslant 1,\\ 1, & 1<x<2,\\ 3-x, & 2\leqslant x<3\end{cases}$$

的傅里叶级数并讨论其收敛性.

3. 将函数 $f(x)=\dfrac{\pi}{2}-x$ 在 $(0,\pi]$ 上展开成余弦级数.

4. 将函数 $f(x)=\cos\dfrac{x}{2}$ 在 $(0,\pi]$ 上展开成正弦级数.

5. 把函数

$$f(x)=\begin{cases}1-x, & 0<x\leqslant 2,\\ x-3, & 2<x<4\end{cases}$$

在 $(0,4)$ 上展开成余弦级数.

6. 把函数 $f(x)=(x-1)^2$ 在 $(0,1)$ 上展开成余弦级数，并推出

$$\pi^2=6\left(1+\frac{1}{2^2}+\frac{1}{3^2}+\cdots\right).$$

7. 求下列函数的傅里叶级数展开式：

(1) $f(x)=\arcsin(\sin x)$；　　(2) $f(x)=\arcsin(\cos x)$.

8. 试问如何把定义在 $\left[0,\dfrac{\pi}{2}\right]$ 上的可积函数 $f(x)$ 延拓到区间 $(-\pi,\pi)$ 内，使它们的傅里叶级数成为如下的形式：

(1) $\displaystyle\sum_{n=1}^{\infty} a_{2n-1}\cos(2n-1)x$；　　(2) $\displaystyle\sum_{n=1}^{\infty} b_{2n-1}\sin(2n-1)x$.

14.3　收敛定理的证明

14.3.1　贝塞尔不等式

定理 1　设 $f(x)$ 在 $[-\pi,\pi]$ 上可积，则

$$\frac{a_0^2}{2}+\sum_{n=1}^{\infty}(a_n^2+b_n^2)\leqslant\frac{1}{\pi}\int_{-\pi}^{\pi}f^2(x)\,\mathrm{d}x,$$

其中 a_n,b_n 为 $f(x)$的傅里叶系数.此不等式称为贝塞尔(Bessel)不等式.

证 设 $S_m=\dfrac{a_0}{2}+\sum\limits_{n=1}^{m}(a_n\cos nx+b_n\sin nx)$,则

$$\begin{aligned}\langle f(x)-S_m,f(x)-S_m\rangle &=\langle f(x),f(x)\rangle-2\langle f(x),S_m\rangle+\langle S_m,S_m\rangle\\ &=\int_{-\pi}^{\pi}f^2(x)\mathrm{d}x-2\left[\frac{\pi a_0^2}{2}+\pi\sum_{n=1}^{m}(a_n^2+b_n^2)\right]\\ &\quad+\frac{\pi a_0^2}{2}+\pi\sum_{n=1}^{m}(a_n^2+b_n^2)\\ &=\int_{-\pi}^{\pi}f^2(x)\mathrm{d}x-\frac{\pi a_0^2}{2}-\pi\sum_{n=1}^{m}(a_n^2+b_n^2).\end{aligned}$$

由 $\forall m,\langle f(x)-S_m,f(x)-S_m\rangle\geqslant 0$,得

$$\frac{a_0^2}{2}+\sum_{n=1}^{m}(a_n^2+b_n^2)\leqslant\frac{1}{\pi}\int_{-\pi}^{\pi}f^2(x)\mathrm{d}x,$$

故

$$\frac{a_0^2}{2}+\sum_{n=1}^{\infty}(a_n^2+b_n^2)\leqslant\frac{1}{\pi}\int_{-\pi}^{\pi}f^2(x)\mathrm{d}x.$$

推论 1 设 $f(x)$在$[-\pi,\pi]$上可积,则

$$\lim_{n\to\infty}\int_{-\pi}^{\pi}f(x)\cos nx\,\mathrm{d}x=0,\quad \lim_{n\to\infty}\int_{-\pi}^{\pi}f(x)\sin nx\,\mathrm{d}x=0.$$

证 因为 $f(x)$在$[-\pi,\pi]$上可积,所以由贝塞尔不等式得

$$\frac{a_0^2}{2}+\sum_{n=1}^{\infty}(a_n^2+b_n^2)\leqslant\frac{1}{\pi}\int_{-\pi}^{\pi}f^2(x)\mathrm{d}x,$$

于是级数 $\sum\limits_{n=1}^{\infty}(a_n^2+b_n^2)$ 收敛,从而$\lim\limits_{n\to\infty}(a_n^2+b_n^2)=0$,即$\lim\limits_{n\to\infty}a_n=0,\lim\limits_{n\to\infty}b_n=0$,故

$$\lim_{n\to\infty}\int_{-\pi}^{\pi}f(x)\cos nx\,\mathrm{d}x=0,\quad \lim_{n\to\infty}\int_{-\pi}^{\pi}f(x)\sin nx\,\mathrm{d}x=0.$$

推论 2 设 $f(x)$在$[-\pi,\pi]$上可积,则

$$\lim_{n\to\infty}\int_{-\pi}^{\pi}f(x)\sin\left(n+\frac{1}{2}\right)x\mathrm{d}x=0,\quad \lim_{n\to\infty}\int_{-\pi}^{0}f(x)\sin\left(n+\frac{1}{2}\right)x\mathrm{d}x=0.$$

证 因为 $\sin\left(n+\dfrac{1}{2}\right)x=\cos\dfrac{x}{2}\sin nx+\sin\dfrac{x}{2}\cos nx$,所以令

$$F_1(x)=\begin{cases}f(x)\cos\dfrac{x}{2}, & 0\leqslant x\leqslant\pi,\\ 0, & -\pi\leqslant x<0;\end{cases}\qquad F_2(x)=\begin{cases}f(x)\sin\dfrac{x}{2}, & 0\leqslant x\leqslant\pi,\\ 0, & -\pi\leqslant x<0;\end{cases}$$

则有

$$\int_{0}^{\pi}f(x)\sin\left(n+\frac{1}{2}\right)x\mathrm{d}x=\int_{-\pi}^{\pi}F_1(x)\sin nx\,\mathrm{d}x+\int_{-\pi}^{\pi}F_2(x)\cos nx\,\mathrm{d}x.$$

由 $F_1(x)$，$F_2(x)$在$[-\pi,\pi]$上可积知

$$\lim_{n\to\infty}\int_{-\pi}^{\pi}F_1(x)\sin nx\,\mathrm{d}x=0,\quad \lim_{n\to\infty}\int_{-\pi}^{\pi}F_2(x)\cos nx\,\mathrm{d}x=0,$$

故 $\lim\limits_{n\to\infty}\int_0^{\pi}f(x)\sin\left(n+\dfrac{1}{2}\right)x\mathrm{d}x=0.$

同理可证$\lim\limits_{n\to\infty}\int_{-\pi}^{0}f(x)\sin\left(n+\dfrac{1}{2}\right)x\mathrm{d}x=0.$

定理 2 设以 2π 为周期的函数 $f(x)$在$[-\pi,\pi]$上可积，则

$$S_n(x)=\frac{a_0}{2}+\sum_{k=1}^{n}(a_k\cos kx+b_k\sin kx)=\frac{1}{\pi}\int_{-\pi}^{\pi}f(x+t)\frac{\sin\left(n+\frac{1}{2}\right)t}{2\sin\frac{t}{2}}=\mathrm{d}t,$$

此称为 $f(x)$的傅里叶级数的部分和的**积分表达式**.

证
$$\begin{aligned}S_n(x)&=\frac{a_0}{2}+\sum_{k=1}^{n}(a_k\cos kx+b_k\sin kx)\\&=\frac{1}{2\pi}\int_{-\pi}^{\pi}f(u)\mathrm{d}u+\frac{1}{\pi}\sum_{k=1}^{n}\left[\int_{-\pi}^{\pi}f(u)\cos ku\cos kx\,\mathrm{d}u+\int_{-\pi}^{\pi}f(u)\sin ku\sin kx\,\mathrm{d}u\right]\\&=\frac{1}{\pi}\int_{-\pi}^{\pi}f(u)\left[\frac{1}{2}+\sum_{k=1}^{n}(\cos ku\cos kx+\sin ku\sin kx)\right]\mathrm{d}u\\&=\frac{1}{\pi}\int_{-\pi}^{\pi}f(u)\left[\frac{1}{2}+\sum_{k=1}^{n}\cos k(u-x)\right]\mathrm{d}u\\&=\frac{1}{\pi}\int_{-\pi-x}^{\pi-x}f(x+t)\left[\frac{1}{2}+\sum_{k=1}^{n}\cos kt\right]\mathrm{d}t\\&=\frac{1}{\pi}\int_{-\pi}^{\pi}f(x+t)\frac{\sin\left(n+\frac{1}{2}\right)t}{2\sin\frac{t}{2}}=\mathrm{d}t,\end{aligned}$$

故结论成立.

14.3.2 收敛性定理的证明

定理 3(**收敛性定理**) 设以 2π 为周期的函数 $f(x)$在$[-\pi,\pi]$上按段光滑，则

$$\frac{f(x+0)+f(x-0)}{2}=\frac{a_0}{2}+\sum_{n=1}^{\infty}(a_n\cos nx+b_n\sin nx).$$

证 因为

$$\frac{1}{\pi}\int_{-\pi}^{\pi}\frac{\sin\left(n+\frac{1}{2}\right)t}{2\sin\frac{t}{2}}\mathrm{d}t=\frac{1}{\pi}\int_{-\pi}^{\pi}\left[\frac{1}{2}+\sum_{k=1}^{n}\cos kt\right]\mathrm{d}t=1,$$

所以

$$\frac{f(x+0)}{2}=\frac{f(x+0)}{2}\cdot\frac{1}{\pi}\int_0^{\pi}\frac{\sin\left(n+\frac{1}{2}\right)t}{\sin\frac{t}{2}}\mathrm{d}t=\frac{1}{\pi}\int_0^{\pi}f(x+0)\frac{\sin\left(n+\frac{1}{2}\right)t}{2\sin\frac{t}{2}}\mathrm{d}t,$$

于是

$$\frac{f(x+0)}{2}-\frac{1}{\pi}\int_0^{\pi}f(x+t)\frac{\sin\left(n+\frac{1}{2}\right)t}{2\sin\frac{t}{2}}\mathrm{d}t=\frac{1}{\pi}\int_0^{\pi}\frac{f(x+0)-f(x+t)}{2\sin\frac{t}{2}}\sin\left(n+\frac{1}{2}\right)t\mathrm{d}t.$$

令

$$\varphi(t)=\frac{f(x+0)-f(x+t)}{2\sin\frac{t}{2}}=\frac{f(x+0)-f(x+t)}{t}\cdot\frac{\frac{t}{2}}{\sin\frac{t}{2}},$$

则 $\lim\limits_{t\to0^+}\varphi(t)=-f'(x+0)$.

于是取 $\varphi(0)=-f'(x+0)$，知 $\varphi(t)$ 在 $[0,\pi]$ 上可积，所以由推论 2 得

$$\lim_{n\to\infty}\frac{1}{\pi}\int_0^{\pi}\varphi(t)\sin\left(n+\frac{1}{2}\right)t\mathrm{d}t=0,$$

即

$$\lim_{n\to\infty}\frac{1}{\pi}\int_0^{\pi}\frac{f(x+0)-f(x+t)}{2\sin\frac{t}{2}}\sin\left(n+\frac{1}{2}\right)t\mathrm{d}t=0,$$

从而

$$\lim_{n\to\infty}\left[\frac{f(x+0)}{2}-\frac{1}{\pi}\int_0^{\pi}f(x+t)\frac{\sin\left(n+\frac{1}{2}\right)t}{2\sin\frac{t}{2}}\mathrm{d}t\right]=0.$$

同理可证

$$\lim_{n\to\infty}\left[\frac{f(x-0)}{2}-\frac{1}{\pi}\int_{-\pi}^{0}f(x+t)\frac{\sin\left(n+\frac{1}{2}\right)t}{2\sin\frac{t}{2}}\mathrm{d}t\right]=0.$$

因而

$$\lim_{n\to\infty}\left[\frac{f(x-0)}{2}+\frac{f(x+0)}{2}-S_n(x)\right]=0,$$

故

$$\frac{f(x+0)+f(x-0)}{2}=\frac{a_0}{2}+\sum_{n=1}^{\infty}(a_n\cos nx+b_n\sin nx).$$

在收敛定理中，$f(x)$ 按段光滑这个条件是 $f(x)$ 的傅里叶级数收敛的充分条件. 要降低条件，则证明相当困难. 下面给出一些收敛性的结论.

定理 4　如果 $f(x)$ 在 $[-\pi,\pi]$ 上有有限导数，或有有限的两个单侧导数，则

$$\frac{f(x+0)+f(x-0)}{2}=\frac{a_0}{2}+\sum_{n=1}^{\infty}(a_n\cos nx+b_n\sin nx).$$

定理 5　如果 $f(x)$ 在 $[-\pi,\pi]$ 按段单调，即可将 $[-\pi,\pi]$ 分为有限个小区间，使得 $f(x)$ 在每个小区间上单调，则

$$\frac{f(x+0)+f(x-0)}{2}=\frac{a_0}{2}+\sum_{n=1}^{\infty}(a_n\cos nx+b_n\sin nx).$$

对于傅里叶级数，还有一致收敛、逐项求导、逐项求积等内容，这里不再介绍.

习　题 14.3

1. 设 $f(x)$ 以 2π 为周期且具有二阶连续的导函数，证明 $f(x)$ 的傅里叶级数在 $(-\infty,+\infty)$ 上一致收敛于 $f(x)$.

2. 设 $f(x)$ 为 $[-\pi,\pi]$ 上的可积函数，证明：若 $f(x)$ 的傅里叶级数在 $[-\pi,\pi]$ 上一致收敛于 $f(x)$，则成立贝塞尔等式

$$\frac{1}{\pi}\int_{-\pi}^{\pi}[f(x)]^2\mathrm{d}x=\frac{a_0^2}{2}+\sum_{n=1}^{\infty}(a_n^2+b_n^2),$$

这里 a_n,b_n 为 $f(x)$ 的傅里叶系数.

3. 贝塞尔等式对于在 $[-\pi,\pi]$ 上满足收敛定理条件的函数也成立. 请应用这个结果证明下列各式.

(1) $\dfrac{\pi^2}{8}=\sum\limits_{n=1}^{\infty}\dfrac{1}{(2n-1)^2}$;　　(2) $\dfrac{\pi^2}{6}=\sum\limits_{n=1}^{\infty}\dfrac{1}{n^2}$;　　(3) $\dfrac{\pi^4}{90}=\sum\limits_{n=1}^{\infty}\dfrac{1}{n^4}$.

4. 证明：若 $f(x),g(x)$ 均为 $[-\pi,\pi]$ 上可积函数，且它们的傅里叶级数在 $[-\pi,\pi]$ 上分别一致收敛于 $f(x)$ 和 $g(x)$，则

$$\frac{1}{\pi}\int_{-\pi}^{\pi}f(x)g(x)\mathrm{d}x=\frac{a_0\alpha_0}{2}+\sum_{n=1}^{\infty}(a_n\alpha_n+b_n\beta_n).$$

其中 a_n,b_n 为 $f(x)$ 的傅里叶系数，α_n,β_n 为 $g(x)$ 的傅里叶系数.

5. 证明：若 $f(x)$ 及其导函数 $f'(x)$ 均在 $[-\pi,\pi]$ 上可积，$\int_{-\pi}^{\pi}f(x)\mathrm{d}x=0$，$f(-\pi)=f(\pi)$，且成立贝塞尔等式，则

$$\int_{-\pi}^{\pi}|f'(x)|^2\mathrm{d}x\geqslant\int_{-\pi}^{\pi}|f(x)|^2\mathrm{d}x.$$

总练习题 14

1. 试求三角多项式 $T_n(x)=\dfrac{A_0}{2}+\sum\limits_{k=1}^{n}(A_k\cos kx+B_k\sin kx)$ 的傅里叶级数展开式.

2. 设 $f(x)$ 为 $[-\pi,\pi]$ 上的可积函数，$a_0,a_k,b_k(k=1,2,\cdots,n)$ 为 $f(x)$ 的傅里叶系数，试

证明，当 $A_0=a_0, A_k=a_k, B_k=b_k(k=1,2,\cdots,n)$ 时，积分 $\int_{-\pi}^{\pi}[f(x)-T_n(x)]^2\mathrm{d}x$ 取最小值，且最小值为 $\int_{-\pi}^{\pi}[f(x)]^2\mathrm{d}x-\pi\left[\frac{a_0^2}{2}+\sum_{k=1}^{n}(a_k^2+b_k^2)\right]$. 上述 $T_n(x)$ 是第 1 题中的三角多项式，A_0, A_k, B_k 为它的傅里叶系数.

3. 设 $f(x)$ 为以 2π 周期，且具有二阶连续可微的函数，

$$b_n=\frac{1}{\pi}\int_{-\pi}^{\pi}f(x)\sin nx\,\mathrm{d}x,\quad b''_n=\frac{1}{\pi}\int_{-\pi}^{\pi}f''(x)\sin nx\,\mathrm{d}x,$$

若级数 $\sum_{n=1}^{\infty}b''_n$ 绝对收敛，则 $\sum_{k=1}^{\infty}\sqrt{|b_k|}<\frac{1}{2}\left(2+\sum_{k=1}^{\infty}|b''_k|\right)$.

4. 设周期为 2π 的可积函数 $\varphi(x)$ 与 $\psi(x)$ 满足以下关系式：

(1) $\varphi(-x)=\psi(x)$；　　(2) $\varphi(-x)=-\psi(x)$.

试问 φ 的傅里叶系数 a_n, b_n 与 ψ 的傅里叶系数 α_n, β_n 有什么关系？

5. 设定义在 $[a,b]$ 上的连续函数列 $\{\varphi_n(x)\}$ 满足关系

$$\int_a^b\varphi_n(x)\varphi_m(x)\mathrm{d}x=\begin{cases}0, & n\neq m,\\ 1, & n=m.\end{cases}$$

对于在 $[a,b]$ 上的可积函数 $f(x)$，定义 $a_n=\int_a^b f(x)\varphi_n(x)\mathrm{d}x, n=1,2,\cdots$，证明 $\sum_{n=1}^{\infty}a_n^2$ 收敛，且有不等式 $\sum_{n=1}^{\infty}a_n^2\leqslant\int_a^b[f(x)]^2\mathrm{d}x$.

硕士研究生入学试题选录

6. (选择题)设函数

$$f(x)=\begin{cases}x, & 0\leqslant x\leqslant\frac{1}{2},\\ 2-2x, & \frac{1}{2}<x<1,\end{cases}\quad S(x)=\frac{a_0}{2}+\sum_{n=1}^{\infty}a_n\cos n\pi x,\quad -\infty<x<+\infty,$$

其中 $a_n=\int_0^1 f(x)\cos n\pi x\mathrm{d}x$，则 $S\left(-\frac{5}{2}\right)=(\quad)$. (1999 数一)

(A) $\frac{1}{2}$　　(B) $-\frac{1}{2}$　　(C) $\frac{3}{4}$　　(D) $-\frac{3}{4}$

7. 设 $x^2=\sum_{n=1}^{\infty}a_n\cos n\pi x(-\pi\leqslant x\leqslant\pi)$，则 $a_2=$ ________. (2003 数一)

8. 将函数 $f(x)=1-x^2(0\leqslant x\leqslant\pi)$ 展开成余弦级数，并求 $\sum_{n=1}^{\infty}\frac{(-1)^{n-1}}{n^2}$ 的和. (2008 数一)

第15章

多元函数的极限与连续

15.1 平面点集与多元函数

实际事物不仅依赖一个变元,由此而产生了多元函数的概念.对于多元函数的微积分理论的学习,我们的重点放在二元函数上,是因为二元乃至三元以上的函数,只是形式上的不同,并无本质上的差异.

15.1.1 n 维空间

n 元实数构成的有序数组称为 n 维点,记作$(x_1,x_2,\cdots,x_n)$.所有 n 维点构成的集合称为 n 维空间,记作$\mathbb{R}^n$.

当 $n=2$ 时,有序数对就是直角坐标平面上的点,记作 $P(x,y)$.

现实空间就是三维空间.

在$\mathbb{R}^n$中,设 $P(x_1,x_2,\cdots,x_n)$,$Q(y_1,y_2,\cdots,y_n)$,两点的距离定义为

$$\rho(P,Q)=\sqrt{(x_1-y_1)^2+(x_2-y_2)^2+\cdots+(x_n-y_n)^2},$$

其具有如下性质:

(1) 正定性:$\forall P,Q\in\mathbb{R}^n$,$\rho(P,Q)\geqslant 0$,且 $\rho(P,Q)=0\Leftrightarrow P=Q$;

(2) 对称性:$\rho(P,Q)=\rho(Q,P)$;

(3) 三角不等式:$\forall P_1,P_2,P_3\in\mathbb{R}^n$,$\rho(P_1,P_3)\leqslant\rho(P_1,P_2)+\rho(P_2,P_3)$.

赋予距离的空间称为欧氏空间,坐标平面就是二维欧氏空间.

15.1.2 平面点集

1. 邻域

设 $P_0\in\mathbb{R}^2$,$\delta>0$,点集

$$U(P_0,\delta)=\left\{(x,y):\sqrt{(x-x_0)^2+(y-y_0)^2}<\delta\right\}$$

称为 P_0 点的 δ 邻域,亦称为圆形邻域.而方形邻域表示为$\{(x,y):|x-x_0|<\delta,|y-y_0|<\delta\}$.

任一圆形邻域必含有方形邻域(见图 15.1(a)),任一方形邻域必含有圆形邻域(见图 15.1(b)).所以在应用中可取方形邻域,亦可取圆形邻域.

空心邻域记为

$$\mathring{U}(P_0,\delta)=\{P:0<\rho(P,P_0)<\delta\}.$$

2. 内点、外点、界点、聚点

如图 15.2 所示，设 $E\subseteq\mathbb{R}^2$，$P\in\mathbb{R}^2$，

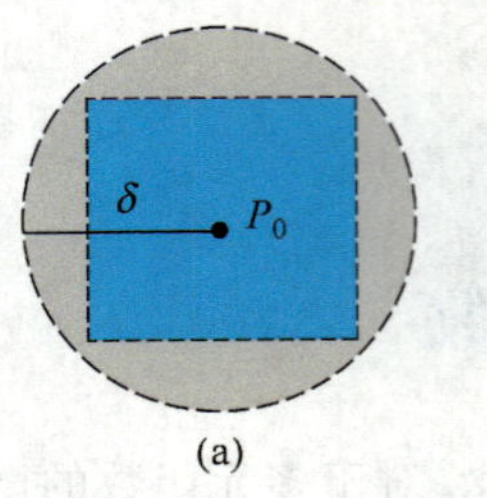

(a)

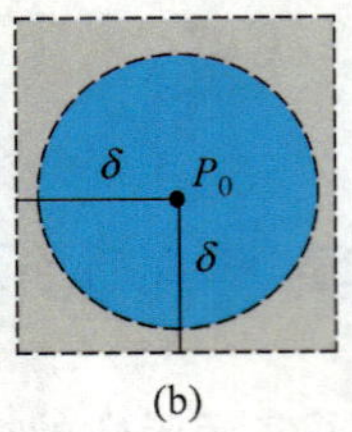

(b)

图　15.1

图　15.2

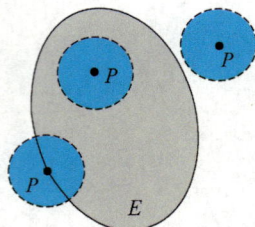

P 是 E 的**内点**$\Leftrightarrow \exists\delta>0$，$\ni$“$U(P,\delta)\subseteq E$”；

P 是 E 的**外点**$\Leftrightarrow \exists\delta>0$，$\ni$“$U(P,\delta)\cap E=\varnothing$”；

P 是 E 的**界点**$\Leftrightarrow \forall\delta>0$，$U(P,\delta)\cap E\neq\varnothing$，且 $U(P,\delta)\cap E^c\neq\varnothing$；

P 是 E 的**聚点**$\Leftrightarrow \forall\delta>0$，$\mathring{U}(P,\delta)\cap E\neq\varnothing$.

几点说明：

(1) E 的内点一定属于 E；

(2) E 的外点一定不属于 E；

(3) E 的界点不一定属于 E.

例如：$E=\{(x,y):x^2+y^2<1\}$（如图 15.3 所示），$P_0(0,1)$ 是 E 的界点，但 $P_0\notin E$.

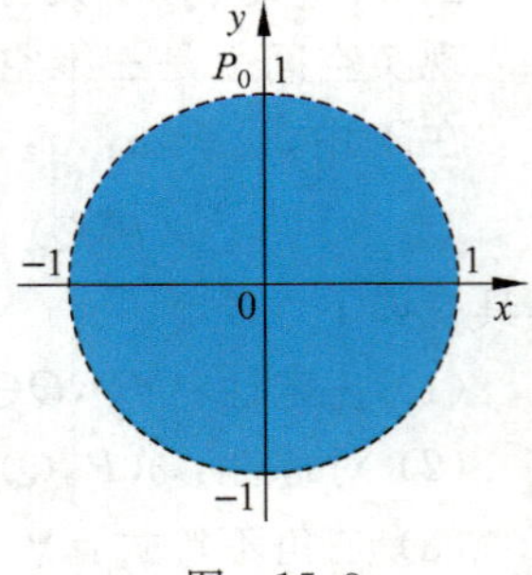

图　15.3

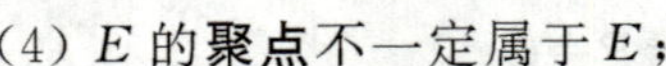

(4) E 的**聚点**不一定属于 E；

(5) E 的所有**聚点**构成的集合 E 称为 E 的导集，记作 E'；

(6) E 的所有内点构成的集合称为 E 的**内部**，记作 E°.

3. 开集、闭集

定义 1　E 为**开集**$\Leftrightarrow \forall P\in E$，$P$ 为 E 为内点.

ie：E 为开集$\Leftrightarrow E\subseteq E^\circ$.

换句话说，E 为开集是指 E 中的点都是 E 的内点.

E 为**闭集**$\Leftrightarrow E'\subseteq E$.

集合 $E\cup E'$ 称为 E 的**闭包**，记作 $\bar{E}$. 显然，$\bar{E}$ 为闭集.

例 1　如图 15.4 所示，$E=\{(x,y):1\leqslant x^2+y^2\leqslant 4\}$，$E$ 是闭集.

例 2　如图 15.5 所示，$E=\{(x,y):x+y>0\}$，E 是开集.

4. 平面区域

如图 15.6 所示，设 E 为一平面点集，如果 E 中的任意两点都可以用 E 内的一条折线相

连接，则称 E 为连通的. 连通的开集称为**开区域**. 开区域与其边界点的并集称为**闭区域**. 开区域、闭区域统称为**区域**.

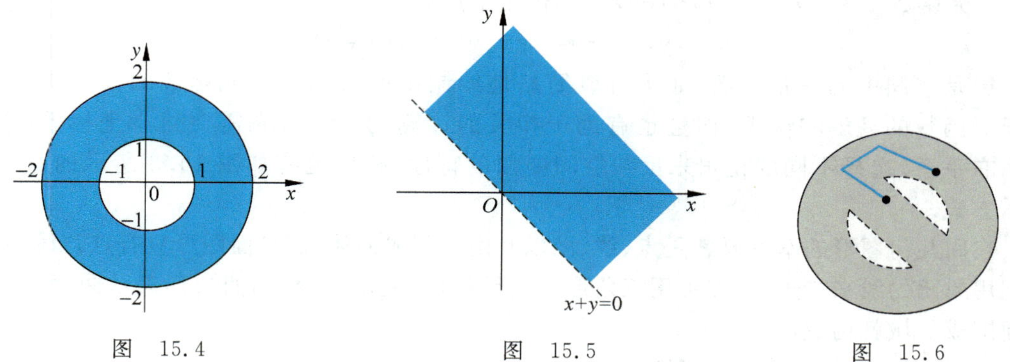

图 15.4　　图 15.5　　图 15.6

5. 平面区域的基本性质与常用概念

(1) **有界性**

点集 E 有界 $\Leftrightarrow \exists M>0, \ni$ “$\forall P\in E, \rho(P,0)\leqslant M$”；

点集 E 无界 $\Leftrightarrow \forall M>0, \exists P_0\in E, \ni$ “$\rho(P_0,0)>M$”.

(2) **点与集的距离**　点 P_0 与集合 E 的距离是 $\rho(P_0,E)=\inf\{\rho(P_0,P): P\in E\}$.

(3) **点集的直径**　点集 E 的直径是 $d(E)=\sup\{\rho(P_1,P_2): P_1,P_2\in E\}$.

15.1.3 多元函数

$n(n\geqslant 2)$ 维空间中的点集 D 到实数集上像唯一的对应称为多元函数. D 称为定义域. 若 $P(x_1,x_2,\cdots,x_n)\in D$，对应的元素为 y，常记为 $y=f(P)$，或记为 $y=f(x_1,x_2,\cdots,x_n)$，读作 P 在 f 下的像是 y.

当 $n=2$ 时，即自变量为两个变元的函数称为二元函数，常记为

$$z=f(x,y),(x,y)\in D.$$

三元函数常记为 $u=f(x,y,z),(x,y,z)\in D$.

例 3　求函数 $f(x,y)=\dfrac{\arcsin(3-x^2-y^2)}{\sqrt{x-y^2}}$ 的定义域.

解　$\begin{cases}|3-x^2-y^2|\leqslant 1,\\ x-y^2>0,\end{cases}\Rightarrow\begin{cases}2\leqslant x^2+y^2\leqslant 4,\\ x>y^2,\end{cases}$

所求定义域为

$$D=\{(x,y): 2\leqslant x^2+y^2\leqslant 4, x>y^2\},$$

如图 15.7 所示.

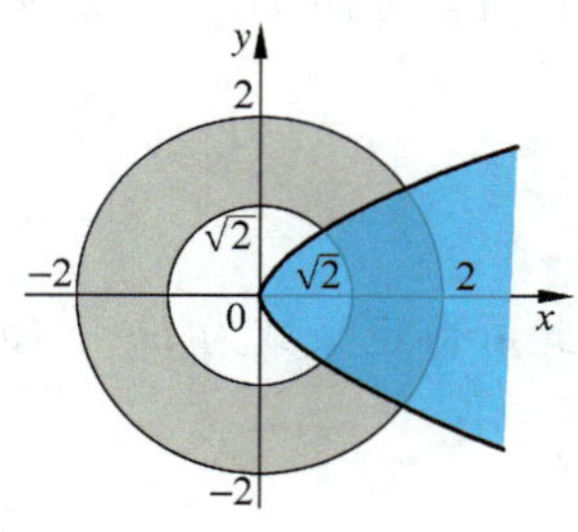

图 15.7

15.1.4　二元函数的图像

二元函数 $z=f(x,y),(x,y)\in D$ 的图像是指点集

$$\{(x,y,z):z=f(x,y),(x,y)\in D\},$$

它一般是空间中的一张曲面. 如果可以简略地绘制出所考虑的二元函数的图像，不仅有助于对函数的理解和认识，而且也有助于相关的计算. 为此，首先需要建立坐标系，通常采用右手系. 选择不同的视角来反映空间曲面的特性，相应地有如图 15.8 所示的坐标系表示方式.

空间几何图形的基本要素是点、线、面以及由面围成的体，而平面图形只有点与线，所以我们用封闭的线来描述面(如可用三角形、平行四边形表示平面，用曲边形表示曲面). 若干个面围成的域就构成体.

一般来说，我们常用二元函数

$$z=f(x,y),\quad (x,y)\in D$$

在 xOy 坐标面上的投影获得其定义域，如图 15.9 所示.

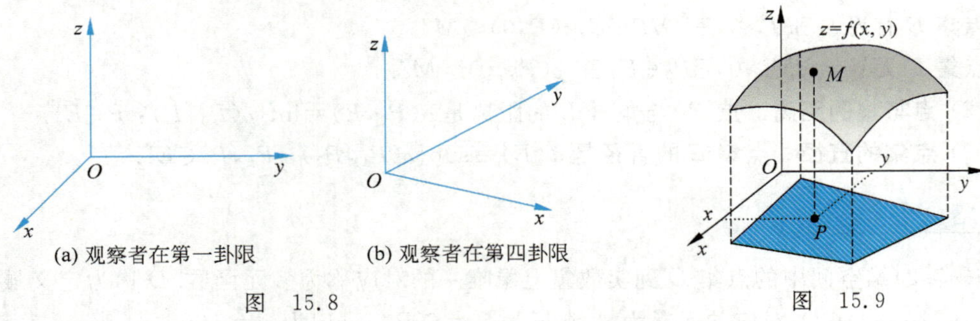

(a) 观察者在第一卦限　(b) 观察者在第四卦限

图　15.8

图　15.9

例 4　绘制 $\frac{x^2}{a^2}+\frac{y^2}{b^2}+\frac{z^2}{c^2}=1$ 的图形.

解　(1) 求图形与各坐标面的交线：

与坐标面 xOy 的交线为

$$\begin{cases}\frac{x^2}{a^2}+\frac{y^2}{b^2}+\frac{z^2}{c^2}=1,\\ z=0,\end{cases}\quad \text{即椭圆}\quad \begin{cases}\frac{x^2}{a^2}+\frac{y^2}{b^2}=1,\\ z=0.\end{cases}$$

由此可得定义域为 $D=\left\{(x,y):\frac{x^2}{a^2}+\frac{y^2}{b^2}\leqslant 1\right\}$. 对应的单值分支分别为

$$z=c\sqrt{1-\frac{x^2}{a^2}-\frac{y^2}{b^2}}\quad \text{和}\quad z=-c\sqrt{1-\frac{x^2}{a^2}-\frac{y^2}{b^2}}.$$

同理可得图形与其他两个坐标面上的交线分别为

$$\begin{cases}\dfrac{x^2}{a^2}+\dfrac{z^2}{c^2}=1,\\ y=0;\end{cases}\quad \begin{cases}\dfrac{y^2}{b^2}+\dfrac{z^2}{c^2}=1,\\ y=0.\end{cases}$$

(2) 在各坐标面上依次绘出所得的交线，再将不可见线绘为虚线即得成图(见图 15.10(a)).

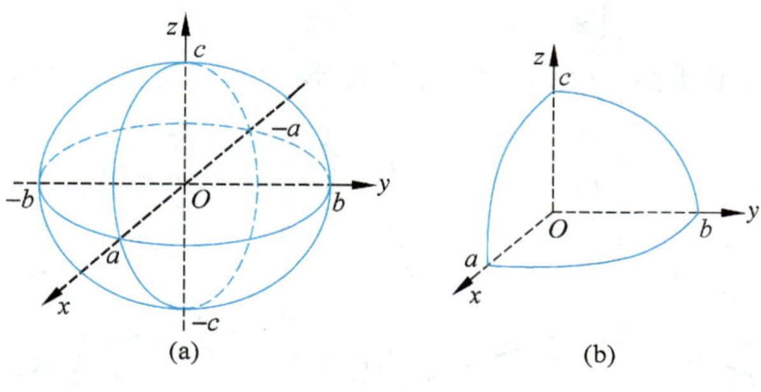

图 15.10

对于具有某种对称性的图形，为了方便，常常只绘制出其在某一卦限中的图形，例如图 15.10(a)中的椭球也可以表示成图 15.10(b)的形式.

对于无界的空间曲面，常借助于一些平行于坐标面的平面与其交线来反映其形状. 例如，图 15.11 所示的椭圆抛物面 $z=\frac{x^2}{a^2}+\frac{y^2}{b^2}$就是用平行于 xOy 平面的平面 $z=c(c>0)$截此椭圆抛物面来体现其向上无界的形状；图 15.12 所示的柱面 $y=x^2$ 就是用平行于 xOy 平面的平面 $z=c(c>0)$和平行于 xOz 平面的平面 $y=d(d>0)$分别截此柱面来体现其 z 轴的正负两个方向上和 y 轴正向上的无界形状.

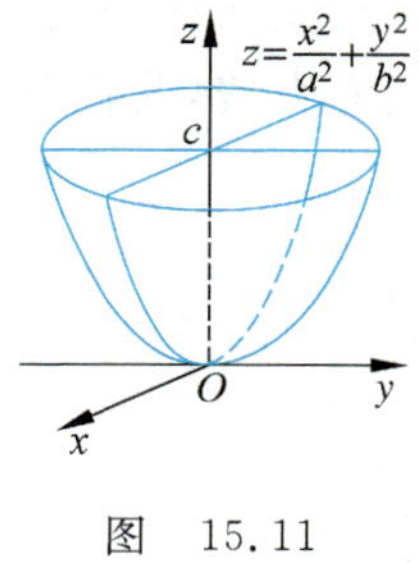

图 15.11

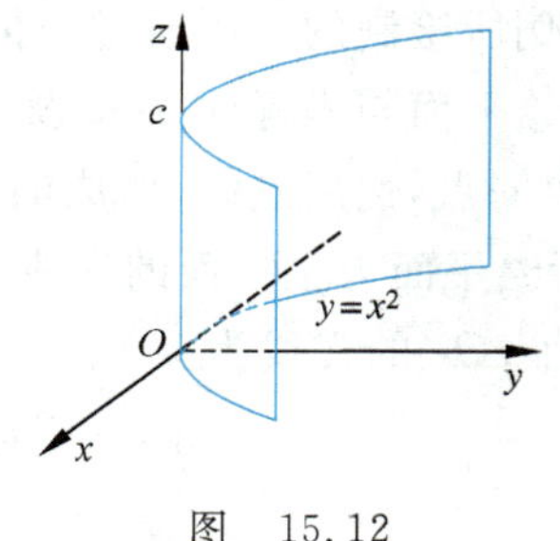

图 15.12

例 5 绘制函数 $z=xy$ 的图形.

解 (1) 求图形与各坐标面的交线.

$z=xy$ 的图形与坐标面 xOy 的交线为

$$\begin{cases} z = xy, \\ z = 0, \end{cases} \quad \text{即 } x \text{ 轴与 } y \text{ 轴.}$$

由于未获得框图,所以我们选择其他一些平面来截图形.

先取平行于 xOy 的平面 $z=1,z=-1$ 与图形 $z=xy$ 的交线为两条双曲线

$$\begin{cases} xy = 1, \\ z = 1 \end{cases} \quad \text{与} \quad \begin{cases} xy = -1, \\ z = -1. \end{cases}$$

如图 15.13(a)所示.再取垂面 $x=y,x=-y$ 与图形 $z=xy$ 的交线为两条抛物线

$$\begin{cases} z = x^2, \\ x = y, \end{cases} \quad \text{与} \quad \begin{cases} z = -x^2, \\ x = -y. \end{cases}$$

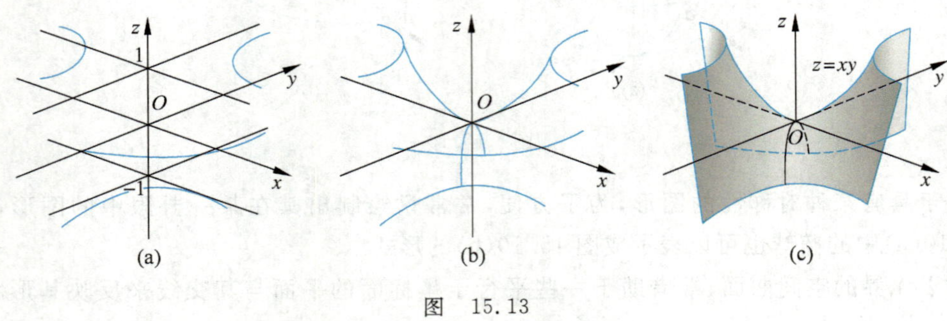

图　15.13

如图 15.13(b)所示.

(2) 最后用曲线连接构成框图而得函数 $z=xy$ 图形(见图 15.13(c)).

例 6　绘制平面 $z=2x+5y$ 的图形.

解　一般的平面与三个坐标轴有不重合的三个交点,用连接这三点的三角形就可以表示此平面.此例所绘制的平面通过坐标原点,与三个坐标轴的交点重合在一起,此方法不好用了.这时所绘平面与坐标面 xOz 及 yOz 的交线均是通过原点的直线,我们只要在这两条直线上再各取一点,然后连线,所成的三角形即可表示此平面.

(1) 求所绘平面与坐标面的交线.

与坐标面 xOz 的交线为

$$\begin{cases} z = 2x + 5y, \\ y = 0, \end{cases} \quad \text{即} \quad \begin{cases} z = 2x, \\ y = 0. \end{cases}$$

与坐标面 yOz 的交线为

$$\begin{cases} z = 2x + 5y, \\ x = 0, \end{cases} \quad \text{即} \quad \begin{cases} z = 5y, \\ x = 0. \end{cases}$$

(2) 在 z 轴上取一点,分别在坐标面 xOz 和坐标面 yOz 上画直线,得到与坐标面相交直线的交点.连接这两个交点即得平面 $z=2x+5y$ 的图形,如图 15.14 所示.

例 7 用同样的方法可得函数 $z=\sin xy$ 的图像如图 15.15 所示.

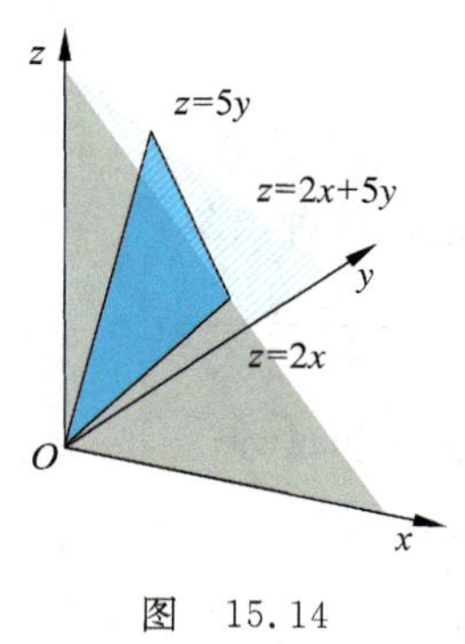

图 15.14

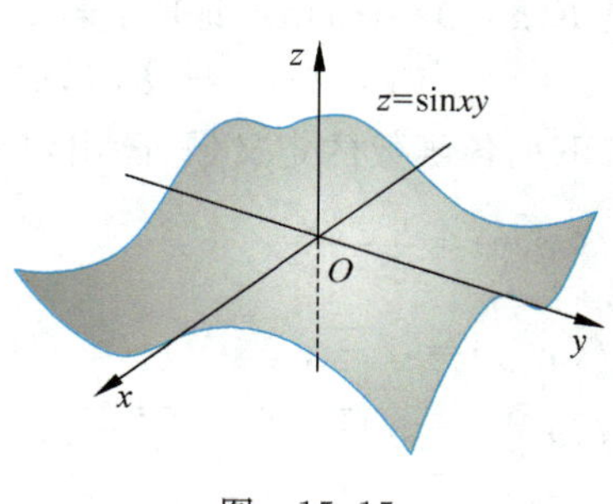

图 15.15

习 题 15.1

1. 判断下列平面点集中哪些是开集、闭集、有界集、区域？并分别指出它们的聚点与界点.

(1) $[a,b)\times[c,d)$；　　(2) $\{(x,y):xy\neq 0\}$；

(3) $\{(x,y):xy=0\}$；　　(4) $\{(x,y):y>x^2\}$；

(5) $\{(x,y):x<2,y<2,x+y>2\}$；

(6) $\{(x,y):x^2+y^2=1$ 或 $y=0,0\leqslant x\leqslant 1\}$；

(7) $\{(x,y):x^2+y^2\leqslant 1$ 或 $y=0,1\leqslant x\leqslant 2\}$；

(8) $\{(x,y):x,y$ 均为整数$\}$；　　(9) $\left\{(x,y):y=\sin\dfrac{1}{x},x>0\right\}$.

2. 试问集合 $\{(x,y):0<|x-a|<\delta,0<|y-b|<\delta\}$ 与集合 $\{(x,y):|x-a|<\delta,|y-b|<\delta,(x,y)\neq(a,b)\}$ 是否相同？

3. 证明：当且仅当存在各点不相同的点列 $\{P_n\}\subset E$，$P_n\neq P_0$，$\lim\limits_{n\to\infty}P_n=P_0$ 时，P_0 是 E 的聚点.

4. 证明：闭域必为闭集.举例说明反之不真.

5. 证明：点列 $\{P_n(x_n,y_n)\}$ 收敛于 $\{P_0(x_0,y_0)\}$ 的充要条件是

$$\lim_{n\to\infty}x_n=x_0 \quad 和 \quad \lim_{n\to\infty}y_n=y_0.$$

6. 求下列各函数的函数值：

(1) $f(x,y)=\left(\dfrac{\arctan(x+y)}{\arctan(x-y)}\right)^2$，求 $f\left(\dfrac{1+\sqrt{3}}{2},\dfrac{1-\sqrt{3}}{2}\right)$；

(2) $f(x,y)=\dfrac{2xy}{x^2+y^2}$，求 $f\left(1,\dfrac{y}{x}\right)$；

(3) $f(x,y)=x^2+y^2-xy\tan\dfrac{x}{y}$,求 $f(tx,ty)$.

7. 设 $F(x,y)=\ln x\ln y$,证明:若 $u>0,v>0$,则

$$F(xy,uv)=F(x,u)+F(x,v)+F(y,u)+F(y,v).$$

8. 求下列各函数的定义域,画出定义域的图形,并说明这是何种点集:

(1) $f(x,y)=\dfrac{x^2+y^2}{x^2-y^2}$;

(2) $f(x,y)=\dfrac{1}{2x^2+3y^2}$;

(3) $f(x,y)=\sqrt{xy}$;

(4) $f(x,y)=\ln x\ln y$;

(5) $f(x,y)=\sqrt{1-x^2}+\sqrt{y^2-1}$;

(6) $f(x,y)=\ln(y-x)$;

(7) $f(x,y)=\mathrm{e}^{-(x^2+y^2)}$;

(8) $f(x,y,z)=\dfrac{z}{x^2+y^2+1}$;

(9) $f(x,y,z)=\sqrt{R^2-x^2-y^2-z^2}+\dfrac{z}{\sqrt{x^2+y^2+z^2-r^2}}(R>r)$.

15.2 二元函数的极限

反映实数系完备性的几个定理,是一元函数极限理论的基础,把这些定理推广到$\mathbb{R}^2$上,就是二元函数极限的理论基础.

15.2.1 $\mathbb{R}^2$上的完备性定理

定义 1　设$\{P_n\}\subset\mathbb{R}^2$,$P_0\in\mathbb{R}^2$,若对于任意的 $\varepsilon>0$,都可以找到 $N>0$,使得自 N 后的所有点 P_n,都落入 P_0 点的 ε 邻域 $U(P_0,\varepsilon)$中,则称$\{P_n\}$收敛于 P_0,记作$\lim\limits_{n\to\infty}P_n=P_0$ 或 $P_n\to P_0(n\to\infty)$.

$$\text{ie: }\lim_{n\to\infty}P_n=P_0\Leftrightarrow\forall\varepsilon>0,\exists N>0,\ni\text{“}n>N\Rightarrow P_n\in U(P_0,\varepsilon)\text{”}.$$

在坐标平面上,$P_n(x_n,y_n)$,$P_0(x_0,y_0)$,则

$$\lim_{n\to\infty}P_n=P_0\Leftrightarrow\begin{cases}\lim\limits_{n\to\infty}x_n=x_0,\\ \lim\limits_{n\to\infty}y_n=y_0.\end{cases}$$

定理 1(**柯西收敛准则**)　设$\{P_n\}\subset\mathbb{R}^2$,$P_0\in\mathbb{R}^2$,则

$$\lim_{n\to\infty}P_n=P_0\Leftrightarrow\forall\varepsilon>0,\exists N>0,\ni\text{“}m,n>N\Rightarrow\rho(P_m,P_n)<\varepsilon\text{”}.$$

证　($\Rightarrow$)设$\lim\limits_{n\to\infty}P_n=P_0$,则

$$\forall\varepsilon>0,\exists N>0,\quad\ni\text{“}n>N\Rightarrow\rho(P_n,P_0)<\frac{\varepsilon}{2},\quad m>N\Rightarrow\rho(P_m,P_0)<\frac{\varepsilon}{2}\text{”}.$$

由三角不等式得

$$\rho(P_m,P_n)\leqslant\rho(P_m,P_0)+\rho(P_n,P_0),$$

于是 $\forall\varepsilon>0,\exists N>0,\ni$“$m,n>N\Rightarrow\rho(P_m,P_n)<\varepsilon$”.

($\Leftarrow$)设 $\forall\varepsilon>0,\exists N>0,\ni$“$m,n>N\Rightarrow\rho(P_m,P_n)<\varepsilon$”,则

$$|x_m-x_n|\leqslant\rho(P_m,P_n)<\varepsilon,\quad |y_m-y_n|\leqslant\rho(P_m,P_n)<\varepsilon,$$

从而$\{x_n\},\{y_n\}$收敛,取$\lim\limits_{n\to\infty}x_n=x_0,\lim\limits_{n\to\infty}y_n=y_0$,故$\lim\limits_{n\to\infty}P_n=P_0$.

定理 2(闭区域套定理) 设 $D_n\subset\mathbb{R}^2,n=1,2,\cdots.\{D_n\}$为闭区域列,其满足:

(1) $\forall n,D_n\supset D_{n+1}$;

(2) $d_n=d(D_n),\lim\limits_{n\to\infty}d_n=0$;

则 $\exists|P_0,\ni$“$\forall n,P_0\in D_n$”.

证 (存在性)$\forall n$,取 $P_n\in D_n$,则得点列$\{P_n\}$,满足

$$\forall p>0,\quad \rho(P_n,P_{n+p})\leqslant d_n\to 0.$$

由柯西收敛准则知 $\exists P_0\in\mathbb{R}^2,\ni$“$\lim\limits_{n\to\infty}P_n=P_0$”. 由于 $\forall n,D_n$ 为闭区域,所以 $P_0\in D_n$.

(唯一性)如果 $\forall n,\exists P'_0\in D_n$,则 $\rho(P'_0,P_0)\leqslant\rho(P_n,P_0)+\rho(P_n,P'_0)\leqslant 2d_n$,从而 $\rho(P'_0,P_0)=0$,故 $P'_0=P_0$.

以下定理均可仿照证明.

定理 3(聚点原理) 设 $E\subset\mathbb{R}^2$为有界无限点集,则 $E'\neq\varnothing$. 即有界无限点集必有聚点.

推论 有界无限点列$\{P_n\}\subset\mathbb{R}^2$必有收敛的子列$\{P_{n_k}\}$.

定理 4(有限覆盖定理) 设 $D\subset\mathbb{R}^2$为有界闭域,$\{\Delta_\alpha:\alpha\in I\}$为开域族,若 $D\subset\bigcup\limits_{\alpha\in I}\Delta_\alpha$,则 $\exists\Delta_k\in\{\Delta_\alpha:\alpha\in I\},k=1,2,\cdots,n,\ni$“$D\subset\bigcup\limits_{k=1}^{n}\Delta_k$”.

注 对于有限覆盖定理,把 $D\subset\mathbb{R}^2$为有界闭域改为有界闭集,结论亦成立.

15.2.2 二元函数的极限

定义 2 设 $f(x,y)$是定义在 D 上的二元函数,$M(a,b)$是 D 的聚点,A 为一常数. 如果对于任意的 $\varepsilon>0$,都可以找到 $\delta>0$,使得 D 中的点 $P(x,y)$落入 M 的空心邻域中时,$f(x,y)$与 A 距离小于 ε,则称 A 为二元函数 $f(x,y)$在 M 点的极限,记作$\lim\limits_{\substack{x\to a\\y\to b}}f(x,y)=A$,亦记为$\lim\limits_{P\to M}f(P)=A$.

ie: $\lim\limits_{\substack{x\to a\\y\to b}}f(x,y)=A\Leftrightarrow\forall\varepsilon>0,\exists\delta>0,$

$$\ni\text{“}P(x,y)\in\mathring{U}(M,\delta)\cap D\Rightarrow|f(x,y)-A|<\varepsilon\text{”}.$$

注 (1) $P\to M$ 的路径是任意的;

(2) $P\to M$ 的路径一定在 D 中(见图 15.16);

(3) 上面介绍的极限也称为二重极限;

(4) 一元函数的极限性质在这里亦成立.

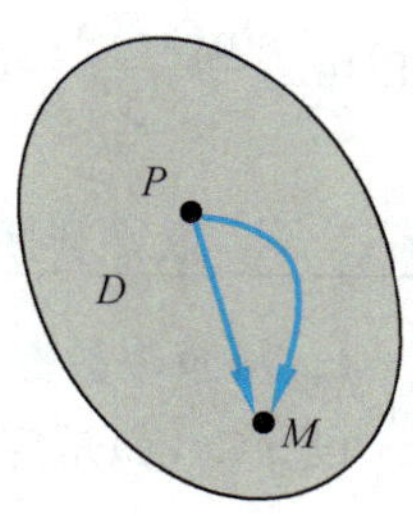

图 15.16

例 1　按定义证明：$\lim\limits_{\substack{x\to 2\\ y\to 1}}(x^2+xy+y^2)=7$.

证　因为

$$\begin{aligned}|x^2+xy+y^2-7|&=|(x^2-4)+xy-2+(y^2-1)|\\&=|(x-2)(x+2)+xy-2y+2y-2+(y-1)(y+1)|\\&\leqslant|x-2||x+y+2|+|y-1||y+3|,\end{aligned}$$

限制$|x-2|<1$，$|y-1|<1$，则

$$|y+3|=|y-1+4|\leqslant|y-1|+4<5,$$
$$|x+y+2|=|x-2|+|y-1|+5<7,$$

所以$\forall\varepsilon>0$，取$\delta=\min\left\{1,\dfrac{\varepsilon}{12}\right\}$，则当$|x-2|<\delta$，$|y-1|<\delta$时，

$$|x^2+xy+y^2-7|<\varepsilon,$$

故结论成立.

例 2　求证：$\lim\limits_{\substack{x\to 0\\ y\to 0}}(x^2+y^2)\sin\dfrac{1}{x^2+y^2}=0$.

证　因为

$$\left|(x^2+y^2)\sin\frac{1}{x^2+y^2}-0\right|=|x^2+y^2|\cdot\left|\sin\frac{1}{x^2+y^2}\right|\leqslant x^2+y^2,$$

所以$\forall\varepsilon>0$，取$\delta=\sqrt{\varepsilon}$，当$0<\sqrt{(x-0)^2+(y-0)^2}<\delta$时，

$$\left|(x^2+y^2)\sin\frac{1}{x^2+y^2}-0\right|<\varepsilon,$$

故结论成立.

例 3　求极限$\lim\limits_{\substack{x\to 0\\ y\to 0}}\dfrac{\sin(x^2y)}{x^2+y^2}$.

解　$\lim\limits_{\substack{x\to 0\\ y\to 0}}\dfrac{\sin(x^2y)}{x^2+y^2}=\lim\limits_{\substack{x\to 0\\ y\to 0}}\dfrac{\sin(x^2y)}{x^2y}\cdot\dfrac{x^2y}{x^2+y^2}$，其中

$$\lim_{\substack{x\to 0\\ y\to 0}}\frac{\sin(x^2y)}{x^2y}=\lim_{u\to 0}\frac{\sin u}{u}=1(u=x^2y),\quad\left|\frac{x^2y}{x^2+y^2}\right|\leqslant\frac{1}{2}|x|\to 0(x\to 0),$$

所以$\lim\limits_{\substack{x\to 0\\ y\to 0}}\dfrac{\sin(x^2y)}{x^2+y^2}=0$.

15.2.3　收敛的条件

1. 柯西收敛准则

设 $f(x,y)$是定义在 D 上的二元函数，$M(a,b)$是 D 的聚点，则$\lim\limits_{\substack{x\to a\\ y\to b}}f(x,y)$存在的充分必要条件是对于任意的$\varepsilon>0$，总可以找到$\delta>0$，使得对于$\mathring{U}(M,\delta)$中的任意两点$(x_1,y_1)$，$(x_2$，

y_2)，都有 $|f(x_1,y_1)-f(x_2,y_2)|<\varepsilon$.

ie：$\lim\limits_{\substack{x\to a\\y\to b}}f(x,y)$存在$\Leftrightarrow \forall\varepsilon>0$，$\exists\delta>0$，

$$\ni \text{“}(x_1,y_1),(x_2,y_2)\in\mathring{U}(M,\delta)\Rightarrow|f(x_1,y_1)-f(x_2,y_2)|<\varepsilon\text{”}.$$

2. 归结原理

$$\lim_{P\to P_0}f(P)=A\Leftrightarrow \forall E\subseteq D,\quad P_0\in E'\Rightarrow \lim_{\substack{P\to P_0\\P\in E}}f(P)=A.$$

归结原理常用来讨论极限的不存在性，请看下例.

例 4 证明$\lim\limits_{\substack{x\to 0\\y\to 0}}\dfrac{x^3y}{x^6+y^2}$不存在.

证 取 $y=kx^3$，则

$$\lim_{\substack{x\to 0\\y\to 0}}\frac{x^3y}{x^6+y^2}=\lim_{\substack{x\to 0\\y\to 0}}\frac{x^3kx^3}{x^6+k^2x^6}=\frac{k}{1+k^2},$$

其值随 k 的不同而变化，故极限不存在.

例 5 设

$$f(x,y)=\begin{cases}1, & 0<y<x^2,\quad x\in\mathbb{R},\\0, & \text{其余部分},\end{cases}$$

如图 15.17 所示. 当(x,y)沿任何直线趋于零时，$f(x,y)$相应的极限都趋于零. 但不能得到$(x,y)\to(0,0)$时极限存在.

实因 取$(x,y)\xrightarrow[0<k<1]{y=kx^2}(0,0)$时，$f(x,y)\to 1$，故$\lim\limits_{\substack{x\to 0\\y\to 0}}f(x,y)$不存在.

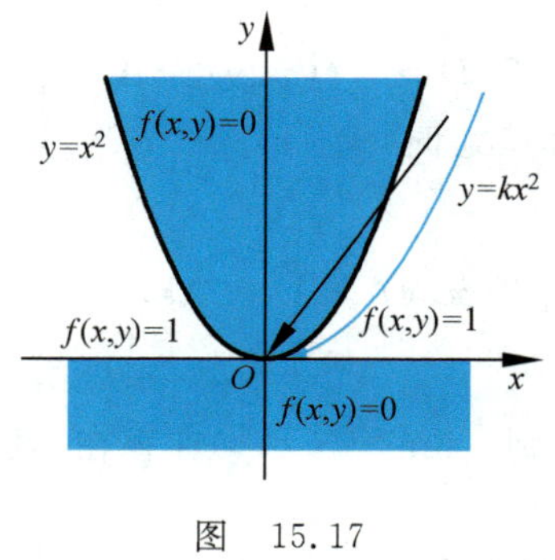

图 15.17

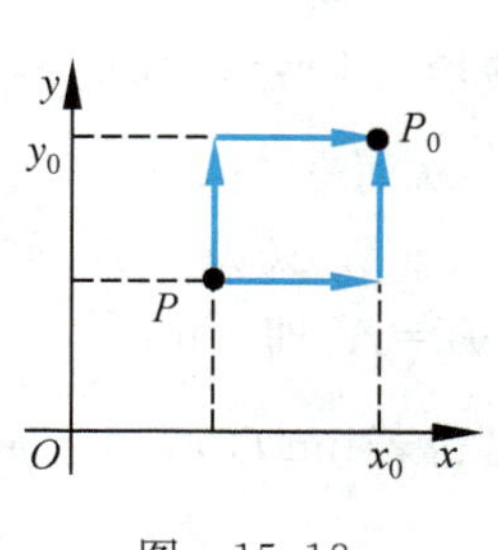

图 15.18

15.2.4 累次极限

1. 先 x 后 y 的累次极限

如果$\lim\limits_{x\to x_0}f(x,y)=\varphi(y)$，又$\lim\limits_{y\to y_0}\varphi(y)=A$，则称 A 是 $f(x,y)$在(x_0,y_0)点先 x 后 y 的累

次极限，记作 $\lim\limits_{y\to y_0,x\to x_0} f(x,y)=A$. 其路径是图 15.18 中的 $P\to Q\to P_0$.

2. 先 y 后 x 的累次极限

如果 $\lim\limits_{y\to y_0} f(x,y)=\varphi(x)$，又 $\lim\limits_{x\to x_0}\varphi(x)=A$，则称 A 是 $f(x,y)$ 在 (x_0,y_0) 点先 y 后 x 的累次极限，记作 $\lim\limits_{x\to x_0,y\to y_0} f(x,y)=A$. 其路径是图 15.18 中的 $P\to R\to P_0$.

例 6　设 $f(x,y)=\dfrac{x-y+y^2}{x+y}$，$(x,y)\neq(0,0)$，求 $f(x,y)$ 在原点处的两个累次极限.

解　$\lim\limits_{y\to 0,x\to 0}\dfrac{x-y+y^2}{x+y}=\lim\limits_{y\to 0}(y-1)=-1$；　$\lim\limits_{x\to 0,y\to 0}\dfrac{x-y+y^2}{x+y}=\lim\limits_{x\to 0}1=1$.

3. 累次极限与重极限的关系

(1) 两个累次极限都存在，但重极限不一定存在. 例如 $\lim\limits_{\substack{x\to 0\\ y\to 0}}\dfrac{x^3y}{x^6+y^2}$.

(2) 重极限存在而两个累次极限不一定存在. 例如 $f(x,y)=x\sin\dfrac{1}{y}$.

由上面的讨论知，重极限与累次极限没有相互推导的关系，增加一点条件，就可以得到其联系，这就是下面的定理.

定理 5　如果 $\lim\limits_{x\to x_0} f(x,y)=\varphi(y)$，则重极限 $\lim\limits_{\substack{x\to x_0\\ y\to y_0}} f(x,y)$ 存在时，累次极限 $\lim\limits_{y\to y_0,x\to x_0} f(x,y)$ 亦存在，且 $\lim\limits_{\substack{x\to x_0\\ y\to y_0}} f(x,y)=\lim\limits_{y\to y_0,x\to x_0} f(x,y)$.

证　设 $\lim\limits_{\substack{x\to x_0\\ y\to y_0}} f(x,y)=A$，$P_0=(x_0,y_0)$，则

$$\forall\varepsilon>0,\exists\delta_1>0,\quad \ni \text{“}P(x,y)\in U^{\circ}(P_0,\delta_1)\cap D\Rightarrow |f(x,y)-A|<\varepsilon\text{”}.$$

又因为 $\lim\limits_{x\to x_0} f(x,y)=\varphi(y)$，所以 $\exists\delta_2$，$0<|x-x_0|<\delta_2$ 时，$|f(x,y)-\varphi(y)|<\varepsilon$，取 $\delta=\min\{\delta_1,\delta_2\}$. 从而 $0<|y-y_0|<\delta$ 时，

$$|\varphi(y)-A|\leqslant|f(x,y)-\varphi(y)|+|f(x,y)-A|<2\varepsilon,$$

所以 $\lim\limits_{y\to y_0}\varphi(y)=A$，即 $\lim\limits_{y\to y_0,x\to x_0} f(x,y)=A$，故结论成立.

同理可得若 $\lim\limits_{y\to y_0} f(x,y)=\psi(x)$，$\lim\limits_{\substack{x\to x_0\\ y\to y_0}} f(x,y)$ 存在，则 $\lim\limits_{x\to x_0,y\to y_0} f(x,y)$ 亦存在，且

$$\lim_{\substack{x\to x_0\\ y\to y_0}} f(x,y)=\lim_{x\to x_0,y\to y_0} f(x,y).$$

推论 1　若累次极限 $\lim\limits_{y\to y_0,x\to x_0} f(x,y)$，$\lim\limits_{x\to x_0,y\to y_0} f(x,y)$ 存在，重极限 $\lim\limits_{\substack{x\to x_0\\ y\to y_0}} f(x,y)$ 亦存在，且三者相等.

推论 2　两个累次极限存在而不相等，则重极限不存在.

15.2.5 非正常极限

定义 3 设 $f(x,y)$是定义在 D 上的二元函数，$P_0(a,b)$是 D 的一个聚点，如果对于任意的 $M>0$，都可以找到 $\delta>0$，使得 D 中的点 $P(x,y)$落入 P_0 点的 δ 空心邻域 $\mathring{U}(P_0,\delta)$时，$f(P)>M$，则称 $f(P)$在 D 上当 $P\to P_0$ 时，存在**非正常极限**$+\infty$，记作 $\lim\limits_{P\to P_0} f(P)=+\infty$.

ie：$\lim\limits_{P\to P_0} f(P)=+\infty \Leftrightarrow \forall M>0,\quad \exists\delta>0,\quad \ni$“$P\in\mathring{U}(P_0,\delta)\Rightarrow f(P)>M$”.

同理可定义非正常极限$-\infty$，∞等.

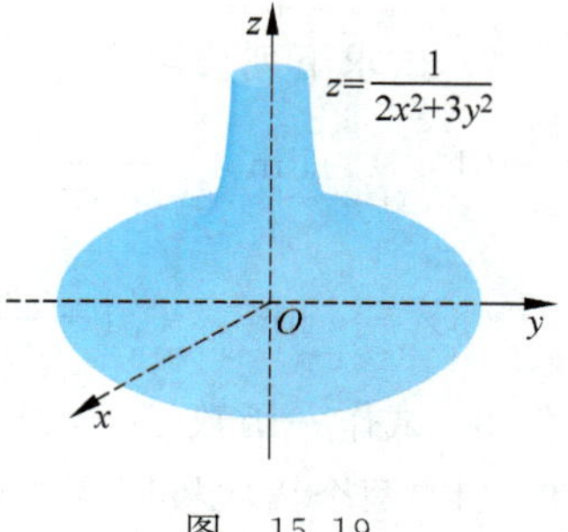

图 15.19

例 7 设 $f(x,y)=\dfrac{1}{2x^2+3y^2}$，证明$\lim\limits_{\substack{x\to 0\\ y\to 0}} f(x,y)=+\infty$.

证 因为$\dfrac{1}{2x^2+3y^2}>\dfrac{1}{4(x^2+y^2)}$，所以 $\forall M>0$，取 $\delta=\dfrac{1}{2\sqrt{M}}$，则当 $\sqrt{x^2+y^2}<\delta$ 时，$\dfrac{1}{2x^2+3y^2}>M$，所以 $\lim\limits_{\substack{x\to 0\\ y\to 0}} f(x,y)=+\infty$. 此函数的图形如图 15.19 所示.

习题15.2

1. 试求下列极限(包括非正常极限)：

(1) $\lim\limits_{(x,y)\to(0,0)} \dfrac{x^2y^2}{x^2+y^2}$；

(2) $\lim\limits_{(x,y)\to(0,0)} \dfrac{1+x^2+y^2}{x^2+y^2}$；

(3) $\lim\limits_{(x,y)\to(0,0)} \dfrac{x^2+y^2}{\sqrt{1+x^2+y^2}-1}$；

(4) $\lim\limits_{(x,y)\to(0,0)} \dfrac{xy+1}{x^4+y^4}$；

(5) $\lim\limits_{(x,y)\to(1,2)} \dfrac{1}{2x-y}$；

(6) $\lim\limits_{(x,y)\to(0,0)} \dfrac{\sin(x^2+y^2)}{x^2+y^2}$；

(7) $\lim\limits_{(x,y)\to(0,0)} (x+y)\sin\dfrac{1}{x^2+y^2}$.

2. 讨论下列函数在点(0,0)的重极限与累次极限：

(1) $f(x,y)=(x+y)\sin\dfrac{1}{x}\sin\dfrac{1}{y}$；

(2) $f(x,y)=\dfrac{x^2y^2}{x^2y^2+(x-y)^2}$；

(3) $f(x,y)=\dfrac{y^2}{x^2+y^2}$；

(4) $f(x,y)=\dfrac{x^3+y^3}{x^2+y}$；

(5) $f(x,y)=y\sin\dfrac{1}{x}$；

(6) $f(x,y)=\dfrac{x^2y^2}{x^3+y^3}$；

(7) $f(x,y)=\dfrac{e^x-e^y}{\sin xy}$.

3. 若：(1) $\lim\limits_{(x,y)\to(a,b)} f(x,y)$存在且等于 A；(2) $\forall y\in U(b),\lim\limits_{x\to a}f(x,y)=\varphi(y)$. 证明：$\lim\limits_{y\to b,x\to a} f(x,y)=A$.

4. 试用 ε-δ 定义证明 $\lim\limits_{(x,y)\to(0,0)} f(x,y)=\dfrac{x^2y}{x^2+y^2}=0$.

5. 叙述并证明：二元函数极限的唯一定理、局部有界性定理与局部保号性定理.

6. 写出下列类型极限的精确定义：

(1) $\lim\limits_{(x,y)\to(+\infty,+\infty)} f(x,y)=A$；　(2) $\lim\limits_{(x,y)\to(0,+\infty)} f(x,y)=A$.

7. 试求下列极限：

(1) $\lim\limits_{(x,y)\to(+\infty,+\infty)} \dfrac{x^2+y^2}{x^4+y^4}$；　(2) $\lim\limits_{(x,y)\to(+\infty,+\infty)} (x^2+y^2)\mathrm{e}^{-(x+y)}$；

(3) $\lim\limits_{(x,y)\to(+\infty,+\infty)} \left(1+\dfrac{1}{xy}\right)^{x\sin y}$；　(4) $\lim\limits_{(x,y)\to(+\infty,0)} \left(1+\dfrac{1}{x}\right)^{\frac{x^2}{x+y}}$.

8. 试作一函数 $f(x,y)$，使当 $x\to+\infty,y\to+\infty$时：

(1) 两个累次极限存在而重极限不存在；

(2) 两个累次极限不存在而重极限存在；

(3) 重极限与累次极限都不存在；

(4) 重极限与一个累次极限存在，另一个累次极限不存在.

9. 证明：开集与闭集具有对偶性——若 E 为开集，则 E^c 为闭集；若 E 为闭集，则 E^c 为开集.

10. 证明：

(1) 若 F_1,F_2 为闭集，则 $F_1\cup F_2$ 与 $F_1\cap F_2$ 都为闭集；

(2) 若 F_1,F_2 为开集，则 $F_1\cup F_2$ 与 $F_1\cap F_2$ 都为开集；

(3) 若 F 为闭集，E 为开集，则 $F\setminus E$ 为闭集，$E\setminus F$ 为开集.

11. 证明有限覆盖定理.

15.3　二元函数的连续性

15.3.1　连续的定义

定义 1　对于二元函数 $f(x,y)$，$(x,y)\in D$，如果

$$\lim_{\substack{x\to x_0\\ y\to y_0}} f(x,y)=f(x_0,y_0),$$

则称 $f(x,y)$在点(x_0,y_0)处连续，点(x_0,y_0)称为**连续点**. 否则，称 $f(x,y)$在点(x_0,y_0)处间断，点(x_0,y_0)称为间断点.

ie：$f(x,y)$在(x_0,y_0)点连续$\Leftrightarrow \forall\varepsilon>0,\exists\delta>0$,

$$\ni\text{“}P\in U(P_0,\delta)\cap D\Rightarrow|f(P)-f(P_0)|<\varepsilon\text{”},$$

其中 $P=(x,y)$，$P_0=(x_0,y_0)$.

如果二元函数 $f(x,y)$在区域 D 上的每一点都连续，则称二元函数 $f(x,y)$在区域 D 上**连续**. D 上的所有连续函数构成的集合记作 $C(D)$. $f(x,y)$在 D 上连续记作 $f(x,y)\in C(D)$.

如果二元函数 $f(x,y)$在 $P_0(x_0,y_0)$点连续，那么，$f(x,y_0)$作为一元函数亦在 $x=x_0$ 点连续. 同样，$f(x_0,y)$作为一元函数在 $y=y_0$ 点亦连续.

函数 $f(x,y)$在点(x_0,y_0)连续必须满足：

(1) $f(x,y)$在(x_0,y_0)点有定义；

(2) $\lim\limits_{\substack{x\to x_0\\y\to y_0}}f(x,y)$存在；

(3) $\lim\limits_{\substack{x\to x_0\\y\to y_0}}f(x,y)=f(x_0,y_0)$.

以上三条只要有一条不成立，则称 $f(x,y)$**在**(x_0,y_0)**点间断**.

当$\lim\limits_{\substack{x\to x_0\\y\to y_0}}f(x,y)$存在，而$\lim\limits_{\substack{x\to x_0\\y\to y_0}}f(x,y)\neq f(x_0,y_0)$或 $f(x,y)$在(x_0,y_0)没有定义，则点(x_0,y_0)称为可去间断点.

定义 2（连续的等价定义） 设 $z=f(x,y)$定义域为 D，$P(x,y)$，$P_0(x_0,y_0)\in D$，记

$$\Delta x=x-x_0,\quad \Delta y=y-y_0,$$

称 $\Delta z=f(x_0+\Delta x,y_0+\Delta y)-f(x_0,y_0)$为 $z=f(x,y)$在点 $P_0(x_0,y_0)$的全改变量. 于是

$$P_0(x_0,y_0)\text{ 点连续}\Leftrightarrow\lim_{\substack{\Delta x\to 0\\ \Delta y\to 0}}\Delta z=0.$$

而 $\Delta_x z=f(x_0+\Delta x,y_0)-f(x_0,y_0)$称为关于 x 的偏改变量；$\Delta_x z=f(x_0,y_0+\Delta y)-f(x_0,y_0)$称为关于 y 的偏改变量.

在讨论 Δz 是否为无穷小时，有时常用极坐标变换.

例 1 讨论函数

$$f(x,y)=\begin{cases}\dfrac{x^3+y^3}{x^2+y^2}, & (x,y)\neq(0,0),\\ 0, & (x,y)=(0,0)\end{cases}$$

在(0,0)处的连续性.

解 取 $x=\rho\cos\theta$，$y=\rho\sin\theta$，则

$$|f(x,y)-f(0,0)|=|\rho(\sin^3\theta+\cos^3\theta)|<2\rho.$$

于是 $\forall\varepsilon>0$，取 $\delta=\dfrac{\varepsilon}{2}$，当 $0<\sqrt{x^2+y^2}<\delta$ 时，

$$|f(x,y)-f(0,0)|<2\rho<\varepsilon,$$

于是 $\lim\limits_{(x,y)\to(0,0)}f(x,y)=f(0,0)$，故函数在(0,0)处连续.

例 2　讨论函数

$$f(x,y)=\begin{cases}\dfrac{xy}{x^2+y^2}, & x^2+y^2\neq 0,\\ 0, & x^2+y^2=0\end{cases}$$

在(0,0)的连续性.

解　取 $y=kx$,则

$$\lim_{\substack{x\to 0\\ y\to 0}}\frac{xy}{x^2+y^2}=\lim_{\substack{x\to 0\\ y=kx}}\frac{kx^2}{x^2+k^2x^2}=\frac{k}{1+k^2},$$

其值随 k 的不同而变化,所以函数 $f(x,y)$ 在(0,0)点的极限不存在,故函数 $f(x,y)$ 在(0,0)点间断.

15.3.2　点连续的性质

性质 1(四则运算)　如果二元函数 $f(x,y),g(x,y)$ 都在 $P_0(x_0,y_0)$ 点连续,则

$$f(x,y)\pm g(x,y),\quad f(x,y)\cdot g(x,y),\quad \frac{f(x,y)}{g(x,y)}\quad (g(x,y)\neq(0,0))$$

都在 $P_0(x_0,y_0)$ 点连续.

性质 2(复合函数的连续性)　如果二元函数 $u=\varphi(x,y),v=\psi(x,y)$ 都在 $P_0(x_0,y_0)$ 点连续,并且 $f(u,v)$ 在 $M_0(u_0,v_0)=(\varphi(x_0,y_0),\psi(x_0,y_0))$ 点连续,则复合函数 $f(\varphi(x,y),\psi(x,y))$ 在 $P_0(x_0,y_0)$ 点也连续.

证　因为 $f(u,v)$ 在 $M_0(u_0,v_0)=(\varphi(x_0,y_0),\psi(x_0,y_0))$ 点连续,所以

$\forall\varepsilon>0,\exists\eta>0,\ni$“$|u-u_0|<\eta,\ |v-v_0|<\eta\Rightarrow|f(u,v)-f(u_0,v_0)|<\varepsilon$”.

又由 $u=\varphi(x,y),v=\psi(x,y)$ 在 $P_0(x_0,y_0)$ 点连续,所以对于上述的 δ,有

$$|x-x_0|<\delta,\ |y-y_0|<\delta\Rightarrow|u-u_0|<\eta,\ |v-v_0|<\eta$$
$$\Rightarrow|f(\varphi(x,y),\psi(x,y))-f(\varphi(x_0,y_0),\psi(x_0,y_0))|<\varepsilon,$$

故结论成立.

性质 3(有界性)　如果二元函数 $f(x,y)$ 在点 $P_0(x_0,y_0)$ 处连续,则

$\exists\delta>0,\quad\ni$“$f(x,y)$ 在 $U(P_0,\delta)$ 上有界”.

性质 4(保号性)　如果二元函数 $f(x,y)$ 在点 $P_0(x_0,y_0)$ 连续,且 $f(P_0)>0$,则

$\exists\delta>0,\quad\ni$“$(x,y)\in U(x_0,y_0)\Rightarrow f(x,y)>0$”.

性质 5(初等函数的连续性)　所有初等函数在其定义域内连续. 如果 $f(x,y)$ 在 D 上连续,$(x_0,y_0)\in D$,则

$$\lim_{\substack{x\to x_0\\ y\to y_0}}f(x,y)=f\left(\lim_{\substack{x\to x_0\\ y\to y_0}}(x,y)\right)=f(x_0,y_0).$$

例 3　求 $\lim\limits_{\substack{x\to 1\\ y\to 2}}\dfrac{x^2-2xy+4}{xy-1}$.

解 $\lim\limits_{\substack{x\to1\\y\to2}}\dfrac{x^2-2xy+4}{xy-1}=\dfrac{1^2-2\times1\times2+4}{1\times2-1}=1.$

例 4 求$\lim\limits_{\substack{x\to0\\y\to0}}\dfrac{\sqrt{xy+1}-1}{xy}$.

解 $\lim\limits_{\substack{x\to0\\y\to0}}\dfrac{\sqrt{xy+1}-1}{xy}=\lim\limits_{\substack{x\to0\\y\to0}}\dfrac{xy+1-1}{xy(\sqrt{xy+1}+1)}=\lim\limits_{\substack{x\to0\\y\to0}}\dfrac{1}{\sqrt{xy+1}+1}=\dfrac{1}{2}.$

15.3.3 闭区域上连续函数的性质

性质 1(有界性) 如果 $f(x,y)$在有界闭区域 D 上连续,则 $f(x,y)$在 D 上有界.即

$$\exists M>0,\quad \ni\text{“}(x,y)\in D\Rightarrow|f(x,y)|\leqslant M\text{”}.$$

证 假设 $f(x,y)$在 D 上无界,则

$$\forall n\in\mathbb{Z}^+,\quad \exists P_n\in D,\quad \ni\text{“}f(P_n)\geqslant n\text{”}.$$

而有界无穷点集$\{P_n\}$必有收敛的点列$\{P_{n_k}\}$,可设$\lim\limits_{k\to\infty}P_{n_k}=P_0$,由 D 为闭区域知 $P_0\in D$.又 $f(x,y)$在有界闭区域 D 上连续,所以$\lim\limits_{k\to\infty}f(P_{n_k})=f(P_0)$,此与 $f(P_n)\geqslant n$ 矛盾,故结论成立.

性质 2(最值性) 如果 $f(x,y)$在有界闭区域 D 上连续,则 $f(x,y)$在 D 上可取到最大值与最小值,即

$$\exists(x_1,y_1)\in D,\quad \ni\text{“}f(x_1,y_1)=\max\{f(x,y):(x,y)\in D\}\text{”},$$
$$\exists(x_2,y_2)\in D,\quad \ni\text{“}f(x_2,y_2)=\min\{f(x,y):(x,y)\in D\}\text{”}.$$

证 设 $M=\sup\{f(x,y):(x,y)\in D\}$,假设 $f(x,y)$在 D 上不能取到最大值,作函数

$$g(P)=\frac{1}{M-f(x,y)},\quad (x,y)\in D,$$

则 $g(P)$因在 D 上连续而有界 G,于是

$$f(x,y)\leqslant M-\frac{1}{G},\quad \forall(x,y)\in D.$$

此与 $M=\sup\{f(x,y):(x,y)\in D\}$矛盾,故 $f(x,y)$在 D 上可取到最大值.

同理可证 $f(x,y)$在 D 上可取到最小值.

性质 3(零点存在性) 如果 $f(x,y)$在有界闭区域 D 上连续,且

$$f(x_1,y_1)\cdot f(x_2,y_2)<0,$$

则 $\exists(x_0,y_0)\in D$,$\ni$“$f(x_0,y_0)=0$”.

证 设 $P_1=(x_1,y_1)$,$P_2=(x_2,y_2)$,因为 D 是有界闭区域,所以在 D 上存在连接 P_1,P_2 点的折线 $P_1=P^0\to P^1\to P^2\to\cdots\to P^n=P_2$.

如果函数 $f(x,y)$在某一个折线端点上等于零,则结论成立.否则函数 $f(x,y)$必在两个相邻点的函数值异号.以 $P'(x',y')$,$P''(x'',y'')$分别记这两点,则 $f(x',y')\cdot f(x'',y')<0$.

又线段$\overline{P'P''}$的参数方程为

$$x = x' + t(x'' - x'),\quad y = y' + t(y'' - y'),\quad 0 \leqslant t \leqslant 1.$$

于是函数 $f(x,y)$在$\overline{P'P''}$上是变量 t 的一元函数

$$F(t) = f(x' + t(x'' - x'), y' + t(y'' - y')).$$

而由复合函数的连续性知 $F(t)$在$[0,1]$上连续,且

$$F(0) \cdot F(1) = f(x', y') \cdot f(x'', y'') < 0.$$

从而由一元连续函数的零点存在定理知

$$\exists t_0 \in [0,1],\quad \ni \text{“}F(t_0) = 0\text{”}.$$

取 $x_0 = x' + t_0(x'' - x')$, $y_0 = y' + t_0(y'' - y')$,则 $f(x_0, y_0) = 0$,故结论成立.

性质 4(介值性)　如果 $f(x,y)$在有界闭区域 D 上连续,且

$$f(x_1, y_1) \neq f(x_2, y_2),$$

则 $\forall \mu$(μ 介于 $f(x_1,y_1)$, $f(x_2,y_2)$之间),

$$\exists (x_0, y_0) \in D,\quad \ni \text{“}f(x_0, y_0) = \mu\text{”}.$$

即数集$\{z: f(x_1,y_1) \leqslant z \leqslant f(x_2,y_2)\}$含于函数 $f(x,y)$的像集.

证　作函数 $F(x,y) = f(x,y) - \mu$,则 $F(x,y)$在 D 上连续,且

$$F(x_1, y_1) \cdot F(x_2, y_2) < 0,$$

于是由零点存在定理知结论成立.

15.3.4　一致连续性

定义 3　设 $f(x,y)$在区域 D 上有定义,如果

$$\forall \varepsilon > 0, \exists \delta > 0,\quad \ni \text{“}\forall P_1, P_2 \in D,\quad \rho(P_1, P_2) < \delta \Rightarrow |f(P_1) - f(P_2)| < \varepsilon\text{”},$$

则称 $f(x,y)$在区域 D 上**一致连续**.

定理 1　如果 $f(x,y)$在有界闭区域 D 上连续,则 $f(x,y)$在 D 上一致连续.

证　(反证法)假设 $f(x,y)$在 D 上连续而非一致连续,则

$$\exists \varepsilon_0 > 0, \forall \delta > 0, \exists P', P'' \in D,\quad \ni \text{“}|P' - P''| < \delta,\quad \text{而} |f(P') - f(P'')| \geqslant \varepsilon_0\text{”}.$$

取 $\delta = \dfrac{1}{k}$, $k = 1, 2, \cdots$,则

$$\exists P'_k, P''_k \in D,\quad \ni \text{“}|P'_k - P''_k| < \delta,\quad \text{而} |f(P'_k) - f(P''_k)| \geqslant \varepsilon_0\text{”}.$$

因为点列$\{P'_k\}$有界,所以必有收敛的子列$\{P'_{k_i}\}$. 设$\lim\limits_{i\to\infty} P'_{k_i} = P_0$,则$\lim\limits_{i\to\infty} P''_{k_i} = P_0$,且因 D 是有界闭区域得 $P_0 \in D$.

由 $f(x,y)$在 D 上连续得$\lim\limits_{i\to\infty} f(P'_{k_i}) = \lim\limits_{i\to\infty} f(P''_{k_i}) = P_0$,此与$|f(P'_k) - f(P''_k)| \geqslant \varepsilon_0$ 矛盾,故结论成立.

习题 15.3

1. 讨论下列函数的连续性：

(1) $f(x,y)=\tan(x^2+y^2)$；

(2) $f(x,y)=[x+y]$；

(3) $f(x,y)=\begin{cases}\dfrac{\sin xy}{y}, & y\neq 0,\\ 0, & y=0;\end{cases}$

(4) $f(x,y)=\begin{cases}\dfrac{\sin x}{\sqrt{x^2+y^2}}, & x^2+y^2\neq 0,\\ 0, & x^2+y^2=0;\end{cases}$

(5) $f(x,y)=\begin{cases}y, & x\in\mathbb{Q},\\ 0, & x\notin\mathbb{Q};\end{cases}$

(6) $f(x,y)=\begin{cases}y^2\ln(x^2+y^2), & x^2+y^2\neq 0,\\ 0, & x^2+y^2=0;\end{cases}$

(7) $f(x,y)=\dfrac{1}{\sin x\sin y}$；

(8) $f(x,y)=\mathrm{e}^{-\frac{x}{y}}$.

2. 设

$$f(x,y)=\begin{cases}\dfrac{x}{(x^2+y^2)^p}, & x^2+y^2\neq 0,\\ 0, & x^2+y^2=0,\end{cases}\quad p>0,$$

试讨论它在点(0,0)处的连续性.

3. 设 $f(x,y)$ 定义在闭矩形域 $S=[a,b]\times[c,d]$ 上. 若 $f(x,y)$ 对 y 在 $[c,d]$ 上处处连续，又在 $[a,b]$ 上关于 x 为一致连续，证明 $f(x,y)$ 在 S 上处处连续.

4. 证明：若 $D\subset\mathbb{R}^2$ 是有界闭域，f 为 D 上连续函数，且 f 不是常数函数，则 $f(D)$ 不仅有界，而且是闭区间.

5. 设 $f(x,y)$ 在区域 $G\subset\mathbb{R}^2$ 上对 x 连续，对 y 满足利普希茨条件

$$|f(x,y')-f(x,y'')|\leqslant L|y'-y''|,$$

其中 $f(x,y'),f(x,y'')\in G$，L 为常数，试证明 f 在 G 上处处连续.

6. 若一元函数 $\varphi(x)$ 在 $[a,b]$ 上连续，令

$$f(x,y)=\varphi(x),\quad (x,y)\in D=[a,b]\times(-\infty,+\infty),$$

试讨论 f 在 D 上是否连续？是否一致连续？

7. 设 $f(x,y)=\dfrac{1}{1-xy}$，$(x,y)\in D=[0,1)\times[0,1)$，证明：$f$ 在 D 上连续，但不一致连续.

8. 设 $f(x,y)$ 在 $\mathbb{R}^2$ 上分别对每一自变量 x 和 y 是连续的，并且每当固定 x 时，$f(x,y)$ 对 y 是单调的，证明 $f(x,y)$ 是 $\mathbb{R}^2$ 上的二元连续函数.

总练习题15

1. 设 $E\subset\mathbb{R}^2$ 是有界闭集，$d(E)$ 为 E 的直径，证明：

$$\exists P_1,P_2\in E,\quad \ni \text{“}\rho(P_1,P_2)=d(E)\text{”}.$$

2. 设 $f(x,y)=\dfrac{1}{xy}, r=\sqrt{x^2+y^2}, k>1$,

$$D_1=\left\{(x,y):\frac{x}{k}\leqslant y\leqslant kx\right\},\quad D_2=\{(x,y):x>0,y>0\},$$

讨论 $\lim\limits_{\substack{r\to+\infty\\(x,y)\in D_1}}f(x,y)$, $\lim\limits_{\substack{r\to+\infty\\(x,y)\in D_2}}f(x,y)$是否存在?为什么?

3. 设$\lim\limits_{y\to y_0}\varphi(y)=A$, $\lim\limits_{x\to x_0}\psi(x)=0$,且在$(x_0,y_0)$的某邻域内,$|f(x,y)-\varphi(y)|\leqslant\psi(x)$,证明:

$$\lim_{\substack{x\to x_0\\y\to y_0}}f(x,y)=A.$$

4. 设 $f(x,y)$在$\mathbb{R}^2$上连续,$\forall\alpha\in\mathbb{R}$,证明:

$E=\{(x,y):f(x,y)>\alpha\}$ 为开集;　$F=\{(x,y):f(x,y)\geqslant\alpha\}$ 为闭集.

5. 设 f 在有界开集 D 上一致连续,证明:

(1) 可将 f 连续延拓到 D 的边界;　　(2) f 在 D 上有界.

6. 设 $u=\varphi(x,y)$, $v=\psi(x,y)$在点集 $E\subset$面 xOy 上一致连续,

$$E\xrightarrow{\varphi,\psi}D\subset \text{面 } uOv,$$

$f(u,v)$在 D 上一致连续,证明:$f(\varphi(x,y),\psi(x,y))$在 E 上一致连续.

硕士研究生入学试题选录

7. 设二元函数 $f(x,y)$在 $\mathring{U}(x_0,y_0)$内有定义,试讨论二重极限$\lim\limits_{\substack{x\to x_0\\y\to y_0}}f(x,y)$与累次极限 $\lim\limits_{x\to x_0,y\to y_0}f(x,y)$的关系.(2001 数一)

8. 设 $S\subset\mathbb{R}^2$, $P_0(x_0,y_0)$为 S 的内点,$P_1(x_1,y_1)$为 S 的外点,证明:直线 P_0P_1 必与 S 的边界∂S 至少有一个交点.(1999 数一)

9. 求极限 $\lim\limits_{\substack{x\to+\infty\\y\to+\infty}}(x^2+y^2)\mathrm{e}^{-(x+y)}$.(2000 数一)

10. 设 $f(x,y)$为连续函数,且当$(x,y)\neq(0,0)$时,$f(x,y)>0$ 及 $c>0$ 有 $f(cx,cy)=cf(x,y)$.

证明:$\exists\alpha,\beta>0$, $\ni$“$\alpha\sqrt{x^2+y^2}\leqslant f(x,y)\leqslant\beta\sqrt{x^2+y^2}$.”(1997 数一)

第16章

多元函数微分学

16.1 偏导数与全微分

16.1.1 偏导数

定义1 对于二元函数 $u=f(x,y)$,$(x,y)\in D$,点 $P_0(x_0,y_0)\in D$,如果 $f(x,y_0)$ 在 P_0 点存在导数,则称 $f(x,y)$ 在 P_0 点关于 x 可导,并称此导数为 $f(x,y)$ 在 P_0 点关于 x 的偏导数,记作

$$\left.\frac{\partial u}{\partial x}\right|_{(x_0,y_0)},\quad \left.\frac{\partial f(x,y)}{\partial x}\right|_{(x_0,y_0)},\quad f'_x(x_0,y_0)\text{ 或 }f'_1(x_0,y_0),$$

即

$$\left.\frac{\partial f(x,y)}{\partial x}\right|_{(x_0,y_0)}=\lim_{\Delta x\to 0}\frac{f(x_0+\Delta x,y_0)-f(x_0,y_0)}{\Delta x},$$

其中 $f(x_0+\Delta x,y_0)-f(x_0,y_0)=\Delta_x u$ 称为 u 关于 x 的偏改变量.

同理可定义 $f(x,y)$ 在 P_0 点关于 y 的偏导数,即

$$\left.\frac{\partial f(x,y)}{\partial y}\right|_{(x_0,y_0)}=\lim_{\Delta y\to 0}\frac{f(x_0,y_0+\Delta y)-f(x_0,y_0)}{\Delta y},$$

其中 $f(x_0,y_0+\Delta y)-f(x_0,y_0)=\Delta_y u$ 称为 u 关于 y 的偏改变量.

几何解释 如图16.1所示,$z=f(x,y)$是空间一张曲面,

$$\tan\alpha=\left.\frac{\partial f(x,y)}{\partial x}\right|_{(x_0,y_0)},$$

$$\tan\beta=\left.\frac{\partial f(x,y)}{\partial y}\right|_{(x_0,y_0)}.$$

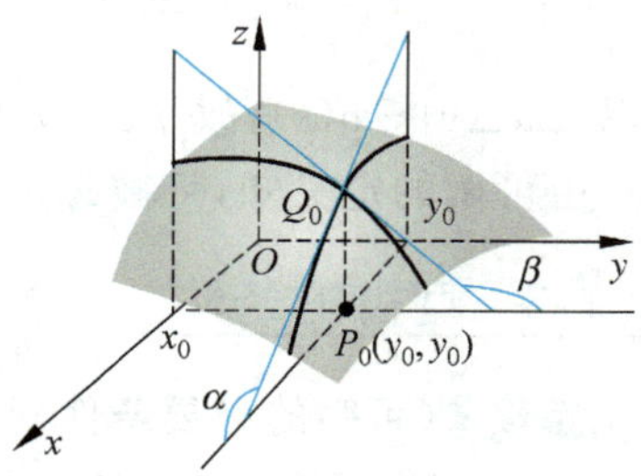

图 16.1

例1 讨论

$$f(x,y)=\begin{cases}\dfrac{x}{\sqrt{x^2+y^2}}, & x^2+y^2\neq 0,\\ 0, & x^2+y^2=0\end{cases}$$

在(0,0)点的偏导数.

解　因为 $f(x,0)=\frac{x}{|x|}$，所以 $f'_x(0,0)$不存在.

又 $\lim\limits_{\Delta y\to 0}\frac{f(0,0+\Delta y)-f(0,0)}{\Delta y}=\lim\limits_{\Delta y\to 0}0=0$，所以 $f'_y(0,0)=0$.

如果二元函数 $z=f(x,y)$在 D 上的每一点关于 x（或 y）的偏导数都存在，由此而确定的函数称为关于 x 的偏导函数，记作

$$\frac{\partial u}{\partial x},\quad \frac{\partial f(x,y)}{\partial x},\quad f'_x(x,y) \text{ 或 } f'_2(x,y).$$

函数关于 y 的偏导函数记作

$$\frac{\partial u}{\partial y},\quad \frac{\partial f(x,y)}{\partial y},\quad f'_y(x,y) \text{ 或 } f'_2(x,y).$$

例 2　设 $f(x,y)=xy+x^2$，求 $f'_x(x,y)$、$f'_y(x,y)$、$f'_x(2,0)$及 $f'_y(0,2)$.

解　因为 $f'_x(x,y)=y+2x$，所以 $f'_x(2,0)=4$；又 $f'_y(x,y)=x$，故 $f'_y(0,2)=0$.

16.1.2　全微分

定义 2　对于二元函数 $u=f(x,y)$，$(x,y)\in D$，$P_0(x_0,y_0)\in D^\circ$，如果 $f(x,y)$在 P_0 点满足 $\forall(x_0+\Delta x,y_0+\Delta y)\in D$，

$$\Delta z=f(x_0+\Delta x,y_0+\Delta y)-f(x_0,y_0)=A\Delta x+B\Delta y+o(\rho),\quad \rho=\sqrt{\Delta x^2+\Delta y^2},$$

则称函数 $u=f(x,y)$在 P_0 点可微，并称 $A\Delta x+B\Delta y$ 为函数 $u=f(x,y)$在 P_0 点的全微分，记作 $\mathrm{d}z$，即 $\mathrm{d}z\Big|_{(x_0,y_0)}=A\Delta x+B\Delta y$ 或 $\mathrm{d}f\Big|_{(x_0,y_0)}=A\Delta x+B\Delta y$.

例 3　设 $f(x,y)=xy$，讨论该函数在(x_0,y_0)点的可微性.

解　$\Delta f(x_0,y_0)=(x_0+\Delta x)(y_0+\Delta y)-x_0y_0=y_0\Delta x+x_0\Delta y+\Delta x\Delta y$，

而

$$\frac{|\Delta x\Delta y|}{\rho}=\rho\frac{|\Delta x|}{\rho}\frac{|\Delta y|}{\rho}<\rho\to 0,\quad \rho\to 0,$$

所以$|\Delta x\Delta y|\in o(\rho)$，故 $f(x,y)=xy$ 在(x_0,y_0)点可微，且 $\mathrm{d}f=y_0\Delta x+x_0\Delta y$.

由可微的定义知，可微必定连续. 为什么？

16.1.3　可微的条件

定理 1（**可微的必要条件**）（可微⇒可导）设 $f(x,y)$在(x_0,y_0)点可微，则 $f(x,y)$在(x_0,y_0)点的偏导数存在，且

$$A=f'_x(x_0,y_0),\quad B=f'_y(x_0,y_0),$$

由此 $\mathrm{d}f\Big|_{(x_0,y_0)}=f'_x(x_0,y_0)\Delta x+f'_y(x_0,y_0)\Delta y$.

证　因为 $f(x,y)$在(x_0,y_0)点的可微，所以

$$\Delta f(x_0,y_0)=A\Delta x+B\Delta y+o(\rho),\quad \rho=\sqrt{\Delta x^2+\Delta y^2},$$

令 $\Delta y=0$，得 $A=\lim\limits_{\Delta x\to 0}\dfrac{\Delta_x f+o(\rho)}{\Delta x}=f'_x(x_0,y_0)$.

同理可得 $B=f'_y(x_0,y_0)$，故结论成立.

与一元函数的情况一样，由于自变量的增量等于自变量的微分，即 $\Delta x=\mathrm{d}x$，$\Delta y=\mathrm{d}y$，所以全微分也可表示为

$$\mathrm{d}f\Big|_{(x_0,y_0)}=f'_x(x_0,y_0)\mathrm{d}x+f'_y(x_0,y_0)\mathrm{d}y.$$

若函数 $z=f(x,y)$ 在 D 上的每点都可微，则称 $z=f(x,y)$ 在 D 上可微，且 $z=f(x,y)$ 在 D 上的全微分为

$$\mathrm{d}f(x,y)=f'_x(x,y)\mathrm{d}x+f'_y(x,y)\mathrm{d}y.$$

定理的逆不成立，即偏导数存在不一定可微，请看下例.

例 4 讨论函数

$$f(x,y)=\begin{cases}\dfrac{xy}{\sqrt{x^2+y^2}}, & x^2+y^2\neq 0,\\ 0, & x^2+y^2=0\end{cases}$$

在 $(0,0)$ 点的可微性.

解 $f'_x(0,0)=\lim\limits_{\Delta x\to 0}\dfrac{f(\Delta x,0)-f(0,0)}{\Delta x}=0$；$f'_y(0,0)=\lim\limits_{\Delta y\to 0}\dfrac{f(0,\Delta y)-f(0,0)}{\Delta y}=0$.

若 $f(x,y)$ 在 $(0,0)$ 点可微，则

$$\Delta f-\mathrm{d}f=\frac{\Delta x\Delta y}{\sqrt{\Delta x^2+\Delta y^2}},\quad \frac{\Delta f-\mathrm{d}f}{\rho}=\frac{\Delta x\Delta y}{\Delta x^2+\Delta y^2}.$$

而 $\lim\limits_{\rho\to 0}\dfrac{\Delta f-\mathrm{d}f}{\rho}=\lim\limits_{\rho\to 0}\dfrac{\Delta x\Delta y}{\Delta x^2+\Delta y^2}$ 不存在，所以不可微.

定理 2（可微的充分条件） 若 $f(x,y)$ 在 (x_0,y_0) 点的偏导数存在，且 $f(x,y)$ 的偏导数在 (x_0,y_0) 点的某邻域内连续，则 $f(x,y)$ 在 (x_0,y_0) 点的可微.

证 因为

$$\begin{aligned}\Delta f&=f(x_0+\Delta x,y_0+\Delta y)-f(x_0,y_0)\\&=[f(x_0+\Delta x,y_0+\Delta y)-f(x_0,y_0+\Delta y)]+[f(x_0,y_0+\Delta y)-f(x_0,y_0)],\end{aligned}$$

由一元函数的拉格朗日中值定理得

$$\Delta f=f'_x(x_0+\theta_1\Delta x,y_0+\Delta y)\Delta x+f'_y(x_0,y_0+\theta_2\Delta y)\Delta y.$$

由连续性得

$$f'_x(x_0+\theta_1\Delta x,y_0+\Delta y)=f'_x(x_0,y_0)+\alpha,\quad f'_y(x_0,y_0+\theta_2\Delta y)=f'_y(x_0,y_0)+\beta,$$

其中 $\lim\limits_{\rho\to 0}\alpha=0$，$\lim\limits_{\rho\to 0}\beta=0$，于是

$$\Delta f(x_0,y_0)=f'_x(x_0,y_0)\Delta x+f'_y(x_0,y_0)\Delta y+\alpha\Delta x+\beta\Delta y.$$

而 $\lim\limits_{\rho\to 0}\dfrac{\alpha\Delta x+\beta\Delta y}{\rho}=0$，所以 $f(x,y)$ 在 (x_0,y_0) 点的可微.

例 5　函数 $z=x^y$ 在 $D=\{(x,y):x>0,-\infty<y<+\infty\}$ 上可微，且

$$dz = yx^{y-1}dx + x^y \ln x dy.$$

注　定理 2 的逆不成立，即由 $f(x,y)$ 在 (x_0,y_0) 点可微不能推出其偏导数连续. 例如

$$f(x,y)=\begin{cases}(x^2+y^2)\sin\dfrac{1}{\sqrt{x^2+y^2}}, & x^2+y^2\neq 0,\\ 0, & x^2+y^2=0\end{cases}$$

在(0,0)点可微，但其偏导数在(0,0)点不连续.

16.1.4　可微的几何解释

定理 3　函数 $z=f(x,y)$ 在 $P_0(x_0,y_0)$ 可微 $\Leftrightarrow$ 曲面 $z=f(x,y)$ 在点 $P(x_0,y_0,f(P_0))$ 处有不平行于 z 轴的切平面，且切平面的法向量为

$$\boldsymbol{n}=(f'_x(P_0),f'_y(P_0),-1).$$

定理 3 的证明在第 17 章中给出. 由定理 3 可得，当函数 $z=f(x,y)$ 在 $P_0(x_0,y_0)$ 点可微时，切平面方程为

$$z-z_0=f'_x(P_0)(x-x_0)+f'_y(P_0)(y-y_0),$$

法线方程为

$$\frac{x-x_0}{f'_x(P_0)}=\frac{y-y_0}{f'_y(P_0)}=\frac{z-z_0}{-1}.$$

由函数 $z=f(x,y)$ 在 $P_0(x_0,y_0)$ 点可微得

$$\Delta z=f'_x(P_0)\Delta x+f'_y(P_0)\Delta y+o(\rho),$$

于是 $z-z_0=f'_x(P_0)(x-x_0)+f'_y(P_0)(y-y_0)+o(\rho)$，而切平面为

$$z-z_0=f'_x(P_0)(x-x_0)+f'_y(P_0)(y-y_0).$$

故得几何解释如下：

当 $z=f(x,y)$ 在 $P_0(x_0,y_0)$ 点可微时，在 $P_0(x_0,y_0)$ 的微小范围内，可用平面代替曲面，误差仅是高阶无穷小.

16.1.5　近似计算

若 $f(x,y)$ 在 (x_0,y_0) 点的可微，则 $\Delta f=df+o(\rho)$，由此而得近似公式

$$\Delta f\approx f'_x(x_0,y_0)\Delta x+f'_y(x_0,y_0)\Delta y.$$

例 6　有一铜质球台形密闭容器，内半径 $r=10$cm，内高 $h=5$cm，壁厚 1cm，求容器用铜的体积.

解　由定积分知体积公式为

$$V(r,h)=\pi r^2h-\frac{1}{3}\pi h^3,$$

因而 $V'_r=2\pi rh$，$V'_h=\pi r^2-\pi h^2$，于是 $V'_r(10,5)=100\pi$，$V'_h(10,5)=75\pi$，从而 $dV=$

$100\pi dr + 75\pi dh$.

因壁厚为 1cm，所以取 $dr=1, dh=1+1=2$ 得

$$dV = 100\pi + 75\pi \times 2 = 250\pi \approx 785.4\text{cm}^3,$$

所以容器所用铜的体积约为 785.4cm^3.

习　题 16.1

1. 求下列函数的偏导数：

(1) $z=x^2y$；　(2) $z=y\cos x$；

(3) $z=\dfrac{1}{\sqrt{x^2+y^2}}$；　(4) $z=\ln(x^2+y^2)$；

(5) $z=e^{xy}$；　(6) $z=\arctan\dfrac{y}{x}$；

(7) $z=xye^{\sin(xy)}$；　(8) $u=\dfrac{y}{x}+\dfrac{z}{y}-\dfrac{x}{z}$；

(9) $u=(xy)^z$；　(10) $u=x^{y^z}$.

2. 设 $f(x,y)=x+(y-1)\arcsin\sqrt{\dfrac{x}{y}}$，求 $f'_x(x,1)$.

3. 设

$$f(x,y)=\begin{cases} y\sin\dfrac{1}{x^2+y^2}, & x^2+y^2\neq 0,\\ 0, & x^2+y^2=0,\end{cases}$$

考查函数 $f(x,y)$ 在原点 $(0,0)$ 的偏导数.

4. 证明函数 $z=\sqrt{x^2+y^2}$ 在 $(0,0)$ 点连续但偏导数不存在.

5. 考查函数

$$f(x,y)=\begin{cases} xy\sin\dfrac{1}{x^2+y^2}, & x^2+y^2\neq 0,\\ 0, & x^2+y^2=0\end{cases}$$

在点 $(0,0)$ 处的可微性.

6. 证明函数

$$f(x,y)=\begin{cases} \dfrac{x^2y}{x^2+y^2}, & x^2+y^2\neq 0,\\ 0, & x^2+y^2=0\end{cases}$$

在 $(0,0)$ 点连续且偏导数存在，但在此点不可微.

7. 证明函数

$$f(x,y)=\begin{cases} (x^2+y^2)\sin\dfrac{1}{x^2+y^2}, & x^2+y^2\neq 0,\\ 0, & x^2+y^2=0\end{cases}$$

在(0,0)点连续且偏导数存在，但偏导数在(0,0)点不连续，而 $f(x,y)$ 在原点(0,0)可微.

8. 求下列函数在给定点的全微分：

(1) $z=x^4+y^4-4x^2y^2$ 在点(0,0)，(1,1)；　　(2) $z=\dfrac{x}{\sqrt{x^2+y^2}}$ 在点(1,0)，(0,1).

9. 求下列函数的全微分：

(1) $z=y\sin(x+y)$；　　(2) $u=xe^{yz}+e^{-z}+y$.

10. 求曲面 $z=\arctan\dfrac{y}{x}$ 在点 $\left(1,1,\dfrac{\pi}{4}\right)$ 处的切平面方程和法线方程.

11. 求曲面 $3x^2+y^2-z^2=27$ 在点(3,1,1)处的切平面和法线方程.

12. 在曲面 $z=xy$ 上求一点，使这点的切平面平行于平面 $x+3y+z+9=0$，并写出这切平面方程和法线方程.

13. 计算近似值：

(1) $1.002\times2.003^2\times3.004^3$；　　(2) $\sin29°\times\tan46°$.

14. 设圆台上下底的半径为 $R=30\text{cm}$，$r=20\text{cm}$，高 $h=40\text{cm}$，若 R,r,h 分别增加 3mm，4mm，2mm，求此圆台体积变化的近似值.

15. 证明：若二元函数 $f(x,y)$ 在 $P_0(x_0,y_0)$ 点的某邻域 $U(P_0)$ 内的偏导数 f'_x 与 f'_y 有界，则 $f(x,y)$ 在 $U(P_0)$ 内连续.

16. 设二元函数 $f(x,y)$ 在区域 $D=[a,b]\times[c,d]$ 上连续.

(1) 若在 int D 内有 $f'_x\equiv0$，试问 $f(x,y)$ 在 D 上有何特性？

(2) 若在 int D 内有 $f'_x=f'_y\equiv0$，$f(x,y)$ 又怎样？

(3) 在(1)的讨论中，关于 $f(x,y)$ 在 D 上的连续性假设可否省去？长方形区域可否改为任意区域？

17. 试证在原点(0,0)的充分小邻域内，有

$$\arctan\frac{x+y}{1+xy}\approx x+y.$$

18. 求曲面 $z=\dfrac{x^2+y^2}{4}$ 与平面 $y=4$ 的交线在 $x=2$ 处的切线与 x 轴的交角.

19. 试证：

(1) 乘积的相对误差限近似于各因子相对误差限之和.

(2) 商的相对误差限近似于分子和分母相对误差限之差.

20. 测得一物体的体积 $V=4.45\text{cm}^3$，其绝对误差限为 0.01cm^3；又测得质量 $m=30.80\text{g}$，其绝对误差限为 0.01g. 求由公式 $\rho=\dfrac{m}{V}$ 给出的密度 ρ 的相对误差限和绝对误差限.

16.2 复合函数微分法

16.2.1 多元复合函数的结构

我们在一元函数的学习中知道,函数复合的过程就是用代入法消去中间变元的过程.反过来,我们还要寻找中间变元,将较为复杂的复合函数表示为简单函数的复合.例如在求导运算中,就采用这种方法而获得复合函数的求导法则.在多元函数中,也有复合函数求导法则,这个法则也少不了要将较为复杂的函数表示为简单函数的复合.

定义 1 设函数 $x=\varphi(s,t)$,$y=\psi(s,t)$定义在平面 sOt 的区域 D 上,函数 $z=f(x,y)$定义在 xOy 平面的区域 D_1 上,且

$$\{(x,y):x=\varphi(s,t),y=\psi(s,t),(s,t)\in D\}\subseteq D_1,$$

则称 $z=F(s,t)=f(\varphi(s,t),\psi(s,t))$是以 $z=f(x,y)$为外函数,$x=\varphi(s,t)$,$y=\psi(s,t)$,$(s,t)\in D$ 为内函数的复合函数.

定义 1 只给出了自变量是两个、中间变元是两个的复合函数,而多元函数的复合有多种形式.总结一下,我们就可以知道,一般地,当外函数是一个 $k(k\geqslant 1)$元函数时,内函数就有 k 个参与复合,且内函数的变元个数相等.例如,三元函数 $u=f(x,y,z)$为外函数,内函数是二元函数,即

$$x=\varphi(s,t),\quad y=\psi(s,t),\quad z=\omega(s,t),$$

则复合函数 $u=f(\varphi(s,t),\psi(s,t),\omega(s,t))$是一个二元函数.

当然也有例外,如以 $z=f(x,y)$ 为外函数,$y=g(x)$ 为内函数的复合函数 $z=f(x,g(x))$;又如以 $u=f(x,y,z)$为外函数,$y=g(x,z)$,$z=h(x)$为内函数的复合函数 $u=f(x,g(x,h(x)),h(x))$等.

16.2.2 复合函数的求导法则

定理 1 若函数 $x=\varphi(s,t)$,$y=\psi(s,t)$在$(s,t)\in D$ 可导,$z=f(x,y)$在$(x,y)\in D_1$ 可微,则复合函数 $z=f(\varphi(s,t),\psi(s,t))$在$(s,t)$可导,且

$$\frac{\partial z}{\partial s}=\frac{\partial z}{\partial x}\cdot\frac{\partial x}{\partial s}+\frac{\partial z}{\partial y}\cdot\frac{\partial y}{\partial s};\quad \frac{\partial z}{\partial t}=\frac{\partial z}{\partial x}\cdot\frac{\partial x}{\partial t}+\frac{\partial z}{\partial y}\cdot\frac{\partial y}{\partial t}.$$

证 因为 $z=f(x,y)$在$(x,y)\in D_1$ 可微,所以

$$\Delta z=\frac{\partial z}{\partial x}\Delta x+\frac{\partial z}{\partial y}\Delta y+\alpha\Delta x+\beta\Delta y,$$

于是

$$\frac{\Delta z}{\Delta s}=\frac{\partial z}{\partial x}\cdot\frac{\Delta x}{\Delta s}+\frac{\partial z}{\partial y}\cdot\frac{\Delta y}{\Delta s}+\alpha\frac{\Delta x}{\Delta s}+\beta\frac{\Delta y}{\Delta s};$$

$$\frac{\Delta z}{\Delta t}=\frac{\partial z}{\partial x}\cdot\frac{\Delta x}{\Delta t}+\frac{\partial z}{\partial y}\cdot\frac{\Delta y}{\Delta t}+\alpha\frac{\Delta x}{\Delta t}+\beta\frac{\Delta y}{\Delta t}.$$

令 $\Delta s\to 0$ 得 $\frac{\partial z}{\partial s}=\frac{\partial z}{\partial x}\cdot\frac{\partial x}{\partial s}+\frac{\partial z}{\partial y}\cdot\frac{\partial y}{\partial s}$,令 $\Delta t\to 0$ 得 $\frac{\partial z}{\partial t}=\frac{\partial z}{\partial x}\cdot\frac{\partial x}{\partial t}+\frac{\partial z}{\partial y}\cdot\frac{\partial y}{\partial t}$.

此定理中所给出的求导公式也称为链式公式.

值得注意的是,复合函数的求导法则必须要求外函数可微,否则求导公式不一定成立.例如函数

$$f(x,y)=\begin{cases}\dfrac{x^2y}{x^2+y^2}, & x^2+y^2\neq 0,\\ 0, & x^2+y^2=0\end{cases}$$

在(0,0)点可导,且 $f'_x(0,0)=f'_y(0,0)=0$,但 $f(x,y)$ 在(0,0)点不可微,若以 $z=f(x,y)$ 为外函数,$x=t,y=t$ 为内函数,则

$$z=F(t)=f(t,t)=\frac{t}{2},$$

所以 $\frac{\mathrm{d}z}{\mathrm{d}t}=\frac{1}{2}$.

而用链式公式,则

$$\left.\frac{\mathrm{d}z}{\mathrm{d}t}\right|_{t=0}=\left.\frac{\partial z}{\partial x}\right|_{t=0}\cdot\left.\frac{\mathrm{d}x}{\mathrm{d}t}\right|_{t=0}+\left.\frac{\partial z}{\partial y}\right|_{t=0}\cdot\left.\frac{\mathrm{d}y}{\mathrm{d}t}\right|_{t=0}=0,$$

错误源于外函数不可微.

如果外函数可微,内函数可微,则复合函数亦可微.

一般地,如果外函数 $f(u_1,u_2,\cdots,u_n)$ 在 $(u_1,u_2,\cdots,u_n)$ 点可微,内函数

$$u_k=g_k(x_1,x_2,\cdots,x_m),\quad k=1,2,\cdots,n$$

在 $(x_1,x_2,\cdots,x_m)$ 点可导,则复合函数

$$f(g_1(x_1,x_2,\cdots,x_m),g_2(x_1,x_2,\cdots,x_m),\cdots,g_n(x_1,x_2,\cdots,x_m))$$

在 $(x_1,x_2,\cdots,x_m)$ 可导,且

$$\frac{\partial f}{\partial x_i}=\sum_{k=1}^{n}\frac{\partial f}{\partial u_k}\cdot\frac{\partial u_k}{\partial x_i},\quad i=1,2,\cdots,m.$$

此称为**链式法则**.

例 1　$z=\ln(u^2+v),u=\mathrm{e}^{x+y^2},v=x^2+y$,求 $\frac{\partial z}{\partial x},\frac{\partial z}{\partial y}$.

解　$\frac{\partial z}{\partial x}=\frac{\partial z}{\partial u}\cdot\frac{\partial u}{\partial x}+\frac{\partial z}{\partial v}\cdot\frac{\partial v}{\partial x}=\frac{2u}{u^2+v}\mathrm{e}^{x+y^2}+\frac{1}{u^2+v}2x=\frac{2}{u^2+v}(u\mathrm{e}^{x+y^2}+x)$,

$\frac{\partial z}{\partial y}=\frac{\partial z}{\partial u}\cdot\frac{\partial u}{\partial y}+\frac{\partial z}{\partial v}\cdot\frac{\partial v}{\partial y}=\frac{2u}{u^2+v}2y\mathrm{e}^{x+y^2}+\frac{1}{u^2+v}=\frac{1}{u^2+v}(4uy\mathrm{e}^{x+y^2}+1)$.

例 2　可微 $z=u(x,y),x=r\cos\theta,y=r\sin\theta$,求证:

$$\left(\frac{\partial u}{\partial r}\right)^2+\frac{1}{r^2}\left(\frac{\partial u}{\partial \theta}\right)^2=\left(\frac{\partial u}{\partial x}\right)^2+\left(\frac{\partial u}{\partial y}\right)^2.$$

证　$\frac{\partial u}{\partial r}=\frac{\partial u}{\partial x}\cdot\frac{\partial x}{\partial r}+\frac{\partial u}{\partial y}\cdot\frac{\partial y}{\partial r}=\frac{\partial u}{\partial x}\cos\theta+\frac{\partial u}{\partial y}\sin\theta$,

$$\frac{\partial u}{\partial \theta}=\frac{\partial u}{\partial x}\cdot\frac{\partial x}{\partial \theta}+\frac{\partial u}{\partial y}\cdot\frac{\partial y}{\partial \theta}=\frac{\partial u}{\partial x}(-r\sin\theta)+\frac{\partial u}{\partial y}r\cos\theta.$$

所以

$$\begin{aligned}\left(\frac{\partial u}{\partial r}\right)^2+\frac{1}{r^2}\left(\frac{\partial u}{\partial \theta}\right)^2&=\left(\frac{\partial u}{\partial x}\cos\theta+\frac{\partial u}{\partial y}\sin\theta\right)^2+\frac{1}{r^2}\left(\frac{\partial u}{\partial x}(-r\sin\theta)+\frac{\partial u}{\partial y}r\cos\theta\right)^2\\&=\left(\frac{\partial u}{\partial x}\right)^2+\left(\frac{\partial u}{\partial y}\right)^2.\end{aligned}$$

例 3 $z=uv+\sin t, u=\mathrm{e}^t, v=\cos t$，求$\dfrac{\mathrm{d}z}{\mathrm{d}t}$.

解 $\dfrac{\mathrm{d}z}{\mathrm{d}t}=\dfrac{\partial z}{\partial u}\cdot\dfrac{\mathrm{d}u}{\mathrm{d}t}+\dfrac{\partial z}{\partial v}\cdot\dfrac{\mathrm{d}v}{\mathrm{d}t}+\dfrac{\partial z}{\partial t}\cdot\dfrac{\mathrm{d}t}{\mathrm{d}t}=v\mathrm{e}^t+u(-\sin t)+\cos t=\mathrm{e}^t(\cos t-\sin t)+\cos t.$

在多元函数的求导运算中，必须分清中间变元与自变量，只有分清后，才能正确使用链式法则.

例 4 设 $z=f(u,v,w), v=\varphi(u,s), s=\psi(u,w)$，求$\dfrac{\partial z}{\partial u},\dfrac{\partial z}{\partial w}$.

解 在这里必须用 f_1' 表示 $f(u,v,w)$ 对第一个变元的偏导数，f_2' 表示 $f(u,v,w)$ 对第二个变元的偏导数，f_3' 表示 $f(u,v,w)$ 对第三个变元的偏导数. 否则，对于 $z=f(u,v,w)$，左端有$\dfrac{\partial z}{\partial u}$，右端 $z=f(u,v,w)$ 对第一个变元的偏导数如表示为$\dfrac{\partial f}{\partial u}$，而$\dfrac{\partial z}{\partial u}=\dfrac{\partial f}{\partial u}$，这就会出现差错. 于是

$$\frac{\partial z}{\partial u}=f_1'+f_2'\cdot\frac{\partial v}{\partial u}+f_2'\cdot\frac{\partial v}{\partial s}\cdot\frac{\partial s}{\partial u},\quad \frac{\partial z}{\partial w}=f_2'\cdot\frac{\partial v}{\partial s}\cdot\frac{\partial s}{\partial w}+f_3'.\quad (v,s\text{ 是中间变元})$$

16.2.3 复合函数的全微分

设 $z=f(x,y)$ 可微，当 x,y 为自变量时，$\mathrm{d}z=\dfrac{\partial f}{\partial x}\mathrm{d}x+\dfrac{\partial f}{\partial y}\mathrm{d}y$. 如果 x,y 是中间变元，即 $x=\varphi(s,t), y=\psi(s,t)$ 可微，则

$$\mathrm{d}x=\frac{\partial \varphi}{\partial s}\mathrm{d}s+\frac{\partial \varphi}{\partial t}\mathrm{d}t,\quad \mathrm{d}y=\frac{\partial \psi}{\partial s}\mathrm{d}s+\frac{\partial \psi}{\partial t}\mathrm{d}t,$$

于是复合函数 $z=f(\varphi(s,t),\psi(s,t))$ 可微，且

$$\begin{aligned}\mathrm{d}z&=\frac{\partial z}{\partial s}\mathrm{d}s+\frac{\partial z}{\partial t}\mathrm{d}t=\left(\frac{\partial z}{\partial x}\cdot\frac{\partial x}{\partial s}+\frac{\partial z}{\partial y}\cdot\frac{\partial y}{\partial s}\right)\mathrm{d}s+\left(\frac{\partial z}{\partial x}\cdot\frac{\partial x}{\partial t}+\frac{\partial z}{\partial y}\cdot\frac{\partial y}{\partial t}\right)\mathrm{d}t\\&=\frac{\partial z}{\partial x}\left(\frac{\partial x}{\partial s}\mathrm{d}s+\frac{\partial x}{\partial t}\mathrm{d}t\right)+\frac{\partial z}{\partial y}\left(\frac{\partial y}{\partial s}\mathrm{d}s+\frac{\partial y}{\partial t}\mathrm{d}t\right)=\frac{\partial z}{\partial x}\mathrm{d}x+\frac{\partial z}{\partial y}\mathrm{d}y.\end{aligned}$$

由此可得复合函数的全微分不变性：设 $z=f(x,y)$ 可微，不论 x,y 是自变量或是中间变元，微分形式 $\mathrm{d}z=\dfrac{\partial z}{\partial x}\mathrm{d}x+\dfrac{\partial z}{\partial y}\mathrm{d}y$ 不变.

利用微分求偏导数时，就不必分清中间变元与自变量了.

例 5 设 $z=f(u,v,w)$，$v=\varphi(u,s)$，$s=\psi(u,w)$，求$\dfrac{\partial z}{\partial u},\dfrac{\partial z}{\partial w}$.

解
$$\begin{aligned}\mathrm{d}z&=f_1'\mathrm{d}u+f_2'\mathrm{d}v+f_3'\mathrm{d}w=f_1'\mathrm{d}u+f_2'\left(\frac{\partial v}{\partial u}\mathrm{d}u+\frac{\partial v}{\partial s}\mathrm{d}s\right)+f_3'\mathrm{d}w\\&=f_1'\mathrm{d}u+f_2'\left[\frac{\partial v}{\partial u}\mathrm{d}u+\frac{\partial v}{\partial s}\left(\frac{\partial s}{\partial u}\mathrm{d}u+\frac{\partial s}{\partial uw}\mathrm{d}w\right)\right]+f_3'\mathrm{d}w\\&=\left(f_1'+f_2'\frac{\partial v}{\partial u}+f_2'\frac{\partial v}{\partial s}\frac{\partial s}{\partial u}\right)\mathrm{d}u+\left(f_2'\frac{\partial v}{\partial s}\frac{\partial s}{\partial uw}+f_3'\right)\mathrm{d}w,\end{aligned}$$

所以

$$\frac{\partial z}{\partial u}=f_1'+f_2'\cdot\frac{\partial v}{\partial u}+f_2'\cdot\frac{\partial v}{\partial s}\cdot\frac{\partial s}{\partial u},\quad \frac{\partial z}{\partial w}=f_2'\cdot\frac{\partial v}{\partial s}\cdot\frac{\partial s}{\partial w}+f_3'.$$

16.2.4 方向导数

对于定义在 D 上的二元函数 $z=f(x,y)$，其图像一般是空间的一张曲面. 设想一个人站在这张曲面上，就像站在凹凸不平的地表面上一样，他从哪个方向走是上坡，又从哪个方向走是下坡呢？当然，顺着等高线走，既不上坡也不下坡. 这个问题在数学领域称为**方向导数**，即函数沿某方向的变化率.

如图 16.2 所示，$Q_0(x_0,y_0,f(x_0,y_0))$为曲面 $z=f(x,y)$，$(x,y)\in D$ 上的一点，其在 xOy 平面的投影为 $P_0(x_0,y_0)$，过垂线 Q_0P_0 作一半平面 π，π 与 xOy 平面的交线为射线 $\boldsymbol{l}$，π 与曲面 $z=f(x,y)$的交线为 L，在 L 上取一点 $Q(x,y,f(x,y))$，其在 xOy 平面的投影为 $P(x,y)$，若当 Q 点沿曲线 L 趋于 Q_0 点时，比值$\dfrac{f(P)-f(P_0)}{\rho(P,P_0)}$的极限存在，此极限就称为方向导数.

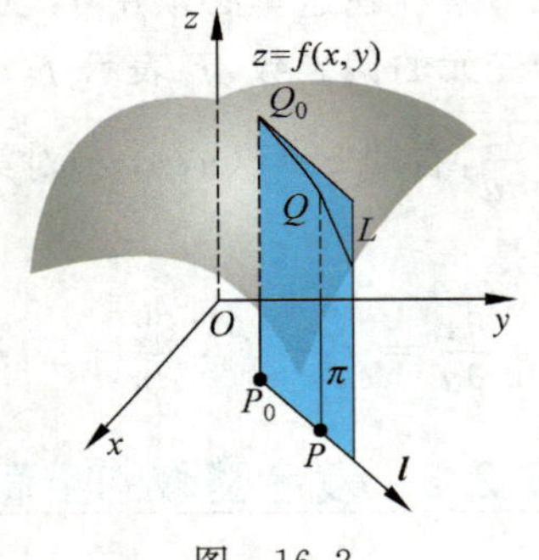

图 16.2

由于 Q 点沿曲线 L 趋于 Q_0 点$\Leftrightarrow P\to P_0$，$P\in l\Leftrightarrow\rho(P,P_0)\to 0$，$P\in l$，我们可得下面的定义.

定义 2 设函数 $z=f(x,y)$在 $P_0(x_0,y_0)$的某邻域内有定义，以 $P_0(x_0,y_0)$为端点的射线为 l，在射线 l 上任取一点 $P(x,y)$，设 $\rho=\rho(P,P_0)$，若极限

$$\lim_{\rho\to 0^+,P\in l}\frac{f(P)-f(P_0)}{\rho}$$

存在，则称此极限为 $z=f(x,y)$在点 $P_0(x_0,y_0)$沿方向 $\boldsymbol{l}$ 的**方向导数**. 记作

$$\left.\frac{\partial f}{\partial \boldsymbol{l}}\right|_{P_0}\quad 或\quad f_l'(P_0)\quad 或\quad f_l'(x_0,y_0).$$

显然，函数 $z=f(x,y)$在 $P_0(x_0,y_0)$点沿 x 正向 i 的方向导数就是其在 $P_0(x_0,y_0)$点的偏导数，即

$$\left.\frac{\partial z}{\partial \boldsymbol{l}}\right|_{P_0}=\left.\frac{\partial z}{\partial x}\right|_{P_0},$$

而沿 x 负向 $-\boldsymbol{i}$ 的方向导数就是其在 $P_0(x_0,y_0)$ 点的偏导数的相反数，即

$$\left.\frac{\partial z}{\partial \boldsymbol{l}}\right|_{P_0}=-\left.\frac{\partial z}{\partial x}\right|_{P_0}.$$

定理 2 若函数 $z=f(x,y)$ 在 $P_0(x_0,y_0)$ 可微，则 $z=f(x,y)$ 在 $P_0(x_0,y_0)$ 点沿任意方向 $\boldsymbol{l}$ 的方向导数存在，当 $\boldsymbol{l}$ 的方向余弦为 $\boldsymbol{l}=(\cos\alpha,\cos\beta)$ 时，

$$\left.\frac{\partial z}{\partial \boldsymbol{l}}\right|_{P_0}=\left.\frac{\partial z}{\partial x}\right|_{P_0}\cos\alpha+\left.\frac{\partial z}{\partial y}\right|_{P_0}\cos\beta.$$

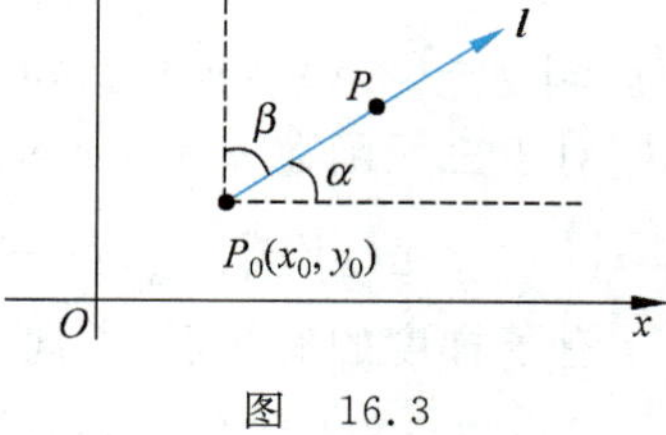

图 16.3

证 如图 16.3 所示，设 $P(x,y)$ 为 $\boldsymbol{l}$ 上任意一点，则

$$\Delta x=x-x_0=\rho\cos\alpha,$$
$$\Delta y=y-y_0=\rho\cos\beta.$$

因为函数 $z=f(x,y)$ 在 $P_0(x_0,y_0)$ 可微，所以

$$\Delta z=f(x,y)-f(x_0,y_0)=f'_x(x_0,y_0)\Delta x+f'_y(x_0,y_0)\Delta y+o(\rho),$$

于是

$$\frac{f(x,y)-f(x_0,y_0)}{\rho}=f'_x(x_0,y_0)\cos\alpha+f'_y(x_0,y_0)\cos\beta+\frac{o(\rho)}{\rho}.$$

令 $\rho\to0^+$ 得

$$\left.\frac{\partial f}{\partial \boldsymbol{l}}\right|_{P_0}=f'_x(x_0,y_0)\cos\alpha+f'_y(x_0,y_0)\cos\beta.$$

推广 若函数 $u=f(x,y,z)$ 在 $P_0(x_0,y_0,z_0)$ 可微，则其在 $P_0(x_0,y_0,z_0)$ 点沿任意方向 $\boldsymbol{l}$ 的方向导数存在，当 $\boldsymbol{l}$ 的方向余弦为 $\boldsymbol{l}=(\cos\alpha,\cos\beta,\cos\gamma)$ 时，

$$\left.\frac{\partial u}{\partial \boldsymbol{l}}\right|_{P_0}=\left.\frac{\partial u}{\partial x}\right|_{P_0}\cos\alpha+\left.\frac{\partial u}{\partial y}\right|_{P_0}\cos\beta+\left.\frac{\partial u}{\partial z}\right|_{P_0}\cos\gamma.$$

例 6 设 $f(x,y,z)=x+y^2+z^3$，求其在点 $P_0(1,1,1)$ 沿方向 $\boldsymbol{l}=(2,-2,1)$ 的方向导数.

解 $\cos\alpha=\dfrac{2}{\sqrt{2^2+(-2)^2+1^2}}=\dfrac{2}{3}$；$\cos\beta=\dfrac{-2}{\sqrt{2^2+(-2)^2+1^2}}=-\dfrac{2}{3}$；

$\cos\gamma=\dfrac{1}{\sqrt{2^2+(-2)^2+1^2}}=\dfrac{1}{3}$.

而 $f'_x(1,1,1)=1$，$f'_y(1,1,1)=2$，$f'_z(1,1,1)=3$，所以

$$f'_{\boldsymbol{l}}(1,1,1)=1\times\frac{2}{3}+2\times\frac{-2}{3}+3\times\frac{1}{3}=\frac{1}{3}.$$

注 函数可微是方向导数存在的充分条件，而不是必要条件. 例如

$$f(x,y)=\begin{cases}1, & 0<y<x^2,x\in\mathbb{R},\\ 0, & \text{其余部分},\end{cases}$$

这个函数在原点不连续，当然也不可微，但其在原点的任一方向 $\boldsymbol{l}$ 都有 $f'_l(0,0)=0$.

16.2.5 梯度

定义 3 设函数 $z=f(x,y)$ 在 $P_0(x_0,y_0)$ 点的偏导数存在，称向量

$$(f'_x(x_0,y_0),f'_y(x_0,y_0))$$

为函数 $z=f(x,y)$ 在 $P_0(x_0,y_0)$ 点的梯度，记作

$$\operatorname{grad} f\Big|_{(x_0,y_0)},\quad \text{简记为 } \operatorname{grad} f,$$

即 $\operatorname{grad} f=(f'_x(x_0,y_0),f'_y(x_0,y_0))$.

对于三元函数 $u=f(x,y,z)$，其在 $P_0(x_0,y_0,z_0)$ 的梯度为

$$\operatorname{grad} u\Big|_{(x_0,y_0,z_0)}=(f'_x(x_0,y_0,z_0),f'_y(x_0,y_0,z_0),f'_z(x_0,y_0,z_0)).$$

有了梯度的概念后，方向导数可表示为

$$f'_l(x_0,y_0)=f'_x(x_0,y_0)\cos\alpha+f'_y(x_0,y_0)\cos\beta=\operatorname{grad} f\cdot\boldsymbol{l}^0=|\operatorname{grad} f|\cos\theta,$$

其中 $\boldsymbol{l}^0=(\cos\alpha,\cos\beta)$，$\theta$ 为 $\operatorname{grad} u$ 与 $\boldsymbol{l}^0$ 的夹角.

对于三元函数 $u=f(x,y,z)$，其在 $P_0(x_0,y_0,z_0)$ 点的方向导数为

$$\begin{aligned}u'_l(x_0,y_0,z_0)&=f'_x(x_0,y_0,z_0)\cos\alpha+f'_y(x_0,y_0,z_0)\cos\beta+f'_z(x_0,y_0,z_0)\cos\gamma\\&=\operatorname{grad} u\cdot\boldsymbol{l}^0=|\operatorname{grad} u|\cos\theta.\end{aligned}$$

其中 $\boldsymbol{l}^0=(\cos\alpha,\cos\beta,\cos\gamma)$，$\theta$ 为 $\operatorname{grad} u$ 与 $\boldsymbol{l}^0$ 的夹角. 显然，

$$-|\operatorname{grad} u|\leqslant u'_l(x_0,y_0,z_0)\leqslant|\operatorname{grad} u|.$$

且 $\operatorname{grad} u$ 与 $\boldsymbol{l}^0$ 同向时，$u'_l(x_0,y_0,z_0)=|\operatorname{grad} u|$，$\operatorname{grad} u$ 与 $\boldsymbol{l}^0$ 异向时，$u'_l(x_0,y_0,z_0)=-|\operatorname{grad} u|$. 其中 $|\operatorname{grad} u|=\sqrt{(u'_x(x_0,y_0,z_0))^2+(u'_y(x_0,y_0,z_0))^2+(u'_z(x_0,y_0,z_0))^2}$ 称为梯度的模.

例 7 设 $f(x,y,z)=xy^2+yz^3$，求 $f(x,y,z)$ 在 $P_0(2,-1,1)$ 点的梯度及其模.

解 $f'_x(P_0)=1$，$f'_y(P_0)=-3$，$f'_z(P_0)=-3$，所以

$$\operatorname{grad} f(P_0)=(1,-3,-3),\quad |\operatorname{grad} f(P_0)|=\sqrt{1^2+(-3)^2+(-3)^2}=\sqrt{19}.$$

习题 16.2

1. 求下列复合函数的偏导数或导数：

(1) 设 $z=\arctan(xy)$，$y=e^x$，求 $\dfrac{dz}{dx}$；

(2) 设 $z=\dfrac{x^2+y^2}{xy}e^{\frac{x^2+y^2}{xy}}$，求 $\dfrac{\partial z}{\partial x},\dfrac{\partial z}{\partial y}$；

(3) 设 $z=x^2+xy+y^2$，$x=t^2$，$y=t$，求 $\dfrac{dz}{dt}$；

(4) 设 $z=x^2\ln y, x=\frac{u}{v}, y=3u-2v$，求$\frac{\partial z}{\partial u},\frac{\partial z}{\partial v}$；

(5) 设 $u=f(x+y,xy)$，求$\frac{\partial u}{\partial x},\frac{\partial u}{\partial y}$；

(6) 设 $u=f\left(\frac{x}{y},\frac{y}{z}\right)$，求$\frac{\partial u}{\partial x},\frac{\partial u}{\partial y},\frac{\partial u}{\partial z}$.

2. 设 $z=\frac{y}{f(x^2-y^2)}$，其中 f 为可微函数，验证：$\frac{1}{x}\frac{\partial z}{\partial x}+\frac{1}{y}\frac{\partial z}{\partial y}=\frac{z}{y^2}$.

3. 设 $z=\sin y+f(\sin x-\sin y)$，其中 f 为可微函数，证明：$\frac{\partial z}{\partial x}\sec x+\frac{\partial z}{\partial y}\sec y=1$.

4. 设 $f(x,y)$可微，证明：在坐标旋转变换

$$\begin{cases} x = u\cos\theta - v\sin\theta, \\ y = u\sin\theta + v\cos\theta \end{cases}$$

之下，$(f'_x)^2+(f'_y)^2$ 是一个形式不变量，即若

$$g(u,v) = f(u\cos\theta - v\sin\theta, u\sin\theta + v\cos\theta),$$

则必有$(f'_x)^2+(f'_y)^2=(g'_u)^2+(g'_v)^2$(其中旋转角 θ 是常数).

5. 设 $f(u)$是可微函数，$F(x,t)=f(x+2t)+f(3x-2t)$，试求：$F'_x(0,0)$与 $F'_t(0,0)$.

6. 若函数 $u=F(x,y,z)$满足恒等式 $F(tx,ty,tz)=t^kF(x,y,z)(t>0)$，则称 $F(x,y,z)$为 k 次齐次函数. 试证下述关于齐次函数的欧拉定理：可微函数 $F(x,y,z)$为 k 次齐次函数的充要条件是

$$xF'_x(x,y,z) + yF'_y(x,y,z) + zF'_z(x,y,z) = kF(x,y,z),$$

并证明：$z=\frac{xy^2}{\sqrt{x^2+y^2}}-xy$ 为二次齐次函数.

7. 设 $f(x,y,z)$具有性质 $f(tx,t^ky,t^mz)=t^nf(x,y,z)(t>0)$，证明：

(1) $f(x,y,z)=x^nf\left(1,\frac{y}{x^k},\frac{z}{x^m}\right)$；

(2) $xf'_x(x,y,z)+kyf'_y(x,y,z)+mzf'_z(x,y,z)=nf(x,y,z)$.

8. 设由行列式表示的函数

$$D(t) = \begin{vmatrix} a_{11}(t) & \cdots & a_{1n}(t) \\ \vdots & & \vdots \\ a_{n1}(t) & \cdots & a_{nn}(t) \end{vmatrix},$$

其中 $a_{ij}(t)(i,j=1,2,\cdots,n)$的导数存在，证明：

$$\frac{\mathrm{d}D(t)}{\mathrm{d}t} = \sum_{k=1}^{n} \begin{vmatrix} a_{11}(t) & \cdots & a_{1n}(t) \\ \vdots & & \vdots \\ a'_{k1}(t) & \cdots & a'_{k1}(t) \\ \vdots & & \vdots \\ a_{n1}(t) & \cdots & a_{nn}(t) \end{vmatrix}.$$

9. 求函数 $u=xy^2+z^3-xyz$ 在点(1,1,2)处沿方向 $\boldsymbol{l}$(其方向角分别为)60°,45°,60°的方向导数.

10. 求函数 $u=xyz$ 在由点 $A(5,1,2)$到点 $B(9,4,14)$的沿方向$\overrightarrow{AB}$的方向导数.

11. 求 $u=x^2+2y^2+3z^2+xy-4x+2y-4z$ 在点 $A(0,0,0)$及点 $B\left(5,-3,\frac{2}{3}\right)$处的梯度以及它们的模.

12. 设函数 $u=\ln\left(\frac{1}{r}\right)$,其中 $r=\sqrt{(x-a)^2+(y-b)^2+(z-c)^2}$,求 u 的梯度,并指出在空间哪些点成立等式$|\mathrm{grad}\ u|=1$.

13. 设函数 $u=\frac{z^2}{c^2}-\frac{x^2}{a^2}-\frac{y^2}{b^2}$,求它在点$(a,b,c)$梯度.

14. 证明:

(1) $\mathrm{grad}(u+c)=\mathrm{grad}u$($c$ 为常数);

(2) $\mathrm{grad}(\alpha u+\beta v)=\alpha\mathrm{grad}u+\beta\mathrm{grad}v$($\alpha,\beta$ 为常数);

(3) $\mathrm{grad}(uv)=u\mathrm{grad}v+v\mathrm{grad}u$;

(4) $\mathrm{grad}f(u)=f'(u)\mathrm{grad}u$.

15. 设 $r=\sqrt{x^2+y^2+z^2}$,试求:

(1) $\mathrm{grad}r$;　　(2) $\mathrm{grad}\,\frac{1}{r}$.

16. 设 $u=x^2+y^2+z^2-3xyz$,试问在怎样的点集上 $\mathrm{grad}u$ 分别满足:

(1) 垂直于 z 轴;　　(2) 平行于 z 轴;　　(3) 恒为零向量.

17. 设 $f(x,y)$可微,$\boldsymbol{l}$ 是$\mathbb{R}^2$上的一个确定向量.倘若处处有 $f'_{\boldsymbol{l}}(x,y)\equiv 0$,试问函数 $f(x,y)$有何特征?

18. 设 $f(x,y)$可微,$\boldsymbol{l}_1$ 与 $\boldsymbol{l}_2$ 是$\mathbb{R}^2$上一组线性无关向量,试证明,若 $f'_{\boldsymbol{l}_i}(x,y)\equiv 0(i=1,2)$,则 $f(x,y)\equiv$常数.

16.3　泰勒公式与极值

16.3.1　高阶偏导数

二元函数 $z=f(x,y)$关于两个变元 x,y 的偏导数 $f_x(x,y)$,$f_y(x,y)$仍是二元函数,如果它们关于 x,y 的偏导数也存在,则称二元函数 $z=f(x,y)$具有二阶偏导数.

二元函数 $z=f(x,y)$的二阶偏导数有如下 4 种情形:

$$\frac{\partial}{\partial x}\left(\frac{\partial z}{\partial x}\right)=\frac{\partial^2 z}{\partial x^2}=f''_{xx}(x,y),$$

$$\frac{\partial}{\partial y}\left(\frac{\partial z}{\partial x}\right)=\frac{\partial^2 z}{\partial x\partial y}=f''_{xy}(x,y)\quad(\text{先 } x \text{ 后 } y),$$

$$\frac{\partial}{\partial x}\left(\frac{\partial z}{\partial y}\right)=\frac{\partial^2 z}{\partial y\partial x}=f''_{yx}(x,y)\quad(先\ y\ 后\ x),$$

$$\frac{\partial}{\partial y}\left(\frac{\partial z}{\partial y}\right)=\frac{\partial^2 z}{\partial y^2}=f''_{yy}(x,y).$$

类似地可定义二元函数 $z=f(x,y)$ 的三阶偏导数(共有 8 个)

$$\frac{\partial}{\partial x}\left(\frac{\partial^2 z}{\partial x^2}\right)=\frac{\partial^3 z}{\partial x^3}=f'''_{x^3}(x,y),\frac{\partial}{\partial y}\left(\frac{\partial^2 z}{\partial x^2}\right)=\frac{\partial^3 z}{\partial x^2\partial y}=f'''_{x^2y}(x,y),\cdots$$

一般地,二元函数 $z=f(x,y)$ 的 m 阶偏导数的偏导数称为 $z=f(x,y)$ 的 $m+1$ 阶偏导数(m 阶偏导数共有 2^m 个).二阶以上的偏导数统称为高阶偏导数.

由于偏导数的类型较多,给出一种简单的记法是必要的,这就是算子记法.如:

$$\frac{\partial}{\partial x}f(x,y)=\frac{\partial f(x,y)}{\partial x},\quad \frac{\partial}{\partial y}f(x,y)=\frac{\partial f(x,y)}{\partial y},$$

$$\left[\left(\frac{\partial}{\partial x}\right)^m\cdot\left(\frac{\partial}{\partial y}\right)^n\right]f(x,y)=\frac{\partial^{m+n}f(x,y)}{\partial x^m\partial y^n},$$

$$\left[\left(\frac{\partial}{\partial x}\right)^m+\left(\frac{\partial}{\partial y}\right)^n\right]f(x,y)=\frac{\partial^m f(x,y)}{\partial x^m}+\frac{\partial^n f(x,y)}{\partial y^n}.$$

例 1 设 $u=y^x$,求 $\frac{\partial^2 u}{\partial x^2},\frac{\partial^2 u}{\partial x\partial y}$.

解 因为 $\frac{\partial u}{\partial x}=y^x\ln y$,所以

$$\frac{\partial^2 u}{\partial x^2}=\frac{\partial}{\partial x}(y^x\ln y)=y^x\ln^2 y,\quad \frac{\partial^2 u}{\partial x\partial y}=\frac{\partial}{\partial y}(y^x\ln y)=xy^{x-1}\ln y+y^{x-1}.$$

二阶偏导数 $\frac{\partial^2 u}{\partial x\partial y},\frac{\partial^2 u}{\partial y\partial x}$,称为二阶混合偏导数,一般地 $\frac{\partial^2 u}{\partial x\partial y}\neq\frac{\partial^2 u}{\partial y\partial x}$,但有下面的定理.

定理 1 如果 $z=f(x,y)$ 二阶偏导数 $\frac{\partial^2 z}{\partial y\partial x},\frac{\partial^2 z}{\partial x\partial y}$ 在 (x_0,y_0) 点的某邻域内存在,且在该点连续,则 $\left.\frac{\partial^2 z}{\partial y\partial x}\right|_{(x_0,y_0)}=\left.\frac{\partial^2 z}{\partial x\partial y}\right|_{(x_0,y_0)}$.

证 设 $\varphi(x)=f(x,y_0+\Delta y)-f(x,y_0)$,$F(\Delta x,\Delta y)=\varphi(x_0+\Delta x)-\varphi(x_0)$,则 $\varphi(x)$ 在 $U(x_0)$ 内可导,且由一元微分中值定理得

$$\begin{aligned}&\varphi(x_0+\Delta x)-\varphi(x_0)\\&=\varphi'(x_0+\theta_1\Delta x)\Delta x\\&=[f'_x(x_0+\theta_1\Delta x,y_0+\Delta y)-f'_x(x_0+\theta_1\Delta x,y_0)]\Delta x\quad(0<\theta_1<1)\\&=f''_{xy}(x_0+\theta_1\Delta x,y_0+\theta_2\Delta y)\Delta x\Delta y\quad(0<\theta_1,\theta_2<1),\end{aligned}$$

即

$$F(\Delta x,\Delta y)=f''_{xy}(x_0+\theta_1\Delta x,y_0+\theta_2\Delta y)\Delta x\Delta y\quad(0<\theta_1,\theta_2<1).$$

又设

$$\psi(y)=f(x_0+\Delta x,y)-f(x_0,y),\quad F(\Delta x,\Delta y)=\psi(y_0+\Delta y)-\psi(y_0),$$

同理可得

$$F(\Delta x,\Delta y)=f''_{yx}(x_0+\theta_3\Delta x,y_0+\theta_4\Delta y)\Delta x\Delta y\quad(0<\theta_3,\theta_4<1),$$

因$\dfrac{\partial^2 z}{\partial y\partial x},\dfrac{\partial^2 z}{\partial x\partial y}$在$(x_0,y_0)$点连续，所以

$$\begin{aligned}f''_{xy}(x_0,y_0)&=\lim_{\substack{\Delta x\to 0\\ \Delta y\to 0}}f''_{xy}(x_0+\theta_1\Delta x,y_0+\theta_2\Delta y)\\&=\lim_{\substack{\Delta x\to 0\\ \Delta y\to 0}}f''_{yx}(x_0+\theta_3\Delta x,y_0+\theta_4\Delta y)=f''_{yx}(x_0,y_0).\end{aligned}$$

即$\left.\dfrac{\partial^2 z}{\partial y\partial x}\right|_{(x_0,y_0)}=\left.\dfrac{\partial^2 z}{\partial x\partial y}\right|_{(x_0,y_0)}$.

对于 n 元函数，如果混合偏导数连续，则混合偏导数相等. 例如，$u=f(x,y,z)$，如果 6 个混合偏导数

$$\begin{aligned}&f'''_{xyz}(x,y,z),\quad f'''_{yzx}(x,y,z),\quad f'''_{zxy}(x,y,z),\\&f'''_{xzy}(x,y,z),\quad f'''_{zyx}(x,y,z),\quad f'''_{yxz}(x,y,z)\end{aligned}$$

连续，则这 6 个混合偏导数都相等.

ie：如果偏导数连续，则求混合偏导与顺序无关.

例 2　如果 $z=f(x,y)$二阶偏导数连续，$x=r\cos\theta$，$y=r\sin\theta$，求$\dfrac{\partial^2 z}{\partial r^2}$，$\dfrac{\partial^2 z}{\partial\theta^2}$.

解　$\dfrac{\partial z}{\partial r}=\dfrac{\partial z}{\partial x}\dfrac{\partial x}{\partial r}+\dfrac{\partial z}{\partial y}\dfrac{\partial y}{\partial r}=\dfrac{\partial z}{\partial x}\cos\theta+\dfrac{\partial z}{\partial y}\sin\theta$，　$\dfrac{\partial z}{\partial\theta}=\dfrac{\partial z}{\partial x}\dfrac{\partial x}{\partial\theta}+\dfrac{\partial z}{\partial y}\dfrac{\partial y}{\partial\theta}=\dfrac{\partial z}{\partial x}(-r\sin\theta)+\dfrac{\partial z}{\partial y}r\cos\theta$，

所以

$$\begin{aligned}\frac{\partial^2 z}{\partial r^2}&=\frac{\partial}{\partial r}\left(\frac{\partial z}{\partial x}\cos\theta+\frac{\partial z}{\partial y}\sin\theta\right)\\&=\frac{\partial^2 z}{\partial x^2}\cdot\frac{\partial x}{\partial r}\cos\theta+\frac{\partial^2 z}{\partial x\partial y}\cdot\frac{\partial y}{\partial r}\cos\theta+\frac{\partial^2 z}{\partial y\partial x}\cdot\frac{\partial x}{\partial r}\sin\theta+\frac{\partial^2 z}{\partial y^2}\cdot\frac{\partial y}{\partial r}\sin\theta\\&=\frac{\partial^2 z}{\partial x^2}\cos^2\theta+\frac{\partial^2 z}{\partial x\partial y}\sin2\theta+\frac{\partial^2 z}{\partial y^2}\sin^2\theta,\\\frac{\partial^2 z}{\partial\theta^2}&=\frac{\partial}{\partial\theta}\left(\frac{\partial z}{\partial x}(-r\sin\theta)+\frac{\partial z}{\partial y}r\cos\theta\right)\\&=\frac{\partial^2 z}{\partial x^2}\cdot\frac{\partial x}{\partial\theta}(-r\sin\theta)+\frac{\partial^2 z}{\partial x\partial y}\cdot\frac{\partial y}{\partial\theta}(-r\sin\theta)+\frac{\partial z}{\partial x}(-r\cos\theta)\\&\quad+\frac{\partial^2 z}{\partial x\partial y}\cdot\frac{\partial x}{\partial\theta}r\cos\theta+\frac{\partial^2 z}{\partial y^2}\cdot\frac{\partial y}{\partial\theta}r\cos\theta+\frac{\partial z}{\partial y}(-r\sin\theta)\\&=\frac{\partial^2 z}{\partial x^2}r^2\sin^2\theta-\frac{\partial^2 z}{\partial x\partial y}r^2\sin2\theta+\frac{\partial^2 z}{\partial y^2}r^2\cos^2\theta-r\left(\frac{\partial z}{\partial x}\cos\theta+\frac{\partial z}{\partial y}\sin\theta\right).\end{aligned}$$

因为$\dfrac{\partial^2 z}{\partial r^2}$可表示为$\dfrac{\partial^2}{\partial r^2}z$或$\dfrac{\partial^2}{\partial r^2}f(x,y)$，读作 $f(x,y)$在算子$\dfrac{\partial^2}{\partial r^2}$下的像，所以

$$\frac{\partial^2 z}{\partial x^2}r^2\sin^2\theta-\frac{\partial^2 z}{\partial x\partial y}r^2\sin 2\theta+\frac{\partial^2 z}{\partial y^2}r^2\cos^2\theta=r^2\left(\frac{\partial^2}{\partial x^2}\sin^2\theta-\frac{\partial^2}{\partial x\partial y}\sin 2\theta+\frac{\partial^2}{\partial y^2}\cos^2\theta\right)z$$
$$=r^2\left(\cos\theta\frac{\partial}{\partial x}+\sin\theta\frac{\partial}{\partial y}\right)^2 f(x,y),$$

从而

$$\frac{\partial^2 z}{\partial r^2}=\frac{\partial^2 z}{\partial x^2}\cos^2\theta+\frac{\partial^2 z}{\partial x\partial y}\sin 2\theta+\frac{\partial^2 z}{\partial y^2}\sin^2\theta=\left(\cos\theta\frac{\partial}{\partial x}+\sin\theta\frac{\partial}{\partial y}\right)^2 f(x,y),$$
$$\frac{\partial^2 z}{\partial\theta^2}=r^2\left(\sin\theta\frac{\partial}{\partial x}-\cos\theta\frac{\partial}{\partial y}\right)^2 f(x,y)-r\left(\cos\theta\frac{\partial}{\partial x}+\sin\theta\frac{\partial}{\partial y}\right)f(x,y).$$

由此可看出，偏导数的算子记法较为简单.

16.3.2 复合函数的高阶偏导数

由复合函数的求导法知，若函数在 $x=\varphi(s,t)$，$y=\psi(s,t)$，$(s,t)\in D$ 可导，$f(x,y)$ 在 $(x,y)\in D_1$ 可微，则复合函数 $f(\varphi(s,t),\psi(s,t))$ 在 (s,t) **可导**，且

$$\frac{\partial z}{\partial s}=\frac{\partial z}{\partial x}\cdot\frac{\partial x}{\partial s}+\frac{\partial z}{\partial y}\cdot\frac{\partial y}{\partial s};\quad \frac{\partial z}{\partial t}=\frac{\partial z}{\partial x}\cdot\frac{\partial x}{\partial t}+\frac{\partial z}{\partial y}\cdot\frac{\partial y}{\partial t}.$$

显然 $\frac{\partial z}{\partial s},\frac{\partial z}{\partial t}$ 仍是 s,t 的复合函数，$\frac{\partial z}{\partial x},\frac{\partial z}{\partial y}$ 是 x,y 的函数，$\frac{\partial x}{\partial s},\frac{\partial y}{\partial s},\frac{\partial x}{\partial t},\frac{\partial y}{\partial t}$ 是 s,t 的函数，在混合偏导数连续时，继续关于 s,t 求导得：

$$\begin{aligned}\frac{\partial^2 z}{\partial s^2}&=\frac{\partial}{\partial s}\left(\frac{\partial z}{\partial s}\right)=\frac{\partial}{\partial s}\left(\frac{\partial z}{\partial x}\frac{\partial x}{\partial s}+\frac{\partial z}{\partial y}\frac{\partial y}{\partial s}\right)\\
&=\frac{\partial}{\partial s}\left(\frac{\partial z}{\partial x}\right)\frac{\partial x}{\partial s}+\frac{\partial z}{\partial x}\frac{\partial}{\partial s}\left(\frac{\partial x}{\partial s}\right)+\frac{\partial}{\partial s}\left(\frac{\partial z}{\partial y}\right)\frac{\partial y}{\partial s}+\frac{\partial z}{\partial y}\frac{\partial}{\partial s}\left(\frac{\partial y}{\partial s}\right)\\
&=\left(\frac{\partial^2 z}{\partial x^2}\frac{\partial x}{\partial s}+\frac{\partial^2 z}{\partial x\partial y}\frac{\partial y}{\partial s}\right)\frac{\partial x}{\partial s}+\frac{\partial z}{\partial x}\frac{\partial^2 x}{\partial s^2}+\left(\frac{\partial^2 z}{\partial y\partial x}\frac{\partial x}{\partial s}+\frac{\partial^2 z}{\partial y^2}\frac{\partial y}{\partial s}\right)\frac{\partial y}{\partial s}+\frac{\partial z}{\partial y}\frac{\partial^2 y}{\partial s^2}\\
&=\frac{\partial^2 z}{\partial x^2}\left(\frac{\partial x}{\partial s}\right)^2+2\frac{\partial^2 z}{\partial x\partial y}\frac{\partial y}{\partial s}\frac{\partial x}{\partial s}+\frac{\partial^2 z}{\partial y^2}\left(\frac{\partial y}{\partial s}\right)^2+\frac{\partial z}{\partial x}\frac{\partial^2 x}{\partial s^2}+\frac{\partial z}{\partial y}\frac{\partial^2 y}{\partial s^2},\end{aligned}$$

$$\begin{aligned}\frac{\partial^2 z}{\partial t^2}&=\frac{\partial}{\partial t}\left(\frac{\partial z}{\partial t}\right)=\frac{\partial}{\partial t}\left(\frac{\partial z}{\partial x}\frac{\partial x}{\partial t}+\frac{\partial z}{\partial y}\frac{\partial y}{\partial t}\right)\\
&=\frac{\partial}{\partial t}\left(\frac{\partial z}{\partial x}\right)\frac{\partial x}{\partial t}+\frac{\partial z}{\partial x}\frac{\partial}{\partial t}\left(\frac{\partial x}{\partial t}\right)+\frac{\partial}{\partial t}\left(\frac{\partial z}{\partial y}\right)\frac{\partial y}{\partial t}+\frac{\partial z}{\partial y}\frac{\partial}{\partial t}\left(\frac{\partial y}{\partial t}\right)\\
&=\left(\frac{\partial^2 z}{\partial x^2}\frac{\partial x}{\partial t}+\frac{\partial^2 z}{\partial x\partial y}\frac{\partial y}{\partial t}\right)\frac{\partial x}{\partial t}+\frac{\partial z}{\partial x}\frac{\partial^2 x}{\partial t^2}+\left(\frac{\partial^2 z}{\partial y\partial x}\frac{\partial x}{\partial t}+\frac{\partial^2 z}{\partial y^2}\frac{\partial y}{\partial t}\right)\frac{\partial y}{\partial t}+\frac{\partial z}{\partial y}\frac{\partial^2 y}{\partial t^2}\\
&=\frac{\partial^2 z}{\partial x^2}\left(\frac{\partial x}{\partial t}\right)^2+2\frac{\partial^2 z}{\partial x\partial y}\frac{\partial y}{\partial t}\frac{\partial x}{\partial t}+\frac{\partial^2 z}{\partial y^2}\left(\frac{\partial y}{\partial t}\right)^2+\frac{\partial z}{\partial x}\frac{\partial^2 x}{\partial t^2}+\frac{\partial z}{\partial y}\frac{\partial^2 y}{\partial t^2},\end{aligned}$$

$$\begin{aligned}\frac{\partial^2 z}{\partial s\partial t}&=\frac{\partial}{\partial t}\left(\frac{\partial z}{\partial s}\right)=\frac{\partial}{\partial t}\left(\frac{\partial z}{\partial x}\frac{\partial x}{\partial s}+\frac{\partial z}{\partial y}\frac{\partial y}{\partial s}\right)\\
&=\frac{\partial}{\partial t}\left(\frac{\partial z}{\partial x}\right)\frac{\partial x}{\partial s}+\frac{\partial z}{\partial x}\frac{\partial}{\partial t}\left(\frac{\partial x}{\partial s}\right)+\frac{\partial}{\partial t}\left(\frac{\partial z}{\partial y}\right)\frac{\partial y}{\partial s}+\frac{\partial z}{\partial y}\frac{\partial}{\partial t}\left(\frac{\partial y}{\partial s}\right)\end{aligned}$$

$$= \left(\frac{\partial^2 z}{\partial x^2}\frac{\partial x}{\partial t}+\frac{\partial^2 z}{\partial x\partial y}\frac{\partial y}{\partial t}\right)\frac{\partial x}{\partial s}+\frac{\partial z}{\partial x}\frac{\partial^2 x}{\partial s\partial t}+\left(\frac{\partial^2 z}{\partial y\partial x}\frac{\partial x}{\partial t}+\frac{\partial^2 z}{\partial y^2}\frac{\partial y}{\partial t}\right)\frac{\partial y}{\partial s}+\frac{\partial z}{\partial y}\frac{\partial^2 y}{\partial s\partial t}$$

$$= \frac{\partial^2 z}{\partial x^2}\frac{\partial x}{\partial t}\frac{\partial x}{\partial s}+\frac{\partial^2 z}{\partial x\partial y}\left(\frac{\partial x}{\partial s}\frac{\partial y}{\partial t}+\frac{\partial x}{\partial t}\frac{\partial y}{\partial s}\right)+\frac{\partial z}{\partial x}\frac{\partial^2 x}{\partial s\partial t}+\frac{\partial^2 z}{\partial y^2}\frac{\partial y}{\partial t}\frac{\partial y}{\partial s}+\frac{\partial z}{\partial y}\frac{\partial^2 y}{\partial s\partial t}$$

$$= \frac{\partial^2 z}{\partial t\partial s}.$$

16.3.3　二元函数的中值公式与泰勒公式

与一元函数一样，多元函数亦有中值公式和泰勒公式. 这里只讨论二元函数，对于 n 元函数($n>2$)，可以类推而得.

定理 2(**中值定理**)　如果函数 $f(x,y)$在 $P_0(x_0,y_0)$点的某邻域 $U(P_0,\delta)$内可微，则 $\forall P(x_0+h,y_0+k)\in U(P_0,\delta)$，$\exists\theta\in(0,1)$，

$$\ni \text{“} f(x_0+h,y_0+k)-f(x_0,y_0)=f'_x(x_0+\theta h,y_0+\theta k)h+f'_y(x_0+\theta h,y_0+\theta k)k\text{”}.$$

证　作函数 $F(t)=f(x_0+ht,y_0+kt)$，$t\in[0,1]$，则 $F(t)$在$[0,1]$上连续，在$(0,1)$内可导，于是

$$\exists\theta\in(0,1),\ni\text{“}F(1)-F(0)=F'(\theta)\text{”}.$$

而由复合函数求法知

$$F'(\theta)=f'_x(x_0+\theta h,y_0+\theta k)h+f'_y(x_0+\theta h,y_0+\theta k)k.$$

又 $F(1)=f(x_0+h,y_0+k)$，$F(0)=f(x_0,y_0)$，所以结论成立.

定理 3　如果二元函数 $f(x,y)$在 $P_0(x_0,y_0)$点的某邻域 $U(P_0,\delta)$内存在直到 $n+1$ 阶连续偏导数，则 $\forall(x_0+h,y_0+k)\in U(P_0,\delta)$，

$$\begin{aligned}f(x_0+h,y_0+k)&=f(x_0,y_0)+\left(h\frac{\partial}{\partial x}+k\frac{\partial}{\partial y}\right)f(x_0,y_0)\\&\quad+\frac{1}{2!}\left(h\frac{\partial}{\partial x}+k\frac{\partial}{\partial y}\right)^2 f(x_0,y_0)+\cdots+\frac{1}{n!}\left(h\frac{\partial}{\partial x}+k\frac{\partial}{\partial y}\right)^n f(x_0,y_0)\\&\quad+\frac{1}{(n+1)!}\left(h\frac{\partial}{\partial x}+k\frac{\partial}{\partial y}\right)^{n+1} f(x_0+\theta h,y_0+\theta k),\theta\in(0,1).\end{aligned}$$

证　作函数 $F(t)=f(x_0+ht,y_0+kt)$，$t\in[0,1]$，则由一元函数的泰勒定理知

$$\exists\theta\in(0,1)\ni\text{“}F(1)=F(0)+\frac{F'(0)}{1!}+\frac{F''(0)}{2!}+\cdots+\frac{F^{(n)}(0)}{n!}+\frac{F^{(n+1)}(\theta)}{(n+1)!}\text{”}.$$

而

$$F^{(m)}(t)=\left(h\frac{\partial}{\partial x}+k\frac{\partial}{\partial y}\right)^m f(x_0+ht,y_0+kt),\quad m=1,2,\cdots,n+1,$$

故结论成立.

与一元函数一样，泰勒公式亦有定性的表示，即 $\rho=\sqrt{h^2+k^2}$时，

$$f(x_0+h,y_0+k)=\sum_{p=0}^{n}\frac{1}{p!}\left(h\frac{\partial}{\partial x}+k\frac{\partial}{\partial y}\right)^p f(x_0,y_0)+o(\rho^n).$$

对于三元函数 $f(x,y,z)$，亦有

$$f(x_0+h,y_0+k,z_0+w)$$
$$=\sum_{p=0}^{n}\frac{1}{p!}\left(h\frac{\partial}{\partial x}+k\frac{\partial}{\partial y}+w\frac{\partial}{\partial z}\right)^p f(x_0,y_0,z_0)+o(\rho^n)\quad(\rho=\sqrt{h^2+k^2+w^2}).$$

由此，我们不难得到 n 元函数的泰勒公式.

例 3 设 $u=x^y$，求其在(1,4)点的泰勒公式(到二阶为止).

解 由于 $x_0=1,y_0=4,n=2$，所以

$$f(x,y)=x^y,f(1,4)=1;\quad f'_x(x,y)=yx^{y-1},f'_x(1,4)=4;$$
$$f'_y(x,y)=x^y\ln x,\quad f'_y(1,4)=0;$$
$$f''_{x^2}(x,y)=y(y-1)x^{y-2},f''_{x^2}(1,4)=12;$$
$$f''_{xy}(x,y)=x^{y-1}+yx^{y-1}\ln x,f''_{xy}(1,4)=1;$$
$$f''_{y^2}(x,y)=x^y(\ln x)^2,f''_{y^2}(1,4)=0.$$

所以 $x^y=1+4(x-1)+6(x-1)^2+(x-1)(y-4)+o(\rho^2)$.

16.3.4 二元函数的极值

定义 1 设 $u=f(x,y)$在区域 D 上有定义，$P_0(x_0,y_0)$是 D 上一内点，则

$P_0(x_0,y_0)$为极大点$\Leftrightarrow\exists\delta>0,\ni$“$(x,y)\in U(P_0,\delta)\Rightarrow f(x,y)\leqslant f(x_0,y_0)$”，此时，$f(x_0,y_0)$称为极大值.

$f(x_0,y_0)$为极小点$\Leftrightarrow\exists\delta>0,\ni$“$(x,y)\in U(P_0,\delta)\Rightarrow f(x,y)\geqslant f(x_0,y_0)$”，此时，$f(x_0,y_0)$称为极小值. 极大值与极小值统称为极值.

定理 4(极值存在的必要条件) 如果 $u=f(x,y)$在 $P_0(x_0,y_0)$点的偏导数存在，则

$$P_0(x_0,y_0)\text{ 为极值点 }\Rightarrow f'_x(x_0,y_0)=f'_y(x_0,y_0)=0.$$

证 如果 $u=f(x,y)$在点 $P_0(x_0,y_0)$取极值，则一元函数 $f(x,y_0)$在点 $x=x_0$ 取到极值，所以 $f'_x(x_0,y_0)=0$.

同理可证 $f'_y(x_0,y_0)=0$，故 $f'_x(x_0,y_0)=f'_y(x_0,y_0)=0$.

与一元函数一样，满足 $f'_x(x,y)=f'_y(x,y)=0$ 的点称为稳定点.

一般地，在偏导数存在的情况下，极值点一定是稳定点，但稳定点不一定是极值点，于是就需要寻找极值点的判别法.

方法 1 如果 $f(x,y)$在 D 上只有一个稳定点，且由实际意义极值存在，则稳定点就是极值点.

例 4 如图 16.4 所示，欲修横断面为梯形，面积为 S 的水渠，问 x,θ 何值时，湿周 $L=2x+a$ 最短？

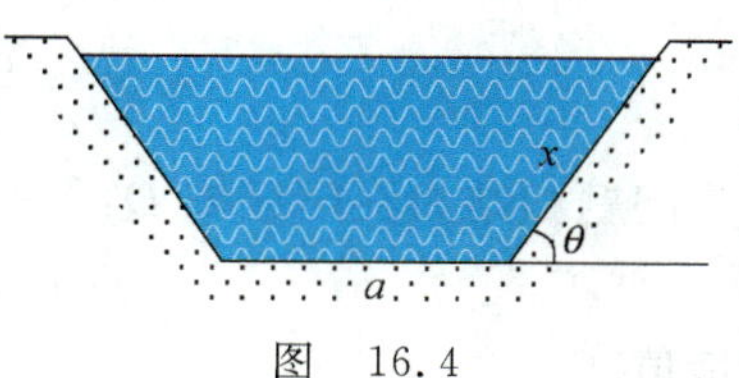

图 16.4

解 **方法 1** 由 $S=\frac{1}{2}x\sin\theta(2a+2x\cos\theta)$，得

$$a=\frac{S}{x\sin\theta}-x\cos\theta,$$

所以 $L=2x+\dfrac{S}{x\sin\theta}-x\cos\theta\left(x>0,0<\theta<\dfrac{\pi}{2}\right)$，于是

$$L'_x=2-\frac{S}{x^2\sin\theta}-\cos\theta,\quad L'_\theta=S\frac{\cos\theta}{x\sin^2\theta}+x\sin\theta.$$

令 $L'_x=L'_\theta=0$ 得 $\theta=\dfrac{\pi}{3}$，$x=\dfrac{2}{3}\sqrt{\sqrt{3}S}$，因为稳定点只有一个，所以此即所求.

方法 2 利用二阶导数判别极值点. 设 $f'_x(x_0,y_0)=f'_y(x_0,y_0)=0$，由泰勒公式可得

$$\Delta f=f(x_0+h,y_0+k)-f(x_0,y_0)=\frac{1}{2}\left(h\frac{\partial}{\partial x}+k\frac{\partial}{\partial y}\right)^2 f(x_0,y_0)+o(\rho^2)$$

$$=\frac{1}{2}(f''_{xx}(x_0,y_0)h^2+2f''_{xy}(x_0,y_0)hk+f''_{yy}(x_0,y_0)k^2)+o(\rho^2).$$

记 $f''_{xx}(x_0,y_0)=A$，$f''_{xy}(x_0,y_0)=B$，$f''_{yy}(x_0,y_0)=C$，则 Δf 的符号由二次三项式 $Ah^2+2Bhk+Ck^2$ 决定. 视 $Ah^2+2Bhk+Ck^2$ 是关于 h 的二次三项式，则判别式

$$\Delta=4B^2k^2-4ACk^2=4k^2(B^2-AC).$$

于是：(1) 当 $B^2-AC<0$ 时，(x_0,y_0) 为 $f(x,y)$ 的极值点，且当 $A<0$ 时，(x_0,y_0) 为 $f(x,y)$ 的极大点，当 $A<0$ 时，(x_0,y_0) 为 $f(x,y)$ 的极小点；

(2) 当 $B^2-AC>0$ 时，(x_0,y_0) 非极值点；

(3) 当 $B^2-AC=0$ 时，不能判断.

例 5 求 $f(x,y)=8x^3+y^3-12xy$ 的极值.

解 $f'_x(x,y)=24x^2-12y$，$f'_y(x,y)=3y^2-12x$.

令 $f'_x(x,y)=f'_y(x,y)=0$，得两个稳定点 $(0,0)$，$(1,2)$. 又

$$f''_{xx}(x,y)=48x,\quad f''_{xy}(x,y)=-12,\quad f''_{yy}(x,y)=6y,$$

于是 $B^2-AC=144-288xy$.

而 $(B^2-AC)|_{(0,0)}=144>0$，所以 $(0,0)$ 点非极值点；$(B^2-AC)|_{(1,2)}=-432<0$，所以 $(1,2)$ 点为极值点. 又 $A|_{(1,2)}=48>0$，所以 $(1,2)$ 点为极小点，极小值 $f(1,2)=-8$.

极值仅是函数的局部性质，要想获得函数 $f(x,y)$ 在某一闭区域 D 上的最值，必须考查 $f(x,y)$ 的所有稳定点、不可导点以及边界上的函数值，通过比较而得到最值.

与一元函数不同的是，虽然区域里的极值唯一，但不能由此极值而获得最值.

例 6 求半径为 R 的圆的内接三角形的最大面积.

解 用 x,y,z 表示圆内接三角形三边所对的圆心角，如果圆心在三角形内部，则 $x+y+z=2\pi$，如果圆心在三角形外，则 $z=x+y$，但在两种情况下，三角形的面积都是

$$S=\frac{R^2}{2}(\sin x+\sin y-\sin(x+y)).$$

于是问题归结为在闭区域 D：$x\geqslant 0,y\geqslant 0,x+y\leqslant 2\pi$，求函数

$$f(x,y)=\sin x+\sin y-\sin(x+y)$$

的最值.

而 $f'_x(x,y)=\cos x-\cos(x+y)$，$f'_y(x,y)=\cos y-\cos(x+y)$，令 $f'_x(x,y)=0$，$f'_y(x,y)=0$，得 $x=\frac{2\pi}{3}$，$y=\frac{2\pi}{3}$.

由于在 D 的边界上 $f(x,y)=0$，所以 $f\left(\frac{2\pi}{3},\frac{2\pi}{3}\right)=\frac{3\sqrt{3}}{2}$是 $f(x,y)$在闭区域 D 上的最大值，故 $S=\frac{3\sqrt{3}}{4}R^2$ 为所求.

习　题 16.3

1. 求下列函数的高阶偏导数：

(1) $z=x^4+y^4-4x^2y^2$，求所有二阶偏导数；

(2) $z=\mathrm{e}^x(\cos y+x\sin y)$，求所有二阶偏导数；

(3) $z=x\ln(xy)$，求$\frac{\partial^3 z}{\partial x^2\partial y}$，$\frac{\partial^3 z}{\partial x\partial y^2}$；

(4) $u=xyz\mathrm{e}^{x+y+z}$，求$\frac{\partial^{p+q+r}u}{\partial x^p\partial y^q\partial z^r}$；

(5) $z=f(xy^2,x^2y)$，求所有二阶偏导数；

(6) $u=f(x^2+y^2+z^2)$，求所有二阶偏导数；

(7) $z=f(x+y,xy,\frac{x}{y})$，求 z'_x，z''_{xx}，z''_{xy}.

2. 设 $u=f(x,y)$，$x=r\cos\theta$，$y=r\sin\theta$，证明：$\frac{\partial^2 u}{\partial r^2}+\frac{1}{r}\frac{\partial u}{\partial r}+\frac{1}{r^2}\frac{\partial^2 u}{\partial\theta^2}=\frac{\partial^2 u}{\partial x^2}+\frac{\partial^2 u}{\partial y^2}$.

3. 设 $u=f(r)$，$r^2=x_1^2+x_2^2+\cdots+x_n^2$，证明

$$\frac{\partial^2 u}{\partial x_1^2}+\frac{\partial^2 u}{\partial x_2^2}+\cdots+\frac{\partial^2 u}{\partial x_n^2}=\frac{\mathrm{d}^2 u}{\mathrm{d}r^2}+\frac{n-1}{r}\cdot\frac{\mathrm{d}u}{\mathrm{d}r}.$$

4. 设 $v=\frac{1}{r}g\left(t-\frac{r}{c}\right)$，$c$ 为常数，$r=\sqrt{x^2+y^2+z^2}$，证明：$v''_{xx}+v''_{yy}+v''_{zz}=\frac{1}{c^2}v''_{tt}$.

5. 设 D 为开区域，证明：若函数 $f(x,y)$满足 $\forall(x,y)\in D$，

$$f'_x(x,y)=f'_y(x,y)=0,$$

则 $f(x,y)\equiv C$.

6. 通过对 $F(x,y)=\sin x\cos y$ 使用中值定理证明 $\exists\,\theta\in(0,1)$，有

$$\frac{3}{4}=\frac{\pi}{3}\cos\frac{\pi\theta}{3}\cos\frac{\pi\theta}{6}-\frac{\pi}{6}\sin\frac{\pi\theta}{3}\sin\frac{\pi\theta}{6}.$$

7. 求下列函数在指定点处的泰勒公式：

(1) $f(x,y)=\sin(x^2+y^2)$在点$(0,0)$(到二阶为止)；

(2) $f(x,y)=\frac{x}{y}$在点$(1,1)$(到三阶为止)；

(3) $f(x,y)=\ln(1+x+y)$ 在点 $(0,0)$；

(4) $f(x,y)=2x^2-xy-y^2-6x-3y+5$ 在点 $(1,-2)$.

8. 求下列函数的极值点：

(1) $z=3axy-x^3-y^3(a>0)$；　　(2) $z=x^2-xy+y^2-2x+y$；

(3) $z=\mathrm{e}^{2x}(x+y^2+2y)$.

9. 求下列函数在指定范围内的最大值与最小值：

(1) $z=x^2-y^2$，$\{(x,y):x^2+y^2\leqslant 4\}$；

(2) $z=x^2-xy+y^2$，$\{(x,y):|x|+|y|\leqslant 1\}$.

10. 在已知周长为 $2p$ 的一切三角形中，求出面积为最大的三角形.

11. 在 xOy 平面上求一点，使得它到三条直线 $x=0$，$y=0$ 及 $x+2y-16=0$ 的距离的平方和最小.

12. 已知平面上 n 个点的坐标分别是

$$A_1(x_1,y_1),A_2(x_2,y_2),\cdots,A_n(x_n,y_n),$$

试求一点，使它与这 n 个点的距离的平方和最小.

13. 证明：函数 $u=\dfrac{1}{2a\sqrt{\pi t}}\mathrm{e}^{-\frac{(x-b)^2}{4a^2t}}$ $(a,b$ 为常数$)$ 满足热传导方程 $\dfrac{\partial u}{\partial t}=a^2\dfrac{\partial^2 u}{\partial x^2}$.

14. 证明：函数 $u=\ln\sqrt{(x-a)^2+(y-b)^2}$ $(a,b$ 为常数$)$ 满足拉普拉斯方程

$$\frac{\partial^2 u}{\partial x^2}+\frac{\partial^2 u}{\partial y^2}=0.$$

15. 证明：若函数 $u=f(x,y)$ 满足拉普拉斯方程 $\dfrac{\partial^2 u}{\partial x^2}+\dfrac{\partial^2 u}{\partial y^2}=0$，则函数

$$v=f\left(\frac{x}{x^2+y^2},\frac{y}{x^2+y^2}\right)$$

也满足此方程.

16. 设函数 $u=\varphi(x+\psi(y))$，证明：$\dfrac{\partial u}{\partial x}\dfrac{\partial^2 u}{\partial x\partial y}=\dfrac{\partial u}{\partial y}\dfrac{\partial^2 u}{\partial x^2}$.

17. 设 f'_x，f'_y 和 f''_{yx} 在 (x_0,y_0) 点的某邻域内存在，f''_{yx} 在 (x_0,y_0) 点连续，证明 $f''_{xy}(x_0,y_0)$ 也存在，且 $f''_{xy}(x_0,y_0)=f''_{yx}(x_0,y_0)$.

18. 设 f'_x，f'_y 在 (x_0,y_0) 点的某邻域内存在且在 (x_0,y_0) 点可微，则有

$$f''_{xy}(x_0,y_0)=f''_{yx}(x_0,y_0).$$

19. 设

$$u=\begin{vmatrix}1&1&1\\x&y&z\\x^2&y^2&z^2\end{vmatrix},$$

求：(1) $u'_x+u'_y+u'_z$；(2) $xu''_x+yu''_y+zu''_z$；(3) $u''_{xx}+u''_{yy}+u''_{zz}$.

20. 设 $f(x,y,z)=Ax^2+By^2+Cz^2+Dxy+Eyz+Fzx$，试按 h,k,l 的正整数幂展开

$f(x+h,y+k,z+l)$.

总练习题16

1. 设 $f(x,y,z)=x^2y+y^2z+z^2x$,证明:$f_x+f_y+f_z=(x+y+z)^2$.

2. 求函数

$$f(x,y)=\begin{cases}\dfrac{x^3-y^3}{x^2+y^2}, & x^2+y^2\neq 0,\\ 0, & x^2+y^2=0\end{cases}$$

在原点的偏导数 $f_x(0,0)$ 与 $f_y(0,0)$,并考查 $f(x,y)$ 在 $(0,0)$ 的可微性.

3. 设

$$u=\begin{vmatrix}1 & 1 & \cdots & 1\\ x_1 & x_2 & \cdots & x_n\\ x_1^2 & x_2^2 & \cdots & x_n^2\\ \vdots & \vdots & & \vdots\\ x_1^{n-1} & x_2^{n-1} & \cdots & x_n^{n-1}\end{vmatrix},$$

证明:(1) $\displaystyle\sum_{k=1}^{n}\frac{\partial u}{\partial x_k}=0$; (2) $\displaystyle\sum_{k=1}^{n}x_k\frac{\partial u}{\partial x_k}=\frac{n(n-1)}{2}u$.

4. 设函数 $f(x,y)$ 具有连续的 n 阶偏导数,试证函数 $g(t)=f(a+ht,b+kt)$ 的 n 阶导数为 $\dfrac{\mathrm{d}^n g(t)}{\mathrm{d}t^n}=\left(h\dfrac{\partial}{\partial x}+k\dfrac{\partial}{\partial y}\right)^n f(a+ht,b+kt)$.

5. 设 $\varphi(x,y,z)=\begin{vmatrix}a+x & b+y & c+z\\ d+z & e+x & f+y\\ g+y & h+z & k+x\end{vmatrix}$,求 $\dfrac{\partial^2\varphi}{\partial x^2}$.

6. 设 $\varphi(x,y,z)=\begin{vmatrix}f_1(x) & f_2(x) & f_3(x)\\ g_1(y) & g_2(y) & g_3(y)\\ k_1(z) & h_2(z) & h_3(z)\end{vmatrix}$,求 $\dfrac{\partial^3\varphi}{\partial x\partial y\partial z}$.

7. 设函数 $u=f(x,y)$ 在 $\mathbb{R}^2$ 上有 $u''_{xy}=0$,试求 u 关于 x,y 的函数式.

8. 设函数 $f(x,y)$ 在点 $P_0(x_0,y_0)$ 处可微,且在点 $P_0(x_0,y_0)$ 处给定了 n 个向量 $\boldsymbol{l}_k(k=1,2,\cdots,n)$,相邻两个向量之间的夹角为 $\dfrac{2\pi}{n}$,证明:$\displaystyle\sum_{k=1}^{n}f'_{l_k}(P_0)=0$.

9. 设 $f(x,y)$ 为 n 次齐次函数,而且 m 次可微,证明

$$\left(x\frac{\partial}{\partial x}+y\frac{\partial}{\partial y}\right)^m f(x,y)=n(n-1)\cdots(n-m+1)f(x,y).$$

10. 对于函数 $f(x,y)=\sin\dfrac{y}{x}$,试证:$\left(x\dfrac{\partial}{\partial x}+y\dfrac{\partial}{\partial y}\right)^m f(x,y)=0$.

硕士研究生入学试题选录

11. (填空题)设 $z=\frac{1}{x}f(xy)+y\varphi(x+y)$，$f,\varphi$ 具有二阶导数连续，则 $\frac{\partial^2 z}{\partial x\partial y}=$______.(1998 数一)

12. 设 $z=f\left(xy,\frac{x}{y}\right)+g\left(\frac{y}{x}\right)$，$f$ 具有二阶导数的偏连续，g 具有二阶导数连续，求 $\frac{\partial^2 z}{\partial x\partial y}=$______.(2000 数一)

13. 设 $z=f(x,y)$ 在点(1,1)处可微，$f(1,1)=1$，$\left.\frac{\partial f}{\partial x}\right|_{(1,1)}=2$，$\left.\frac{\partial f}{\partial y}\right|_{(1,1)}=3$，$\varphi(x)=f(x,f(x,x))$，求 $\frac{\mathrm{d}}{\mathrm{d}x}\varphi^3(x)$.(2001 数一)

14. (选择题)考虑二元函数 $z=f(x,y)$ 的下面四条性质：

(1) $f(x,y)$ 在点 (x_0,y_0) 处连续，

(2) $f(x,y)$ 在点 (x_0,y_0) 处的两个偏导数连续，

(3) $f(x,y)$ 在点 (x_0,y_0) 处可微，

(4) $f(x,y)$ 在点 (x_0,y_0) 处的两个偏导数存在.

则(　　).(2002 数一)

(A) (2)⇒(3)⇒(1)　　(B) (3)⇒(2)⇒(1)

(C) (3)⇒(4)⇒(1)　　(D) (3)⇒(1)⇒(4)

15. 设函数 $u(x,y,z)=1+\frac{x^2}{6}+\frac{y^2}{12}+\frac{z^2}{18}$，单位向量 $\boldsymbol{n}=\frac{1}{\sqrt{3}}(1,1,1)$，求 $\left.\frac{\partial u}{\partial \boldsymbol{n}}\right|_{(1,2,3)}$.(2005 数一)

第17章

隐函数定理及其应用

17.1 隐　函　数

17.1.1 隐函数的概念

形如 $y=x^2+1, u=e^{xyz}(\sin xy+\sin yz+\sin xz)$ 等的函数称为显函数. 即由自变量的代数式给出对应关系的函数称为显函数. 由方程或方程组给出对应关系的函数就称为隐函数.

例如方程 $xy+y-1=0$ 能确定一个 x 与 y 的函数关系

$$y=\frac{1}{1+x}, \quad x\neq -1.$$

定义 1 对于二元方程 $F(x,y)=0$,如果

$$\forall x\in I, \quad \exists \mid y\in G, \quad \ni \text{“}F(x,y)=0\text{”},$$

由此而确定的函数 $y=f(x), x\in I$ 称为隐函数.

在这里,$F(x,y)=0$ 确定了隐函数 $y=f(x), x\in I$,并不意味着能从方程 $F(x,y)=0$ 中利用恒等变形变为用 x 的代数式表示 y,也就是由隐式变为显式. 例如由 $e^{x+y}-xy=0$ 所确定的隐函数就不能用显式给出.

显函数可变为隐函数,而隐函数不一定能变为显函数. 但我们可以给出隐函数连续性、可导性的讨论.

同理,我们可以通过三元方程 $F(x,y,z)=0$ 确定一个二元函数

$$z=f(x,y), \quad \text{或 } y=f(x,z), \quad \text{或 } x=f(y,z).$$

亦可以通过三元方程组

$$\begin{cases} F(x,y,z)=0, \\ G(x,y,z)=0 \end{cases}$$

确定一个一元函数.

在什么条件下,隐函数存在且唯一呢? 对于二元方程 $F(x,y)=0$,可视为

$$\begin{cases} z=F(x,y), \\ z=0, \end{cases}$$

于是,方程 $F(x,y)=0$ 能确定隐函数时,至少方程组

$$\begin{cases} z=F(x,y), \\ z=0 \end{cases}$$

有解，即

$$\exists P_0(x_0,y_0), \ni \text{“}F(x_0,y_0)=0\text{”}.$$

其次，若方程 $F(x,y)=0$ 能够确定一个连续函数，则方程组的解是一条通过 P_0 点的连续曲线（见图 17.1）.

如果在一定的条件下，进一步要求方程 $F(x,y)=0$ 确定的隐函数 $y=f(x)$ 或 $x=g(y)$ 在 P_0 点可导，则由链式法则得

$$F'_x(P_0)+F'_y(P_0)\left.\frac{\mathrm{d}y}{\mathrm{d}x}\right|_{(x_0,y_0)}=0,$$

所以当 $F'_y(P_0)\neq 0$ 时，有

$$\left.\frac{\mathrm{d}y}{\mathrm{d}x}\right|_{(x_0,y_0)}=-\frac{F'_x(P_0)}{F'_y(P_0)}.$$

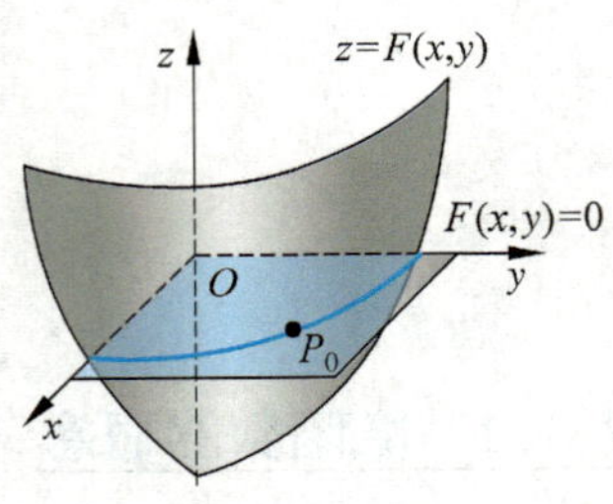

图　17.1

同理可得，当 $F'_x(P_0)\neq 0$ 时，$\left.\frac{\mathrm{d}x}{\mathrm{d}y}\right|_{(x_0,y_0)}=-\frac{F'_y(P_0)}{F'_x(P_0)}$.

由上面的讨论，我们就得到了下面的隐函数存在与连续可微定理.

定理 1　如果二元函数 $z=F(x,y)$ 在以 $P_0(x_0,y_0)$ 点为内点的区域 D 内连续，且 $F(x_0,y_0)=0$，又 $F'_x(x,y)$，$F'_y(x,y)$ 存在且连续，且 $F'_y(x_0,y_0)\neq 0$，则

$$\exists \mid y=f(x),\quad x\in U(x_0,\delta),$$

满足：(1) $F(x,f(x))=0, x\in U(x_0,\delta)$，且 $y_0=f(x_0)$；

(2) $y=f(x)$ 在 $U(x_0,\delta)$ 内连续；

(3) $y=f(x)$ 在 $U(x_0,\delta)$ 内可导，且 $f'(x)=-\dfrac{F'_x(x,y)}{F'_y(x,y)}$.

证　(1) 由 $F'_y(x_0,y_0)\neq 0$，不妨设 $F'_y(x_0,y_0)>0$，因 $F'_y(x,y)$ 在 D 上连续，所以由保号性知

$$\exists E=[x_0-\alpha,x_0+\alpha]\times[y_0-\alpha,y_0+\alpha],\quad \ni \text{“}\forall (x,y)\in E, F'_y(x,y)>0\text{”},$$

于是固定 $x\in[x_0-\alpha,x_0+\alpha]$，$F(x,y)$ 作为 y 的函数在 $[y_0-\alpha,y_0+\alpha]$ 上单调且连续. 而 $F(x_0,y_0)=0$，所以 $F(x_0,y_0-\alpha)<0$，$F(x_0,y_0+\alpha)>0$，由 $F(x,y)$ 的连续性知 $\exists (x_0-\delta,x_0+\delta)\subseteq[x_0-\alpha,x_0+\alpha]$，

$$\ni \text{“}\forall x\in U(x_0,\delta),\quad F(x,y_0-\alpha)<0,\quad F(x,y_0+\alpha)>0\text{”},$$

从而 $\forall \bar{x}\in U(x_0,\delta)$，$F(\bar{x},y_0-\alpha)<0$，$F(\bar{x},y_0+\alpha)>0$.

于是 $\forall \bar{x}\in U(x_0,\delta)$，$\exists \mid \bar{y}\in[y_0-\alpha,y_0+\alpha]$，$\ni$“$F(\bar{x},\bar{y})=0$”.

这就确定了一个隐函数 $y=f(x)$，$x\in U(x_0,\delta)$，且 $y_0=f(x_0)$.

(2) $\forall x\in U(x_0,\delta)$，$y=f(x)$，且 $F(x,f(x))\equiv 0$.

给 x 以改变量 Δx，函数 $y=f(x)$ 相应的改变量为 Δy，且

$$F(x+\Delta x,y+\Delta y)=0,$$

于是

$$0=F(x+\Delta x,y+\Delta y)-F(x,y)$$

$$=F'_x(x+\theta\Delta x,y+\theta\Delta y)\Delta x+F'_y(x+\theta\Delta x,y+\theta\Delta y)\Delta y,$$

从而 $\Delta y=-\dfrac{F'_x(x+\theta\Delta x,y+\theta\Delta y)}{F'_y(x+\theta\Delta x,y+\theta\Delta y)}\Delta x$，因此 $\lim\limits_{\Delta x\to 0}\Delta y=0$，所以 $y=f(x)$ 在 $U(x_0,\delta)$ 上连续.

(3) 由(2)知

$$\frac{\Delta y}{\Delta x}=-\frac{F'_x(x+\theta\Delta x,y+\theta\Delta y)}{F'_y(x+\theta\Delta x,y+\theta\Delta y)},$$

令 $\Delta x\to 0$ 得，$y=f(x)$ 在 $U(x_0,\delta)$ 上可导，且 $f'(x)=-\dfrac{F'_x(x,y)}{F'_y(x,y)}$.

综上可知，定理 1 成立.

由隐函数存在与连续可微定理，我们可以得隐函数求导法如下.

对于方程 $F(x,y)=0$，视 y 为 x 的函数，对 x 求导得

$$F'_x(x,y)+F'_y(x,y)y'=0,$$

当 $F'_y(x,y)\neq 0$ 时，$y'=-\dfrac{F'_x(x,y)}{F'_y(x,y)}$.

如果求二阶导数，则对 x 继续求导即得

$$F'_{xx}(x,y)+F'_{xy}(x,y)y'+F'_{yx}(x,y)y'+F'_{yy}(x,y)(y')^2+F'_y(x,y)y''=0,$$

整理即得

$$y''=-\frac{F'_{xx}+F'_{xy}\cdot y'+F'_{yx}\cdot y'+F'_{yy}\cdot(y')^2}{F'_y}.$$

把定理 1 推广到三元函数上去，就得到下面的定理.

定理 2 如果三元函数 $u=F(x,y,z)$ 在以 $P_0(x_0,y_0,z_0)$ 为内点的区域 D 连续，且 $F(x_0,y_0,z_0)=0$，又 $F'_x(x,y,z)$，$F'_y(x,y,z)$，$F'_z(x,y,z)$ 存在且连续，且 $F'_z(x_0,y_0,z_0)\neq 0$，则 $\exists\ z=f(x,y)$，$(x,y)\in U((x_0,y_0),\delta)$，满足：

(1) $F(x,y,f(x,y))=0$，$(x,y)\in U((x_0,y_0),\delta)$，且 $z_0=f(x_0,y_0)$；

(2) $z=f(x,y)$ 在 $U((x_0,y_0),\delta)$ 内连续；

(3) $z=f(x,y)$ 在 $U((x_0,y_0),\delta)$ 内可导，且

$$f'_x(x,y)=-\frac{F'_x(x,y,z)}{F'_z(x,y,z)},\quad f'_y(x,y)=-\frac{F'_y(x,y,z)}{F'_z(x,y,z)}.$$

证明略.

17.1.2 隐函数求导举例

例 1 设方程 $F(x,y)=y-x-\dfrac{1}{2}\sin y=0$，由于 $F(x,y)$ 在 xOy 平面上的任一点都连续，且 $F(0,0)=0$，$F'_y(x,y)=1-\dfrac{1}{2}\cos y>0$，所以方程

$$F(x,y)=y-x-\frac{1}{2}\sin y=0$$

确定了一个连续、可导的函数 $y=f(x)$，其导数为

$$f'(x)=-\frac{F'_x(x,y)}{F'_y(x,y)}=\frac{1}{1-\frac{1}{2}\cos y}=\frac{2}{2-\cos y}.$$

例 2　讨论笛卡儿叶形线 $x^3+y^3-3axy=0$ 所确定的隐函数 $y=f(x)$ 的导数.

解　由隐函数定理，在

$$F'_y=3y^2-3ax\neq 0,$$

的点 (x,y) 的附近，该方程能确定一个隐函数 $y=f(x)$.

由于 $F'_x=3x^2-3ay$，$F'_y=3y^2-3ax$，所以 $f'(x)=\frac{ay-x^2}{y^2-ax}(y^2-ax\neq 0)$ 为所求.

例 3　讨论方程 $F(x,y,z)=xyz^3+x^2+y^3-z=0$ 在原点附近所确定的二元函数 $z=f(x,y)$ 及其偏导数.

解　因为 $F(0,0,0)=0$，$F'_z(0,0,0)=-1\neq 0$，所以在原点附近能确定二元函数 $z=f(x,y)$，且可导.

在 $F(x,y,z)=0$ 的两边对 x 求导得

$$F'_x(x,y,z)+F'_y(x,y,z)\cdot\frac{\partial y}{\partial x}+F'_z(x,y,z)\cdot\frac{\partial z}{\partial x}=0,$$

所以 $\frac{\partial z}{\partial x}=-\frac{F'_x(x,y,z)}{F'_z(x,y,z)}=\frac{yz^3+2x}{1-3xyz^2}$. 同理可得 $\frac{\partial z}{\partial y}=-\frac{F'_y(x,y,z)}{F'_z(x,y,z)}=\frac{xz^3+3y^2}{1-3xyz^2}$.

例 4　设函数 $y=y(x)$ 由方程 $y=2x\arctan\frac{y}{x}(x\neq 0)$ 确定，求 y'，y''.

解　设 $F(x,y)=y-2x\arctan\frac{y}{x}(x\neq 0)$，则 $F(x,y)$ 满足隐函数定理的条件. 又由 $2\arctan\frac{y}{x}=\frac{y}{x}$，得

$$F'_x(x,y)=-2\arctan\frac{y}{x}+\frac{2xy}{x^2+y^2}=-\frac{y}{x}+\frac{2xy}{x^2+y^2}=\frac{x^2y-y^3}{x(x^2+y^2)},$$

$$F'_y(x,y)=1-\frac{2x^2}{x^2+y^2}=-\frac{x^2-y^2}{x^2+y^2},$$

所以 $y'=\frac{y}{x}$，而 $y''=\frac{y'x-y}{x^2}=0$.

对于多元函数求偏导数，从计算微分出发要简单些.

例 5　设 $F(u,v)$ 有二阶连续的偏导数，而函数 $z(x,y)$ 是由方程

$$F(x+z,y+z)=0$$

确定，求 $z(x,y)$ 的一阶、二阶偏导数.

解　对 $F(x+z,y+z)=0$ 两端求微分得

$$F'_1\cdot(\mathrm{d}x+\mathrm{d}z)+F'_2\cdot(\mathrm{d}y+\mathrm{d}z)=0,\qquad(*)$$

于是 $F_1'\mathrm{d}x+F_1'\mathrm{d}z+F_2'\mathrm{d}y+F_2'\mathrm{d}z=0$，即 $\mathrm{d}z=-\dfrac{F_1'}{F_1'+F_2'}\mathrm{d}x-\dfrac{F_2'}{F_1'+F_2'}\mathrm{d}y$，所以 $z_x'=-\dfrac{F_1'}{F_1'+F_2'}$，$z_y'=-\dfrac{F_2'}{F_1'+F_2'}(F_1'+F_2'\neq 0)$为所求.

对(＊)式两端再求微分得

$$F_{11}''\cdot(\mathrm{d}x+\mathrm{d}z)^2+2F_{12}''\cdot(\mathrm{d}x+\mathrm{d}z)(\mathrm{d}y+\mathrm{d}z)+F_1'\cdot\mathrm{d}^2z+F_{22}''\cdot(\mathrm{d}y+\mathrm{d}z)^2+F_2'\cdot\mathrm{d}^2z=0,$$

所以

$$\begin{aligned}\mathrm{d}^2z&=-\frac{F_{11}''(\mathrm{d}x+\mathrm{d}z)^2+2F_{12}''(\mathrm{d}x+\mathrm{d}z)(\mathrm{d}y+\mathrm{d}z)+F_{22}''(\mathrm{d}y+\mathrm{d}z)^2}{(F_1'+F_2')^2}\\&=-\frac{F_{11}''\cdot F_2'^2-2F_{12}''\cdot F_1'\cdot F_2'+F_{22}''F_1'^2}{(F_1'+F_2')^2}(\mathrm{d}x^2-\mathrm{d}x\mathrm{d}y+\mathrm{d}y^2).\end{aligned}$$

故

$$z_{xx}''=-\frac{F_{11}''\cdot F_2'^2-2F_{12}''\cdot F_1'\cdot F_2'+F_{22}''F_1'^2}{(F_1'+F_2')^2}=z_{yy}'',$$

$$z_{xy}''=\frac{F_{11}''\cdot F_2'^2-2F_{12}''\cdot F_1'\cdot F_2'+F_{22}''F_1'^2}{(F_1'+F_2')^2}.$$

习题 17.1

1. 方程 $\cos x+\sin y=\mathrm{e}^{xy}$ 能否在原点的某邻域内确定隐函数 $y=f(x)$ 或 $x=g(y)$？

2. 方程 $xy+z\ln y+\mathrm{e}^{xz}=1$ 在点$(0,1,1)$的某邻域能否确定出某一个变量为另外两个变量的函数？

3. 求由下列方程所确定的隐函数的导数：

(1) $x^2y+3x^4y^3-4=0$，求 $\dfrac{\mathrm{d}y}{\mathrm{d}x}$；

(2) $\ln\sqrt{x^2+y^2}=\arctan\dfrac{y}{x}$，求 $\dfrac{\mathrm{d}y}{\mathrm{d}x}$；

(3) $\mathrm{e}^{-xy}+2z-\mathrm{e}^z=0$，求 $\dfrac{\partial z}{\partial x},\dfrac{\partial z}{\partial y}$；

(4) $a+\sqrt{a^2-y^2}=y\mathrm{e}^u$，$u=\dfrac{x+\sqrt{a^2-y^2}}{a}(a>0)$，求 $\dfrac{\mathrm{d}y}{\mathrm{d}x},\dfrac{\mathrm{d}^2y}{\mathrm{d}x^2}$；

(5) $x^2+y^2+z^2-2x+2y-4z-5=0$，求 $\dfrac{\partial z}{\partial x},\dfrac{\partial z}{\partial y}$；

(6) $z=f(x+y+z,xyz)$，求 $\dfrac{\partial z}{\partial x},\dfrac{\partial x}{\partial y},\dfrac{\partial y}{\partial z}$.

4. 设 $z=x^2+y^2$，其中 $y=f(x)$ 为方程 $x^2-xy+y^2=1$ 所确定的隐函数，求 $\dfrac{\mathrm{d}z}{\mathrm{d}x},\dfrac{\mathrm{d}^2z}{\mathrm{d}x^2}$.

5. 设 $u=x^2+y^2+z^2$，其中 $z=f(x,y)$ 为方程 $x^3+y^3+z^3=3xyz$ 所确定的隐函数，求 u'_x, u''_{xx}.

6. 求由下列方程所确定的隐函数的偏导数：

(1) $x+y+z=\mathrm{e}^{-(x+y+z)}$，求 z 对于 x,y 的一阶与二阶偏导数；

(2) $F(x,x+y,x+y+z)=0$，求 $\dfrac{\partial z}{\partial x},\dfrac{\partial z}{\partial y},\dfrac{\partial^2 z}{\partial x^2}$.

7. 证明：设方程 $F(x,y)=0$ 所确定的隐函数 $y=f(x)$ 具有二阶连续导数，则当 $F'_y\neq 0$ 时，有

$$F_y^3 y''=\begin{vmatrix} F''_{xx} & F''_{xy} & F'_x \\ F''_{xy} & F''_{yy} & F'_y \\ F'_x & F'_y & 0 \end{vmatrix}.$$

8. 设 $f(x)$ 是一元函数，试问应对 $f(x)$ 提出什么条件，方程

$$2f(xy)=f(x)+f(y)$$

在点 $P_0(1,1)$ 的邻域内能确定出唯一的 y 为 x 的函数.

17.2　隐函数组

17.2.1　隐函数组的概念

对于四元方程组

$$\begin{cases} F(x,y,u,v)=0, \\ G(x,y,u,v)=0, \end{cases}$$

如果能够消元，消去变元 v，则得到一个三元方程 $W(x,y,u)=0$，又此方程能确定函数 $u=f(x,y)$，满足

$$W(x,y,f(x,y))\equiv 0,$$

则称函数 $u=f(x,y)$ 是由方程组确定的隐函数.

若消去变元 u，则得到一个三元方程 $H(x,y,v)=0$ 确定的函数 $v=g(x,y)$，也称为由方程组

$$\begin{cases} F(x,y,u,v)=0, \\ G(x,y,u,v)=0 \end{cases}$$

确定的隐函数.

于是函数组

$$\begin{cases} u=f(x,y), \\ v=g(x,y) \end{cases}$$

是由四元方程组确定，其满足

$$\begin{cases}F(x,y,f(x,y),g(x,y))\equiv 0,\\G(x,y,f(x,y),g(x,y))\equiv 0.\end{cases}$$

由于消元不是一件容易的事，所以给出下面的定义.

定义 1 对于四元方程组

$$\begin{cases}F(x,y,u,v)=0,\\G(x,y,u,v)=0,\end{cases}$$

如果 $\forall(x,y)\in D$，$\exists\,|\,u=f(x,y)$，$v=g(x,y)$，$\ni$“$F(x,y,u,v)\equiv 0$，$G(x,y,u,v)\equiv 0$”，则称由此而确定的函数组

$$\begin{cases}u=f(x,y),\\v=g(x,y)\end{cases}$$

为**隐函数组**.

对于三元方程组

$$\begin{cases}F(x,y,z)=0,\\G(x,y,z)=0,\end{cases}$$

具有一定的条件时，亦可确定隐函数组

$$\begin{cases}y=f(x),\\z=g(x).\end{cases}$$

一般地，变元的个数大于方程组中方程的个数. 方程的个数有多少，隐函数组中的函数就有多少.

17.2.2 隐函数组存在定理

对于方程组

$$\begin{cases}F(x,y,u,v)=0,\\G(x,y,u,v)=0,\end{cases}$$

在可微的条件下，视 u,v 为 x,y 的函数，分别对 x,y 求偏导数得

$$\begin{cases}F'_x+F'_u\cdot u'_x+F'_v\cdot v'_x=0,\\G'_x+G'_u\cdot u'_x+G'_v\cdot v'_x=0,\end{cases}\quad\begin{cases}F'_y+F'_u\cdot u'_y+F'_v\cdot v'_y=0,\\G'_y+G'_u\cdot u'_y+G'_v\cdot v'_y=0.\end{cases}$$

如果 $\begin{vmatrix}F'_u & F'_v\\G'_u & G'_v\end{vmatrix}\neq 0$，其称为 F,G 关于 u,v 雅可比行列式，记作

$$J=\frac{\partial(F,G)}{\partial(u,v)}.$$

这样，我们不求解出 u,v 的显式，就可得到

$$u'_x=\frac{-1}{J}\frac{\partial(F,G)}{\partial(x,v)},\quad v'_x=\frac{-1}{J}\frac{\partial(F,G)}{\partial(u,x)},$$

$$u'_y=\frac{-1}{J}\frac{\partial(F,G)}{\partial(y,v)},\quad v'_y=\frac{-1}{J}\frac{\partial(F,G)}{\partial(u,y)}.$$

定理 1　对于四元方程组

$$\begin{cases}F(x,y,u,v)=0,\\G(x,y,u,v)=0,\end{cases}$$

如果：

(1) 函数 $F(x,y,u,v)$，$G(x,y,u,v)$ 在以 $P_0(x_0,y_0,u_0,v_0)$ 为内点的区域 V 内连续；

(2) $F(x_0,y_0,u_0,v_0)=0$，$G(x_0,y_0,u_0,v_0)=0$；

(3) F,G 在 V 内具有一阶连续的偏导数；

(4) $J=\left.\dfrac{\partial(F,G)}{\partial(u,v)}\right|_{P_0}\neq 0$.

则在 P_0 点的某邻域 $U(P_0)$ 内，确定唯一的二元隐函数组

$$\begin{cases}u=f(x,y),\\v=g(x,y),\end{cases}$$

其满足：

(1) $u_0=f(x_0,y_0)$，$v_0=g(x_0,y_0)$，且 $(x,y,u,v)\in U(P_0)$ 时，

$$\begin{cases}F(x,y,f(x,y),g(x,y))\equiv 0,\\G(x,y,f(x,y),g(x,y))\equiv 0;\end{cases}$$

(2) $u=f(x,y)$，$v=g(x,y)$ 在其定义域内连续，具有一阶连续的偏导数，且

$$u'_x=\frac{-1}{J}\frac{\partial(F,G)}{\partial(x,v)},\quad v'_x=\frac{-1}{J}\frac{\partial(F,G)}{\partial(u,x)},$$

$$u'_y=\frac{-1}{J}\frac{\partial(F,G)}{\partial(y,v)},\quad v'_y=\frac{-1}{J}\frac{\partial(F,G)}{\partial(u,y)}.$$

在定理 1 中，也可以视其中两个变元为另外两个变元的函数，如当

$$J=\left.\frac{\partial(F,G)}{\partial(u,x)}\right|_{P_0}\neq 0$$

时，所得的隐函数组为

$$\begin{cases}y=y(u,x),\\v=v(u,x).\end{cases}$$

例 1　讨论方程组

$$\begin{cases}F(x,y,u,v)=u^2+v^2-x^2-y=0,\\G(x,y,u,v)=-u+v-xy+1=0,\end{cases}$$

在 $P_0(2,1,1,2)$ 点的某邻域内确定的隐函数组，并求其偏导数.

解　因为 $F(P_0)=0$，$G(P_0)=0$，又

$$F'_x=-2x,\quad F'_y=-1,\quad F'_u=2u,\quad F'_v=2v,$$

$$G'_x=-y,G'_y=-x,\quad G'_u=-1,\quad G'_v=1,$$

容易验算，在 $P_0(2,1,1,2)$ 点的 6 个雅可比行列式中，只有

$$J=\left.\frac{\partial(F,G)}{\partial(x,v)}\right|_{P_0}=0,$$

于是在 P_0 点的某邻域内可确定其余的 5 组隐函数，其变量分别是

$$(x,y),(x,u),(x,v),(y,v),(u,v).$$

例如，求 $x=x(u,v)$，$y=y(u,v)$ 的偏导数时，只需对方程组求导得

$$\begin{cases}2u-2xx'_u-y'_u=0,\\-1-yx'_u-xy'_u=0,\end{cases}\quad \begin{cases}2v-2xx'_v-y'_v=0,\\1-xy'_v-yx'_v=0,\end{cases}$$

解之得

$$x'_u=\frac{2xu+1}{2x^2-y},\quad y'_u=\frac{2x+2yu}{-2x^2+y},\quad x'_v=\frac{2xv-1}{2x^2-y},\quad y'_v=\frac{2x-2yu}{2x^2-y}.$$

17.2.3 反函数组与坐标变换

设有函数组

$$\begin{cases}u=u(x,y),\\v=v(x,y),\end{cases}$$

其定义域 $D\subset\mathbb{R}^2$，因为 $\forall(x,y)\in D$，$\exists\,|\,(u,v)\in\mathbb{R}^2$ 与之对应，所以由此对应而获得一个映射，记作 T，即

$$T:D\to A\subseteq\mathbb{R}^2 \text{ 或 } T:(x,y)\mapsto(u,v).$$

如果 T 是一一映射，则 $\forall(u,v)\in A$，$\exists\,|\,(x,y)\in D$ 与之对应，由此而确定的映射称为逆映射(逆变换)，记作 T^{-1}，即

$$T^{-1}:(u,v)\mapsto(x,y).$$

此时存在定义在 A 上的函数组

$$\begin{cases}x=x(u,v),\\y=y(u,v),\end{cases}$$

称其为原函数的反函数组.

下面讨论反函数组的存在性.

将函数组

$$\begin{cases}u=u(x,y),\\v=v(x,y)\end{cases}$$

改为隐式

$$\begin{cases}u-u(x,y)=0,\\v-v(x,y)=0.\end{cases}$$

利用隐函数组存在定理即得下面的定理.

定理 2 设函数组

$$\begin{cases}u=u(x,y),\\v=v(x,y)\end{cases}$$

及其一阶偏导数在 D 上连续，$P_0(x_0,y_0)$ 是 D 的内点，且 $u_0=u(x_0,y_0)$，$v_0=v(x_0,y_0)$，$\left.\frac{\partial(u,v)}{\partial(x,y)}\right|_{P_0}\neq 0$，则在 P_0 的某邻域 $U(P_0)$ 内存在隐函数组

$$\begin{cases}x=x(u,v),\\ y=y(u,v),\end{cases}$$

其满足 $x_0=x(u_0,v_0)$，$y_0=y(u_0,v_0)$，且 $x'_u=\dfrac{-v'_y}{\dfrac{\partial(u,v)}{\partial(x,y)}}$，$x'_v=\dfrac{u'_y}{\dfrac{\partial(u,v)}{\partial(x,y)}}$.

由定理 2 可得 $\dfrac{\partial(u,v)}{\partial(x,y)}\cdot\dfrac{\partial(x,y)}{\partial(u,v)}=1$，这与一元函数中反函数求导公式何等相似.

例 2　平面直角坐标与极坐标的变换公式为

$$\begin{cases}x=r\cos\theta,\\ y=r\sin\theta.\end{cases}$$

由于

$$\frac{\partial(x,y)}{\partial(r,\theta)}=\begin{vmatrix}\cos\theta & -r\sin\theta\\ \sin\theta & r\cos\theta\end{vmatrix}=r,$$

所以当 r≠0 时，有逆变换公式

$$r=\sqrt{x^2+y^2},\theta=\begin{cases}\arctan\dfrac{y}{x}, & x>0,\\ \pi+\arctan\dfrac{y}{x}, & x<0.\end{cases}$$

例 3　空间直角坐标与球坐标的变换公式为

$$\begin{cases}x=r\sin\varphi\cos\theta,\\ y=r\sin\varphi\sin\theta,\\ z=r\cos\varphi.\end{cases}$$

由于

$$\frac{\partial(x,y,z)}{\partial(r,\varphi,\theta)}=\begin{vmatrix}\sin\varphi\cos\theta & r\cos\varphi\cos\theta & -r\sin\varphi\sin\theta\\ \sin\varphi\sin\theta & r\cos\varphi\sin\theta & r\sin\varphi\cos\theta\\ \cos\varphi & -r\sin\varphi & 0\end{vmatrix}=r^2\sin\varphi,$$

所以当 $r^2\sin\varphi\neq 0$ 时，有逆变换公式

$$r=\sqrt{x^2+y^2+z^2},\quad \theta=\arctan\frac{y}{x},\quad \varphi=\arccos\frac{z}{r}.$$

习　题 17.2

1. 讨论方程组

$$\begin{cases}x^2+y^2=\dfrac{z^2}{2},\\ x+y+z=2\end{cases}$$

在点(1,−1,2)的附近能否确定形如 $x=f(z)$,$y=g(z)$的隐函数组?

2. 求下列方程组所确定的隐函数组的导数:

(1) $\begin{cases} x^2+y^2+z^2=a^2, \\ x^2+y^2=ax, \end{cases}$ 求$\dfrac{\mathrm{d}y}{\mathrm{d}x},\dfrac{\mathrm{d}z}{\mathrm{d}x}$;　　(2) $\begin{cases} x-u^2-yv=0, \\ y-v^2-xu=0, \end{cases}$ 求$\dfrac{\partial u}{\partial x},\dfrac{\partial v}{\partial x},\dfrac{\partial u}{\partial y},\dfrac{\partial v}{\partial y}$;

(3) $\begin{cases} u=f(ux,v+y), \\ v=g(u-x,v^2y), \end{cases}$ 求$\dfrac{\partial u}{\partial x},\dfrac{\partial v}{\partial x}$.

3. 求下列函数组所确定的反函数组的偏导数:

(1) $\begin{cases} x=\mathrm{e}^u+u\sin v, \\ y=\mathrm{e}^u-u\cos v, \end{cases}$ 求 u'_x,u'_y,v'_x,v'_y;　　(2) $\begin{cases} x=u+v, \\ y=u^2+v^2, \\ z=u^3+v^3, \end{cases}$ 求 z'_x.

4. 设函数 $z=z(x,y)$是由方程组

$$\begin{cases} x=\mathrm{e}^{u+v}, \\ y=\mathrm{e}^{u-v}, (u,v\text{ 为参变量}) \\ z=uv, \end{cases}$$

所确定的函数,求当 $u=0,v=0$ 时的 $\mathrm{d}z$.

5. 设以 u,v 为新的自变量,变换下列方程:

(1) $(x+y)\dfrac{\partial z}{\partial x}-(x-y)\dfrac{\partial z}{\partial y}=0$,设 $u=\ln\sqrt{x^2+y^2}$,$v=\arctan\dfrac{y}{x}$;

(2) $x^2\dfrac{\partial^2 z}{\partial x^2}-y^2\dfrac{\partial^2 z}{\partial y^2}=0$,设 $u=xy$,$v=\dfrac{x}{y}$.

6. 设函数 $u=u(x,y)$由方程组 $u=f(x,y,z,t)$,$g(y,z,t)=0$,$h(z,t)=0$ 所确定,求$\dfrac{\partial u}{\partial x}$和$\dfrac{\partial u}{\partial y}$.

7. 设 $u=u(x,y,z)$,$v=v(x,y,z)$和 $x=x(s,t)$,$y=y(s,t)$,$z=z(s,t)$都有一阶连续的偏导数,证明

$$\frac{\partial(u,v)}{\partial(s,t)}=\frac{\partial(u,v)}{\partial(x,y)}\cdot\frac{\partial(x,y)}{\partial(s,t)}+\frac{\partial(u,v)}{\partial(y,z)}\cdot\frac{\partial(y,z)}{\partial(s,t)}+\frac{\partial(u,v)}{\partial(z,x)}\cdot\frac{\partial(z,x)}{\partial(s,t)}.$$

8. 设 $u=\dfrac{y}{\tan x}$,$v=\dfrac{y}{\sin x}$,$0<x<\dfrac{\pi}{2}$,$y>0$.

(1) 解出 x,y 作为 u,v 的函数;

(2) 画出 xOy 平面上 $u=1,v=2$ 所对应的坐标曲线;

(3) 计算$\dfrac{\partial(u,v)}{\partial(x,y)}$和$\dfrac{\partial(x,y)}{\partial(u,v)}$,并验证它们互为倒数.

9. 将以下式中(x,y,z)的变换为球面坐标(r,θ,φ)的形式：

$$\Delta_1 u=\left(\frac{\partial u}{\partial x}\right)^2+\left(\frac{\partial u}{\partial y}\right)^2+\left(\frac{\partial u}{\partial z}\right)^2,\quad \Delta_2 u=\frac{\partial^2 u}{\partial x^2}+\frac{\partial^2 u}{\partial y^2}+\frac{\partial^2 u}{\partial z^2}.$$

10. 设$u=\frac{x}{r^2},v=\frac{y}{r^2},w=\frac{z}{r^2}$,其中$r=\sqrt{x^2+y^2+z^2}$.

(1) 试求以u,v,w为自变量的反函数组；　　(2) 计算$\frac{\partial(u,v,w)}{\partial(x,y,z)}$.

17.3 几何应用

17.3.1 曲线的切线与法平面

1. 平面曲线的切线与法线

如果平面曲线由$y=f(x)$给出,则该曲线在$(x_0,f(x_0))$点的切线方程为$y-y_0=f'(x_0)(x-x_0)$. 设曲线由方程$F(x,y)=0$给出,它在$P_0(x_0,y_0)$点的某邻域内满足隐函数定理,则

$$f'(x)=-\frac{F'_x(x,y)}{F'_y(x,y)}\quad 或\quad g'(y)=-\frac{F'_y(x,y)}{F'_x(x,y)},$$

且切线方程为

$$F'_x(x_0,y_0)(x-x_0)+F'_y(x_0,y_0)(y-y_0)=0;$$

法线方程为

$$F'_y(x_0,y_0)(x-x_0)-F'_x(x_0,y_0)(y-y_0)=0.$$

例 1　求笛卡儿叶形线$2(x^3+y^3)-9xy=0$在$(2,1)$点的切线方程,法线方程.

解　设$F(x,y)=2(x^3+y^3)-9xy$,则

$$F'_x(x,y)=6x^2-9y,\quad F'_y(x,y)=6y^2-9x.$$

而$F'_x(2,1)=15\neq 0,F'_y(2,1)=-12\neq 0$, 所以切线方程为

$$15(x-2)-12(y-1)=0,$$

即$5x-4y=6$;

法线方程为

$12(x-2)+15(y-1)=0$,即$4x+5y=13$(见图 17.2).

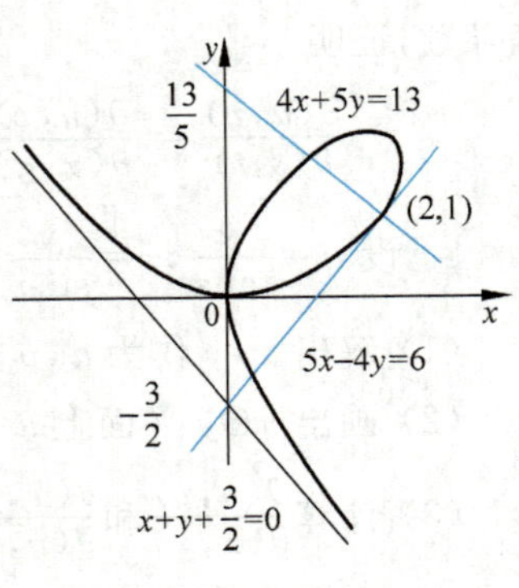

图　17.2

2. 空间曲线的切线与法平面

设空间曲线由下面参数式

$$L:\begin{cases}x=x(t),\\ y=y(t), \quad \alpha\leqslant t\leqslant\beta\\ z=z(t),\end{cases}$$

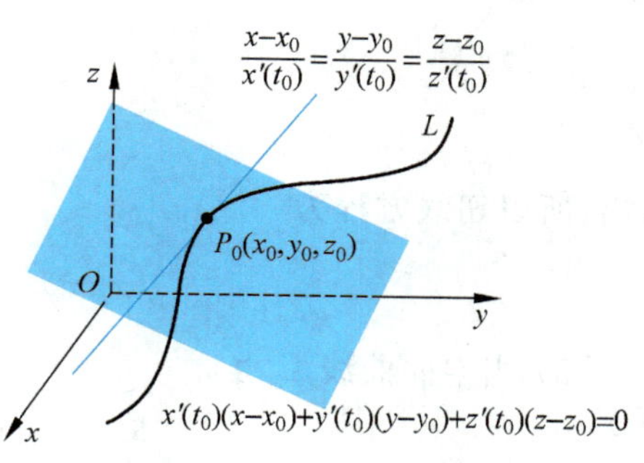

图 17.3

给出，$P_0(x_0,y_0,z_0)$为曲线 L 上的点(见图 17.3)，则

$$x_0=x(t_0),y_0=y(t_0),z_0=z(t_0), \quad \alpha\leqslant t_0\leqslant\beta.$$

在曲线 L 上任取一点 $P(x,y,z)$，设 $x=x_0+\Delta x,y=y_0+\Delta y,z=z_0+\Delta z$，其中

$$\begin{cases}\Delta x=x(t_0+\Delta t)-x(t_0),\\ \Delta y=y(t_0+\Delta t)-y(t_0),\\ \Delta z=z(t_0+\Delta t)-z(t_0).\end{cases}$$

当 P 点沿曲线 L 趋于 P_0 点时，割线的极限位置就是曲线在 P_0 点的切线. 由于

$$P\to P_0\Leftrightarrow\begin{cases}\Delta x\to 0,\\ \Delta y\to 0,\Leftrightarrow\Delta t\to 0\\ \Delta z\to 0\end{cases}$$

于是，割线 P_0P 的方向数为 $\boldsymbol{a}=(\Delta x,\Delta y,\Delta z)$，从而割线方程为

$$\frac{x-x_0}{\Delta x}=\frac{y-y_0}{\Delta y}=\frac{z-z_0}{\Delta z},$$

所以有

$$\frac{x-x_0}{\frac{\Delta x}{\Delta t}}=\frac{y-y_0}{\frac{\Delta y}{\Delta t}}=\frac{z-z_0}{\frac{\Delta z}{\Delta t}}.$$

当 $\Delta t\to 0$ 时，切线方程为

$$\frac{x-x_0}{x'(t_0)}=\frac{y-y_0}{y'(t_0)}=\frac{z-z_0}{z'(t_0)}.$$

由此可见，当 $x'(t_0),y'(t_0),z'(t_0)$不全为零时，$\boldsymbol{a}=(x'(t_0),y'(t_0),z'(t_0))$为该曲线在 $P_0(x_0,y_0,z_0)$点的切线的方向数.

过 $P_0(x_0,y_0,z_0)$点有无数条直线与切线垂直，所有这些直线在同一平面 π 上，我们称平面 π 为曲线 L 在 P_0 点的**法平面**.

由点法式方程得，法平面方程为

$$x'(t_0)(x-x_0)+y'(t_0)(y-y_0)+z'(t_0)(z-z_0)=0.$$

几点说明：

(1) 当空间曲线 L 由

$$\begin{cases}y=\varphi(x),\\ z=\psi(x)\end{cases}$$

给出时，可视曲线由

$$\begin{cases} x = x, \\ y = \varphi(x), \\ z = \psi(x) \end{cases}$$

给出，所以切线方程为

$$x - x_0 = \frac{y - y_0}{\varphi'(x_0)} = \frac{z - z_0}{\psi'(x_0)}.$$

(2) 当空间曲线 L 由

$$\begin{cases} F(x,y,z) = 0, \\ G(x,y,z) = 0 \end{cases}$$

给出时，切线方程为

$$\frac{x - x_0}{\left.\dfrac{\partial(F,G)}{\partial(y,z)}\right|_{P_0}} = \frac{y - y_0}{\left.\dfrac{\partial(F,G)}{\partial(z,x)}\right|_{P_0}} = \frac{z - z_0}{\left.\dfrac{\partial(F,G)}{\partial(x,y)}\right|_{P_0}}.$$

例 2　求螺旋线$\begin{cases} x=a\cos t, \\ y=a\sin t, \\ z=bt \end{cases}$在 $t=\dfrac{\pi}{2}$ 时所对应的点处的切线方程与法平面方程.

解　因为 $x'=-a\sin t, y'=a\cos t, z'=b$，所以 $x'\left(\dfrac{\pi}{2}\right)=-a, y'\left(\dfrac{\pi}{2}\right)=0, z'\left(\dfrac{\pi}{2}\right)=b$.

而 $P_0(x_0, y_0, z_0)=\left(0, a, \dfrac{\pi b}{2}\right)$，所以当 $t=\dfrac{\pi}{2}$ 时的切线方程为

$$\frac{x}{-a} = \frac{y-a}{0} = \frac{z-\dfrac{\pi b}{2}}{b},$$

法平面方程为 $ax-bz+\dfrac{\pi b^2}{2}=0$. 见图 17.4.

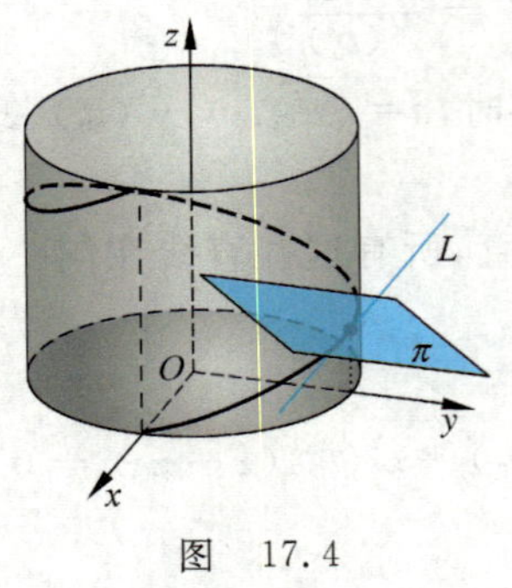

图　17.4

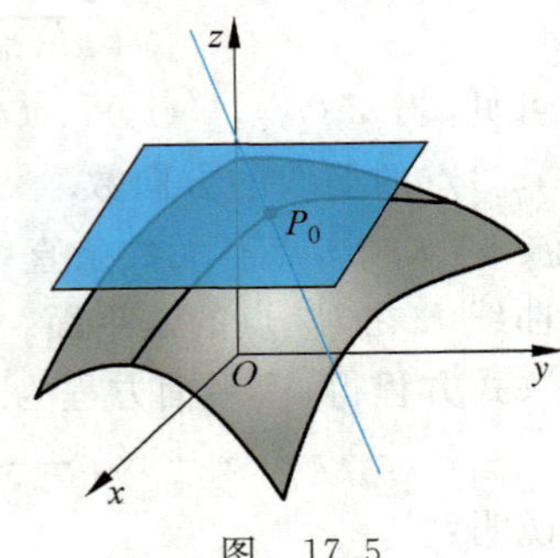

图　17.5

17.3.2　曲面的切平面与法线

设曲面 S 由方程 $F(x,y,z)=0$ 给出，而 $P_0(x_0, y_0, z_0)$ 是 S 上一点，我们的目的是建立 S 在点 P_0 的切平面方程与法线方程(见图 17.5).

在曲面 S 上任取一条曲线 L：

$$x=x(t), y=y(t), z=z(t),$$

则 $F[x(t),y(t),z(t)]=0$，于是记

$$\boldsymbol{n}=(F'_x(P_0),F'_y(P_0),F'_z(P_0)),\quad \boldsymbol{a}=(x'(t_0),y'(t_0),z'(t_0)),$$

则 $\boldsymbol{n}\perp\boldsymbol{a}$，所以 $\boldsymbol{n}$ 为切平面的法向量，故切平面方程为

$$F'_x(P_0)(x-x_0)+F'_y(P_0)(y-y_0)+F'_z(P_0)(z-z_0)=0;$$

法线方程为

$$\frac{x-x_0}{F'_x(P_0)}=\frac{y-y_0}{F'_y(P_0)}=\frac{z-z_0}{F'_z(P_0)}.$$

若曲面 S 由 $z=f(x,y)$ 给出，则有

$$F(x,y,z)=f(x,y)-z=0,$$

此时 $F'_x(P_0)=f'_x(x_0,y_0),F'_y(P_0)=f'_y(x_0,y_0),F'_z(P_0)=-1$，所以切平面方程为

$$f'_x(x_0,y_0)(x-x_0)+f'_y(x_0,y_0)(y-y_0)-(z-z_0)=0,$$

法线方程为

$$\frac{x-x_0}{f'_x(x_0,y_0)}=\frac{y-y_0}{f'_y(x_0,y_0)}=\frac{z-z_0}{-1}.$$

例 3 求抛物面 $x^2+2y^2-4z=0$ 在 $P_0(2,1,1)$ 点的法线方程与切平面方程.

解 设 $F(x,y,z)=x^2+2y^2-4z$，则

$F'_x(x,y,z)=2x, F'_y(x,y,z)=4y, F'_z(x,y,z)=-4,$

$F'_x(2,1,1)=4, F'_y(2,1,1)=4, F'_z(2,1,1)=-4,$

所以切平面方程为

$$4(x-2)+4(y-1)-4(z-1)=0,$$

即 $x+y-z-2=0$，

法线方程为

$$\frac{x-2}{1}=\frac{y-1}{1}=\frac{z-1}{-1}.$$

如图 17.6 所示.

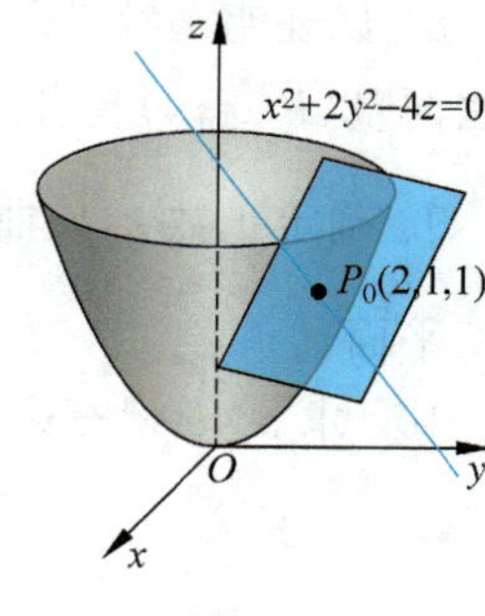

图 17.6

习题 17.3

1. 求平面曲线 $x^{\frac{2}{3}}+y^{\frac{2}{3}}=a^{\frac{2}{3}}(a>0)$ 上任一点处的切线方程，并证明这些切线被坐标轴所截取的线段等长.

2. 求下列曲线在所示点处的切线与法平面：

(1) $x=a\sin^2 t, y=b\sin t\cos t, z=c\cos^2 t$，在点 $t=\frac{\pi}{4}$ 处；

(2) $\begin{cases}2x^2+3y^2+z^2=9,\\ z^2=3x^2+y^2,\end{cases}$ 在点$(1,-1,2)$处.

3. 求下列曲面在所示点处的切平面与法线：

(1) $y-e^{2x-z}=0$,在点$(1,1,2)$处；　　(2) $\dfrac{x^2}{a^2}+\dfrac{y^2}{b^2}+\dfrac{z^2}{c^2}=1$,在点$\left(\dfrac{a}{\sqrt{3}},\dfrac{b}{\sqrt{3}},\dfrac{c}{\sqrt{3}}\right)$处.

4. 证明对任意常数ρ,φ,球面$x^2+y^2+z^2=\rho^2$与锥面$x^2+y^2=\tan^2\varphi\cdot z^2$是正交的.

5. 求曲面$x^2+2y^2+3z^2=21$的切平面,使它平行于平面$x+4y+6z=0$.

6. 在曲线$\begin{cases}x=t,\\ y=t^2,\\ z=t^3\end{cases}$上求出一点,使曲线在此点的切线平行于平面$x+2y+z=4$.

7. 求函数$u=\dfrac{x}{\sqrt{x^2+y^2+z^2}}$在$M(1,2,-2)$点处沿曲线

$$\begin{cases}x=t,\\ y=2t^2,\\ z=-2t^4\end{cases}$$

在该点切线方向的方向导数.

8. 试证明函数$F(x,y)$在$P_0(x_0,y_0)$点的梯度恰好是$F(x,y)$的等值线在$P_0(x_0,y_0)$点的法向量($F(x,y)$具有连续的一阶偏导数).

9. 确定正数λ,使曲面$xyz=\lambda$与椭圆面$\dfrac{x^2}{a^2}+\dfrac{y^2}{b^2}+\dfrac{z^2}{c^2}=1$在某一点相切(即在该点有公共切平面).

10. 求$x^2+y^2+z^2=x$的切平面,使其垂直于平面

$$x-y-\frac{1}{2}z=2\text{ 和 }x-y-z=2.$$

11. 求两曲面

$$\begin{cases}F(x,y,z)=0,\\ G(x,y,z)=0\end{cases}$$

的交线在xOy平面上的投影曲线的切线方程.

17.4　条件极值

在以往,我们讨论的极值问题中,极值点是在函数的定义域中寻找.但有时极值点还要受到某些条件的约束,例如,要设计一个容量为V的长方形开口水箱,问长、宽、高各为多少时,其表面积最小?

设长、宽、高分别为 x,y,z，则表面积为

$$S(x,y,z)=2xz+2yz+xy.$$

由题意，长、宽、高 x,y,z 除要求 $x>0,y>0,z>0$ 外，还需满足

$$xyz=V.$$

像这种附有约束条件的极值问题，就称为**条件极值问题**. 条件极值问题的一般形式是：在条件极值组

$$\varphi_k(x_1,x_2,\cdots,x_n)=0,\quad k=1,2,\cdots,m$$

的限制下，求目标函数 $y=f(x_1,x_2,\cdots,x_n)$ 的极值.

下面以二元函数为例讨论. 设目标函数为 $z=f(x,y)$，条件为 $\varphi(x,y)=0$，而函数 $z=f(x,y)$ 一般为空间的一张曲面. 在 $\varphi(x,y)=0$ 的限制下，问题变成了求曲面 $z=f(x,y)$ 上的曲线

$$\begin{cases}z=f(x,y),\\ \varphi(x,y)=0\end{cases}$$

上的极值(见图 17.7).

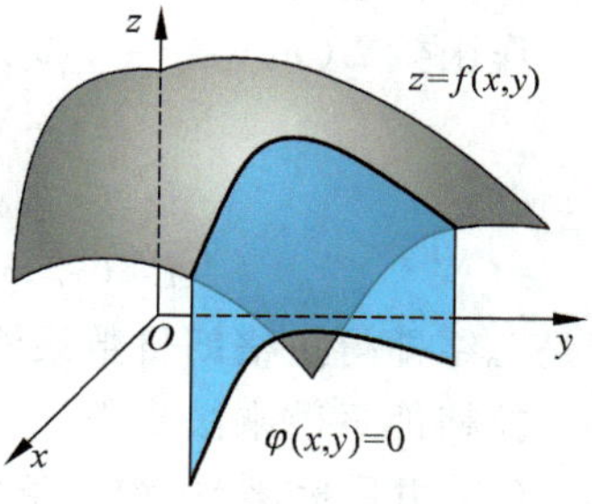

图 17.7

下面将给出求条件极值的方法.

方法 1 消元法.

如果在 $\varphi(x,y)=0$ 中能解出 $y=g(x)$，代入目标函数中得

$$z=f(x,g(x)).$$

这是一个一元函数，然后利用一元函数求极值的方法，求出极值，这就是消元法.

例 1 要设计一个容量为 V 的长方形开口水箱，问长、宽、高为多少时，其表面积最小？

设长、宽、高分别为 x,y,z，表面积为

$$S(x,y,z)=2xz+2yz+xy,$$

条件为 $xyz=V$，由此条件中解出 $z=\dfrac{V}{xy}$ 代入目标函数中得

$$F(x,y)=S\left(x,y,\frac{V}{xy}\right)=2V\left(\frac{1}{y}+\frac{1}{x}\right)+xy.$$

由 $F'_x(x,y)=0,F'_y(x,y)=0$，求出稳定点 $x=y=\sqrt[3]{2V}$，最后判定此稳定点上取得最小面积 $S=3\sqrt[3]{4V^2}$.

如果在 $\varphi(x,y)=0$ 中不能解出 $y=g(x)$，则用拉格朗日数乘法.

方法 2 拉格朗日数乘法.

令目标函数为 $z=f(x,y)$，约束条件为 $\varphi(x,y)=0$，在此条件中视 y 为 x 的函数 $y=g(x)$，对 x 求导得

$$g'(x)=-\frac{\varphi'_x(x,y)}{\varphi'_y(x,y)}.$$

代入目标函数 $z=f(x,y)$ 得 $z=f(x,g(x))=h(x)$，如果 $P_0(x_0,y_0)$ 为极值点，则 $h'(x)=f'_x(x_0,y_0)+f'_y(x_0,y_0)g'(x_0)=0$，于是

$$f'_x(x_0,y_0)\varphi'_y(x_0,y_0)-f'_y(x_0,y_0)\varphi'_x(x_0,y_0)=0,$$

即

$$\frac{f'_x(x_0,y_0)}{\varphi'_x(x_0,y_0)}=\frac{f'_y(x_0,y_0)}{\varphi'_y(x_0,y_0)}=\lambda_0,$$

从而得方程组

$$\begin{cases}f'_x(x_0,y_0)+\lambda_0\varphi'_x(x_0,y_0)=0,\\ f'_y(x_0,y_0)+\lambda_0\varphi'_y(x_0,y_0)=0,\\ \varphi(x_0,y_0)=0.\end{cases}$$

于是求方程组就得到稳定点.

作函数 $L(x,y,\lambda)=f(x,y)+\lambda\varphi(x,y)$（拉格朗日函数），同样可得

$$\begin{cases}L'_x(x_0,y_0,\lambda_0)=f'_x(x_0,y_0)+\lambda_0\varphi'_x(x_0,y_0)=0,\\ L'_y(x_0,y_0,\lambda_0)=f'_y(x_0,y_0)+\lambda_0\varphi'_y(x_0,y_0)=0,\\ L'_\lambda(x_0,y_0,\lambda_0)=\varphi(x_0,y_0)=0.\end{cases}$$

于是总结即得**拉格朗日数乘法**.

拉格朗日数乘法步骤：

(1) 由目标函数、约束条件写出拉格朗日函数；

(2) 由偏导数为零而给出拉格朗日方程组；

(3) 求解拉格朗日方程组而得稳定点；

(4) 根据题设条件判定极值点.

例 2　求圆 $x^2+y^2=1$ 与抛物线 $y=(x-3)^2$ 之间的距离.

解　目标函数为 $f(x,y)=x^2+y^2$，条件为

$$(x-3)^2-y=0.$$

作函数 $L(x,y,\lambda)=x^2+y^2+\lambda[(x-3)^2-y]$，得方程组

$$\begin{cases}2x+2\lambda(x-3)=0,\\ 2y-\lambda=0,\\ (x-3)^2-y=0.\end{cases}$$

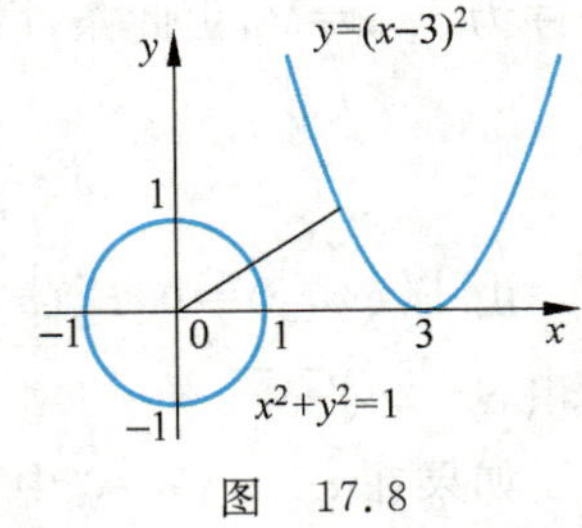

图　17.8

解方程组得 $x=2,y=1,\lambda=2$，由几何意义知 $(2,1)$ 点为目标函数 $f(x,y)$ 的最小点，函数的最小值为 $f(2,1)=5$，所以 $d=\sqrt{5}-1$ 为所求. 如图 17.8 所示.

用拉格朗日数乘法求解最值，必须分清目标函数与条件，下面采用拉格朗日数乘法求解例 1.

例 3　要设计一个容量为 V 的长方形开口水箱，问长、宽、高为多少时，其表面积最小?

解 设长、宽、高分别为 x,y,z，则表面积为 $S(x,y,z)=2xz+2yz+xy$，约束条件 $xyz=V$.

作函数 $L(x,y,z,\lambda)=2xz+2yz+xy+\lambda(xyz-V)$，对 L 求偏导，并其偏导为零得

$$\begin{cases} L'_x(x,y,z,\lambda)=2z+y+\lambda yz=0, \\ L'_y(x,y,z,\lambda)=2z+x+\lambda xz=0, \\ L'_z(x,y,z,\lambda)=2x+2y+\lambda xy=0, \\ L'_\lambda(x,y,z,\lambda)=xyz-V=0. \end{cases}$$

解方程组得 $x=y=2z=\sqrt[3]{2V}$，$\lambda=-\dfrac{4}{\sqrt[3]{2V}}$，由题意知最小点存在，最小面积 $S=3\sqrt[3]{4V^2}$.

如果所给的条件组中的条件是 m 个，则作拉格朗日函数时，数乘常数 λ 就有 m 个，请看下例.

例 4 抛物面 $z=x^2+y^2$ 被平面 $x+y+z=1$ 截得一椭圆，求这个椭圆到原点的最长与最短距离.

解 目标函数为 $f(x,y,z)=x^2+y^2+z^2$，条件为

$$\varphi_1(x,y,z)=x^2+y^2-z=0;\quad \varphi_2(x,y,z)=x+y+z-1=0.$$

作函数

$$L(x,y,z,\lambda_1,\lambda_2)=x^2+y^2+z^2+\lambda_1\varphi_1(x,y,z)+\lambda_2\varphi_2(x,y,z),$$

即

$$L(x,y,z,\lambda_1,\lambda_2)=x^2+y^2+z^2+\lambda_1(x^2+y^2-z)+\lambda_2(x+y+z-1),$$

由此得拉格朗日方程组

$$\begin{cases} L'_x=2x+2\lambda_1 x+\lambda_2=0, \\ L'_y=2y+2\lambda_1 y+\lambda_2=0, \\ L'_z=2z-\lambda_1+\lambda_2=0, \\ L'_{\lambda_1}=x^2+y^2-z=0, \\ L'_{\lambda_2}=x+y+z-1=0. \end{cases}$$

解此方程组得

$$\lambda_1=-3\pm\frac{5}{3}\sqrt{3},\quad \lambda_2=-7\pm\frac{11}{3}\sqrt{3},$$

$$x=y=\frac{-1\pm\sqrt{3}}{2},\quad z=2\mp\sqrt{3}.$$

代入目标函数得 $f\left(\dfrac{-1\pm\sqrt{3}}{2},\dfrac{-1\pm\sqrt{3}}{2},2\mp\sqrt{3}\right)=9\mp5\sqrt{3}$，所以最长距离为 $\sqrt{9+5\sqrt{3}}$，最短距离为 $\sqrt{9-5\sqrt{3}}$. 如图 17.9 所示.

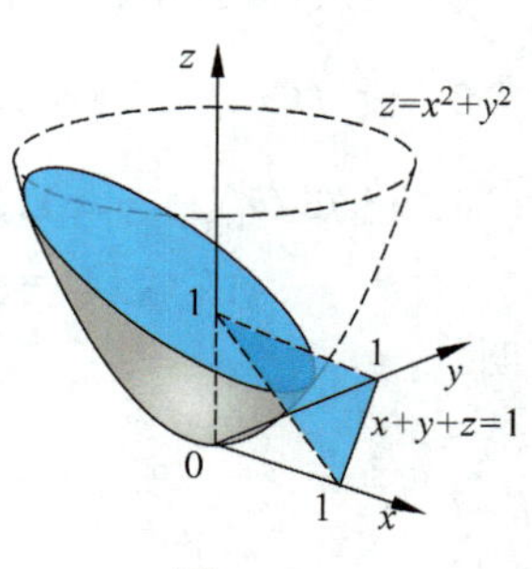

图 17.9

习　题 17.4

1. 应用拉格朗日数乘法，求下列函数的条件极值：

(1) $f(x,y)=x^2+y^2$，若 $x+y-1=0$；

(2) $f(x,y,z,t)=x+y+z+t$，若 $xyzt=c^4$（其中 $x,y,z,t>0;c>0$）；

(3) $f(x,y,z)=xyz$，若 $x^2+y^2+z^2=1,x+y+z=0$.

2. 求：(1) 表面积一定而体积最大的长方体；(2) 体积一定而表面积最小的长方体.

3. 求空间一点 (x_0,y_0,z_0) 到平面 $Ax+By+Cz+D=0$ 的最短距离.

4. 证明：在 n 个正数的和为定值的条件 $x_1+x_2+\cdots+x_n=a$ 下，这 n 个正数的积 $x_1x_2\cdots x_n$ 的最大值为 $\frac{a^n}{n^n}$，并由此结果推出 n 个正数的几何平均不大于算术平均

$$\sqrt[n]{x_1x_2\cdots x_n}\leqslant\frac{x_1+x_2+\cdots+x_n}{n}.$$

5. 设 $a_1,a_2,\cdots,a_n$ 为已知的 n 个正数，求 $f(x_1,x_2,\cdots,x_n)=\sum_{k=1}^{n}a_kx_k$ 在限制条件 $x_1^2+x_2^2+\cdots+x_n^2\leqslant1$ 下的最大值.

6. 求函数 $f(x_1,x_2,\cdots,x_n)=x_1^2+x_2^2+\cdots+x_n^2$ 在限制条件 $\forall k,a_k>0,\sum_{k=1}^{n}a_kx_k=1$ 下的最小值.

总练习题 17

1. 方程 $y^2-x^2(1-x^2)=0$ 在哪些点的邻域内可唯一地确定连续可微的函数 $y=f(x)$？

2. 设函数 $f(x)$ 在区间 (a,b) 内连续，函数 $\varphi(y)$ 在区间 (c,d) 内连续，而且 $\varphi'(y)>0$，在什么条件下，方程 $\varphi(y)=f(x)$ 能确定函数 $y=\varphi^{-1}(f(x))$，并研究例子.

(1) $\sin y+\sinh y=x$；　　　　(2) $\mathrm{e}^{-y}=-\sin^2x$.

3. 设 $f(x,y,z)=0,z=g(x,y)$，求 $\frac{\mathrm{d}y}{\mathrm{d}x},\frac{\mathrm{d}z}{\mathrm{d}x}$.

4. 已知 $G_1(x,y,z),G_2(x,y,z),f(x,y)$ 都是可微的，

$$g_1(x,y)=G_1(x,y,f(x,y)),\quad g_2(x,y)=G_2(x,y,f(x,y)),$$

证明

$$\frac{\partial(g_1,g_2)}{\partial(x,y)}=\begin{vmatrix}-f'_x & -f'_y & 1\\ G'_{1x} & G'_{1y} & G'_{1z}\\ G'_{2x} & G'_{2y} & G'_{2z}\end{vmatrix}.$$

5. 设 $x=f(u,v,w)$，$y=g(u,v,w)$，$z=h(u,v,w)$，求$\frac{\partial u}{\partial x}$，$\frac{\partial u}{\partial y}$，$\frac{\partial u}{\partial z}$.

6. 试求下列方程所确定的函数的偏导数$\frac{\partial u}{\partial x}$，$\frac{\partial u}{\partial y}$：

(1) $x^2+u^2=f(x,u)+g(x,y,u)$；　　(2) $u=f(x+u,yu)$.

7. 据理说明：在点$(0,1)$近旁是否存在连续可微的函数 $f(x,y)$和 $g(x,y)$，满足$f(0,1)=1$，$g(0,1)=-1$，且

$$[f(x,y)]^3+xg(x,y)-y=0,\quad [g(x,y)]^3+yf(x,y)-x=0.$$

8. 设(x_0,y_0,z_0,u_0)满足方程组

$$\begin{cases} f(x)+f(y)+f(z)=F(u), \\ g(x)+g(y)+g(z)=G(u), \\ g(x)+g(y)+g(z)=G(u). \end{cases}$$

这里所有的函数假定具有连续的导数.

(1) 说出一个能在该点邻域内确定 x,y,z 为 u 的函数的充分条件；

(2) 在 $f(x)=x$，$g(x)=x^2$，$h(x)=x^3$ 的情况下，上述条件相当于什么？

9. 求下列方程所确定的隐函数 $y=f(x)$的极值：

(1) $x^2+2xy+2y^2=1$；　　(2) $(x^2+y^2)^2=a^2(x^2-y^2)$　$(a>0)$.

10. 设函数 $y=F(x)$和一函数组

$$\begin{cases} x=\varphi(u,v), \\ y=\psi(u,v), \end{cases}$$

那么由方程

$$\psi(u,v)=F(\varphi(u,v))$$

可以确定函数 $v=v(u)$，试用 u，v，$\frac{\mathrm{d}v}{\mathrm{d}u}$，$\frac{\mathrm{d}^2 v}{\mathrm{d}u^2}$表示$\frac{\mathrm{d}y}{\mathrm{d}x}$，$\frac{\mathrm{d}^2 y}{\mathrm{d}x^2}$.

11. 试证明：二次型 $f(x,y,z)=Ax^2+By^2+Cz^2+2Dyz+2Ezx+2Fxy$ 在单位球面$x^2+y^2+z^2=1$ 上的最大值和最小值恰好是矩阵

$$\boldsymbol{\Phi}=\begin{bmatrix} A & F & E \\ F & B & D \\ E & D & C \end{bmatrix}$$

的最大特征值与最小特征值.

12. 设 n 为正整数，$x,y>0$，用条件极值证明：$\frac{x^n+y^n}{2}\geqslant\left(\frac{x+y}{2}\right)^n$.

13. 求出椭球$\frac{x^2}{a^2}+\frac{y^2}{b^2}+\frac{z^2}{c^2}=1$ 在第一卦限中的切平面与三个坐标面所围成的四面体的最小体积.

硕士研究生入学试题选录

14. 设有一小山，取它的底面所在的平面为 xOy 坐标面，其底部所占的区域为 $D=\{(x,y):x^2+y^2-xy\leqslant 75\}$，小山的高度函数为 $h(x,y)=75-x^2-y^2+xy$.

(1) 设 $M(x_0,y_0)\in D$，问 $h(x,y)$ 在 xOy 上沿什么方向的方向导数最大？若记此方向导数为 $g(x_0,y_0)$，试写出 $g(x_0,y_0)$ 的表达式.

(2) 现欲利用小山开展攀岩活动，为此需要在山脚寻找一上山坡度最大的点，作为攀登的起点，即在曲线 $x^2+y^2-xy\leqslant 75$ 上找到满足(1)中的 $g(x,y)$ 达到最大值的点，试确定攀登起点的位置. (2002 数一)

15. (填空题) 曲面 $z=x^2+y^2$ 与平面 $2x+4y-z=0$ 平行的切平面方程为________. (2003 数一)

16. (填空题) 曲面 $x^2+2y^2+3z^2=21$ 在点 $(1,-2,2)$ 的法线方程与切平面方程为________. (2002 数一)

17. $z=f(x,y)$ 是由方程 $x^2-6xy+10y^2-2yz-z^2+18=0$ 确定的函数，求 $z=f(x,y)$ 的极值点与检值. (2004 数一)

18. 设 $y=y(x)$，$z=z(x)$ 是由方程 $z=xf(x+y)$ 和 $F(x,y,z)=0$ 所确定的函数，其中 f,F 分别具有一阶连续的导数与一阶连续的偏导数，求 $\dfrac{\mathrm{d}z}{\mathrm{d}x}$. (1999 数一)

19. (选择题) 设函数 $f(x,y)$ 在 $(0,0)$ 点的附近有定义，且 $f'_x(0,0)=3$，$f'_y(0,0)=1$，则(　　). (2001 数一)

(A) $\mathrm{d}z|_{(0,0)}=3\mathrm{d}x+\mathrm{d}y$

(B) 曲面 $z=f(x,y)$ 在点 $(0,0,f(0,0))$ 的法向量为 $(3,1,1)$

(C) 曲线 $\begin{cases} z=f(x,y), \\ y=0 \end{cases}$ 在点 $(0,0,f(0,0))$ 的切向量为 $(1,0,3)$

(D) 曲线 $\begin{cases} z=f(x,y), \\ y=0 \end{cases}$ 在点 $(0,0,f(0,0))$ 的切向量为 $(3,0,1)$

20. (选择题) 设有三元方程 $xy-z\ln y+\mathrm{e}^{xz}=1$，根据隐函数存在定理，存在点 $(0,1,1)$ 的一个邻域，在此邻域内该方程(　　). (2005 数一)

(A) 只能确定一个具有连续偏导数的隐函数 $z=z(x,y)$

(B) 可确定两个具有连续偏导数的隐函数 $y=y(x,z)$ 和 $z=z(x,y)$

(C) 可确定两个具有连续偏导数的隐函数 $x=x(y,z)$ 和 $z=z(x,y)$

(D) 可确定两个具有连续偏导数的隐函数 $x=x(y,z)$ 和 $y=y(x,z)$

21. 求函数 $f(x,y)=x^2+2y^2-x^2y^2$ 在区域 $D=\{(x,y):x^2+x^2\leqslant 4, y\geqslant 0\}$ 上的最大值和最小值. (2007 数一)

第18章

含参变量积分

18.1 含参变量的正常积分

18.1.1 概念

设 $f(x,y)$ 是定义在矩形区域 $[a,b]\times[c,d]$ 上的二元函数，$\forall x\in[a,b]$，$f(x,y)$ 是 $[c,d]$ 上关于 y 的一元函数，如果 $f(x,y)$ 关于 y 可积，则其积分是 x 的函数，记作

$$I(x)=\int_c^d f(x,y)\mathrm{d}y,$$

并称 $\int_c^d f(x,y)\mathrm{d}x$ 为**含参变量 x 的积分**.

同理，积分 $J(y)=\int_c^d f(x,y)\mathrm{d}x$ 称为**含参变量 y 的积分**.

如果 $f(x,y)$ 是定义在 $D=\{(x,y):c(x)\leqslant y\leqslant d(x),a\leqslant x\leqslant b\}$（见图 18.1）上的二元函数，固定 x，$f(x,y)$ 在 $[c(x),d(x)]$ 上可积，其积分也是关于 x 的函数，记作

$$F(x)\int_{c(x)}^{d(x)} f(x,y)\mathrm{d}y,$$

其亦称为**含参变量** x **的积分**. 在积分中，x 为参变量，y 为积分变元.

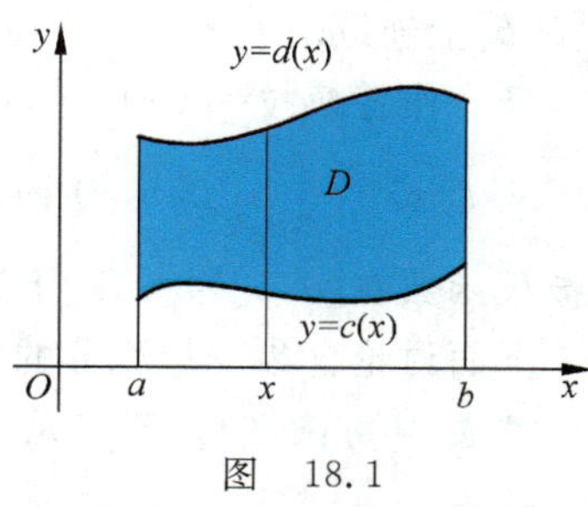

图 18.1

含参变量 x 的积分是 x 的函数. 下面给出其分析性质.

18.1.2 分析性质

性质 1（连续性） 若二元函数 $f(x,y)$ 在矩形区域 $E=[a,b]\times[c,d]$ 上连续，则函数 $I(x)=\int_c^d f(x,y)\mathrm{d}y$ 在 $[a,b]$ 上连续.

证 $\forall x\in[a,b]$，给 x 以改变量 Δx，则

$$I(x+\Delta x)-I(x)=\int_c^d[f(x+\Delta x,y)-f(x,y)]\mathrm{d}y.$$

因为 $f(x,y)$ 在 $E=[a,b]\times[c,d]$ 上连续，从而一致连续，所以

$$\forall \varepsilon>0, \exists \delta>0, \quad \ni \text{“}|\Delta x|<\delta \Rightarrow |f(x+\Delta x,y)-f(x,y)|<\varepsilon\text{”},$$

于是

$$|I(x+\Delta x)-I(x)|=\left|\int_c^d f(x+\Delta x,y)-f(x,y)\right|\mathrm{d}y<\int_c^d \varepsilon \mathrm{d}y=\varepsilon(c-d),$$

故 $I(x)=\int_c^d f(x,y)\mathrm{d}y$ 在$[a,b]$上连续.

同理可证,函数 $f(x,y)$ 在矩形区域 $E=[a,b]\times[c,d]$上连续,则含参变量的积分 $I(y)=\int_a^b f(x,y)\mathrm{d}x$ 在$[c,d]$上也连续.

如果 $I(x)=\int_c^d f(x,y)\mathrm{d}y$ 在$[a,b]$上连续,由定义,则 $\forall x_0\in[a,b]$,

$$\lim_{x\to x_0} I(x)=\lim_{x\to x_0}\int_c^d f(x,y)\mathrm{d}y=\int_c^d f(x_0,y)\mathrm{d}y=\int_c^d \lim_{x\to x_0} f(x,y)\mathrm{d}y,$$

即 $f(x,y)$在矩形区域 $E=[a,b]\times[c,d]$上连续时,极限号与积分号可交换次序.

下面给出上、下限为 x 的函数的情况.

性质 2(连续性)　若二元函数 $f(x,y)$在区域

$$E=\{(x,y):a\leqslant x\leqslant b,\ c(x)\leqslant y\leqslant d(x)\}$$

上连续,且 $c(x),d(x)$在$[a,b]$上连续,则函数

$$I(x)=\int_{c(x)}^{d(x)} f(x,y)\mathrm{d}y$$

在$[a,b]$上连续.

证　作替换 $y=c(x)+[d(x)-c(x)]t, t\in[0,1]$,则 $\mathrm{d}y=[d(x)-c(x)]\mathrm{d}t$,且

$$I(x)=\int_{c(x)}^{d(x)} f(x,y)\mathrm{d}y=\int_0^1 f(x,c(x)+[d(x)-c(x)]t)[d(x)-c(x)]\mathrm{d}t,$$

由被积函数在$[a,b]\times[0,1]$上连续知结论成立.

下面讨论含参变量积分的可微性与可积性.

性质 3(可微性)　若二元函数 $f(x,y)$及其关于 x 的偏导数 $f'_x(x,y)$在矩形区域 $E=[a,b]\times[c,d]$上连续,则 $I(x)=\int_c^d f(x,y)\mathrm{d}y$ 在$[a,b]$上可微,且

$$\frac{\mathrm{d}I(x)}{\mathrm{d}x}=\frac{\mathrm{d}}{\mathrm{d}x}\int_c^d f(x,y)\mathrm{d}y=\int_c^d f'_x(x,y)\mathrm{d}y.$$

证　因为

$$\frac{I(x+\Delta x)-I(x)}{\Delta x}=\int_c^d \frac{f(x+\Delta x,y)-f(x,y)}{\Delta x}\mathrm{d}y,$$

而 $\forall x, x+\Delta x\in[a,b]$,由微分中值定理得

$$f(x+\Delta x,y)-f(x,y)=f'_x(x+\theta\Delta x,y)\Delta x,$$

所以由偏导数 $f'_x(x,y)$在矩形区域 $E=[a,b]\times[c,d]$上连续得

$$\forall \varepsilon>0, \quad \exists \delta>0, \quad \ni \text{“}|\Delta x|<\delta \Rightarrow |f'_x(x+\theta\Delta x,y)-f'_x(x,y)|<\varepsilon\text{”},$$

于是

$$\left|\frac{\Delta I(x)}{\Delta x}-\int_c^d f_x'(x,y)\mathrm{d}y\right|\leqslant\left|\int_c^d \frac{f(x+\Delta x,y)-f(x,y)}{\Delta x}\mathrm{d}y-\int_c^d f_x'(x,y)\mathrm{d}y\right|$$

$$\leqslant\int_c^d |f_x'(x+\theta\Delta x,y)-f_x'(x,y)|\mathrm{d}y$$

$$<\int_c^d \varepsilon\mathrm{d}y=\varepsilon(d-c).$$

故 $I(x)=\int_c^d f(x,y)\mathrm{d}y$ 在$[a,b]$上可微,且

$$\frac{\mathrm{d}I(x)}{\mathrm{d}x}=\frac{\mathrm{d}}{\mathrm{d}x}\int_c^d f(x,y)\mathrm{d}y=\int_c^d f_x'(x,y)\mathrm{d}y.$$

上、下限是 x 的函数的参变量积分的可微性由下面的性质给出.

性质 4(可微性) 若二元函数 $f(x,y)$及其关于 x 的偏导数 $f'_x(x,y)$在矩形区域 $E=[a,b]\times[p,q]$上连续,$c(x)$,$d(x)$在$[a,b]$上可微,且

$$p\leqslant c(x),\quad d(x)\leqslant q,$$

则 $I(x)=\int_{c(x)}^{d(x)} f(x,y)\mathrm{d}y$ 在$[a,b]$上可微,且

$$I'(x)=\int_{c(x)}^{d(x)} f'_x(x,y)\mathrm{d}y+f(x,d(x))\cdot d'(x)-f(x,c(x))\cdot c'(x).$$

证 视 $c=c(x)$,$d=d(x)$,则 $I(x)=I(x,c,d)$,视复合函数求导法得

$$I'(x)=I'_x(x,c,d)+I'_c(x,c,d)c'(x)+I'_d(x,c,d)d'(x)$$

$$=\int_{c(x)}^{d(x)} f'_x(x,y)\mathrm{d}y+f(x,d(x))\cdot d'(x)-f(x,c(x))\cdot c'(x),$$

故结论成立.

若二元函数 $f(x,y)$在矩形区域 $E=[a,b]\times[c,d]$上连续,则 $I(x)=\int_c^d f(x,y)\mathrm{d}y$ 在$[a,b]$上连续,$J(y)=\int_a^b f(x,y)\mathrm{d}x$ 在$[c,d]$上连续. 于是 $I(x)=\int_c^d f(x,y)\mathrm{d}y$ 在$[a,b]$上可积,由此而得积分

$$\int_a^b I(x)\mathrm{d}x=\int_a^b\left[\int_c^d f(x,y)\mathrm{d}y\right]\mathrm{d}x\overset{\text{def}}{=\!=\!=}\int_a^b \mathrm{d}x\int_c^d f(x,y)\mathrm{d}y,$$

称其为先 y 后 x 的**累次积分**,或称为先 y 后 x 的**二次积分**.

同理可得先 x 后 y 的**累次积分**$\int_c^d \mathrm{d}y\int_a^b f(x,y)\mathrm{d}x$.

在什么条件下,

$$\int_c^d \mathrm{d}y\int_a^b f(x,y)\mathrm{d}x=\int_a^b \mathrm{d}x\int_c^d f(x,y)\mathrm{d}y?$$

下面的定理给出回答.

性质 5(可积性) 若二元函数 $f(x,y)$在矩形区域 $E=[a,b]\times[c,d]$上连续,则

$I(x)=\int_c^d f(x,y)\mathrm{d}y$ 在$[a,b]$上可积，$J(y)=\int_a^b f(x,y)\mathrm{d}x$ 在$[c,d]$上可积，且

$$\int_c^d \mathrm{d}y\int_a^b f(x,y)\mathrm{d}x=\int_a^b \mathrm{d}x\int_c^d f(x,y)\mathrm{d}y.$$

证　记 $F_1(u)=\int_a^u \mathrm{d}x\int_c^d f(x,y)\mathrm{d}y$，$F_2(u)=\int_c^d \mathrm{d}y\int_a^u f(x,y)\mathrm{d}x$，$u\in[a,b]$，则

$$F_1'(u)=\frac{\mathrm{d}}{\mathrm{d}u}\int_a^u I(x)\mathrm{d}x=I(u),$$

$$\begin{aligned}F_2'(u)&=\frac{\mathrm{d}}{\mathrm{d}u}\int_c^d \mathrm{d}y\int_a^u f(x,y)\mathrm{d}x\\&=\int_c^d\left[\frac{\mathrm{d}}{\mathrm{d}u}\int_a^u f(x,y)\mathrm{d}x\right]\mathrm{d}y\\&=\int_c^d f(u,y)\mathrm{d}y=I(u),\end{aligned}$$

于是 $F_1'(u)=F_2'(u)$，从而 $F_1(u)=F_2(u)+C$.

令 $u=a$ 得 $F_1(a)=F_2(a)=0$，所以 $C=0$. 令 $u=b$ 得 $F_1(b)=F_2(b)$，即

$$\int_c^d \mathrm{d}y\int_a^b f(x,y)\mathrm{d}x=\int_a^b \mathrm{d}x\int_c^d f(x,y)\mathrm{d}y,$$

故结论成立.

18.1.3　实例

例 1　求极限 $\lim\limits_{\alpha\to 0}\int_\alpha^{1+\alpha}\frac{1}{1+x^2+\alpha^2}\mathrm{d}x$.

解　由连续性知

$$\lim_{\alpha\to 0}\int_\alpha^{1+\alpha}\frac{1}{1+x^2+\alpha^2}\mathrm{d}x=\int_0^1\frac{1}{1+x^2}\mathrm{d}x=\frac{\pi}{4}.$$

例 2　计算积分 $\int_0^1\frac{\ln(1+x)}{1+x^2}\mathrm{d}x$.

解　设 $I(\alpha)=\int_0^1\frac{\ln(1+\alpha x)}{1+x^2}\mathrm{d}x$，则 $f(x,\alpha)=\frac{\ln(1+\alpha x)}{1+x^2}$ 在$[0,1]\times[0,1]$上连续，且 $f_\alpha'(x,\alpha)=\frac{x}{(1+x^2)(1+\alpha x)}$ 亦连续，于是

$$\begin{aligned}I'(\alpha)&=\int_0^1\frac{x}{(1+x^2)(1+\alpha x)}\mathrm{d}x\\&=\frac{1}{1+\alpha^2}\left[\int_0^1\frac{\alpha}{(1+x^2)}\mathrm{d}x+\int_0^1\frac{x}{(1+x^2)}\mathrm{d}x-\int_0^1\frac{\alpha}{1+\alpha x}\mathrm{d}x\right]\\&=\frac{1}{1+\alpha^2}\left[\alpha\arctan x\Big|_0^1+\frac{1}{2}\ln(1+x^2)\Big|_0^1-\ln(1+\alpha x)\Big|_0^1\right]\\&=\frac{1}{1+\alpha^2}\left[\frac{\alpha\pi}{4}+\frac{1}{2}\ln 2-\ln(1+\alpha)\right].\end{aligned}$$

因此

$$\begin{aligned}\int_0^1 I'(\alpha)\mathrm{d}\alpha &= \int_0^1 \frac{1}{1+\alpha^2}\left[\frac{\alpha\pi}{4}+\frac{1}{2}\ln 2-\ln(1+\alpha)\right]\mathrm{d}\alpha \\ &= \frac{\pi}{4}\int_0^1 \frac{\alpha\mathrm{d}\alpha}{1+\alpha^2}+\frac{\ln 2}{2}\int_0^1 \frac{\mathrm{d}\alpha}{1+\alpha^2}-\int_0^1 \frac{\ln(1+\alpha)\mathrm{d}\alpha}{1+\alpha^2} \\ &= \frac{\pi}{8}\ln 2+\frac{\pi}{8}\ln 2-I(1).\end{aligned}$$

所以

$$I(1)-I(0)=\int_0^1 I'(\alpha)\mathrm{d}\alpha=\frac{\pi}{8}\ln 2+\frac{\pi}{8}\ln 2-I(1), \quad 即\ I(1)=\frac{\pi}{8}\ln 2.$$

故 $\int_0^1 \frac{\ln(1+x)}{1+x^2}\mathrm{d}x=\frac{\pi}{8}\ln 2$ 为所求.

例 3 计算积分 $\int_0^1 \frac{x^b-x^a}{\ln x}\mathrm{d}x(b>a>0)$.

解 因为 $\int_a^b x^y\mathrm{d}y=\frac{x^b-x^a}{\ln x}$，所以

$$\int_0^1 \frac{x^b-x^a}{\ln x}\mathrm{d}x=\int_0^1\mathrm{d}x\int_a^b x^y\mathrm{d}y=\int_a^b\mathrm{d}y\int_0^1 x^y\mathrm{d}x=\int_a^b\frac{1}{1+y}\mathrm{d}y=\ln\frac{1+b}{1+a}.$$

习题 18.1

1. 设 $f(x,y)=\operatorname{sgn}(x-y)$，证明，含参变量的积分 $F(y)=\int_0^1 f(x,y)\mathrm{d}x$ 所确定的函数在$(-\infty,+\infty)$上连续，并作出函数 $F(y)$的图像.

2. 求下列极限：

(1) $\lim\limits_{\alpha\to 0}\int_{-1}^1 \sqrt{x^2+\alpha^2}\mathrm{d}x$；　　(2) $\lim\limits_{\alpha\to 0}\int_0^2 x^2\cos\alpha x\,\mathrm{d}x$.

3. 设 $F(x)=\int_x^{x^2}\mathrm{e}^{-xy^2}\mathrm{d}y$，求 $F'(x)$.

4. 应用对参数的微分法，求下列积分：

(1) $\int_0^{\frac{\pi}{2}}\ln(a^2\sin^2 x+b^2\cos^2 x)\mathrm{d}x \quad (a^2+b^2\neq 0)$；

(2) $\int_0^{\pi}\ln(1-2\alpha\cos x+\alpha^2)\mathrm{d}x$.

5. 应用积分号下求积分的方法，求下列积分：

(1) $\int_0^1 \sin\left(\ln\frac{1}{x}\right)\frac{x^b-x^a}{\ln x}\mathrm{d}x \quad (b>a>0)$；

(2) $\int_0^1 \cos\left(\ln\frac{1}{x}\right)\frac{x^b-x^a}{\ln x}\mathrm{d}x \quad (b>a>0)$.

6. 试求累次积分

$$\int_0^1 \mathrm{d}x\int_0^1 \frac{x^2-y^2}{(x^2+y^2)^2}\mathrm{d}y \quad 与 \quad \int_0^1 \mathrm{d}y\int_0^1 \frac{x^2-y^2}{(x^2+y^2)^2}\mathrm{d}x,$$

并指出它们为什么不可以交换次序?

7. 研究函数 $F(x)=\int_0^1 \frac{yf(x)}{x^2+y^2}\mathrm{d}x$ 的连续性,其中 $f(x)$在闭区间$[0,1]$上是正的连续函数.

8. 设函数 $f(x)$在闭区间$[a,A]$上连续,证明

$$\lim_{h\to 0}\frac{1}{h}\int_a^x [f(t+h)-f(t)]\mathrm{d}t = f(x)-f(a), \quad a<x<A.$$

9. 设 $F(x,y)=\int_{\frac{x}{y}}^{xy}(x-yz)f(z)\mathrm{d}z$,其中 $f(z)$为可微函数,求 $F''_{xy}(x,y)$.

10. 设 $E(k)=\int_0^{\frac{\pi}{2}}\sqrt{1-k^2\sin^2\varphi}\,\mathrm{d}\varphi$, $F(k)=\int_0^{\frac{\pi}{2}}\frac{1}{\sqrt{1-k^2\sin^2\varphi}}\mathrm{d}\varphi$,其中 $0<k<1$(这两个积分称为完全椭圆积分).

(1) 试求 $E(k)$与 $F(k)$的导数并以 $E(k)$与 $F(k)$来表示它们;

(2) 证明 $E(k)$满足方程 $E''(k)+\frac{1}{k}E'(k)+\frac{E(k)}{1-k^2}=0$.

18.2 含参变量的广义积分

设 $z=f(x,y)$是定义在 $D=\{(x,y):a\leqslant x\leqslant b,c\leqslant y<+\infty\}$上的二元连续函数,若 $\forall x\in[a,b]$,广义积分 $\int_c^{+\infty} f(x,y)\mathrm{d}y$ 都收敛,则它收敛于 x 在$[a,b]$上的函数,记作

$$I(x)=\int_c^{+\infty} f(x,y)\mathrm{d}y, \quad x\in[a,b],$$

并称为在$[a,b]$上**含参变量 x 的无穷限广义积分**.

18.2.1 一致收敛性及其判别法

定义 1 对于 $\int_c^{+\infty} f(x,y)\mathrm{d}y, x\in[a,b]$ 及 $I(x)$,如果

$$\forall\varepsilon>0, \quad \exists N>c, \quad \ni \text{“}\forall x\in[a,b], \quad M>N\Rightarrow\left|\int_c^M f(x,y)\mathrm{d}y-I(x)\right|<\varepsilon\text{”},$$

即 $\left|\int_M^{+\infty} f(x,y)\mathrm{d}y\right| < \varepsilon$，则称$\int_c^{+\infty} f(x,y)\mathrm{d}y$ 在$[a,b]$上**一致收敛于** $I(x)$.

由定义，我们要讨论 $\int_c^{+\infty} f(x,y)\mathrm{d}y, x \in [a,b]$ 的一致收敛性还得把 $I(x)$给找出来. 如果仅从 $\int_c^{+\infty} f(x,y)\mathrm{d}y, x \in [a,b]$ 本身的属性来获得收敛性的讨论，就得用柯西收敛准则.

定理 1（**一致收敛的柯西收敛准则**）　$\int_c^{+\infty} f(x,y)\mathrm{d}y$ 在$[a,b]$上一致收敛

$\Leftrightarrow \forall \varepsilon > 0,\quad \exists M > c,\quad \ni$"$\forall x \in [a,b],\quad A_1, A_2 > M \Rightarrow \left|\int_{A_1}^{A_2} f(x,y)\mathrm{d}y\right| < \varepsilon$".

例 1　证明 $\int_0^{+\infty} \frac{\sin xy}{y}\mathrm{d}y$ 在$[\delta,+\infty)$上一致收敛，但在$(0,+\infty)$内非一致收敛.

证　作代换 $u=xy$，得 $\int_A^{+\infty} \frac{\sin xy}{y}\mathrm{d}y = \int_{Ax}^{+\infty} \frac{\sin u}{u}\mathrm{d}u$，其中 $A>0$ 时，由于 $\int_0^{+\infty} \frac{\sin u}{u}\mathrm{d}u$ 收敛，所以

$$\forall \varepsilon > 0,\quad \exists M > c,\quad \ni \text{“}A' > M \Rightarrow \left|\int_{A'}^{+\infty} \frac{\sin u}{u}\mathrm{d}u\right| < \varepsilon\text{”}.$$

于是当 $A > \frac{M}{\delta}$时，$\forall x \in [\delta,+\infty)$，因为 $Ax > A\delta > M$，所以

$$\left|\int_A^{+\infty} \frac{\sin xy}{y}\mathrm{d}y\right| = \left|\int_{Ax}^{+\infty} \frac{\sin u}{u}\mathrm{d}u\right| < \varepsilon,$$

故$\int_0^{+\infty} \frac{\sin xy}{y}\mathrm{d}y$ 在$[\delta,+\infty)$ 上一致收敛.

要证$\int_0^{+\infty} \frac{\sin xy}{y}\mathrm{d}y$ 在$(0,+\infty)$ 内非一致收敛，只需证

$\exists \varepsilon_0 > 0,\quad \forall M > 0,\quad \exists A_0 > M,\quad \exists x_0 \in (0,+\infty),\quad \ni$"$\left|\int_A^{+\infty} \frac{\sin x_0 y}{y}\mathrm{d}y\right| > \varepsilon_0$".

由于$\int_1^{+\infty} \frac{\sin u}{u}\mathrm{d}u$ 收敛，所以取 $\varepsilon_0 = \frac{1}{2}\int_1^{+\infty} \frac{\sin u}{u}\mathrm{d}u$，于是 $\forall M > 0, \exists A_0 > M$，取 $x_0 = \frac{1}{A_0}$有

$$\left|\int_{A_0}^{+\infty} \frac{\sin x_0 y}{y}\mathrm{d}y\right| \xlongequal{u=x_0 y} \left|\int_{A_0 x_0}^{+\infty} \frac{\sin u}{u}\mathrm{d}u\right| = \left|\int_1^{+\infty} \frac{\sin u}{u}\mathrm{d}u\right| > \varepsilon_0,$$

故$\int_0^{+\infty} \frac{\sin xy}{y}\mathrm{d}y$ 在$(0,+\infty)$ 内非一致收敛.

定理 2（**函数项级数一致收敛性判别法**）　$\int_c^{+\infty} f(x,y)\mathrm{d}y$ 在$[a,b]$上一致收敛$\Leftrightarrow \forall \{A_n\} \nearrow (A_0=c)$，$A_n \to +\infty$时，$\sum_{n=1}^{\infty}\int_{A_n}^{A_{n+1}} f(x,y)\mathrm{d}y = \sum_{n=1}^{\infty} u_n(x)$ 在$[a,b]$ 上一致收敛.

证　($\Rightarrow$) 设$\int_c^{+\infty} f(x,y)\mathrm{d}y$ 在$[a,b]$ 上一致收敛，则

$$\forall \varepsilon > 0, \exists M > c, \ni \text{“}\forall x \in [a,b], A'' > A' > M \Rightarrow \left| \int_{A'}^{A''} f(x,y)\mathrm{d}y \right| < \varepsilon\text{”}.$$

由于 $A_n \to +\infty$，所以对于上述的 M，$\exists N>0, \ni$“$m,n>N \Rightarrow A_m > A_n > M$”，从而 $\forall x \in [a,b]$，

$$| u_{n+1}(x) + u_{n+2}(x) + \cdots + u_m(x) | = \left| \int_{A_n}^{A_{n+1}} + \int_{A_{n+1}}^{A_{n+2}} + \cdots + \int_{A_{m-1}}^{A_m} \right|$$

$$= \left| \int_{A_n}^{A_m} f(x,y)\mathrm{d}y \right| < \varepsilon,$$

故必要性成立.

($\Leftarrow$)假设 $\int_c^{+\infty} f(x,y)\,\mathrm{d}y$ 在 $[a,b]$ 上非一致收敛，则

$$\exists \varepsilon_0 > 0, \forall M > c, \quad \exists A'' > A' > M, \quad \exists x_0 \in [a,b], \quad \ni \text{“}\left| \int_{A'}^{A''} f(x_0,y)\mathrm{d}y \right| \geqslant \varepsilon_0\text{”},$$

于是取 $M_1 = \min\{1,c\}$，

$$\exists A_2 > A_1 > M_1, \exists x_1 \in [a,b], \quad \ni \text{“}\left| \int_{A_1}^{A_2} f(x_1,y)\mathrm{d}y \right| \geqslant \varepsilon_0\text{”}.$$

一般地，取 $M_n = \min\{1, A_{2(n-1)}\}$，

$$\exists A_{2n} > A_{2n-1} > M_n, \exists x_n \in [a,b], \quad \ni \text{“}\left| \int_{A_{2n-1}}^{A_{2n}} f(x_n,y)\mathrm{d}y \right| \geqslant \varepsilon_0\text{”}.$$

设 $u_n(x) = \int_{A_n}^{A_{n+1}} f(x,y)\mathrm{d}y$，有 $| u_{2n}(x) | = \left| \int_{A_{2n}}^{A_{2n+1}} f(x,y)\mathrm{d}y \right| \geqslant \varepsilon_0$，从而 $\sum_{n=1}^{\infty} \int_{A_n}^{A_{n+1}} f(x,y)\mathrm{d}y$ 在 $[a,b]$ 上非一致收敛，此与题设矛盾，故充分性成立.

定理 3（***M* 判别法**）　如果

$$\exists g(y), \ni \text{“}| f(x,y) | \leqslant g(x), a \leqslant x \leqslant b, c \leqslant y < +\infty\text{”},$$

则 $\int_c^{+\infty} g(y)\mathrm{d}y$ 收敛 $\Rightarrow \int_c^{+\infty} f(x,y)\mathrm{d}y$ 在 $[a,b]$ 上**一致收敛**.

证　因为 $\int_c^{+\infty} g(y)\mathrm{d}y$ 收敛，所以

$$\forall \varepsilon > 0, \quad \exists M > c, \quad \ni \text{“}A_1, A_2 > M \Rightarrow \left| \int_{A_1}^{A_2} g(y)\mathrm{d}y \right| < \varepsilon\text{”},$$

从而 $\forall x \in [a,b]$，$\left| \int_{A_1}^{A_2} f(x,y)\mathrm{d}y \right| \leqslant \left| \int_{A_1}^{A_2} g(y)\mathrm{d}y \right| < \varepsilon$. 故由柯西收敛准则知 $\int_c^{+\infty} f(x,y)\mathrm{d}y$ 在 $[a,b]$ 上一致收敛.

例 2　证明 $\int_0^{+\infty} \mathrm{e}^{-xy}\mathrm{d}y$ 在 $[a,b]$ 上一致收敛（$a > 0$）.

证　因为 $\forall x \in [a,b]$，$\mathrm{e}^{-xy} \leqslant \mathrm{e}^{-ay}$，而

$$\int_0^{+\infty} \mathrm{e}^{-ay}\mathrm{d}y = \lim_{A \to +\infty} \int_0^A \mathrm{e}^{-ay}\mathrm{d}y = \lim_{A \to +\infty} \frac{-1}{a}\mathrm{e}^{-ay} \Big|_0^A = \frac{1}{a},$$

所以 $\int_0^{+\infty} \mathrm{e}^{-ay}\mathrm{d}y$ 收敛. 故由 M 判别法知 $\int_0^{+\infty} \mathrm{e}^{-xy}\mathrm{d}y$ 在 $[a,b]$ 上一致收敛.

例 3 证明$\int_0^{+\infty}\frac{\cos xy}{1+x^2}\mathrm{d}x$在$\mathbb{R}$上一致收敛.

证 因为$\forall y\in\mathbb{R}$,$\left|\frac{\cos xy}{1+x^2}\right|\leqslant\frac{1}{1+x^2}$,而$\int_0^{+\infty}\frac{1}{1+x^2}\mathrm{d}x=\arctan x\Big|_0^{+\infty}=\frac{\pi}{2}$,故由$M$判别法知$I(y)=\int_0^{+\infty}\frac{\cos xy}{1+x^2}\mathrm{d}x$在$\mathbb{R}$上一致收敛.

例 4 证明:若函数$f(x,y)$在$[a,b]\times[c,+\infty)$上连续,又$\int_c^{+\infty}f(x,y)\mathrm{d}y$在$[a,b)$上收敛,在$x=b$发散,则$\int_c^{+\infty}f(x,y)\mathrm{d}y$在$[a,b)$上非一致收敛.

证 假设$\int_c^{+\infty}f(x,y)\mathrm{d}y$在$[a,b)$上一致收敛,则

$$\forall\varepsilon>0,\quad\exists M>0,\quad\ni\text{“}\forall x\in[a,b),\quad A''>A'>M\Rightarrow\left|\int_{A'}^{A''}f(x,y)\mathrm{d}y\right|<\varepsilon\text{”},$$

而$f(x,y)$在$[a,b]\times[c,+\infty)$上连续,所以$\int_{A'}^{A''}f(x,y)\mathrm{d}y$在$[a,b)$上连续,于是令$x\to b$得$\left|\int_{A'}^{A''}f(b,y)\mathrm{d}y\right|\varepsilon$,从而$\int_c^{+\infty}f(x,y)\mathrm{d}y$在$x=b$点收敛,此与题设矛盾,故结论成立.

M判别法是常用的一种判别法,除M判别法外,还有阿贝尔判别法和狄利克雷判别法.

定理 4(**阿贝尔判别法**) 设:

(1) $\int_c^{+\infty}f(x,y)\mathrm{d}y$在$[a,b]$上一致收敛;

(2) $\forall x\in[a,b]$,$g(x,y)\searrow$(关于y),且$g(x,y)$在$[a,b]$上一致有界,则$\int_c^{+\infty}f(x,y)g(x,y)\mathrm{d}y$在$[a,b]$上一致收敛.

证 因为$\int_c^{+\infty}f(x,y)\mathrm{d}y$在$[a,b]$上一致收敛,所以

$$\forall\varepsilon>0,\quad\exists M>0,\quad\ni\text{“}\forall x\in[a,b),\quad A''>A'>M\Rightarrow\left|\int_{A'}^{A''}f(x,y)\mathrm{d}y\right|<\varepsilon\text{”}.$$

又$g(x,y)$在$[a,b]$上一致有界,即

$$\exists L>0,\quad\ni\text{“}\forall x\in[a,b],\quad\forall y\in[c,+\infty),\quad|g(x,y)|\leqslant L\text{”}.$$

$\forall x\in[a,b]$,因$g(x,y)\searrow$,所以在$[A',A'']$上应用积分第二中值定理得

$$\int_{A'}^{A''}f(x,y)g(x,y)\mathrm{d}y=g(x,A')\int_{A'}^{\xi(x)}f(x,y)\mathrm{d}y+g(x,A'')\int_{\xi(x)}^{A''}f(x,y)\mathrm{d}y,$$

其中$\xi(x)\in[A',A'']$.

从而$\forall x\in[a,b)$,$A''>A'>M$时,

$$\left|\int_{A'}^{A''}f(x,y)g(x,y)\mathrm{d}y\right|<2L\varepsilon,$$

故$\int_c^{+\infty}f(x,y)g(x,y)\mathrm{d}y$在$[a,b]$上一致收敛.

类似地可以证明下面的定理.

定理 5（狄利克雷判别法）　设：

(1) $\forall N>c, \int_c^N f(x,y)\mathrm{d}y$ 在$[a,b]$上对 x 一致有界，即

$$\exists M>0,\quad \ni \text{“}\forall N>c,\quad \forall x\in[a,b],\quad \left|\int_c^N f(x,y)\mathrm{d}y\right|\leqslant M\text{”};$$

(2) $\forall x\in[a,b], g(x,y)\searrow$（关于 y），且$\lim\limits_{y\to\infty} g(x,y)\xlongequal{\text{一致}}0$，则$\int_c^{+\infty} f(x,y)g(x,y)\mathrm{d}y$ 在$[a,b]$上一致收敛.

例 5　证明在 $I(x)=\int_0^{+\infty} \mathrm{e}^{-xy}\dfrac{\sin y}{y}\mathrm{d}y$ 在$[0,+\infty)$上一致收敛.

证　令 $f(x,y)=\dfrac{\sin y}{y}, g(x,y)=\mathrm{e}^{-xy}$，而$\int_0^{+\infty}\dfrac{\sin y}{y}\mathrm{d}y$ 收敛，所以$\int_0^{+\infty} f(x,y)\mathrm{d}y$ 在 $x\geqslant 0$ 上一致收敛.

又 $\forall x\geqslant 0, g(x,y)=\mathrm{e}^{-xy}\searrow$（关于 y），且 $g(x,y)$在 $x\geqslant 0$ 上一致有界，故由阿贝尔判别法知 $I(x)=\int_0^{+\infty} \mathrm{e}^{-xy}\dfrac{\sin y}{y}\mathrm{d}y$ 在$[0,+\infty)$上一致收敛.

18.2.2　含参变量无穷限积分的性质

性质 1（连续性）　如果函数 $f(x,y)$ 在$[a,b]\times[c,+\infty)$上连续，$\int_c^{+\infty} f(x,y)\mathrm{d}y$ 在$[a,b]$上一致收敛于 $I(x)$，则 $I(x)$ 在$[a,b]$上连续.

证　因为$\int_c^{+\infty} f(x,y)\mathrm{d}y$ 在$[a,b]$上一致收敛于 $I(x)$，所以级数 $\sum\limits_{n=1}^{\infty}\int_{A_n}^{A_{n+1}} f(x,y)\mathrm{d}y$ 在$[a,b]$上一致收敛于 $I(x)$.

又 $\forall n, u_n(x)=\int_{A_n}^{A_{n+1}} f(x,y)\mathrm{d}y$ 在$[a,b]$上连续，故 $I(x)$ 在$[a,b]$上连续.

性质 2（可积性）　如果函数 $f(x,y)$ 在$[a,b]\times[c,+\infty)$上连续，$\int_c^{+\infty} f(x,y)\mathrm{d}y$ 在$[a,b]$上一致收敛于 $I(x)$，则 $I(x)$ 在$[a,b]$上可积，且

$$\int_c^{+\infty}\mathrm{d}y\int_a^b f(x,y)\mathrm{d}x=\int_a^b\mathrm{d}x\int_c^{+\infty} f(x,y)\mathrm{d}y.$$

证　由性质 1 知 $I(x)$在$[a,b]$上连续，从而可积，且

$$\begin{aligned}\int_a^b I(x)\mathrm{d}x&=\sum_{n=1}^{\infty}\int_a^b u_n(x)\mathrm{d}x=\sum_{n=1}^{\infty}\int_a^b\mathrm{d}x\int_{A_n}^{A_{n+1}} f(x,y)\mathrm{d}y\\&=\sum_{n=1}^{\infty}\int_{A_n}^{A_{n+1}}\mathrm{d}y\int_a^b f(x,y)\mathrm{d}x=\int_c^{+\infty}\mathrm{d}y\int_a^b f(x,y)\mathrm{d}x,\end{aligned}$$

即$\int_c^{+\infty}\mathrm{d}y\int_a^b f(x,y)\mathrm{d}x=\int_a^b\mathrm{d}x\int_c^{+\infty} f(x,y)\mathrm{d}y$.

例 6 求$\int_0^{+\infty}\frac{e^{-ax}-e^{-bx}}{x}dx\quad(0<a<b)$.

解 由于$\int_a^b e^{-xy}dy=\frac{e^{-ax}-e^{-bx}}{x}$,所以

$$\int_0^{+\infty}\frac{e^{-ax}-e^{-bx}}{x}dx=\int_0^{+\infty}dx\int_a^b e^{-xy}dy.$$

由$\int_a^b e^{-xy}dy$在$[a,b]$上的一致收敛性知,

$$\int_0^{+\infty}\frac{e^{-ax}-e^{-bx}}{x}dx=\int_0^{+\infty}dx\int_a^b e^{-xy}dy=\int_a^b dy\int_0^{+\infty}e^{-xy}dx=\int_a^b\frac{1}{y}dy=\ln\frac{b}{a}.$$

性质 3(可微性) 如果函数$f(x,y)$及其偏导函数$f'_x(x,y)$在$[a,b]\times[c,+\infty)$上连续,$\int_c^{+\infty}f(x,y)dy$在$[a,b]$收敛于$I(x)$,$\int_c^{+\infty}f'_x(x,y)dy$在$[a,b]$上一致收敛,则$I(x)$在$[a,b]$上可导,且

$$I'(x)=\int_c^{+\infty}f'_x(x,y)dy.$$

证 取单调数列$\{A_n\}$,$A_n\to\infty(A_1=c)$,令$u_n(x)=\int_{A_n}^{A_{n+1}}f(x,y)dy$,则

$$u'_n(x)=\int_{A_n}^{A_{n+1}}f'_x(x,y)dy,$$

于是由一致收敛性知$\sum_{n=1}^{\infty}u'_n(x)=\sum_{n=1}^{\infty}\int_{A_n}^{A_{n+1}}f'_x(x,y)dy$,从而

$$I'(x)=\sum_{n=1}^{\infty}u'_n(x)=\int_c^{+\infty}f'_x(x,y)dy,$$

即$\frac{d}{dx}\int_c^{+\infty}f(x,y)dy=\int_c^{+\infty}\frac{\partial}{\partial x}f(x,y)dy$.

例 7 求$\int_0^{+\infty}\frac{e^{-ax}-e^{-bx}}{x}dx\quad(0<a<b)$.

解 设$I(a)=\int_0^{+\infty}\frac{e^{-ax}-e^{-bx}}{x}dx$,则

$$I'(a)=\int_0^{+\infty}\frac{\partial}{\partial a}\left(\frac{e^{-ax}-e^{-bx}}{x}\right)dx=-\int_0^{+\infty}e^{-ax}dx=-\frac{1}{a},$$

所以$I(a)=-\ln a+C$.

由于$I(b)=0$,取$a=b$得$C=\ln b$,故$I(a)=\ln b-\ln a=\ln\frac{b}{a}$.

例 8 计算$\int_0^{+\infty}\frac{\sin x}{x}dx$的值.

解 令$I(\alpha)=\int_0^{+\infty}e^{-\alpha x}\frac{\sin x}{x}dx(\alpha\geqslant 0)$,则$I(0)=\int_0^{+\infty}\frac{\sin x}{x}dx$,而由例 5 知$I(\alpha)$在

$[0,+\infty)$ 上一致收敛，故 $I'(\alpha)=-\int_0^{+\infty}\mathrm{e}^{-\alpha x}\sin x\mathrm{d}x=\frac{-1}{1+\alpha^2}$，即 $I(\alpha)=-\arctan\alpha+C$. 又 $|I(\alpha)|\leqslant\int_0^{+\infty}\mathrm{e}^{-\alpha x}\mathrm{d}x=\frac{1}{\alpha}$，所以 $\lim\limits_{\alpha\to+\infty}I(\alpha)=0$，即 $C=\frac{\pi}{2}$. 故 $I(\alpha)=\frac{\pi}{2}-\arctan\alpha$，从而 $\int_0^{+\infty}\frac{\sin x}{x}\mathrm{d}x=\frac{\pi}{2}$ 为所求.

18.2.3　拓广

定理 6　如果 $f(x,y)$ 在 $[a,+\infty)\times[c,+\infty)$ 上连续，且：

(1) $\int_a^{+\infty}f(x,y)\mathrm{d}x$ 在无穷限区间 $[a,+\infty)$ 内的任一闭区间 $[a,b]$ 上一致收敛，$\int_c^{+\infty}f(x,y)\mathrm{d}x$ 在 $[c,+\infty)$ 内的任一闭区间 $[c,d]$ 上一致收敛；

(2) $\int_a^{+\infty}\mathrm{d}x\int_c^{+\infty}|f(x,y)|\mathrm{d}y$ 与 $\int_a^{+\infty}\mathrm{d}x\int_a^{+\infty}|f(x,y)|\mathrm{d}y$ 至少有一个收敛，则

$$\int_a^{+\infty}\mathrm{d}x\int_c^{+\infty}|f(x,y)|\mathrm{d}y=\int_c^{+\infty}\mathrm{d}x\int_a^{+\infty}|f(x,y)|\mathrm{d}y.$$

证　不妨设 $\int_a^{+\infty}\mathrm{d}x\int_c^{+\infty}f(x,y)\mathrm{d}y$ 收敛，则 $\int_a^{+\infty}\mathrm{d}x\int_c^{+\infty}f(x,y)\mathrm{d}y$ 也收敛，于是

$$\forall d>c,\quad\left|\int_c^d\mathrm{d}y\int_a^{+\infty}f(x,y)\mathrm{d}x-\int_a^{+\infty}\mathrm{d}x\int_c^{+\infty}f(x,y)\mathrm{d}y\right|=\left|\int_a^{+\infty}\mathrm{d}x\int_d^{+\infty}f(x,y)\mathrm{d}y\right|.$$

因为 $\int_a^{+\infty}\mathrm{d}x\int_c^{+\infty}|f(x,y)|\mathrm{d}y$ 收敛，所以 $\int_a^{+\infty}\mathrm{d}x\int_d^{+\infty}|f(x,y)|\mathrm{d}y$ 收敛，于是

$$\forall\varepsilon>0,\quad\exists M>0,\quad\ni\text{“}A>M\Rightarrow\left|\int_A^{+\infty}\mathrm{d}x\int_d^{+\infty}f(x,y)\mathrm{d}y\right|<\frac{\varepsilon}{2}\text{”},$$

即 $\int_A^{+\infty}\mathrm{d}x\int_d^{+\infty}|f(x,y)|\mathrm{d}y<\frac{\varepsilon}{2}$.

选定 A 后，由 $\int_c^{+\infty}f(x,y)\mathrm{d}y$ 一致收敛得

$$\exists M>0,\quad\ni\text{“}d>M\Rightarrow\left|\int_d^{+\infty}f(x,y)\mathrm{d}y\right|<\frac{\varepsilon}{2(A-a)}\text{”},$$

即 $\left|\int_a^A\mathrm{d}x\int_d^{+\infty}f(x,y)\mathrm{d}y\right|<\frac{\varepsilon}{2}$，从而

$$\begin{aligned}\left|\int_c^d\mathrm{d}y\int_a^{+\infty}f(x,y)\mathrm{d}x-\int_a^{+\infty}\mathrm{d}x\int_c^{+\infty}f(x,y)\mathrm{d}y\right|&=\left|\int_a^{+\infty}\mathrm{d}x\int_d^{+\infty}f(x,y)\mathrm{d}y\right|\\&\leqslant\left|\int_a^A\mathrm{d}x\int_d^{+\infty}f(x,y)\mathrm{d}y\right|+\int_A^{+\infty}\mathrm{d}x\int_d^{+\infty}|f(x,y)|\mathrm{d}y<\varepsilon,\end{aligned}$$

故 $\int_a^{+\infty}\mathrm{d}x\int_c^{+\infty}f(x,y)\mathrm{d}y=\int_c^{+\infty}\mathrm{d}y\int_a^{+\infty}f(x,y)\mathrm{d}x$.

最后，简单地介绍含参变量的瑕积分.

设 $f(x,y)$ 在 $[a,b]\times[c,d)$ 上有定义，$y=b$ 为其**瑕点**，则称 $\int_c^d f(x,y)\mathrm{d}y$ 为**含参变量 x 的瑕积分**，若 $\forall x\in[a,b]$，$\int_c^d f(x,y)\mathrm{d}y$ 收敛，则其积分是 x 的函数. 我们同样可以建立其一致收敛的判别法：

$$\int_c^d f(x,y)\mathrm{d}y \text{ 在}[a,b]\text{上一致收敛} \Leftrightarrow \forall\varepsilon>0,\exists\delta>0,$$

$$\ni \text{“}\forall x\in[a,b],0<\eta<\delta\Rightarrow\left|\int_{d-\eta}^d f(x,y)\mathrm{d}y\right|<\varepsilon\text{”}.$$

并讨论其性质，这里不再赘述了.

习题 18.2

1. 证明下列各题：

(1) $\int_1^{+\infty}\frac{y^2-x^2}{(x^2+y^2)^2}\mathrm{d}x$ 在 $(-\infty,+\infty)$ 上一致收敛；

(2) $\int_1^{+\infty}x\mathrm{e}^{-x^2y}\mathrm{d}y$ 在 $[a,b](a>0)$ 上一致收敛；

(3) $\int_1^{+\infty}x\mathrm{e}^{-xy}\mathrm{d}y$，

① 在 $[a,b](a>0)$ 上一致收敛，　　② 在 $[0,b]$ 上非一致收敛；

(4) $\int_0^1\ln(xy)\mathrm{d}y$ 在 $\left[\frac{1}{b},b\right](b>1)$ 上一致收敛；

(5) $I(p)=\int_0^1\frac{\mathrm{d}x}{x^p}$ 在 $(-\infty,b](b<1)$ 上一致收敛.

2. 从等式 $\int_a^b\mathrm{e}^{-xy}\mathrm{d}y=\frac{\mathrm{e}^{-ax}-\mathrm{e}^{-bx}}{x}$ 出发，计算积分 $\int_0^{+\infty}\frac{\mathrm{e}^{-ax}-\mathrm{e}^{-bx}}{x}\mathrm{d}x\quad(a>b>0)$.

3. 证明函数 $F(y)=\int_0^{+\infty}\mathrm{e}^{-(x-y)^2}\mathrm{d}x$ 在 $(-\infty,+\infty)$ 上连续.

4. 求下列积分：

(1) $\int_0^{+\infty}\frac{\mathrm{e}^{-a^2x^2}-\mathrm{e}^{-b^2x^2}}{x^2}\mathrm{d}x$，$\left(\text{提示：可利用公式}\int_0^{+\infty}\mathrm{e}^{-x^2}\mathrm{d}x=\frac{\sqrt{\pi}}{2}\right)$；

(2) $\int_0^{+\infty}\mathrm{e}^{-t}\frac{\sin xt}{t}\mathrm{d}t$；　　(3) $\int_0^{+\infty}\mathrm{e}^{-x}\frac{1-\cos xy}{x^2}\mathrm{d}x$.

5. 回答下列问题：

(1) 对极限 $\lim\limits_{x\to0^+}\int_0^{+\infty}2xy\mathrm{e}^{-xy^2}\mathrm{d}y$ 能否施行极限与积分运算顺序的交换来求解？

(2) 对 $\int_0^1\mathrm{d}y\int_0^{+\infty}(2y-2xy^3)\mathrm{e}^{-xy^2}\mathrm{d}x$ 能否运用交换积分顺序来求解？

(3) 对 $F(x)=\int_0^{+\infty} x^3 e^{-x^2 y} dy$ 能否交换积分与求导运算顺序来求解?

6. 应用$\int_0^{+\infty} e^{-at^2} dx=\frac{\sqrt{\pi}}{4}a^{-\frac{1}{2}}(a>0)$,证明:

(1) $\int_0^{+\infty} t^2 e^{-at^2} dx=\frac{\sqrt{\pi}}{4}a^{-\frac{3}{2}}$;

(2) $\int_0^{+\infty} t^{2n} e^{-at^2} dx=\frac{\sqrt{\pi}}{2}\frac{1\cdot 3\cdot \cdots \cdot (2n-1)}{2^n}a^{-\left(n+\frac{1}{2}\right)}$.

7. 应用$\int_0^{+\infty}\frac{dx}{x^2+a^2}=\frac{\pi}{2a}$,求$\int_0^{+\infty}\frac{dx}{(x^2+a^2)^{n+1}}$.

8. 设 $f(x,y)$ 为$[a,b]\times[c,+\infty]$上连续非负函数,$I(x)=\int_0^{+\infty} f(x,y)dy$ 在$[a,b]$上连续,证明 $I(x)$ 在$[a,b]$上一致收敛.

9. 设在$[a,+\infty)\times[c,d]$上成立不等式 $|f(x,y)|\leqslant F(x,y)$. 若$\int_a^{+\infty} F(x,y)dx$ 在$[c,d]$上一致收敛,证明$\int_a^{+\infty} f(x,y)dx$ 在$[c,d]$上一致收敛且绝对收敛.

18.3 欧拉积分

含参变量的积分

$$\Gamma(s)=\int_0^{+\infty} x^{s-1}e^{-x}dx,\quad s>0,\quad B(\alpha,\beta)=\int_0^1 x^{\alpha-1}(1-x)^{\beta-1}dx,\quad \alpha<0,\beta>0$$

分别称为**伽马函数与贝塔函数**,统称为**欧拉积分**. 欧拉积分在应用中常出现,下面我们将分别讨论.

18.3.1 Γ函数

含参变量的积分$\Gamma(s)=\int_0^{+\infty} x^{s-1}e^{-x}dx\,(s>0)$ 称为**伽马函数**. 其有瑕点 0,且是无穷限,所以一般分为两个积分讨论,即 $\Gamma(s)=\int_0^1 x^{s-1}e^{-x}dx+\int_1^{+\infty} x^{s-1}e^{-x}dx=I(s)+J(s)$,其中 $I(s)=\int_0^1 x^{s-1}e^{-x}dx$,当 $s\geqslant 1$ 时 $I(s)$ 为**正常积分**,当 $0<s<1$ 时 $I(s)$ 为瑕积分,由柯西判别法知其收敛;而对 $J(s)=\int_1^{+\infty} x^{s-1}e^{-x}dx$,当 $s>0$ 时 $J(s)$ 为无穷限的反常积分,由柯西判别法亦知其收敛,所以$\Gamma(s)=\int_0^{+\infty} x^{s-1}e^{-x}dx$ 的定义域为 $s>0$.

1. Γ(s)的性质

性质 1　$\Gamma(s)$在定义域 $s>0$ 内连续.

证 $\forall s\in[a,b]\subset(0,+\infty)$，当 $0<x\leqslant 1$ 时，$x^{s-1}\mathrm{e}^{-x}\leqslant x^{a-1}\mathrm{e}^{-x}$，而$\int_0^1 x^{a-1}\mathrm{e}^{-x}\mathrm{d}x$ 收敛，所以由 M 判别法知

$$I(s)=\int_0^1 x^{s-1}\mathrm{e}^{-x}\mathrm{d}x$$

在$[a,b]$内一致收敛.

当 $x>1$ 时，$x^{s-1}\mathrm{e}^{-x}\leqslant x^{b-1}\mathrm{e}^{-x}$，而$\int_0^1 x^{b-1}\mathrm{e}^{-x}\mathrm{d}x$ 收敛，所以

$$J(s)=\int_1^{+\infty}x^{s-1}\mathrm{e}^{-x}\mathrm{d}x$$

在$[a,b]$内一致收敛. 于是$\Gamma(s)$在定义域 $s>0$ 内连续.

性质 2 $\Gamma(s)$在定义域内 $s>0$ 存在任意阶导数.

证 因为$\forall s\in[a,b]\subset(0,+\infty)$，

$$\int_0^{+\infty}\frac{\partial}{\partial s}(x^{s-1}\mathrm{e}^{-x})\mathrm{d}x=\int_0^{+\infty}x^{s-1}\mathrm{e}^{-x}\ln x\mathrm{d}x$$

在$[a,b]$内一致收敛，所以$\Gamma(s)$在$[a,b]$上可导，由 a,b 的任意性知$\Gamma(s)$在定义域 $s>0$ 上可导，且

$$\Gamma'(s)=\int_0^{+\infty}\frac{\partial}{\partial s}(x^{s-1}\mathrm{e}^{-x})\mathrm{d}x=\int_0^{+\infty}x^{s-1}\mathrm{e}^{-x}\ln x\mathrm{d}x.$$

继之即得$\Gamma(s)$在定义域 $s>0$ 内存在任意阶导数，且

$$\Gamma^{(n)}(s)=\int_0^{+\infty}\frac{\partial}{\partial s}(x^{s-1}\mathrm{e}^{-x}(\ln x)^{n-1})\mathrm{d}x=\int_0^{+\infty}x^{s-1}\mathrm{e}^{-x}(\ln x)^n\mathrm{d}x.$$

性质 3 $\Gamma(1)=\int_0^{+\infty}\mathrm{e}^{-x}\mathrm{d}x=1.$

性质 4 递推公式$\Gamma(s+1)=s\Gamma(s)$.

证 $\Gamma(s+1)=\int_0^{+\infty}x^s\mathrm{e}^{-x}\mathrm{d}x=-x^s\mathrm{e}^{-x}\Big|_0^{+\infty}+s\int_0^{+\infty}x^{s-1}\mathrm{e}^{-x}\mathrm{d}x=s\Gamma(s).$

性质 5 $\Gamma(1)=\int_0^{+\infty}\mathrm{e}^{-x}\mathrm{d}x=1,\Gamma(n+1)=n!.$

2. $\Gamma(s)$的图像

(1) 定义域：$s>0$.

(2) $\Gamma(s)=\int_0^{+\infty}x^{s-1}\mathrm{e}^{-x}\mathrm{d}x>0$，由此知$\Gamma(s)$ 的图像在第一象限.

(3) $\Gamma''(s)=\int_0^{+\infty}x^{s-1}\mathrm{e}^{-x}(\ln x)^2\mathrm{d}x>0$，由此知$\Gamma(s)$ 为凸函数.

(4) 特殊点　因为$\Gamma(1)=1,\Gamma(2)=1,\Gamma(3)=2,\Gamma(4)=6,\cdots$，所以图像经过$(1,1)$，$(2,1)$，$(3,2)$，$(4,6)$，…，且极小点在 1,2 之间.

（5）渐近线　因为 $\lim\limits_{x\to 0^+}\Gamma(s)=\lim\limits_{x\to 0^+}\int_0^{+\infty}x^{s-1}e^{-x}dx=+\infty$，所以 $s=0$ 为垂直渐近线.

$\Gamma(s)$的图像见图 18.2.

3. Γ(s)的延拓

由递推公式$\Gamma(s+1)=s\,\Gamma(s)$得$\Gamma(s)=\dfrac{\Gamma(s+1)}{s}$. 当$-1<s<0$时，$\dfrac{\Gamma(s+1)}{s}$存在，依此递推可得

$$\Gamma(s)=\begin{cases}\int_0^{+\infty}x^{s-1}e^{-x}dx, & s>0\\ \dfrac{\Gamma(s+1)}{s}, & s<0, s\notin \mathbb{N}^-\end{cases}$$

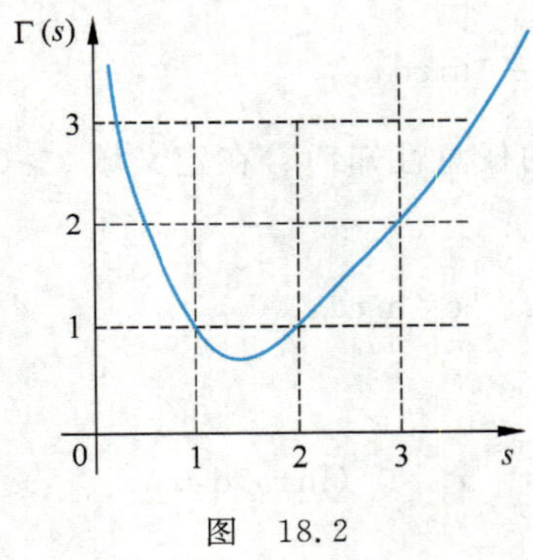

图　18.2

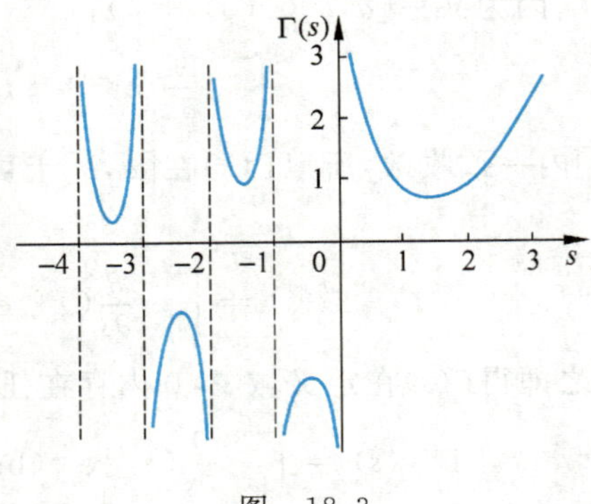

图　18.3

这称为伽马函数的**延拓**. 延拓后的函数还可以延拓到 $s\neq 0,-1,-2,\cdots$ 的数集上去. 延拓后的伽马函数的图像见图 18.3.

4. Γ(s)的其他形式

在应用上，$\Gamma(s)$也常有如下形式出现.

令 $x=y^2$，则有

$$\Gamma(s)=\int_0^{+\infty}x^{s-1}e^{-x}dx=2\int_0^{+\infty}y^{2s-1}e^{-y^2}dy.$$

令 $x=py$，则有

$$\Gamma(s)=\int_0^{+\infty}x^{s-1}e^{-x}dx=p^s\int_0^{+\infty}y^{s-1}e^{-py}dy.$$

18.3.2 B函数

含参变量的积分 $B(\alpha,\beta)=\int_0^1 x^{\alpha-1}(1-x)^{\beta-1}dx(\alpha>0,\beta>0)$ 称为**贝塔函数**. 当 $0<\alpha<1$ 时, $B(\alpha,\beta)$ 以 $x=0$ 为瑕点, 当 $0<\beta<1$ 时, $B(\alpha,\beta)$ 以 $x=1$ 为瑕点, 由柯西判别法知 $B(\alpha,\beta)$ 在 $\alpha>0,\beta>0$ 时收敛. $B(\alpha,\beta)$ 的定义域为 $\alpha>0,\beta>0$.

贝塔函数 $B(\alpha,\beta)$ 具有下面的性质.

性质 1(连续性) $B(\alpha,\beta)$ 在定义域 $\alpha>0,\beta>0$ 内连续.

证 由 M 判别法即知结论成立.

性质 2(对称性) $B(\alpha,\beta)=B(\beta,\alpha)$.

证 作变换 $x=1-y$, 则

$$B(\alpha,\beta)=\int_0^1 x^{\alpha-1}(1-x)^{\beta-1}dx=\int_0^1(1-y)^{\alpha-1}y^{\beta-1}dy=B(\beta,\alpha),$$

所以结论成立.

性质 3(递推公式) $B(\alpha,\beta)=\dfrac{\beta-1}{\alpha+\beta-1}B(\alpha,\beta-1)\quad(\alpha>0,\beta>1)$;

$$B(\alpha,\beta)=\frac{\alpha-1}{\alpha+\beta-1}B(\alpha-1,\beta)\quad(\alpha>1,\beta>0);$$

$$B(\alpha,\beta)=\frac{(\alpha-1)(\beta-1)}{(\alpha+\beta-1)(\alpha+\beta-2)}B(\alpha-1,\beta-1)\quad(\alpha>1,\beta>1).$$

证 当 $\alpha>0,\beta>1$ 时,

$$\begin{aligned}B(\alpha,\beta)&=\int_0^1 x^{\alpha-1}(1-x)^{\beta-1}dx=\frac{x^\alpha(1-x)^{\beta-1}}{\alpha}\bigg|_0^1+\frac{\beta-1}{\alpha}\int_0^1 x^\alpha(1-x)^{\beta-2}dx\\&=\frac{\beta-1}{\alpha}\int_0^1 x^\alpha(1-x)^{\beta-2}dx\\&=\frac{\beta-1}{\alpha}\int_0^1[x^{\alpha-1}-x^{\alpha-1}(1-x)](1-x)^{\beta-2}dx\\&=\frac{\beta-1}{\alpha}\int_0^1 x^{\alpha-1}(1-x)^{\beta-2}dx+\frac{\beta-1}{\alpha}B(\alpha,\beta-1),\end{aligned}$$

所以

$$B(\alpha,\beta)=\frac{\beta-1}{\alpha+\beta-1}B(\alpha,\beta-1),(\alpha>0,\beta>1),$$

故结论成立.

同理可证明另外两个递推公式.

性质 4(其他形式)

令 $x=\cos^2\varphi$, 则 $B(\alpha,\beta)=2\int_0^{\frac{\pi}{2}}\sin^{2n-1}\varphi\cos^{2n-1}\varphi d\varphi$, 所以 $B\left(\frac{1}{2},\frac{1}{2}\right)=2\int_0^{\frac{\pi}{2}}d\varphi=\pi$.

令 $x=\dfrac{y}{1+y}$, 则 $1-x=\dfrac{1}{1+y}$, $dx=\dfrac{1}{(1+y)^2}dy$, 于是 $B(\alpha,\beta)=2\int_0^{+\infty}\dfrac{y^{\alpha-1}}{(1+y)^{\alpha+\beta}}dy$. 对于

$\int_0^{+\infty} \frac{y^{\alpha-1}}{(1+y)^{\alpha+\beta}}\mathrm{d}y$，再令 $y=\frac{1}{t}$，则 $\mathrm{B}(\alpha,\beta)=\int_0^1 \frac{x^{\alpha-1}+x^{\beta-1}}{(1+x)^{\alpha+\beta}}\mathrm{d}x$.

18.3.3　Γ函数与 B 函数的关系

$\forall \alpha,\beta\in\mathbb{R}^+$，Γ函数与 B 函数有关系：$\mathrm{B}(\alpha,\beta)=\frac{\Gamma(\alpha)\cdot\Gamma(\beta)}{\Gamma(\alpha+\beta)}$.

此公式的证明，请参见华东师大编著的《数学分析》. 除了上面介绍的公式外，还有：

(1) **余元公式**　$\Gamma(s)\cdot\Gamma(1-s)=\mathrm{B}(1-s,s)=\frac{\pi}{\sin s\pi}$；

(2) **加倍公式**　$\Gamma(2s)=\frac{2^{2s-1}}{\sqrt{\pi}}\Gamma(s)\cdot\Gamma\left(s+\frac{1}{2}\right)$.

还有斯特林(Stirling)公式等，这里不再介绍.

例 1　计算$\Gamma\left(\frac{1}{2}\right)$.

解　因为 $\mathrm{B}\left(\frac{1}{2},\frac{1}{2}\right)=\frac{\Gamma\left(\frac{1}{2}\right)\cdot\Gamma\left(\frac{1}{2}\right)}{\Gamma(1)}$，所以$\Gamma\left(\frac{1}{2}\right)=\sqrt{\pi}$.

例 2　计算$\int_0^{\frac{\pi}{2}}\sin^{2n}x\,\mathrm{d}x$.

解

$$\begin{aligned}\int_0^{\frac{\pi}{2}}\sin^{2n}x\,\mathrm{d}x&=\frac{1}{2}\int_0^{\frac{\pi}{2}}2\sin^{2\cdot\frac{2n+1}{2}-1}x\cos^{2\cdot\frac{1}{2}-1}x\,\mathrm{d}x\\&=\frac{1}{2}\mathrm{B}\left(\frac{1}{2},\frac{2n+1}{2}\right)=\frac{1}{2}\,\frac{\Gamma\left(\frac{1}{2}\right)\cdot\Gamma\left(n+\frac{1}{2}\right)}{\Gamma(n+1)}\\&=\frac{(2n-1)!!}{(2n)!!}\cdot\frac{\pi}{2}.\end{aligned}$$

习　题 18.3

1. 计算$\Gamma\left(\frac{5}{2}\right)$，$\Gamma\left(-\frac{5}{2}\right)$，$\Gamma\left(n+\frac{1}{2}\right)$，$\Gamma\left(\frac{1}{2}-n\right)$.

2. 计算：(1) $\int_0^{\frac{\pi}{2}}\cos^{2n}x\,\mathrm{d}x$；　　(2) $\int_0^{\frac{\pi}{2}}\sin^{2n+1}x\,\mathrm{d}x$.

3. 证明下列各式：

(1) $\Gamma(a)=\int_0^1\left(\ln\frac{1}{x}\right)^{a-1}\mathrm{d}x\quad(a>0)$；

(2) $\int_0^{+\infty}\frac{x^{a-1}}{1+x}\mathrm{d}x=\Gamma(a)\,\Gamma(1-a)\quad(0<a<1)$；

(3) $\int_0^1 x^{p-1}(1-x^r)^{q-1}\mathrm{d}x=\frac{1}{r}\mathrm{B}\left(\frac{p}{r},q\right)\quad(p>0,q>0,r>0)$；

(4) $\int_0^{+\infty}\frac{1}{1+x^4}\mathrm{d}x=\frac{\pi}{2\sqrt{2}}$.

4. 证明公式 $\mathrm{B}(p,q)=\mathrm{B}(P+1,q)+\mathrm{B}(p,q+1)$.

5. 已知$\Gamma\left(\frac{1}{2}\right)=\sqrt{\pi}$,证明$\int_{-\infty}^{+\infty}x^2\mathrm{e}^{-x^2}\mathrm{d}x=\frac{\sqrt{\pi}}{2}$.

6. 试将下列积分用欧拉积分表示,并指出参量的取值范围.

(1) $\int_0^{\frac{\pi}{2}}\sin^m x\cos^n x\,\mathrm{d}x$；　　(2) $\int_0^1\left(\ln\frac{1}{x}\right)^p\mathrm{d}x$.

总练习题18

1. 在区间$[1,3]$内,用线性函数 $a+bx$ 近似替 $f(x)=x^2$,试求 a,b 使得积分 $\int_1^3(a+bx-x^2)^2\mathrm{d}x$ 取最小值.

2. 设 $u(x)=\int_0^1 k(x,y)v(y)\mathrm{d}y$,其中

$$k(x,y)=\begin{cases}x(1-y), & x\leqslant y,\\ y(1-x), & x>y\end{cases}$$

与 $v(y)$为$[0,1]$上的连续函数,证明 $u''(x)=-v(x)$.

3. 求函数 $F(a)=\int_0^{+\infty}\frac{\sin(1-a^2)x}{x}\mathrm{d}x$ 的不连续点,并作函数 $F(a)$ 的图像.

4. 证明:若$\int_0^{+\infty}f(x,t)\mathrm{d}t$ 在 $x\geqslant a$ 时一致收敛于 $F(x)$, $\lim\limits_{x\to+\infty}f(x,t)=\varphi(t)$ 且对任何 $t\in[a,b]\subset[0,+\infty)$ 一致地成立,则 $\lim\limits_{x\to+\infty}F(x)=\int_0^{+\infty}\varphi(t)\mathrm{d}t$.

5. 设 $f(x)$为二阶可微函数,$F(x)$为可微函数.证明函数

$$u(x,t)=\frac{1}{2}[f(x-at)+f(x+at)]+\frac{1}{2a}\int_{x-at}^{x+at}F(z)\mathrm{d}z$$

满足弦振动方程$\frac{\partial^2 u}{\partial t^2}=a^2\frac{\partial^2 u}{\partial x^2}$及初值条件 $u(x,0)=f(x)$,$u_t(x,0)=F(x)$.

6. 证明:

(1) $\int_0^1\frac{\ln x}{1-x}\mathrm{d}x=-\frac{\pi^2}{6}$；　　(2) $\int_0^u\frac{\ln(1-t)}{t}\mathrm{d}x=-\sum\limits_{n=1}^{\infty}\frac{u^2}{n^2}$, $0\leqslant u\leqslant 1$.

硕士研究生入学试题选录

7. 求积分$\int_0^1\frac{x^b-x^a}{\ln x}\mathrm{d}x$,其中 $a>b>0$.(2000 数一)

8. 设 $f(x)=\int_0^1 \frac{\mathrm{e}^{-x^2(y^2+1)}}{y^2+1}\mathrm{d}y, g(x)=\left(\int_0^x \mathrm{e}^{-y^2}\mathrm{d}y\right)^2, x\geqslant 0$，证明：当 $x\geqslant 0$ 时，$f(x)+g(x)=\frac{\pi}{4}$. （1998 数一）

9. 设 $f(x,t)$ 在 $[a,+\infty;c,d]$ 上连续，$\int_a^{+\infty} f(x,t)\mathrm{d}x$ 在 $[c,d)$ 上一致收敛，证明：$\int_a^{+\infty} f(x,d)\mathrm{d}x$ 收敛。(1999 数一)

10. 证明函数 $F(x)=\int_0^{+\infty}\frac{\sin xt}{1+t^2}\mathrm{d}t$ 在区间 $[0,+\infty)$ 上连续，在 $(0,+\infty)$ 内有连续导函数。(2000 数一)

11. 设 $F(x)=\int_0^{+\infty}\mathrm{e}^{-y^2}\cos xy\,\mathrm{d}y$. (2001 数一)

(1) 证明：$2F'(x)+xF(x)=0$； (2) 求 $F(x)$.

12. 证明 $F(x)=\int_{\mathrm{e}}^{+\infty}\frac{\cos t}{t^x}\mathrm{d}t$ 在 $(1,+\infty)$ 内连续可微. (2002 数一)

第19章

重 积 分

19.1 二重积分的概念

19.1.1 引入与定义

1. 平面薄片的质量

设 D 是一置于平面 xOy 的薄片，其密度为 $\rho(x,y)$，$(x,y)\in D$，求此薄片的质量.

设 D 的面积为 S，如果 $\rho(x,y)\equiv C$，则 $m=C\cdot S$. 如果 $\rho(x,y)$ 不为一常数，则将 D 分为 n 个小块 $D_i(i=1,2,\cdots,n)$，小块面积为 $\Delta\sigma_i$，直径为 d_i，取 $(x_i,y_i)\in D_i$，则

$$m\approx\sum_{i=1}^{n}\rho(x_i,y_i)\Delta\sigma_i.$$

如果 $\lambda(T)=\max\{d_i\}\to 0$ 时和式极限存在，则

$$m=\lim_{\lambda(T)\to 0}\sum_{i=1}^{n}\rho(x_i,y_i)\Delta\sigma_i.$$

2. 曲顶柱体的体积

设 $f(x,y)$ 是定义在有界闭区域 D 上的非负连续函数，以曲面 $z=f(x,y)$ 为顶，D 为底的柱体称为曲顶柱体，如图 19.1 所示.

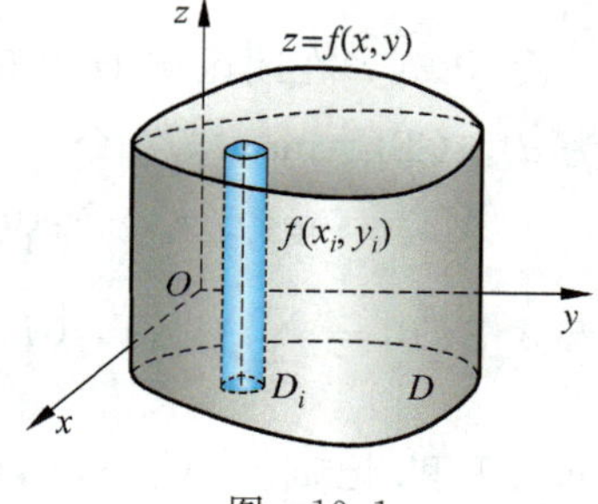

图 19.1

对 D 作分割 $T:D_1,D_2,\cdots,D_n$，记 $D_i(i=1,2,\cdots,n)$ 的面积为 $\Delta\sigma_i$，直径为 d_i，取 $(x_i,y_i)\in D_i$，则

$$V\approx\sum_{i=1}^{n}f(x_i,y_i)\Delta\sigma_i,$$

如果 $\lambda(T)=\max\{d_i\}\to 0$ 时和式极限存在，则称此极限为曲顶柱体的体积，即

$$V=\lim_{\lambda(T)\to 0}\sum_{i=1}^{n}f(x_i,y_i)\Delta\sigma_i.$$

由此而得到的模型就是二重积分，这就是下面的定义.

定义 1 设 $f(x,y)$ 是定义在有界闭区域 D 上的函数，对 D 作分割

$$T:D_1,D_2,\cdots,D_n,$$

记 D_i 的面积为 $\Delta\sigma_i$，直径为 d_i，取 $(\xi_i,\eta_i)\in D_i$，作和 $\sum\limits_{i=1}^{n} f(\xi_i,\eta_i)\Delta\sigma_i$，如果 $\lambda(T)=\max\{d_i\}\to 0$ 时和式极限存在，且与分割 T 无关，与 ξ_i,η_i 的选择无关，则称此极限为 $f(x,y)$ 在 D 上的二重积分，记作

$$\iint\limits_D f(x,y)\mathrm{d}\sigma,$$

即 $\iint\limits_D f(x,y)\mathrm{d}\sigma=\lim\limits_{\lambda(T)\to 0}\sum\limits_{i=1}^{n} f(\xi_i,\eta_i)\Delta\sigma_i$，此时亦称 $f(x,y)$ 在 D 上可积.

用 ε-δ 来叙述，就是下面的定义.

定义 2　函数 $f(x,y)$ 在 D 上可积 $\Leftrightarrow \exists J\in\mathbb{R},\forall\varepsilon>0,\forall T,\exists\delta>0,$

$$\ni\text{“}\forall(\xi_i,\eta_i)\in D_i,\quad \lambda(T)<\delta\Rightarrow\left|\sum_{i=1}^{n} f(\xi_i,\eta_i)\Delta\sigma_i-J\right|<\varepsilon\text{”}.$$

当 $f(x,y)\geqslant 0$ 时，二重积分 $\iint\limits_D f(x,y)\mathrm{d}\sigma$ 表示以 $z=f(x,y)$ 为顶，D 为底的曲顶柱体的体积. 当 $f(x,y)\equiv 1$ 时，二重积分 $\iint\limits_D f(x,y)\mathrm{d}\sigma$ 就是平面区域 D 的面积.

19.1.2　可积的条件

设 $f(x,y)$ 在闭区域 D 上有界，对 D 作分割 T：$D_1,D_2,\cdots,D_n$，记 D_i 的面积为 $\Delta\sigma_i$，直径为 d_i，$\lambda(T)=\max\{d_i\}$. 令

$$M_i=\sup\{f(x_i,y_i):(x_i,y_i)\in D_i\};\quad m_i=\inf\{f(x_i,y_i):(x_i,y_i)\in D_i\},$$

作和式 $S(T)=\sum\limits_{i=1}^{n} M_i\Delta\sigma_i$，$s(T)=\sum\limits_{i=1}^{n} m_i\Delta\sigma_i$，其分别称为函数 $f(x,y)$ 在 D 上关于分割 T 的上和与下和. 记 $\omega_i=M_i-m_i$，称 $\sum\limits_{i=1}^{n}\omega_i\Delta\sigma_i$ 为函数在 D 上关于分割 T 的振幅和.

与定积分一样，我们有如下定理.

定理 1　$f(x,y)$ 在 D 上可积 $\Leftrightarrow \lim\limits_{\lambda(T)\to 0} S(T)=\lim\limits_{\lambda(T)\to 0} s(T)$

$$\Leftrightarrow \lim_{\lambda(T)\to 0}\sum_{i=1}^{n}\omega_i\Delta\sigma_i=0.$$

定理 2　$f(x,y)$ 在 D 上可积 $\Leftrightarrow \forall\varepsilon>0,\exists T,\ni$“$S(T)-s(T)<\varepsilon$”.

以上两个定理的证明皆可类比定积分中相应的定理而得. 对于可积函数类的讨论，这里只给出下面的两种函数.

定理 3　如果 $f(x,y)$ 在有界闭区域 D 上连续，则 $f(x,y)$ 在 D 上可积.

证　因为 $f(x,y)$ 在有界闭区域 D 上连续，从而一致连续，所以

$$\forall\varepsilon>0,\exists\delta>0,\ni\text{“}\rho((x_1,y_1),(x_2,y_2))<\delta\Rightarrow|f(x_1,y_1)-f(x_2,y_2)|<\varepsilon\text{”},$$

于是 $\forall T,\lambda(T)<\delta\Rightarrow\sum_{i=1}^{n}\omega_i\Delta\sigma_i<\varepsilon\sum_{i=1}^{n}\Delta\sigma_i=\varepsilon S(D)$. 故 $f(x,y)$在 D 上可积.

对于一元函数,我们有这样的结论,即在有限个点上间断的函数可积. 而对于二元函数,则仅在有限条光滑曲线上不连续的函数也可积. 这里我们得先介绍零面积的概念.

定义 3 设 $I=\{(x,y):a<x<b,c<y<d\}$,其中 $a,b,c,d\in\mathbb{R}$,我们称 I 为$\mathbb{R}^2$中的开矩形,其面积 $\mu(I)=(b-a)(c-d)$.

可以说,开矩形是我们度量平面图形的面积的"尺子",如果 $\Omega\subseteq\mathbb{R}^2$,若有 n 个开矩形 I_k,$k=1,2,\cdots,n$,使得 $\Omega\subset\bigcup_{k=1}^{n}I_k$,我们称这种度量为过剩测量. 如果 $\bigcup_{k=1}^{n}I_k\subset\Omega$,则这种度量称为不足测量.

定义 4 设 $\Omega\subseteq\mathbb{R}^2$,如果

$$\forall\varepsilon>0,\exists I_k,k=1,2,\cdots,n,\quad\ni\text{“}\Omega\subset\bigcup_{k=1}^{n}I_k,\sum_{k=1}^{n}\mu(I_k)<\varepsilon\text{”},$$

则称 Ω 是二维零面积集.

引理 1 设 C 为平面上的一条可求长的曲线,则 C 的面积为零.

证 设平面曲线 C 的长为 L,把 C 均分为 n 个小弧段,即在 C 上给出分点 $M_0,M_1,\cdots,M_n$,而 $\forall i=1,2,\cdots,n,|\overset{\frown}{M_{i-1}M_i}|=\frac{L}{n}$. 以 M_i 为中心,以$\frac{4L}{n}$为边长作开矩形 I_i,则

$$C\subseteq\bigcup_{i=1}^{n}I_i,\quad 且\quad\sum_{i=1}^{n}\mu(I_i)=\frac{16L^2}{n},$$

于是 $\forall\varepsilon>0$,取 $n>\frac{16L^2}{\varepsilon}$,则 $\sum_{i=1}^{n}\mu(I_i)<\varepsilon$, 故 C 的面积为零.

引理 2 设 C 为平面区域 D 内的一条光滑曲线,则在 D 上,

$$\forall T:D_1,D_2,\cdots,D_n,$$

记与 C 有交点的小区域的面积和为 $\sum_i\Delta D_i$,则

$$\forall\varepsilon>0,\quad\exists\delta>0,\quad\ni\text{“}\forall T,\quad\lambda(T)<\delta\Rightarrow\sum_i\Delta D_i<\varepsilon\text{”}.$$

证 因为 C 为平面区域 D 内的一条光滑曲线,所以 C 的面积为零,即

$$\forall\varepsilon>0,\quad\exists\bigcup_i I_i,\quad\ni\text{“}C\subset\bigcup_i I_i,\quad\sum_i\mu(I_i)<\varepsilon\text{”}.$$

设 $\bigcup_i I_i$ 的边界为 L,取 $\delta=\inf\{\rho(C,L)\}$,则 $\lambda(T)<\delta$ 时,$\sum_i\Delta D_i\subset\bigcup_i I_i$,即 $\sum_i\Delta D_i<\varepsilon$,故结论成立.

定理 4 若 $f(x,y)$在有界闭区域 D 上有界,$f(x,y)$仅在有限条光滑的曲线上不连续,则 $f(x,y)$在 D 上可积.

证 因为 $f(x,y)$在有界闭区域 D 上有界,所以

$$\exists M>0,\quad\ni\text{“}\forall(x,y)\in D,\ |f(x,y)|\leqslant M\text{”},$$

于是 $\forall T$，记覆盖 $f(x,y)$ 的不连续光滑的曲线的小区域的面积为 $\Delta'\sigma_i$，未覆盖 $f(x,y)$ 的不连续光滑的曲线的小区域的面积为 $\Delta''\sigma_i$，则

$$\sum_{i=1}^{n}\omega_i\Delta\sigma_i=\sum_i\omega'_i\Delta'\sigma_i+\sum_i\omega''_i\Delta''\sigma_i.$$

由题设知

$$\forall\varepsilon>0,\exists\delta>0,\ni\text{“}\lambda(T)<\delta\Rightarrow\sum_i\Delta'\sigma_i<\varepsilon,\sum_i\omega''_i\Delta''\sigma_i<\varepsilon\text{”},$$

从而 $\sum\limits_{i=1}\omega_i\Delta\sigma_i=\sum\limits_i\omega'_i\Delta'\sigma_i+\sum\limits_i\omega''_i\Delta''\sigma_i<(M+1)\varepsilon$，故 $f(x,y)$ 在 D 上可积.

若 $f(x,y)$ 在 D 上可积，则极限 $\lim\limits_{\lambda(T)\to 0}\sum\limits_{i=1}^{n}f(\xi_i,\eta_i)\Delta\sigma_i$ 对任意的分割都存在. 现取平行于坐标轴的直线网作分割，则 $\Delta\sigma_i=\Delta x_i\Delta y_i$，即在二重积分存在时，面积微元 $\mathrm{d}\sigma=\mathrm{d}x\mathrm{d}y$，所以二重积分可表示为

$$\iint_D f(x,y)\mathrm{d}\sigma=\lim_{\lambda(T)\to 0}\sum_{i=1}^{n}f(\xi_i,\eta_i)\Delta x_i\Delta y_i=\iint_D f(x,y)\mathrm{d}x\mathrm{d}y.$$

19.1.3　二重积分的性质

下面介绍二重积分的性质.

性质 1（线性）　若 $f_1(x,y),f_2(x,y)$ 在 D 上可积，则 $\forall k_1,k_2$

$$k_1f_1(x,y)+k_2f_2(x,y)$$

在 D 上亦可积，且

$$\iint_D[k_1f_1(x,y)+k_2f_2(x,y)]\mathrm{d}\sigma=k_1\iint_D f_1(x,y)\mathrm{d}\sigma+k_2\iint_D f_2(x,y)\mathrm{d}\sigma.$$

性质 2（区域可加性）　设 $D=D_1\cup D_2$，且 D_1,D_2 无公共内点，若 $f(x,y)$ 在 D_1,D_2 上可积，则 $f(x,y)$ 在 D 上可积，且

$$\iint_D f(x,y)\mathrm{d}\sigma=\iint_{D_1}f(x,y)\mathrm{d}\sigma+\iint_{D_2}f(x,y)\mathrm{d}\sigma.$$

性质 3（有序性）　若 $f(x,y),g(x,y)$ 在 D 上可积，且 $\forall(x,y)\in D,f(x,y)\leqslant g(x,y)$，则

$$\iint_D f(x,y)\mathrm{d}\sigma\leqslant\iint_D g(x,y)\mathrm{d}\sigma.$$

性质 4（绝对可积性）　若 $f(x,y)$ 在 D 上可积，则 $|f(x,y)|$ 在 D 上可积，且

$$\left|\iint_D f(x,y)\mathrm{d}\sigma\right|\leqslant\iint_D|f(x,y)|\mathrm{d}\sigma.$$

性质 5（有界性）　若 $f(x,y)$ 在 D 上可积，则

$$mS\leqslant\iint_D f(x,y)\mathrm{d}\sigma\leqslant MS,$$

其中 $m=\inf\{f(x,y):(x,y)\in D\}$，$M=\sup\{f(x,y):(x,y)\in D\}$，$S$ 为 D 的面积.

性质 6（中值定理） 若 $f(x,y)$在有界闭区域 D 上连续，则

$$\exists(\xi,\eta)\in D,\quad \ni \text{“}\iint_D f(x,y)\mathrm{d}\sigma = f(\xi,\eta)\cdot S\text{”},$$

其中 S 为 D 的面积.

证 因为 $f(x,y)$在有界闭区域 D 上连续，所以 $m\leqslant f(x,y)\leqslant M$，其中

$$M=\max\{f(x,y):(x,y)\in D\},\quad m=\min\{f(x,y):(x,y)\in D\}.$$

于是

$$mS\leqslant\iint_D f(x,y)\mathrm{d}\sigma\leqslant MS,$$

即

$$m\leqslant\frac{\iint_D f(x,y)\mathrm{d}\sigma}{S}\leqslant M.$$

由介值性定理知

$$\exists(\xi,\eta)\in D,\quad \ni \text{“}f(\xi,\eta)=\frac{\iint_D f(x,y)\mathrm{d}\sigma}{S}\text{”},$$

即 $\iint_D f(x,y)\mathrm{d}\sigma = f(\xi,\eta)\cdot S$，故结论成立.

几何意义 曲顶 $z=f(x,y)$柱体的体积等于一个同底平顶柱体的体积，这个平顶柱体的高为 $f(\xi,\eta)$.

习 题 19.1

1. 把重积分 $\iint_D xy\,\mathrm{d}\sigma$ 作为积分和的极限，计算这个积分值，其中 $D=[0,1]\times[0,1]$，并用直线网 $x=\frac{i}{n}$，$y=\frac{j}{n}$ $(i,j=1,2,\cdots,n-1)$分割这个正方形为许多小正方形，每个小正方形取其右顶点作为其节点.

2. 证明：若函数 $f(x,y)$在有界闭区域 D 上可积，则 $f(x,y)$在 D 上有界.

3. 证明二重积分的区域可加性（性质 2）.

4. 若 $f(x,y)$为有界闭区域 D 上的非负函数，且在 D 上不恒为零，则 $\iint_D f(x,y)\mathrm{d}\sigma>0$.

5. 若 $f(x,y)$在有界闭区域 D 上连续，且在 D 内任一子区域 D' 上有 $\iint_{D'} f(x,y)\mathrm{d}\sigma=0$，

则在 D 上 $f(x,y)\equiv 0$.

6. 设 $D=[0,1]\times[0,1]$,证明函数

$$f(x,y)=\begin{cases}1, & (x,y)\text{ 为 }D\text{ 内有理点(即 }x,y\text{ 皆为有理数)},\\ 0, & (x,y)\text{ 为 }D\text{ 内非有理点}\end{cases}$$

在 D 上不可积.

7. 证明:若 $f(x,y)$ 在有界闭区域 D 上连续,$g(x,y)$ 在 D 上可积且不变号,则

$$\exists(\xi,\eta)\in D,\quad \ni\text{“}\iint_D f(x,y)g(x,y)\mathrm{d}\sigma=f(\xi,\eta)\iint_D g(x,y)\mathrm{d}\sigma\text{”}.$$

8. 应用中值定理估计积分 $I=\iint\limits_{|x|+|y|\leqslant 10}\dfrac{\mathrm{d}\sigma}{100+\cos^2 x+\cos^2 y}$ 的值.

9. 证明:若平面曲线

$$x=\varphi(t),\quad y=\psi(t),\quad \alpha\leqslant t\leqslant\beta$$

光滑(即 $\varphi(t),\psi(t)$ 在 $[\alpha,\beta]$ 上具有连续的偏导数),则此曲线的面积为零.

19.2 直角坐标系下二重积分的计算

19.2.1 基本计算公式

定理 1 设 $f(x,y)$ 在矩形区域 $D=[a,b]\times[c,d]$ 上可积,且

$$\forall x\in[a,b],\quad \int_c^d f(x,y)\mathrm{d}y$$

存在,则累次积分 $\int_a^b\mathrm{d}x\int_c^d f(x,y)\mathrm{d}y$ 也存在,且

$$\iint_D f(x,y)\mathrm{d}\sigma=\int_a^b\mathrm{d}x\int_c^d f(x,y)\mathrm{d}y.$$

证 对 $D=[a,b]\times[c,d]$ 作分割

$$T: a=x_0<x_1<\cdots<x_n=b,$$
$$c=y_0<y_1<\cdots<y_m=d,$$

把 $D=[a,b]\times[c,d]$ 分为 mn 个小矩形,对 $i=1,2,\cdots,n$, $k=1,2,\cdots,m$,记小矩形 $\Delta_{ik}=[x_{i-1},x_i]\times[y_{k-1},y_k]$(见图 19.2).设

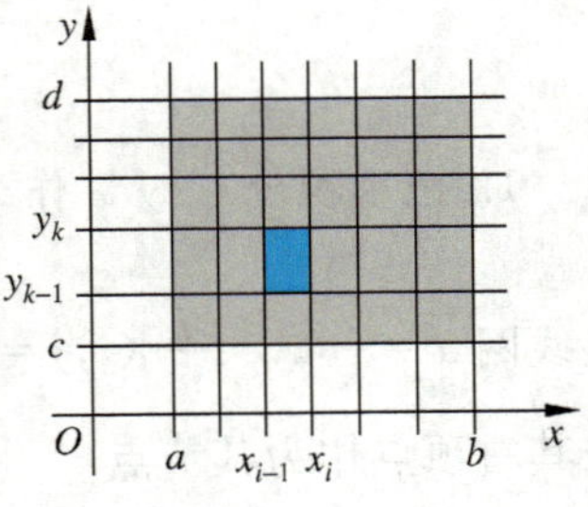

图 19.2

$$m_{ik}=\inf\{f(x,y):(x,y)\in\Delta_{ik}\},$$
$$M_{ik}=\sup\{f(x,y):(x,y)\in\Delta_{ik}\},$$

则 $\forall\xi_i\in[x_{i-1},x_i]$,$m_{ik}\Delta y_k\leqslant\int_{y_{k-1}}^{y_k}f(\xi_i,y)\mathrm{d}y\leqslant M_{ik}\Delta y_k$,于是

$$\sum_{k=1}^m m_{ik}\Delta y_k\leqslant\sum_{k=1}^m\int_{y_{k-1}}^{y_k}f(\xi_i,y)\mathrm{d}y\leqslant\sum_{k=1}^m M_{ik}\Delta y_k,$$

即

$$\sum_{k=1}^{m} m_{ik}\Delta y_k \leqslant \int_c^d f(\xi_i, y)\mathrm{d}y \leqslant \sum_{k=1}^{m} M_{ik}\Delta y_k,$$

从而

$$\sum_{i=1}^{n}\sum_{k=1}^{m} m_{ik}\Delta y_k \Delta x_i \leqslant \sum_{i=1}^{n}\int_c^d f(\xi_i, y)\mathrm{d}y\Delta x_i \leqslant \sum_{i=1}^{n}\sum_{k=1}^{m} M_{ik}\Delta y_k \Delta x_i.$$

由 $f(x,y)$ 在矩形区域 $D=[a,b]\times[c,d]$ 上可积知 $\int_c^d f(x,y)\mathrm{d}y$ 在 $[a,b]$ 上可积，且 $\iint\limits_D f(x,y)\mathrm{d}\sigma = \int_a^b \mathrm{d}x\int_c^d f(x,y)\mathrm{d}y$.

同理可得下面的定理.

定理 2 设 $f(x,y)$ 在矩形区域 $D=[a,b]\times[c,d]$ 上可积，且

$$\forall\, y \in [c,d],\quad \int_a^b f(x,y)\mathrm{d}x$$

存在，则累次积分 $\int_c^d \mathrm{d}y\int_a^b f(x,y)\mathrm{d}x$ 也存在，且

$$\iint\limits_D f(x,y)\mathrm{d}\sigma = \int_c^d \mathrm{d}y\int_a^b f(x,y)\mathrm{d}x.$$

特别地，当 $f(x,y)$ 在矩形区域 $D=[a,b]\times[c,d]$ 上连续时，

$$\iint\limits_D f(x,y)\mathrm{d}\sigma = \int_c^d \mathrm{d}y\int_a^b f(x,y)\mathrm{d}x = \int_a^b \mathrm{d}x\int_c^d f(x,y)\mathrm{d}y.$$

也就是积分可以交换次序.

对于定理 1，我们可以理解为积分 $\iint\limits_D f(x,y)\mathrm{d}\sigma$ 是曲顶柱体的体积，$\forall x\in[a,b]$ 曲顶柱体的截面面积为 $A(x) = \int_c^d f(x,y)\mathrm{d}y$ (见图 19.3(a)). 所以 $\iint\limits_D f(x,y)\mathrm{d}\sigma = \int_a^b A(x)\mathrm{d}x = \int_a^b \mathrm{d}x\int_c^d f(x,y)\mathrm{d}y$.

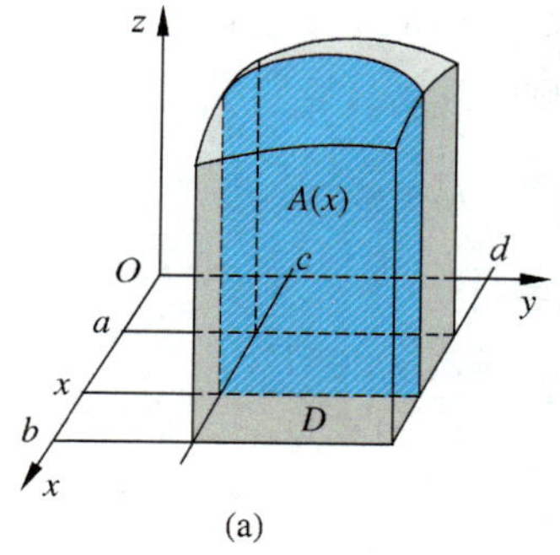

(a)

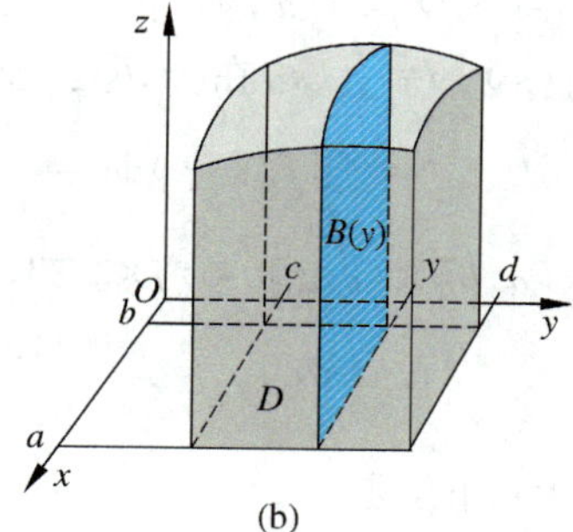

(b)

图 19.3

同理可得 $\iint\limits_D f(x,y)\mathrm{d}\sigma = \int_c^d B(y)\mathrm{d}y = \int_c^d \mathrm{d}y\int_a^b f(x,y)\mathrm{d}x$（见图 19.3(b)）.

例 1　计算 $\iint\limits_D (x+y)^2\mathrm{d}\sigma$，其中 $D=[0,1]\times[0,1]$.

解　$\iint\limits_D (x+y)^2\mathrm{d}\sigma = \int_0^1 \mathrm{d}x\int_0^1 (x+y)^2\mathrm{d}y = \int_0^1 \left(x^2+x+\frac{1}{3}\right)\mathrm{d}x = \frac{7}{6}$.

19.2.2　平面区域的构型与二重积分的计算

前面的计算公式是在积分区域为矩形的情况下给出的，对于一般区域，则按下面给出的方法进行计算.

首先，我们对平面区域有一个正确的认识. 如图 19.4 所示. 两种区域的“数”的描述.

$$D \text{ 为 } x \text{ 型区域} \Leftrightarrow D=\{(x,y): y_1(x)\leqslant y\leqslant y_2(x), a\leqslant x\leqslant b\},$$

$$D \text{ 为 } y \text{ 型区域} \Leftrightarrow D=\{(x,y): x_1(y)\leqslant x\leqslant x_2(y), c\leqslant y\leqslant d\}.$$

许多常见的区域可以分解为有限个除边界外无公共内点的 x 型区域或 y 型区域，如图 19.5 所示.

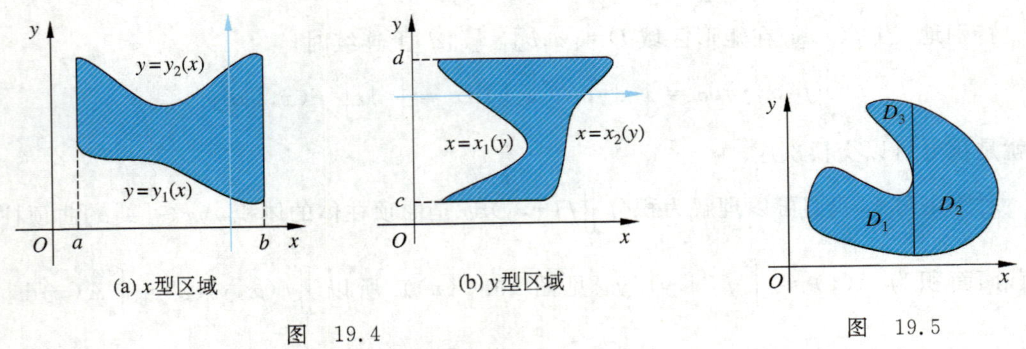

图　19.4

图　19.5

定理 3　设 $f(x,y)$ 在 x 型区域

$$D=\{(x,y): y_1(x)\leqslant y\leqslant y_2(x), a\leqslant x\leqslant b\}$$

上连续，且 $y=y_1(x)$，$y=y_2(x)$ 在 $[a,b]$ 上连续，则

$$\iint\limits_D f(x,y)\mathrm{d}\sigma = \int_a^b \mathrm{d}x\int_{y_1(x)}^{y_2(x)} f(x,y)\mathrm{d}y.$$

证　取 $E=[a,b]\times[c,d]$，∋“$D\subseteq E$”，作函数

$$F(x,y)=\begin{cases} f(x,y), & (x,y)\in D,\\ 0, & (x,y)\notin D,\end{cases}$$

则 $F(x,y)$ 在 E 上可积，且

$$\iint\limits_D f(x,y)\mathrm{d}\sigma = \iint\limits_E F(x,y)\mathrm{d}\sigma = \int_a^b \mathrm{d}x\int_c^d F(x,y)\mathrm{d}y$$

$$=\int_a^b dx\int_{y_1(x)}^{y_2(x)}F(x,y)dy=\int_a^b dx\int_{y_1(x)}^{y_2(x)}f(x,y)dy.$$

同理可得，若 $f(x,y)$ 在 y 型区域

$$D=\{(x,y):x_1(y)\leqslant x\leqslant x_2(y),c\leqslant y\leqslant d\}$$

上连续，且 $x=x_1(y)$，$x=x_2(y)$ 在 $[c,d]$ 上连续，则

$$\iint_D f(x,y)d\sigma=\int_c^d dy\int_{x_1(y)}^{x_2(y)}f(x,y)dx.$$

例 2 计算 $\iint_D x^2e^{-y^2}d\sigma$. 其中 D 由 $x=0$，$y=1$，$y=x$ 围成.

解 $\iint_D x^2e^{-y^2}d\sigma=\int_0^1 dx\int_x^1 x^2e^{-y^2}dy$（见图 19.6(a)）. 不能计算. 转为先 x 后 y（见图 19.6(b)），则得

$$\iint_D x^2e^{-y^2}d\sigma=\int_0^1 dy\int_y^1 x^2e^{-y^2}dx=\frac{1}{3}\int_0^1 y^3e^{-y^2}dy=\frac{1}{6}-\frac{1}{3e}.$$

例 3 交换积分次序 $\int_0^2 dx\int_x^{2x}f(x,y)dy$.

解 绘制积分区域如图 19.7 所示，则可得

$$\int_0^2 dx\int_x^{2x}f(x,y)dy=\int_0^2 dy\int_{\frac{y}{2}}^{y}f(x,y)dx+\int_2^4 dy\int_{\frac{y}{2}}^{2}f(x,y)dx.$$

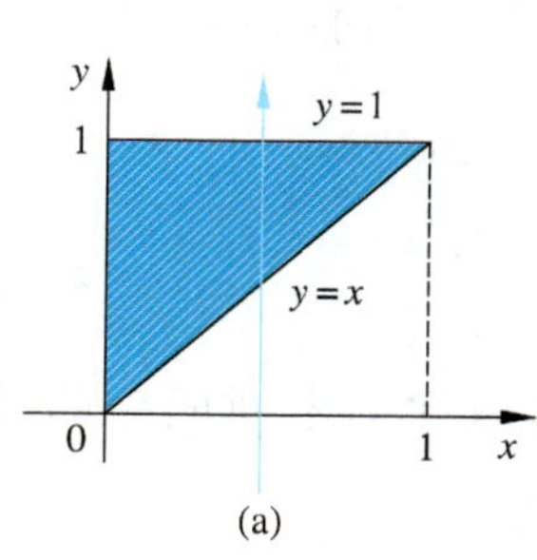

(a)

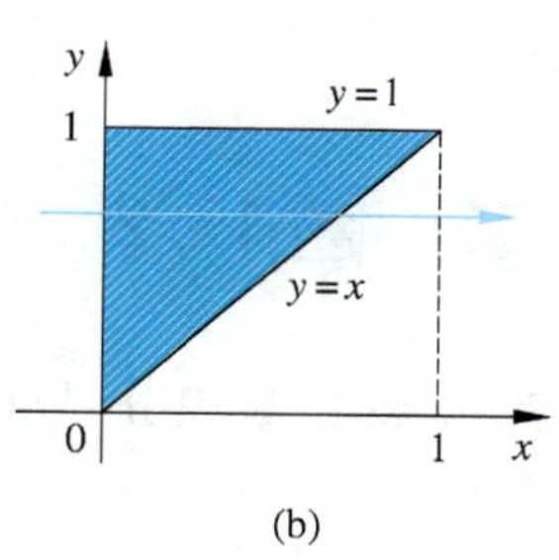

(b)

图 19.6

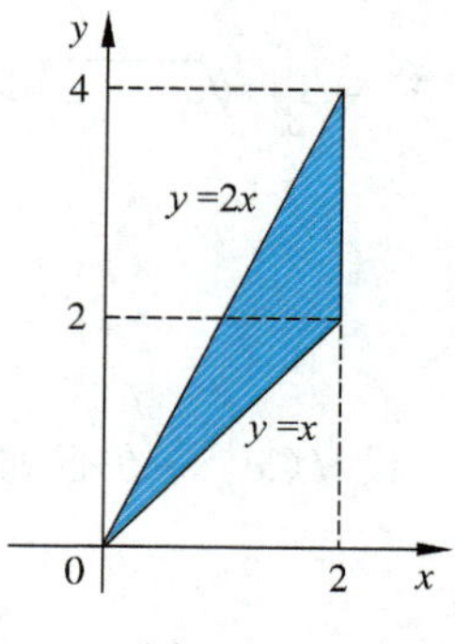

图 19.7

例 4 计算 $\iint_D d\sigma$，D 由 $y=2x$，$x=2y$，$x+y=3$ 所围.

解 如图 19.8 所示，有

$$\iint_D d\sigma=\int_0^1 dx\int_{\frac{1}{2}x}^{2x}dy+\int_1^2 dx\int_{\frac{1}{2}x}^{3-x}dy$$

$$=\int_0^1\left(2x-\frac{1}{2}x\right)dx+\int_1^2\left(3-x-\frac{1}{2}x\right)dx$$

$$=\frac{3}{4}x^2\Big|_0^1+\left[3x-\frac{3}{4}x^2\right]_1^2$$

$$=\frac{3}{2}.$$

例 5 计算由圆柱 $x^2+y^2=a^2$, $x^2+z^2=a^2$ 所围立体的体积.

解 如图 19.9 所示,由对称性得 $V=8\iint\limits_D\sqrt{a^2-x^2}\,\mathrm{d}\sigma$,其中

$$D: 0\leqslant y\leqslant\sqrt{a^2-x^2},\quad 0\leqslant x\leqslant a,$$

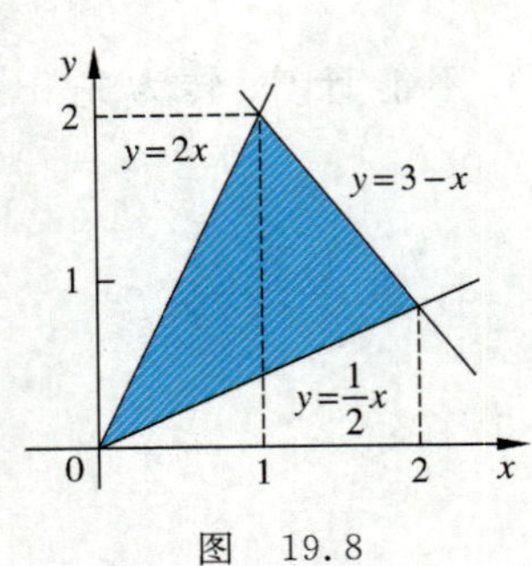

图 19.8

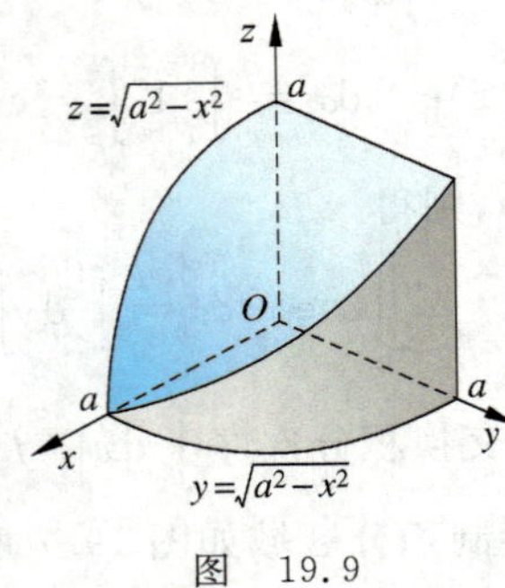

图 19.9

所以

$$V=8\iint\limits_D\sqrt{a^2-x^2}\,\mathrm{d}\sigma=8\int_0^a\mathrm{d}x\int_0^{\sqrt{a^2-x^2}}\sqrt{a^2-x^2}\,\mathrm{d}y=8\int_0^a(a^2-x^2)\,\mathrm{d}x=\frac{16}{3}a^3.$$

习 题 19.2

1. 设 $f(x,y)$ 在区域 D 上连续,试将二重积分 $\iint\limits_D f(x,y)\,\mathrm{d}\sigma$ 化为不同顺序的累次积分:

(1) D 由不等式 $y\leqslant x$, $y\geqslant a$, $x\leqslant b(0<a<b)$ 所确定的区域;

(2) D 由不等式 $y\leqslant x$, $y\geqslant 0$, $x^2+y^2\leqslant 1$ 所确定的区域;

(3) 由不等式 $x^2+y^2\leqslant 1$, $x+y\geqslant 1$ 所确定的区域;

(4) $D=\{(x,y): |x|+|y|\leqslant 1\}$.

2. 在下列积分中改变累次积分的顺序:

(1) $\int_0^2\mathrm{d}x\int_x^{2x}f(x,y)\,\mathrm{d}y$;　　(2) $\int_{-1}^1\mathrm{d}x\int_{-\sqrt{1-x^2}}^{1-x^2}f(x,y)\,\mathrm{d}y$;

(3) $\int_0^{2a}\mathrm{d}x\int_{\sqrt{2ax-x^2}}^{\sqrt{2ax}}f(x,y)\,\mathrm{d}y\,(a>0)$;　(4) $\int_0^1\mathrm{d}x\int_0^{x^2}f(x,y)\,\mathrm{d}y+\int_1^3\mathrm{d}x\int_0^{\frac{1}{2}(3-x)}f(x,y)\,\mathrm{d}y$.

3. 计算下列二重积分：

(1) $\iint\limits_D xy^2\mathrm{d}\sigma$，其中 D 由抛物线 $y^2=2px$ 与直线 $x=\frac{p}{2}(p>0)$ 所围成的区域；

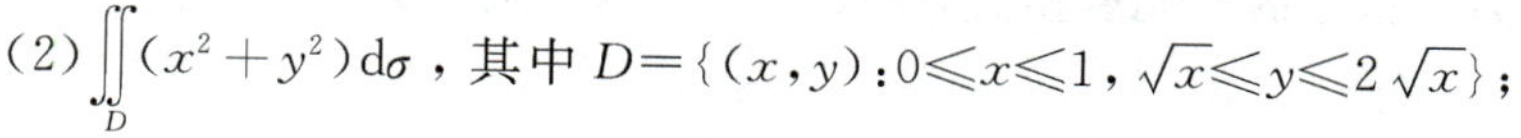

(2) $\iint\limits_D (x^2+y^2)\mathrm{d}\sigma$，其中 $D=\{(x,y):0\leqslant x\leqslant 1,\sqrt{x}\leqslant y\leqslant 2\sqrt{x}\}$；

(3) $\iint\limits_D \frac{\mathrm{d}\sigma}{\sqrt{2a-x}}\ (a>0)$，其中 D 为图 19.10 中阴影部分；

图 19.10

(4) $\iint\limits_D \sqrt{x}\mathrm{d}\sigma$，其中 $D=\{(x,y):x^2+y^2\leqslant x\}$.

4. 求由坐标平面及 $x=2,y=3,x+y+z=4$ 所围几何体的体积.

5. 设 $f(x)$在$[a,b]$上连续的，证明不等式

$$\left[\int_a^b f(x)\mathrm{d}x\right]^2\leqslant(b-a)\int_a^b f^2(x)\mathrm{d}x,$$

其中等号仅在 $f(x)$为常量函数时成立.

6. 设平面区域 D 在 x 轴和 y 轴的投影长度分别为 l_x 和 l_y，D 的面积为 S_D，(α,β)为 D 内任一点，证明：

(1) $\left|\iint\limits_D(x-\alpha)(y-\beta)\mathrm{d}\sigma\right|\leqslant l_x l_y S_D$；　(2) $\left|\iint\limits_D(x-\alpha)(y-\beta)\mathrm{d}\sigma\right|\leqslant\frac{1}{4}l_x^2 l_y^2$.

7. 设 $D=[0,1]\times[0,1]$，

$$f(x,y)=\begin{cases}\dfrac{1}{q_x}+\dfrac{1}{q_y}, & \text{当}(x,y)\text{为 }D\text{ 中有理点},\\ 0, & \text{当}(x,y)\text{为 }D\text{ 中非有理点},\end{cases}$$

其中 q_x 表示有理数 x 化成既约分数后的分母. 证明 $f(x,y)$在 D 上的二重积分存在而两个累次积分不存在.

8. 设 $D=[0,1]\times[0,1]$，

$$f(x,y)=\begin{cases}1, & \text{当}(x,y)\text{为 }D\text{ 中有理点，且 }q_x=q_y\text{ 时},\\ 0, & \text{当}(x,y)\text{为 }D\text{ 中其他点时},\end{cases}$$

其中 q_x 意义同第 7 题. 证明 $f(x,y)$在 D 上的二重积分不存在而两个累次积分存在.

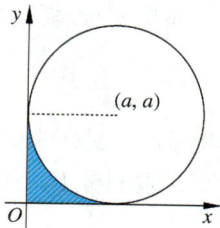

19.3 二重积分的变量替换

在定积分的计算中有如下结论.

若 $f(x)\in C[a,b]$，$x=\varphi(t)\in C^1[\alpha,\beta]$，且 $\varphi'(t)\geqslant 0$ 时，$x=\varphi(t)$单调上升，$a=\varphi(\alpha)$，$b=\varphi(\beta)$，于是有

$$\int_a^b f(x)\mathrm{d}x=\int_\alpha^\beta f(\varphi(t))\cdot\varphi'(t)\mathrm{d}t.$$

如果 $\varphi'(t)\leqslant 0$，则 $\int_a^b f(x)\mathrm{d}x=-\int_\alpha^\beta f(\varphi(t))\cdot\varphi'(t)\mathrm{d}t$，从而

$$\int_a^b f(x)\mathrm{d}x=\int_\alpha^\beta f(\varphi(t))\cdot|\varphi'(t)|\mathrm{d}t,$$

其中 $\mathrm{d}x=|\varphi'(t)|\mathrm{d}t$ 称为定积分的微元替换式，而 $|\varphi'(t)|$ 称为伸缩系数. 下面把这一结论推广到二重积分上.

19.3.1 二重积分的替换公式

引理 设有变换

$$T:\begin{cases}x=x(u,v),\\ y=y(u,v),\end{cases}\ni\text{“}D_{uv}\xrightarrow[T]{1-1}D_{xy}\text{”},$$

若 $x=x(u,v)$，$y=y(u,v)$ 在 D_{uv} 上具有一阶连续的偏导数，且

$$J(u,v)=\frac{\partial(x,y)}{\partial(u,v)}\neq 0,$$

则 $S(D_{xy})=\iint\limits_{D_{uv}}|J(u,v)|\mathrm{d}u\mathrm{d}v$，即 $\mathrm{d}x\mathrm{d}y=|J(u,v)|\mathrm{d}u\mathrm{d}v$.

证 由微分中值定理得

$$\Delta x=x'_u(\xi_{ux},\eta_{ux})\Delta u+x'_v(\xi_{vx},\eta_{vx})\Delta v;$$
$$\Delta y=y'_u(\xi_{uy},\eta_{uy})\Delta u+y'_v(\xi_{vy},\eta_{vy})\Delta v.$$

记

$$\overrightarrow{\Delta x}=(x-x_0,0,0),\quad \overrightarrow{\Delta y}=(0,y-y_0,0),$$
$$\overrightarrow{\Delta u}=(u-u_0,0,0),\quad \overrightarrow{\Delta v}=(0,v-v_0,0),$$

则

$$\begin{aligned}\Delta x\Delta y&=\pm|\overrightarrow{\Delta x}\times\overrightarrow{\Delta y}|=\pm\begin{vmatrix}\boldsymbol{i}&\boldsymbol{j}&\boldsymbol{k}\\ x-x_0&0&0\\ 0&y-y_0&0\end{vmatrix}\cdot\boldsymbol{k}\\&=\pm|(x'_u(\xi_{ux},\eta_{ux})\overrightarrow{\Delta u}+x'_v(\xi_{vx},\eta_{vx})\overrightarrow{\Delta v})\\&\quad\times(y'_u(\xi_{uy},\eta_{uy})\overrightarrow{\Delta u}+y'_v(\xi_{vy},\eta_{vy})\overrightarrow{\Delta v})|,\end{aligned}$$

于是

$$\begin{aligned}\Delta x\Delta y&=\pm|\overrightarrow{\Delta x}\times\overrightarrow{\Delta y}|=\pm\begin{vmatrix}\boldsymbol{i}&\boldsymbol{j}&\boldsymbol{k}\\ x'_u(\xi_{ux},\eta_{ux})&x'_v(\xi_{vx},\eta_{vx})&0\\ y'_u(\xi_{uy},\eta_{uy})&y'_v(\xi_{vy},\eta_{vy})&0\end{vmatrix}\cdot\boldsymbol{k}\Delta u\Delta v\\&=\pm\begin{vmatrix}x'_u(\xi_{ux},\eta_{ux})&x'_v(\xi_{vx},\eta_{vx})\\ y'_u(\xi_{uy},\eta_{uy})&y'_v(\xi_{vy},\eta_{vy})\end{vmatrix}\Delta u\Delta v.\end{aligned}$$

其中 $\boldsymbol{i},\boldsymbol{j},\boldsymbol{k}$ 分别为 x,y,z 轴上的单位向量.

而 $D_{uv}\xrightarrow[T]{1-1}D_{xy}$，且 $J(x,y)=\dfrac{\partial(x,y)}{\partial(u,v)}\neq 0$，取极限则知

$$\mathrm{d}x\mathrm{d}y=\left|\frac{\partial(x,y)}{\partial(u,v)}\right|\mathrm{d}u\mathrm{d}v,\quad 故\quad S(D_{xy})=\iint\limits_{D_{xy}}\mathrm{d}x\mathrm{d}y=\iint\limits_{D_{uv}}|J(u,v)|\mathrm{d}u\mathrm{d}v.$$

在引理的推导中，我们可以看到，变换 T^{-1} 在不计较高阶无穷小的情况下，在同一坐标系中，将 D_{xy} 中的矩形变为 D_{uv} 中的平行四边形，故 $|J(x,y)|$ 在几何学上表示"面积微元"的伸缩系数.

由引理我们可以获得下面的二重积分的变量替换定理.

定理 1 设 $f(x,y)$ 在有界闭区域 D 上可积，变换

$$T:\begin{cases}x=x(u,v),\\ y=y(u,v),\end{cases}\quad \ni \text{“}D_{uv}\xrightarrow[T]{1-1}D_{xy}\text{”}.$$

若 $x=x(u,v)$，$y=y(u,v)$ 在 D_{xy} 上具有一阶连续的偏导数，且

$$J(u,v)=\frac{\partial(x,y)}{\partial(u,v)}\neq 0,$$

则

$$\iint\limits_{D_{xy}}f(x,y)\mathrm{d}x\mathrm{d}y=\iint\limits_{D_{uv}}f(x(u,v),y(u,v))|J(u,v)|\mathrm{d}u\mathrm{d}v.$$

证 对 D_{uv} 作分割将 D_{uv} 分为 n 个小区域 D_{uv}^i，在变换 T 下亦得到 D_{xy} 的分割将 D_{xy} 分为 n 个小区域 D_{xy}^i，且 $D_{uv}^i\xrightarrow{T}D_{xy}^i$.

由积分中值定理得

$$S(D_{xy}^i)=\iint\limits_{D_{uv}^i}|J(x,y)|\mathrm{d}u\mathrm{d}v=|J(u,v)|_{(u_i,v_i)}S(D_{uv}^i).$$

记 $\xi_i=x(u_i,v_i)$，$\eta_i=y(u_i,v_i)$，则

$$\sum_{i=1}^{n}f(\xi_i,\eta_i)S(D_{xy}^i)=\sum_{i=1}^{n}f(x(u_i,v_i),y(u_i,v_i))|J(u,v)|_{(u_i,v_i)}S(D_{uv}^i).$$

当分割的细度趋于零时，即有

$$\iint\limits_{D_{xy}}f(x,y)\mathrm{d}x\mathrm{d}y=\iint\limits_{D_{uv}}f(x(u,v),y(u,v))|J(u,v)|\mathrm{d}u\mathrm{d}v.$$

例 1 计算 $\iint\limits_{D}\mathrm{e}^{\frac{x-y}{x+y}}\mathrm{d}x\mathrm{d}y$，其中 D 为 $x=0,y=0,x+y=1$ 所围区域.

解 令 $u=x-y$，$v=x+y$，则 $x=\dfrac{u+v}{2}$，$y=\dfrac{v-u}{2}$，于是

$$J=\begin{vmatrix}\dfrac{1}{2} & \dfrac{1}{2}\\ -\dfrac{1}{2} & \dfrac{1}{2}\end{vmatrix}=\frac{1}{2}>0,$$

从而

$$D_{xy}:\begin{cases}x=0,\\ y=0,\\ x+y=1\end{cases}\quad \text{变换为 } D_{uv}:\begin{cases}u+v=0,\\ u-v=0,\\ v=1,\end{cases}$$ (D_{xy} 与 D_{uv} 分别见图 19.11 中的(a)和(b)),

所以

$$\iint\limits_{D} e^{\frac{x-y}{x+y}}\,dx\,dy=\iint\limits_{D} e^{\frac{u}{v}}\ \frac{1}{2}\,du\,dv=\frac{1}{2}\int_0^1 dv\int_{-v}^{v} e^{\frac{u}{v}}\,du=\frac{1}{2}\int_0^1 v(e-e^{-1})\,dv=\frac{e-e^{-1}}{4}.$$

例 2　求抛物线 $y^2=mx$，$y^2=nx$ 和直线 $y=\alpha x$，$y=\beta x$ 所围的面积，其中 $0<m<n$，$0<\alpha<\beta$.

解　D 的面积为 $S(D)=\iint\limits_{D}dx\,dy$，设 $x=\dfrac{u}{v^2}$，$y=\dfrac{u}{v}$，则如图 19.12 所示，有

$$D_{uv}: m\leqslant u\leqslant n,\quad \alpha\leqslant v\leqslant\beta,$$

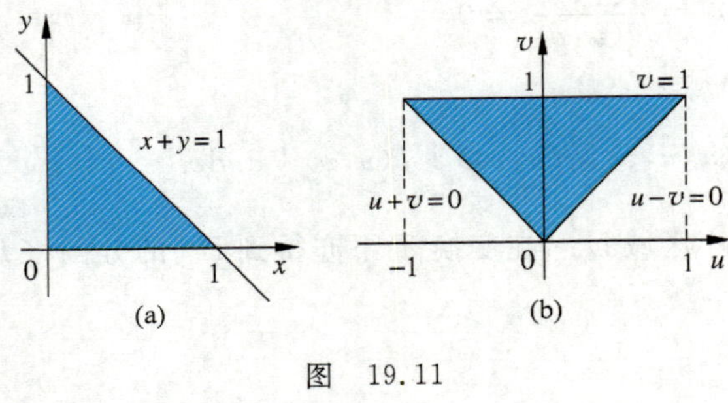

图　19.11

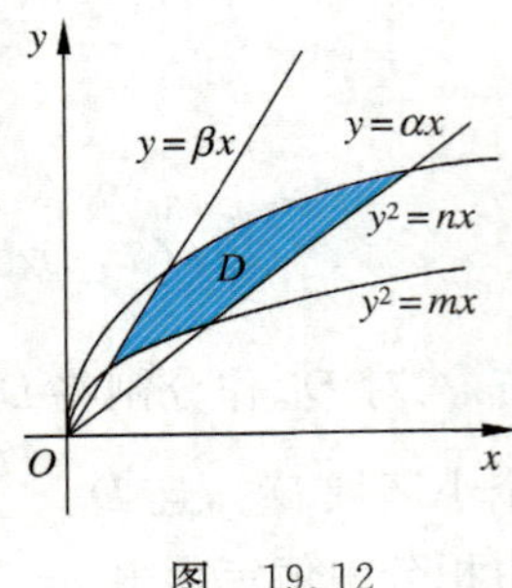

图　19.12

而

$$J(x,y)=\begin{vmatrix}\dfrac{1}{v^2} & -\dfrac{2u}{v^3}\\[2mm] \dfrac{1}{v} & -\dfrac{u}{v^2}\end{vmatrix}=\frac{u}{v^4}\neq 0,$$

所以

$$S(D)=\iint\limits_{D}dx\,dy=\iint\limits_{D_{uv}}\frac{u}{v^4}\,du\,dv=\int_m^n u\,du\int_\alpha^\beta\frac{1}{v^4}\,dv=\frac{(n^2-m^2)(\beta^3-\alpha^3)}{6\alpha^3\beta^3}.$$

19.3.2　用极坐标计算二重积分

当积分区域是圆域或圆域的一部分，或被积函数的形式为 $f(x^2+y^2)$ 时，用极坐标变换

$$T:\begin{cases}x=r\cos\theta,\\ y=r\sin\theta,\end{cases}\quad 0\leqslant r<+\infty,\ 0\leqslant\theta\leqslant 2\pi,$$

可以简化被积式. 这时

$$J(x,y)=\begin{vmatrix}\cos\theta & -r\sin\theta\\ \sin\theta & r\cos\theta\end{vmatrix}=r,$$

显然 $D_{xy}=\{(x,y):x^2+y^2\leqslant R^2\}\xrightarrow{T^{-1}}D_{r\theta}=[0,R]\times[0,2\pi]$，但对应不是一对一. 实因：$(0,0)\xrightarrow{T^{-1}}r=0$，而且 $r=0$ 时，$J(x,y)=0$，这些都不能满足定理 1 的条件，但是有下面的定理.

定理 2 设 $f(x,y)$在有界闭区域 D 上可积，在极坐标变换下，$D\to D'$，则

$$\iint_D f(x,y)\mathrm{d}x\mathrm{d}y=\iint_{D'}f(r\cos\theta,r\sin\theta)r\mathrm{d}r\mathrm{d}\theta.$$

证 设 $D_{xy}(\varepsilon)=\{(x,y):\varepsilon^2\leqslant x^2+y^2\leqslant R^2\}$且去掉中心角为 ε 的扇形(见图 19.13(a))，其在极坐标变换下得

$D_{r\theta}(\varepsilon)=\{(r,\theta):\varepsilon\leqslant r\leqslant R,0\leqslant\theta\leqslant 2\pi-\varepsilon\}$ (见图 19.13(b))，于是 $D_{xy}(\varepsilon)\to D_{r\theta}(\varepsilon)$是一一映射，且在 $D_{r\theta}(\varepsilon)$上 $J(x,y)\neq 0$，从而由定理 1 得

$$\iint_{D_{xy}(\varepsilon)}f(x,y)\mathrm{d}x\mathrm{d}y=\iint_{D_{r\theta}(\varepsilon)}f(r\cos\theta,r\sin\theta)r\mathrm{d}r\mathrm{d}\theta.$$

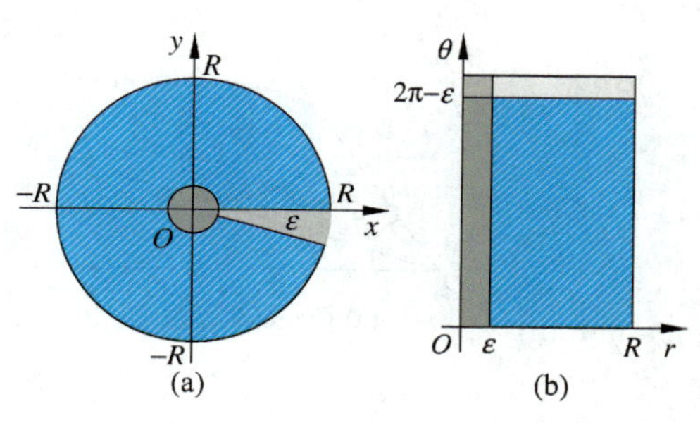

图 19.13

令 $\varepsilon\to 0$，则有

$$\iint_{D_{xy}}f(x,y)\mathrm{d}x\mathrm{d}y=\iint_{D_{r\theta}}f(r\cos\theta,r\sin\theta)r\mathrm{d}r\mathrm{d}\theta,$$

其中 $D_{xy}=\{(x,y):0\leqslant x^2+y^2\leqslant R^2\}$. 若 D 为一般有界闭区域，则

$$\exists R>0,\ni\text{“}D\subseteq D_R=\{(x,y):x^2+y^2\leqslant R^2\}\text{”}.$$

作函数

$$F(x,y)=\begin{cases}f(x,y), & (x,y)\in D,\\ 0, & (x,y)\in D_R\backslash D,\end{cases}$$

则 $F(x,y)$在 D_R 上可积，且

$$\iint_{D_R}F(x,y)\mathrm{d}x\mathrm{d}y=\iint_{D'_R}F(r\cos\theta,r\sin\theta)r\mathrm{d}r\mathrm{d}\theta,$$

故

$$\begin{aligned}\iint_D f(x,y)\mathrm{d}x\mathrm{d}y&=\iint_{D_R}F(x,y)\mathrm{d}x\mathrm{d}y=\iint_{D'_R}F(r\cos\theta,r\sin\theta)r\mathrm{d}r\mathrm{d}\theta\\&=\iint_{D'}f(r\cos\theta,r\sin\theta)r\mathrm{d}r\mathrm{d}\theta.\end{aligned}$$

由定理 2 知，极坐标变换的伸缩系数为 r，即 $\mathrm{d}x\mathrm{d}y=r\mathrm{d}r\mathrm{d}\theta$. 在极坐标系下，若化二重积

分为累次积分，要化为先 r 后 θ 的累次积分，则积分区域必须表示为 $r_1(\theta)\leqslant r\leqslant r_2(\theta)$，$\alpha\leqslant\theta\leqslant\beta$. 由此得

$$\iint\limits_{D'} f(r\cos\theta, r\sin\theta) r\mathrm{d}r\mathrm{d}\theta = \int_\alpha^\beta \mathrm{d}\theta \int_{r_1(\theta)}^{r_2(\theta)} f(r\cos\theta, r\sin\theta) r\mathrm{d}r.$$

若积分区域能表示为 $\theta_1(r)\leqslant\theta\leqslant\theta_2(r)$，$r_1\leqslant r\leqslant r_2$，则得先 θ 后 r 的累次积分

$$\iint\limits_{D'} f(r\cos\theta, r\sin\theta) r\mathrm{d}r\mathrm{d}\theta = \int_{r_1}^{r_2} \mathrm{d}r \int_{\theta_1(r)}^{\theta_2(r)} f(r\cos\theta, r\sin\theta) r\mathrm{d}\theta.$$

对于积分区域的形的认识，有两种表示方法，即在极坐标系下与直角坐标系下的表示. 对于 D'：$r_1(\theta)\leqslant r\leqslant r_2(\theta)$，$\alpha\leqslant\theta\leqslant\beta$，有两种表示法(见图 19.14).

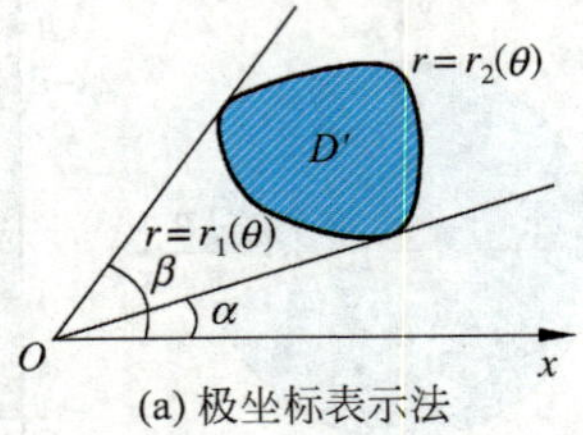

(a) 极坐标表示法

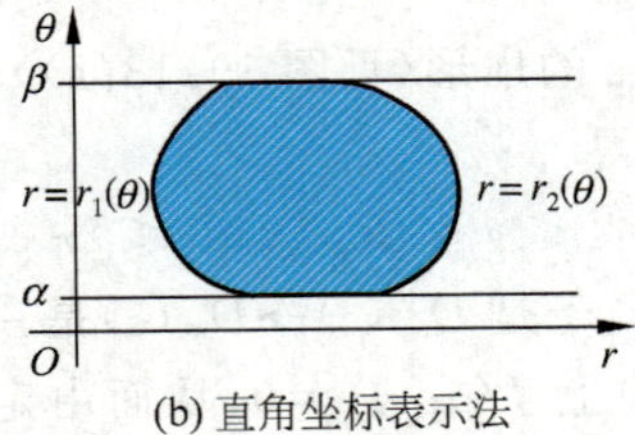

(b) 直角坐标表示法

图 19.14

对于 D'：$\theta_1(r)\leqslant\theta\leqslant\theta_2(r)$，$r_1\leqslant r\leqslant r_2$，亦有两种表示法(见图 19.15).

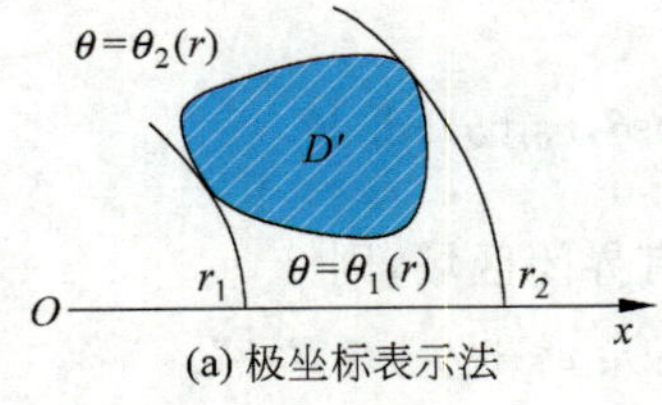

(a) 极坐标表示法

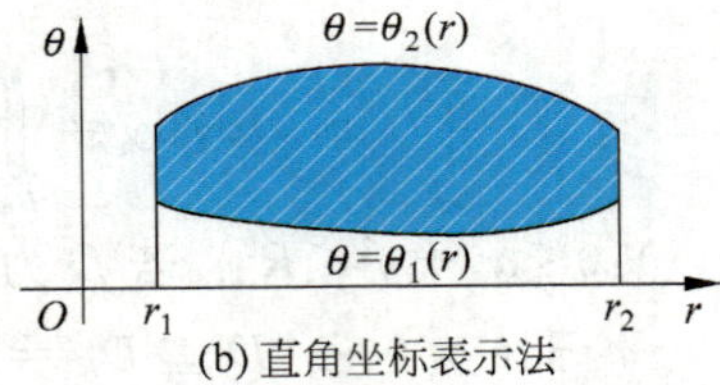

(b) 直角坐标表示法

图 19.15

以上是极点在 D' 外的情况. 当极点在 D' 内时，如图 19.16(a)所示，则

$$\iint\limits_{D'} f(r\cos\theta, r\sin\theta) r\mathrm{d}r\mathrm{d}\theta = \int_0^{2\pi} \mathrm{d}\theta \int_0^{r(\theta)} f(r\cos\theta, r\sin\theta) r\mathrm{d}r.$$

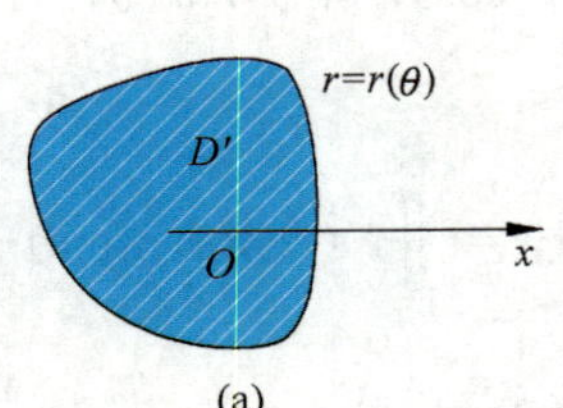

(a)

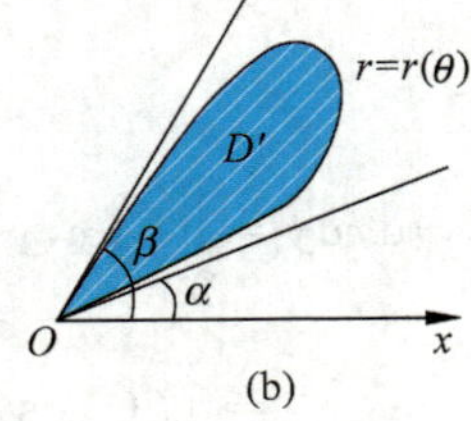

(b)

图 19.16

当极点在 D' 的边界上时，如图 19.16(b)所示，则

$$\iint_{D'} f(r\cos\theta, r\sin\theta) r\mathrm{d}r\mathrm{d}\theta = \int_{\alpha}^{\beta}\mathrm{d}\theta\int_{0}^{r(\theta)} f(r\cos\theta, r\sin\theta) r\mathrm{d}r.$$

例 3 计算 $\iint\limits_{D}\frac{1}{\sqrt{1-x^2-y^2}}\mathrm{d}x\mathrm{d}y$，其中 $D: x^2+y^2\leqslant 1$.

解 积分区域为圆心在原点的单位圆，故采用极坐标计算，得

$$\iint_{D}\frac{1}{\sqrt{1-x^2-y^2}}\mathrm{d}x\mathrm{d}y = \int_{0}^{2\pi}\mathrm{d}\theta\int_{0}^{1}\frac{r}{\sqrt{1-r^2}}\mathrm{d}r = -2\pi\sqrt{1-r^2}\Big|_{0}^{1} = 2\pi.$$

例 4 求球 $x^2+y^2+z^2\leqslant R^2$ 被圆柱面 $x^2+y^2=Rx$ 割下的部分的体积(Viviani 体).

解 如图 19.17 所示，由关于 z 及 y 的对称性得

$$V = 4\iint_{D}\sqrt{R^2-x^2-y^2}\mathrm{d}x\mathrm{d}y,$$

$$D = \{(x,y): y\geqslant 0, x^2+y^2\leqslant Rx\}.$$

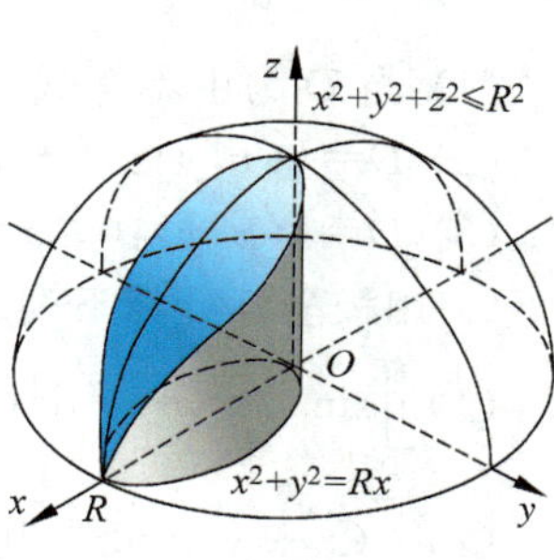

图 19.17

积分区域为圆且圆周过原点，故采用极坐标计算. 在极坐标系下，

$$D' = \left\{(r,\theta): 0\leqslant r\leqslant R\cos\theta, 0\leqslant\theta\leqslant\frac{\pi}{2}\right\},$$

所以

$$V = 4\int_{0}^{\frac{\pi}{2}}\mathrm{d}\theta\int_{0}^{R\cos\theta}\sqrt{R^2-r^2}r\mathrm{d}r = \frac{4}{3}R^3\int_{0}^{\frac{\pi}{2}}(1-\cos^3\theta)\mathrm{d}\theta = \left(\frac{2\pi}{3}-\frac{8}{9}\right)R^3.$$

例 5 求椭球体 $\frac{x^2}{a^2}+\frac{y^2}{b^2}+\frac{z^2}{c^2}\leqslant 1$ 的体积.

解 由对称性(见图 15.9)得

$$V = 8c\iint_{D}\sqrt{1-\frac{x^2}{a^2}-\frac{y^2}{b^2}}\mathrm{d}x\mathrm{d}y,$$

$$D = \left\{(x,y): \frac{x^2}{a^2}+\frac{y^2}{b^2}\leqslant 1, x\geqslant 0, y\geqslant 0\right\},$$

积分区域为椭圆，且椭圆的圆心在原点，故作广义极坐标变换

$$\begin{cases} x = ar\cos\theta, \\ y = br\sin\theta, \end{cases}\quad 0\leqslant\theta\leqslant\frac{\pi}{2}$$

得 $D' = \left\{(r,\theta): 0\leqslant\theta\leqslant\frac{\pi}{2}, 0\leqslant r\leqslant 1\right\}$，所以 $J(r,\theta) = abr$，于是

$$V = 8c\iint_{D}\sqrt{1-\frac{x^2}{a^2}-\frac{y^2}{b^2}}\mathrm{d}x\mathrm{d}y = 8c\int_{0}^{\frac{\pi}{2}}\mathrm{d}\theta\int_{0}^{1}\sqrt{1-r^2}abr\mathrm{d}r$$

$$=4\pi abc\int_0^1 \sqrt{1-r^2}\,r\mathrm{d}r=\frac{4\pi}{3}abc.$$

当 $a=b=c=R$ 时，得到球的体积为 $\frac{4\pi}{3}R^3$.

习　题 19.3

1. 对积分 $\iint\limits_D f(x,y)\mathrm{d}x\mathrm{d}y$ 进行极坐标变换并写出变换后不同顺序的累次积分：

(1) 当 D 为由不等式 $a^2\leqslant x^2+y^2\leqslant b^2,y\geqslant 0$ 所确定的区域；

(2) $D=\{(x,y):x^2+y^2\leqslant y,x\geqslant 0\}$；

(3) $D=\{(x,y):0\leqslant x\leqslant 1,0\leqslant x+y\leqslant 1\}$.

2. 用极坐标计算下列二重积分：

(1) $\iint\limits_D \sin\sqrt{x^2+y^2}\,\mathrm{d}x\mathrm{d}y$，其中 $D=\{(x,y):\pi^2\leqslant x^2+y^2\leqslant 4\pi^2\}$；

(2) $\iint\limits_D (x+y)\mathrm{d}x\mathrm{d}y$，其中 $D=\{(x,y):x^2+y^2\leqslant x+y\}$；

(3) $\iint\limits_D |xy|\,\mathrm{d}x\mathrm{d}y$，其中 D 是圆域 $x^2+y^2\leqslant a^2$；

(4) $\iint\limits_D f'(x^2+y^2)\mathrm{d}x\mathrm{d}y$，其中 D 是圆域 $x^2+y^2\leqslant R^2$.

3. 在下列积分中引入新变量 u,v 后，试将它化为累次积分：

(1) $\int_0^2\mathrm{d}x\int_{1-x}^{2-x}f(x,y)\mathrm{d}y$，若 $u=x+y,v=x-y$；

(2) $\iint\limits_D f(x,y)\mathrm{d}x\mathrm{d}y$，其中 $D=\{(x,y):\sqrt{x}+\sqrt{y}\leqslant\sqrt{a},x\geqslant 0,y\geqslant 0\}$，且 $x=u\cos^4 v$，$y=u\sin^4 v$；

(3) $\iint\limits_D f(x,y)\mathrm{d}x\mathrm{d}y$，其中 $D=\{(x,y):x+y\leqslant a,x\geqslant 0,y\geqslant 0\}$，且 $x+y=u,y=uv$.

4. 试作适当变换，计算下列积分：

(1) $\iint\limits_D (x+y)\sin(x-y)\mathrm{d}x\mathrm{d}y$，$D=\{(x,y):0\leqslant x+y\leqslant\pi,0\leqslant x-y\leqslant\pi\}$；

(2) $\iint\limits_D \mathrm{e}^{\frac{y}{x+y}}\,\mathrm{d}x\mathrm{d}y$，$D=\{(x,y):x+y\leqslant 1,x\geqslant 0,y\geqslant 0\}$.

5. 求由下列曲面所围立体 V 的体积：

(1) V 是由 $z=x^2+y^2$ 和 $z=x+y$ 所围的立体；

(2) V 是由曲面 $z^2=\frac{x^2}{4}+\frac{y^2}{9}$ 和 $2z=\frac{x^2}{4}+\frac{y^2}{9}$ 所围的立体.

6. 求由下列曲线所围的平面图形的面积：

(1) $x+y=a, x+y=b, y=\alpha x, y=\beta x(0<a<b, 0<\alpha<\beta)$；

(2) $\left(\dfrac{x^2}{a^2}+\dfrac{y^2}{b^2}\right)^2=x^2+y^2$；

(3) $(x^2+y^2)^2=2a^2(x^2-y^2), x^2+y^2\geqslant a^2$.

7. 设 $f(x,y)$ 为连续函数，且 $f(x,y)=f(y,x)$，证明：

$$\int_0^1 \mathrm{d}x\int_0^x f(x,y)\mathrm{d}y=\int_0^1 \mathrm{d}x\int_0^x f(1-x,1-y)\mathrm{d}y.$$

8. 试作适当变换，把下列二重积分化为单重积分：

(1) $\iint\limits_D f(\sqrt{x^2+y^2})\mathrm{d}x\mathrm{d}y$，其中 D 是圆域 $x^2+y^2\leqslant 1$；

(2) $\iint\limits_D f(\sqrt{x^2+y^2})\mathrm{d}x\mathrm{d}y$，其中 $D=\{(x,y):|y|\leqslant|x|,|x|\leqslant 1\}$；

(3) $\iint\limits_D f(x+y)\mathrm{d}x\mathrm{d}y$，其中 $D=\{(x,y):|y|+|x|\leqslant 1\}$；

(4) $\iint\limits_D f(xy)\mathrm{d}x\mathrm{d}y$，其中 $D=\{(x,y):x\leqslant y\leqslant 4x, 1\leqslant xy\leqslant 2\}$.

19.4 三重积分

19.4.1 三重积分的概念

1. 引入

已知空间几何体 Ω 的密度函数为 $f(x,y,z)$，求 Ω 的质量.

为了求 Ω 的质量，对 Ω 作分割记 $T:\Omega_1,\Omega_2,\cdots,\Omega_n$，$\Omega_i$ 的体积为 ΔV_i，直径为 d_i，分割的细度为 $\lambda(T)=\max\limits_{1\leqslant i\leqslant n}\{d_i\}$，在 Ω_i 上任取一点 (ξ_i,η_i,ζ_i)，作和式

$$\sum_{i=1}^n f(\xi_i,\eta_i,\zeta_i)\Delta V_i,$$

如果 $\lambda(T)\to 0$ 时和式极限存在，则称此极限为 Ω 的质量. 即

$$m=\lim_{\lambda(T)\to 0}\sum_{i=1}^n f(\xi_i,\eta_i,\zeta_i)\Delta V_i.$$

2. 三重积分的定义

定义 1 设 $f(x,y,z)$ 是定义在空间有界区域 Ω 上的有界函数，对 Ω 作分割 $T:\Omega_1,\Omega_2,\cdots,\Omega_n$，记 Ω_i 的体积为 ΔV_i，直径为 d_i，分割的细度为 $\lambda(T)=\max\limits_{1\leqslant i\leqslant n}\{d_i\}$，在 Ω_i 上任一点 (ξ_i,η_i,ζ_i)，作和式

$$\sum_{i=1}^n f(\xi_i,\eta_i,\zeta_i)\Delta V_i.$$

如果 $\lambda(T)\to 0$ 时和式极限存在，且与分割 T 无关，与 (ξ_i,η_i,ζ_i) 的选择无关，则称此极限为 $f(x,y,z)$ 在 Ω 上的**三重积分**，记作

$$\iiint\limits_{\Omega} f(x,y,z)\mathrm{d}V \text{ 或 } \iiint\limits_{\Omega} f(x,y,z)\mathrm{d}x\mathrm{d}y\mathrm{d}z,$$

即 $\iiint\limits_{\Omega} f(x,y,z)\mathrm{d}x\mathrm{d}y\mathrm{d}z = \lim\limits_{\lambda(T)\to 0}\sum\limits_{i=1}^{n} f(\xi_i,\eta_i,\zeta_i)\Delta V_i$，此时亦称 $f(x,y,z)$ 在 Ω 上可积.

用 ε-δ 语言表述为

$f(x,y,z)$ 在 Ω 上可积 $\Leftrightarrow \exists J\in\mathbb{R}, \forall\varepsilon>0, \exists\delta>0,$

$$\ni \text{“}\forall T,\quad \forall(\xi_i,\eta_i,\zeta_i)\in\Omega_i, \lambda(T)<\delta \Rightarrow \left|\sum_{i=1}^{n} f(\xi_i,\eta_i,\zeta_i)\Delta V_i - J\right| < \varepsilon\text{”}.$$

3. 三重积分的性质

三重积分具有与二重积分相应的性质与可积条件，例如：

(1) 有界区域上的连续函数必可积；

(2) 有界区域上的有界函数仅在有限个曲面上不连续，则此函数可积.

19.4.2　三重积分的计算

三重积分的计算和二重积分一样，将其化为累次积分，但二重积分是化为两个定积分，然后累次积分而得，而三重积分是化为先定积分再二重积分，或先二重积分再定积分两种情况.

1. 曲顶柱体上的三重积分

如果空间区域 Ω 由 $z_1(x,y)\leqslant z\leqslant z_2(x,y)$，$(x,y)\in D$ 给出，则称 Ω 为曲顶柱体.

实质　$\forall(x_0,y_0)\in D^\circ$，由 (x_0,y_0) 引出的平行于 z 轴的扫描线与 Ω 的边界至多有两个交点，如图 19.18 所示.

同样可以定义平行于 x 轴的扫描线与其边界至多有两个交点的曲顶柱体 Ω，数学描述式为

$$x_1(y,z)\leqslant x\leqslant x_2(y,z),\quad (y,z)\in D_{yz},$$

或平行于 y 轴的扫描线与其边界至多有两个交点的曲顶柱体 Ω，数学描述式为

$$y_1(x,z)\leqslant y\leqslant y_2(x,z),\quad (x,z)\in D_{xz}.$$

对于三重积分的计算，我们先介绍平顶柱体上的积分，再介绍曲顶柱体的积分.

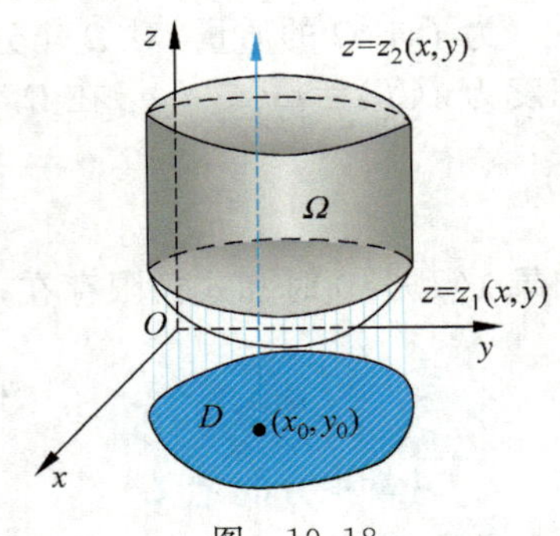

图　19.18

定理 1　设 $f(x,y,z)$ 是定义在平顶柱体 $\Omega: e\leqslant z\leqslant h$，$(x,y)\in D$ 上的连续函数，则

$$\iiint\limits_{\Omega} f(x,y,z)\mathrm{d}V = \iint\limits_{D}\mathrm{d}x\mathrm{d}y\int_e^h f(x,y,z)\mathrm{d}z.$$

证 因为 $f(x,y,z)$ 在 Ω 上可积，所以可用平行于坐标面的平面对 Ω 作分割. 设这些分割把平面 D 分为 $D_1, D_2, \cdots, D_n$，其面积记为

$$\Delta D_1, \Delta D_2, \cdots, \Delta D_n.$$

分割后的 Ω 位于 D_i 上的小块为 $V_{i1}, V_{i2}, \cdots, V_{ik}$，设

$$m_{ij} = \inf\{f(x,y,z):(x,y,z) \in V_{ij}\}, M_{ij} = \sup\{f(x,y,z):(x,y,z) \in V_{ij}\},$$

则在 $D_i(i=1,2,\cdots,n)$ 上，$\forall \zeta_j \in [z_{j-1}, z_j](j=1,2,\cdots,k)$，

$$m_{ij}\Delta D_i \leqslant \iint_{D_i} f(x,y,\zeta_j)\mathrm{d}x\mathrm{d}y \leqslant M_{ij}\Delta D_i.$$

而

$$\sum_{i=1}^{n}\iint_{D_i} f(x,y,\zeta_j)\mathrm{d}x\mathrm{d}y = \iint_{D} f(x,y,\zeta_j)\mathrm{d}x\mathrm{d}y = I(\zeta_j),$$

所以

$$\sum_{i=1}^{n} m_{ij}\Delta D_i \Delta z_j \leqslant I(\zeta_j)\Delta z_j \leqslant \sum_{i=1}^{n} M_{ij}\Delta D_i \Delta z_j,$$

$$\sum_{j=1}^{k}\sum_{i=1}^{n} m_{ij}\Delta D_i \Delta z_j \leqslant \sum_{j=1}^{k} I(\zeta_j)\Delta z_j \leqslant \sum_{j=1}^{k}\sum_{i=1}^{n} M_{ij}\Delta D_i \Delta z_j,$$

故 $I(z)$ 在 $[e,h]$ 上可积，且 $\int_e^h I(z)\mathrm{d}z = \iiint_\Omega f(x,y,z)\mathrm{d}V$，即

$$\iiint_\Omega f(x,y,z)\mathrm{d}V = \iint_D \mathrm{d}x\mathrm{d}y\int_e^h f(x,y,z)\mathrm{d}z.$$

注 亦有 $\iiint_\Omega f(x,y,z)\mathrm{d}V = \int_e^h \mathrm{d}z\iint_D f(x,y,z)\mathrm{d}x\mathrm{d}y$.

定理 2 设函数 $f(x,y,z)$ 是定义在曲顶柱体

$$\Omega: z_1(x,y) \leqslant z \leqslant z_2(x,y), \quad (x,y) \in D$$

上的连续函数，$z=z_1(x,y)$，$z=z_2(x,y)$ 是 D 上的连续函数，则

$$\iiint_\Omega f(x,y,z)\mathrm{d}V = \iint_D \mathrm{d}x\mathrm{d}y\int_{z_1(x,y)}^{z_2(x,y)} f(x,y,z)\mathrm{d}z.$$

证 取 $E=D\times[e,h]$，∋“$\Omega\subseteq E$”，作函数

$$F(x,y,z) = \begin{cases} f(x,y,z), & (x,y,z) \in \Omega, \\ 0, & (x,y,z) \notin \Omega, \end{cases}$$

则 $F(x,y,z)$ 在 E 上可积，且

$$\iiint_\Omega f(x,y,z)\mathrm{d}V = \iiint_E F(x,y,z)\mathrm{d}V = \iint_D \mathrm{d}x\mathrm{d}y\int_e^h F(x,y,z)\mathrm{d}z$$

$$= \iint_D \mathrm{d}x\mathrm{d}y\int_{z_1(x,y)}^{z_2(x,y)} f(x,y,z)\mathrm{d}z.$$

故结论成立.

在定理 2 中,如果 Ω 在 xOy 的投影可表示为 $D: y_1(x)\leqslant y\leqslant y_2(x), a\leqslant x\leqslant b$,则

$$\iiint\limits_{\Omega} f(x,y,z)\mathrm{d}V=\iint\limits_{D}\mathrm{d}x\mathrm{d}y\int_{z_1(x,y)}^{z_2(x,y)} f(x,y,z)\mathrm{d}z=\int_a^b\mathrm{d}x\int_{y_1(x)}^{y_2(x)}\mathrm{d}y\int_{z_1(x,y)}^{z_2(x,y)} f(x,y,z)\mathrm{d}z.$$

这样,我们就完成了把三重积分化为累次积分的任务.

例 1　计算 $\iiint\limits_{V}\dfrac{\mathrm{d}x\mathrm{d}y\mathrm{d}z}{x^2+y^2}$,其中 V 由 $x=1,x=2,z=0,y=x,z=y$ 所围.

解　参见图 19.19,得

$$\begin{aligned}\iiint\limits_{V}\frac{\mathrm{d}x\mathrm{d}y\mathrm{d}z}{x^2+y^2}&=\int_1^2\mathrm{d}x\int_0^x\mathrm{d}y\int_0^y\frac{\mathrm{d}z}{x^2+y^2}\\&=\int_1^2\mathrm{d}x\int_0^x\frac{y}{x^2+y^2}\mathrm{d}y\\&=\int_1^2\frac{1}{2}\ln2\mathrm{d}x=\frac{1}{2}\ln2.\end{aligned}$$

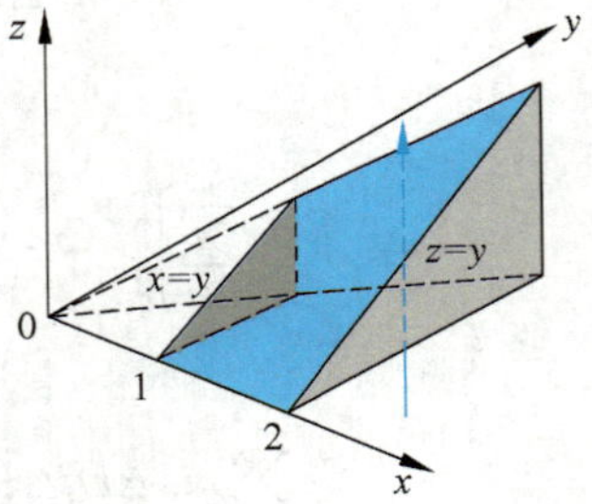

图　19.19

例 2　计算三重积分 $I=\iiint\limits_{\Omega}x\mathrm{d}x\mathrm{d}y\mathrm{d}z$,其中 Ω 为 $x=0,y=0,z=0$ 与平面 $x+2y+z=0$ 所围成的区域.

解　先画图(见图 19.20),Ω 是曲顶柱体,上顶 $z=1-x-2y$,下顶 $z=0$,D_{xy}: $x=0$,$y=0,x+2y=1$ 围成.

$$I=\iint\limits_{D_{xy}}\mathrm{d}x\mathrm{d}y\int_0^{1-x-2y}x\mathrm{d}z=\int_0^1x\mathrm{d}x\int_0^{\frac{1-x}{2}}\mathrm{d}y\int_0^{1-x-2y}\mathrm{d}z=\frac{1}{48}.$$

例 3　化三重积分 $\iiint\limits_{\Omega}f(x,y,z)\mathrm{d}x\mathrm{d}y\mathrm{d}z$ 为累次积分,其中 Ω 为平面 $y=0,z=0$,$3x+y=6,3x+2y=12$ 和 $x+y+z=6$ 所围成的区域.

解　(1) 找出上顶、下底及投影区域(见图 19.21(a));

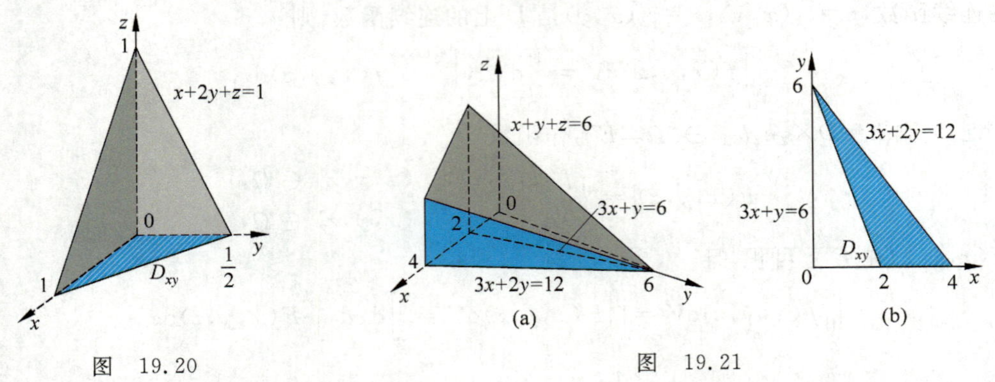

(a)　(b)

图　19.20　　图　19.21

(2) 画出投影区域图.Ω 是曲顶柱体

$$\begin{cases}\text{上顶:} & z=6-x-y,\\ \text{下底:} & z=0,\end{cases}$$

D_{xy} 由 $y=0,3x+y=6,3x+2y=12$ 围成(见图 19.21(b)).

$$I=\iint\limits_{D_{xy}}\mathrm{d}x\mathrm{d}y\int_0^{6-x-y}f(x,y,z)\mathrm{d}z=\int_0^6\mathrm{d}y\int_{2-\frac{y}{3}}^{4-\frac{2y}{3}}\mathrm{d}x\int_0^{6-x-y}f(x,y,z)\mathrm{d}z.$$

例 4 化三重积分 $I=\iiint\limits_{\Omega}f(x,y,z)\mathrm{d}x\mathrm{d}y\mathrm{d}z$ 为累次积分,其中 Ω 为抛物面 $y=\sqrt{x}$ 与平面

$$y=0,z=0,x+z=\frac{\pi}{2}$$

所围成的区域.

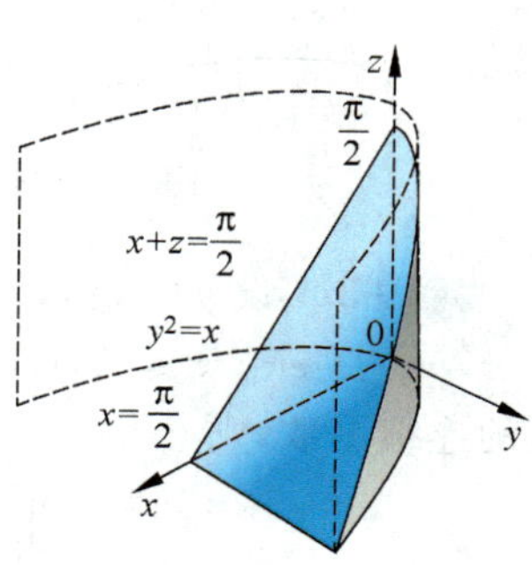

图 19.22

解 如图 19.22 所示,Ω 是曲顶柱体,上顶 $z=\frac{\pi}{2}-x$,下底 $z=0$,Ω 在 xOy 的投影

$$D_{xy}:y=\sqrt{x},y=0,x=\frac{\pi}{2},$$

所以

$$I=\iint\limits_{D_{xy}}\mathrm{d}x\mathrm{d}y\int_0^{\frac{\pi}{2}-x}f(x,y,z)\mathrm{d}z=\int_0^{\frac{\pi}{2}}\mathrm{d}x\int_0^{\sqrt{x}}\mathrm{d}y\int_0^{\frac{\pi}{2}-x}f(x,y,z)\mathrm{d}z.$$

例 5 计算 $I=\iiint\limits_{\Omega}f(x,y,z)\mathrm{d}x\mathrm{d}y\mathrm{d}z$,其中 Ω 为双曲抛物面 $z=xy$ 与平面 $z=0$, $x+y=1$ 所围成的区域.

解 如图 19.23 所示,Ω 是曲顶柱体,上顶 $z=xy$,下底 $z=0$,Ω 在 xOy 的投影

$$D_{xy}:x=0,y=0,x+y=1,$$

所以

$$I=\iint\limits_{D_{xy}}\mathrm{d}x\mathrm{d}y\int_0^{xy}f(x,y,z)\mathrm{d}z=\int_0^1\mathrm{d}x\int_0^{1-x}\mathrm{d}y\int_0^{xy}f(x,y,z)\mathrm{d}z.$$

2. 曲杆台体上的三重积分

如果空间区域由 $\Omega:e\leqslant z\leqslant h,(x,y)\in D_{xy}$ 给出,且 $\Omega\cap\{(x,y,z):z=z_0\in[e,h]\}=D(z_0)$,则称$\Omega$ 为关于 z 的曲杆台体(见图 19.24).

Ω 称为关于 z 的曲杆台体是指:$\forall z_0\in[e,h]$,平面 $z=z_0$ 与 Ω 的截面面积只与 z_0 有关.

同样可以定义关于 x 轴的曲杆台体 $\Omega:a\leqslant x\leqslant b,(y,z)\in D_{yz}$,或关于 y 轴的曲杆台体

$$\Omega:c\leqslant y\leqslant d,(x,z)\in D_{xz}.$$

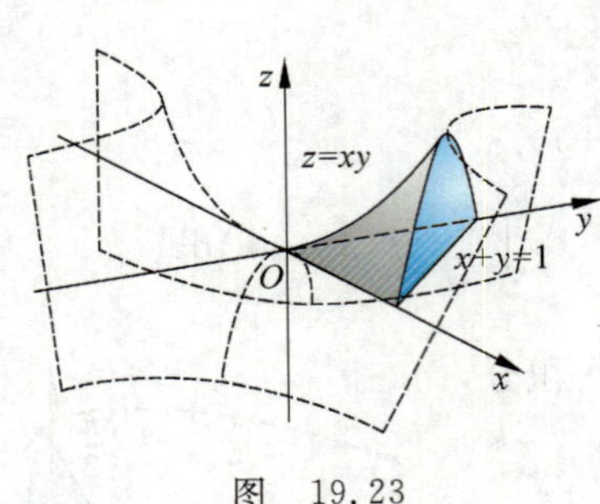

图　19.23

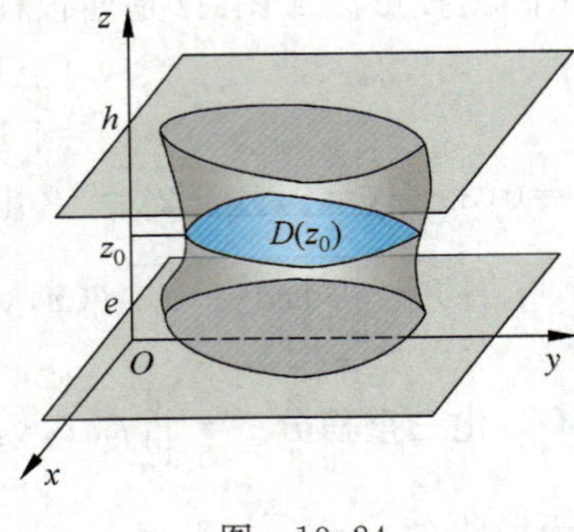

图　19.24

定理 3　设 $f(x,y,z)$是定义在曲杆台体

$$\Omega: e\leqslant z\leqslant h,(x,y)\in D_{xy},\Omega\cap\{(x,y,z): z=z_0\in[e,h]\}=D(z_0)$$

上的连续函数,则

$$\iiint\limits_{\Omega} f(x,y,z)\mathrm{d}V=\int_e^h \mathrm{d}z\iint\limits_{D(z)} f(x,y,z)\mathrm{d}x\mathrm{d}y.$$

证　作函数

$$F(x,y,z)=\begin{cases} f(x,y,z), & (x,y,z)\in\Omega,\\ 0, & (x,y,z)\in D_{xy}\times[e,h]\backslash\Omega,\end{cases}$$

于是

$$\iiint\limits_{\Omega} f(x,y,z)\mathrm{d}V=\iiint\limits_{D_{xy}\times[e,h]} F(x,y,z)\mathrm{d}V=\int_e^h \mathrm{d}z\iint\limits_{D_{xy}} F(x,y,z)\mathrm{d}x\mathrm{d}y$$

$$=\int_e^h \mathrm{d}z\iint\limits_{D(z)} f(x,y,z)\mathrm{d}x\mathrm{d}y.$$

例 6　计算 $I=\iiint\limits_{\Omega} z\,\mathrm{d}V$,$\Omega: x^2+y^2+z^2\leqslant R^2, z\geqslant 0$.

解　Ω 是曲杆台体,$\forall z\in[0,R]$,$D(z)=\{(x,y): x^2+y^2\leqslant R^2-z^2\}$,于是

$$I=\iiint\limits_{\Omega} z\,\mathrm{d}V=\int_0^R \mathrm{d}z\iint\limits_{D(z)} z\,\mathrm{d}x\mathrm{d}y=\int_0^R z\,\mathrm{d}z\iint\limits_{D(z)}\mathrm{d}x\mathrm{d}y$$

$$=\int_0^R \pi(R^2-z^2)z\,\mathrm{d}z=\left(\frac{1}{2}\pi R^2z^2-\frac{1}{4}\pi z^4\right)\Big|_0^R$$

$$=\frac{1}{4}\pi R^4.$$

例 7　计算 $\iiint\limits_{\Omega}\frac{z}{\sqrt{x^2+y^2}}\mathrm{d}V$,$\Omega$: $(x-z)^2+y^2=z^2, z=\frac{1}{2}, z=1$.

解　Ω 是曲杆台体,

$$\forall z \in \left[\frac{1}{2},1\right], \quad D(z)=\{(x,y):(x-z)^2+y^2\leqslant z^2\},$$

于是，

$$\iiint\limits_{\Omega}\frac{z}{\sqrt{x^2+y^2}}\mathrm{d}V=\int_{\frac{1}{2}}^{1}z\mathrm{d}z\iint\limits_{D(z)}\frac{1}{\sqrt{x^2+y^2}}\mathrm{d}x\mathrm{d}y.$$

设 $x=r\cos\theta, y=r\sin\theta$，则

$$D(z)=\{(x,y):(x-z)^2+y^2\leqslant z^2\}$$

$$\to D'(z)=\left\{(r,\theta):0\leqslant r\leqslant 2z\cos\theta,-\frac{\pi}{2}\leqslant\theta\leqslant\frac{\pi}{2}\right\},$$

从而

$$\iiint\limits_{\Omega}\frac{z}{\sqrt{x^2+y^2}}\mathrm{d}V=\int_{\frac{1}{2}}^{1}z\mathrm{d}z\int_{-\frac{\pi}{2}}^{\frac{\pi}{2}}\mathrm{d}\theta\int_{0}^{2z\cos\theta}\mathrm{d}r=2\int_{\frac{1}{2}}^{1}z\mathrm{d}z\int_{-\frac{\pi}{2}}^{\frac{\pi}{2}}z\cos\theta\mathrm{d}\theta=4\int_{\frac{1}{2}}^{1}z^2\mathrm{d}z=\frac{7}{6}.$$

习题19.4

1. 计算下列三重积分：

(1) $\iiint\limits_{V}xy^2z^3\mathrm{d}x\mathrm{d}y\mathrm{d}z$，其中 V 由 $z=xy, y=x, x=1$ 及 $z=0$ 围成；

(2) $\iiint\limits_{V}(x+y^2+z^3)\mathrm{d}x\mathrm{d}y\mathrm{d}z$，其中 V 由 $x+y+z=1$ 及三个坐标面围成；

(3) $\iiint\limits_{V}x^2y\mathrm{d}x\mathrm{d}y\mathrm{d}z$，其中 V 是由 $xyz=2$ 及 $x=1, y=1, z=1$ 围成；

(4) $\iiint\limits_{V}z\mathrm{d}x\mathrm{d}y\mathrm{d}z$，其中 V 是八面体 $|x|+|y|+|z|\leqslant 1$；

(5) $\iiint\limits_{V}(a-z)^2\mathrm{d}x\mathrm{d}y\mathrm{d}z$，其中 V 是椭圆劈锥

$$y^2\leqslant(a-z)^2\left(1-\frac{x^2}{a^2}\right), \quad z\in[0,a];$$

(6) $\iiint\limits_{V}z^2\mathrm{d}x\mathrm{d}y\mathrm{d}z$，其中 V 是由 $x^2+y^2+z^2\leqslant r^2$ 和 $x^2+y^2+z^2\leqslant 2rz$ 的公共部分；

(7) $\iiint\limits_{V}y\cos(x+z)\mathrm{d}x\mathrm{d}y\mathrm{d}z$，其中 V 是由 $y=\sqrt{x}, y=0, z=0$ 和 $x+z=\frac{\pi}{2}$ 围成.

2. 交换积分次序：

(1) $\int_0^1\mathrm{d}x\int_0^{1-x}\mathrm{d}y\int_0^{x+y}f(x,y,z)\mathrm{d}z$； (2) $\int_0^1\mathrm{d}x\int_0^1\mathrm{d}y\int_0^{x^2+y^2}f(x,y,z)\mathrm{d}z$.

19.5　三重积分的变量替换

和二重积分一样，三重积分也可以作变量替换. 设

$$T:\begin{cases}x=x(u,v,w),\\ y=y(u,v,w),\\ z=z(u,v,w),\end{cases}\quad \ni \text{“}V_{xyz}\xrightarrow{T^{-1}}V_{uvw}\text{”},$$

如果

$$J(u,v,w)=\frac{\partial(x,y,z)}{\partial(u,v,w)}=\begin{vmatrix}x'_u & x'_v & x'_w\\ y'_u & y'_v & y'_w\\ z'_u & z'_v & z'_w\end{vmatrix}\neq 0,\quad (u,v,w)\in V_{uvw},$$

则

$$\iiint\limits_{V_{xyz}} f(x,y,z)\,\mathrm{d}V=\iiint\limits_{V_{uvw}} f(x(u,v,w),y(u,v,w),z(u,v,w))\,|J(u,v,w)|\,\mathrm{d}V.$$

下面介绍两个常用的变换公式.

19.5.1　柱面坐标变换

空间中的任意点 P 的位置由 3 个参数 (r,θ,z) 给出，其意义如图 19.25(a) 所示，(r,θ,z) 称为柱面坐标.

从其与空间直角坐标系的关系得变换

$$T:\begin{cases}x=r\cos\theta,\\ y=r\sin\theta,\\ z=z,\end{cases}\quad \text{其中}\begin{cases}0\leqslant r<+\infty,\\ 0\leqslant\theta<2\pi,\\ -\infty<z<+\infty.\end{cases}$$

此变换称为**柱坐标变换**.

1. 柱坐标的坐标面

当 $r=r_0$（常数）时，坐标面为柱面；

当 $z=z_0$（常数）时，坐标面为平面；

当 $\theta=\theta_0$（常数）时，坐标面为半平面（见图 10.25(b)）.

2. 柱坐标的体积微元

柱坐标的体积微元由 6 个坐标面围成.

(1) 半平面 $\theta,\theta+\mathrm{d}\theta$；

(2) 圆柱面 $r,r+\mathrm{d}r$；

(3) 平面 $z,z+\mathrm{d}z$.

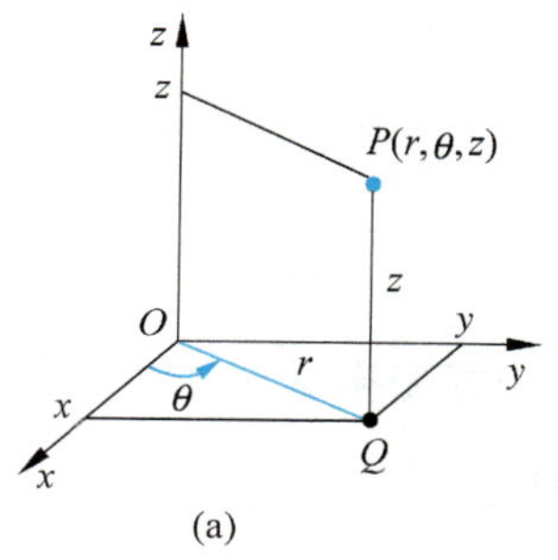

(a)

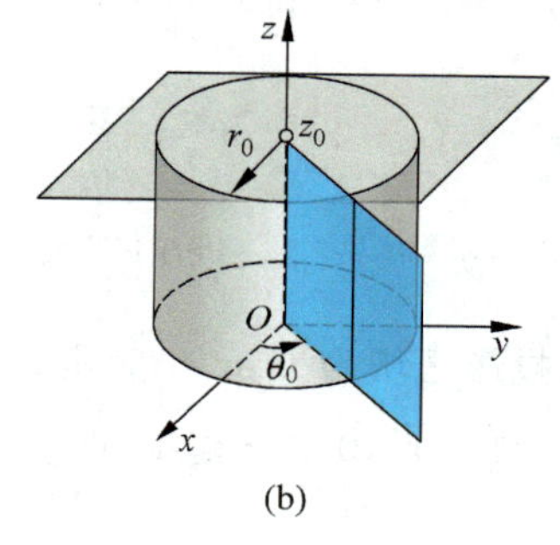

(b)

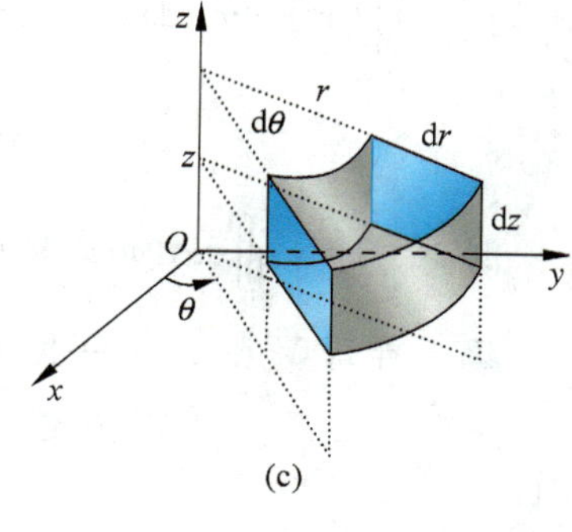

(c)

图 19.25

由于 $J(r,\theta,z)=\begin{vmatrix}\cos\theta & -r\sin\theta & 0\\ \sin\theta & r\cos\theta & 0\\ 0 & 0 & 1\end{vmatrix}=r$，所以 $\mathrm{d}x\mathrm{d}y\mathrm{d}z=r\mathrm{d}r\mathrm{d}\theta\mathrm{d}z$（见图 19.25(c)）.

3. 柱坐标的换元公式

如果 $f(x,y,z)$ 在 V 上连续，在变换

$$T:\begin{cases}x=r\cos\theta,\\ y=r\sin\theta,\\ z=z,\end{cases}\quad 其中\begin{cases}0\leqslant\theta<2\pi,\\ 0\leqslant r<+\infty,\\ -\infty<z<+\infty\end{cases}$$

下，有 $V\xrightarrow{T^{-1}}V'$，则

$$\iiint\limits_{V}f(x,y,z)\mathrm{d}V=\iiint\limits_{V'}f(r\cos\theta,r\sin\theta,z)r\mathrm{d}r\mathrm{d}\theta\mathrm{d}z.$$

值得注意的是，当 $r=0$ 时，上面的公式亦成立.

在计算中，通常找出 V 在 xOy 的投影区域 D，即

$$V=\{(x,y,z):z_1(x,y)\leqslant z\leqslant z_2(x,y),(x,y)\in D\},$$

从而得 $\iiint\limits_{V}f(x,y,z)\mathrm{d}V=\iint\limits_{D}\mathrm{d}x\mathrm{d}y\mathrm{d}z\int_{z_1(x,y)}^{z_2(x,y)}f(x,y,z)\mathrm{d}z$，然后在二重积分中利用极坐标变换即可.

例 1 计算 $\iiint\limits_{V}(x^2+y^2)\mathrm{d}x\mathrm{d}y\mathrm{d}z$，$V$ 由 $z=2(x^2+y^2)$，$z=4$ 所围.

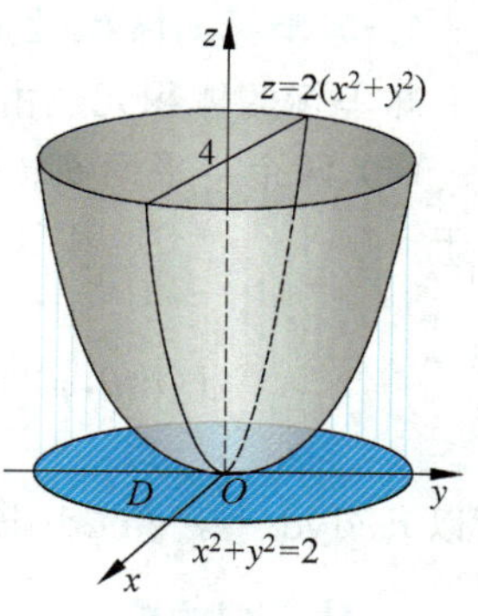

图 19.26

解 如图 19.26 所示，V 在 $z=0$ 平面上的投影区域为 $D:x^2+y^2\leqslant 2$，在柱坐标变换下，

$$V':2r^2\leqslant z\leqslant 4,0\leqslant r\leqslant\sqrt{2},\quad 0\leqslant\theta\leqslant 2\pi,$$

所以

$$\iiint\limits_V (x^2+y^2)\mathrm{d}x\mathrm{d}y\mathrm{d}z = \iiint\limits_{V'} r^3\mathrm{d}r\mathrm{d}\theta\mathrm{d}z = \int_0^{2\pi}\mathrm{d}\theta\int_0^{\sqrt{2}} r^3\mathrm{d}r\int_{2r^2}^4 \mathrm{d}z$$

$$= 2\pi\int_0^{\sqrt{2}} r^3(4-2r^2)\mathrm{d}r = \frac{8\pi}{3}.$$

例 2 计算 $\iiint\limits_V \mathrm{d}x\mathrm{d}y\mathrm{d}z$，$V$ 由 $x^2+y^2+z^2\leqslant 1, z\geqslant 0$ 所围.

解 半球 V 在 $z=0$ 平面上的投影区域为 $D: x^2+y^2\leqslant 1$，在柱坐标变换下，

$$V': 0\leqslant z\leqslant \sqrt{1-r^2}, 0\leqslant r\leqslant 1, 0\leqslant\theta\leqslant 2\pi,$$

所以

$$\iiint\limits_V \mathrm{d}x\mathrm{d}y\mathrm{d}z = \int_0^{2\pi}\mathrm{d}\theta\int_0^1 r\mathrm{d}r\int_0^{\sqrt{1-r^2}}\mathrm{d}z = 2\pi\int_0^1 r\sqrt{1-r^2}\mathrm{d}r = \frac{2\pi}{3}.$$

19.5.2 球面坐标变换

空间中的任意点 P 的位置由 3 个参数 (r,θ,φ) 给出，其意义由图 19.27(a) 所示，(r,θ,φ) 称为球面坐标.

从其与空间直角坐标系的关系得变换

$$T:\begin{cases} x = r\cos\theta\sin\varphi, \\ y = r\sin\theta\sin\varphi, \\ z = r\cos\varphi, \end{cases} \quad \text{其中} \quad \begin{cases} 0\leqslant r<+\infty, \\ 0\leqslant\theta<2\pi, \\ 0\leqslant\varphi\leqslant\pi. \end{cases}$$

此变换称为球坐标变换.

1. 球坐标的坐标面

当 $r=r_0$（常数）时，坐标面为球面；

当 $\varphi=\varphi_0$（常数）时，坐标面为锥面；

当 $\theta=\theta_0$（常数）时，坐标面为半平面（见图 19.27(b)）.

2. 球坐标的体积微元

球坐标的体积元也由 6 个坐标面围成.

(1) 两个半平面 $\theta,\theta+\mathrm{d}\theta$；(2) 两个圆锥面 $\varphi,\varphi+\mathrm{d}\varphi$；(3) 两个球面 $r,r+\mathrm{d}r$.

由于

$$J(r,\theta,\varphi) = \begin{vmatrix} \sin\varphi\cos\theta & -r\cos\varphi\cos\theta & -r\sin\varphi\sin\theta \\ \sin\varphi\sin\theta & r\cos\varphi\sin\theta & r\sin\varphi\cos\theta \\ \cos\varphi & -r\sin\varphi & 0 \end{vmatrix} = r^2\sin\varphi,$$

所以 $\mathrm{d}x\mathrm{d}y\mathrm{d}z = r^2\sin\varphi\mathrm{d}r\mathrm{d}\theta\mathrm{d}\varphi$（见图 19.27(c)）.

3. 球坐标的换元公式

如果 $f(x,y,z)$ 在 V 上连续，在变换

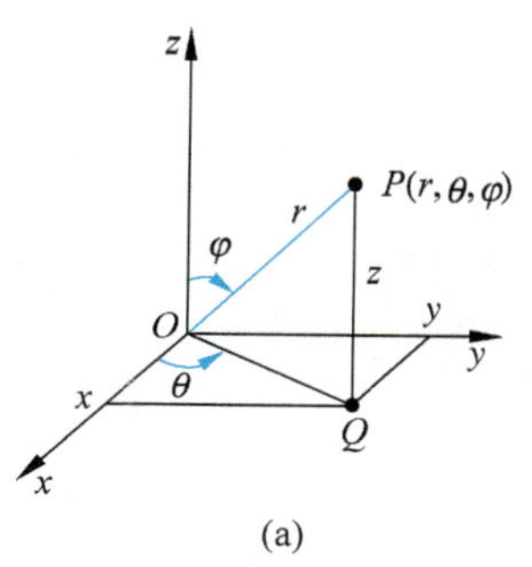

(a)

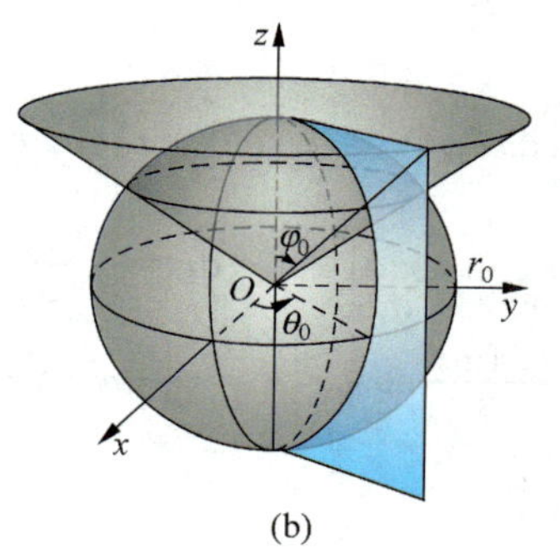

(b)

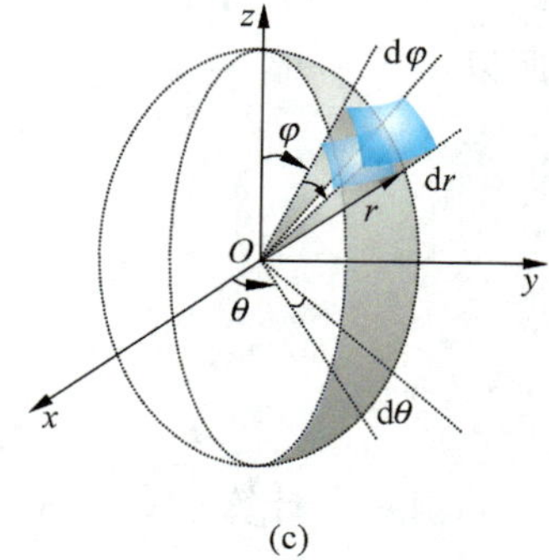

(c)

图 19.27

$$T:\begin{cases}x = r\sin\varphi\cos\theta,\\ y = r\sin\varphi\sin\theta,\\ z = r\cos\varphi,\end{cases}\quad 其中\quad \begin{cases}0 \leqslant r < +\infty,\\ 0 \leqslant \theta < 2\pi,\\ 0 \leqslant \varphi \leqslant \pi,\end{cases}$$

下,有 $V \xrightarrow{T^{-1}} V'$,则

$$\iiint\limits_V f(x,y,z)\mathrm{d}V = \iiint\limits_{V'} f(r\sin\varphi\cos\theta, r\sin\varphi\sin\theta, r\cos\varphi)r^2\sin\varphi\mathrm{d}r\mathrm{d}\theta\mathrm{d}z.$$

值得注意的是,当 $r=0$ 时,上面的公式亦成立.

在计算中,如果 V' 可表示为

$$V' = \{(r,\theta,\varphi): r_1(\theta,\varphi) \leqslant r \leqslant r_2(\theta,\varphi), \varphi_1(\theta) \leqslant \varphi \leqslant \varphi_2(\theta), \theta_1 \leqslant \theta \leqslant \theta_2\},$$

则

$$\iiint\limits_V f(x,y,z)\mathrm{d}V = \int_{\theta_1}^{\theta_2}\mathrm{d}\theta\int_{\varphi_1(\theta)}^{\varphi_2(\theta)}\mathrm{d}\varphi\int_{r_1(\theta,\varphi)}^{r_2(\theta,\varphi)} f(r\sin\varphi\cos\theta, r\sin\varphi\sin\theta, r\cos\varphi)r^2\sin\varphi\mathrm{d}r.$$

例如,对于 $\Omega: x^2+y^2+z^2 \leqslant R^2$(整个球体),则 $I = \int_0^{2\pi}\mathrm{d}\theta\int_0^{\pi}\mathrm{d}\varphi\int_0^R f\cdot r^2\sin\varphi\mathrm{d}r$;而对于

$$\Omega: x^2 + y^2 + z^2 \leqslant R^2, z \geqslant 0(上半球体),$$

则

$$I = \int_0^{2\pi}\mathrm{d}\theta\int_0^{\frac{\pi}{2}}\mathrm{d}\varphi\int_0^R f\cdot r^2\sin\varphi\mathrm{d}r.$$

例 3 求由圆锥 $z \geqslant \sqrt{x^2+y^2}\cot\beta$ 和球体 $x^2+y^2+(z-a)^2 \leqslant a^2$ 所确定的体积. 其中 $\beta \in \left(0, \frac{\pi}{2}\right)$, $a>0$.

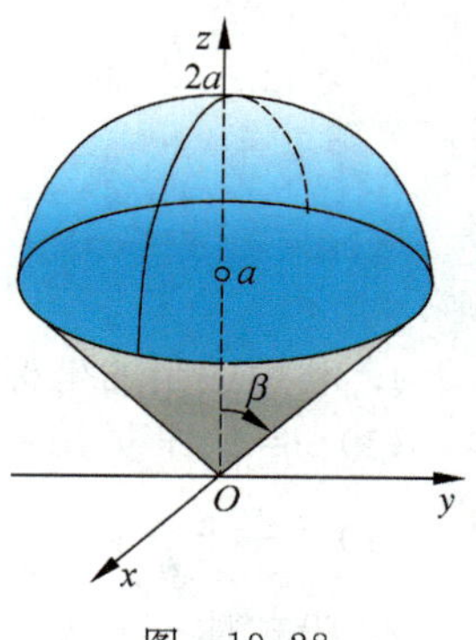

图 19.28

解 在球坐标系下,球面方程 $x^2+y^2+(z-a)^2=a^2$ 可表示为 $r=2a\cos\varphi$,锥面方程 $z=\sqrt{x^2+y^2}\cot\beta$ 可表示为 $\varphi=\beta$,如图 19.28 所示. 于是

$$V'=\{(r,\varphi,\theta):0\leqslant r\leqslant 2a\cos\varphi,0\leqslant\varphi\leqslant\beta,0\leqslant\theta\leqslant 2\pi\},$$

所以

$$\begin{aligned}V'&=\iiint\limits_{V}\mathrm{d}x\mathrm{d}y\mathrm{d}z=\int_0^{2\pi}\mathrm{d}\theta\int_0^{\beta}\mathrm{d}\varphi\int_0^{2a\cos\varphi}r^2\sin\varphi\mathrm{d}r\\&=2\pi\int_0^{\beta}\sin\varphi\mathrm{d}\varphi\int_0^{2a\cos\varphi}r^2\mathrm{d}r=\frac{16\pi a^3}{3}\int_0^{\beta}\sin\varphi\cos^3\varphi\mathrm{d}\varphi\\&=\left|\frac{-4\pi a^3}{3}\cos^4\varphi\right|_0^{\beta}=\frac{4}{3}\pi a^3(1-\cos^4\beta).\end{aligned}$$

例 4 计算 $\iiint\limits_{V}z\mathrm{d}x\mathrm{d}y\mathrm{d}z$，其中

$$V:\frac{x^2}{a^2}+\frac{y^2}{b^2}+\frac{z^2}{c^2}\leqslant 1,z\geqslant 0$$

解 作广义球坐标变换

$$T:\begin{cases}x=ar\sin\varphi\cos\theta,\\y=br\sin\varphi\sin\theta,\\z=cr\cos\varphi,\end{cases}$$

则

$$J(r,\theta,\varphi)=\begin{vmatrix}a\sin\varphi\cos\theta & ar\cos\varphi\cos\theta & -ar\cos\varphi\sin\theta\\b\sin\varphi\sin\theta & br\cos\varphi\sin\theta & br\sin\varphi\cos\theta\\c\cos\varphi & -cr\sin\varphi & 0\end{vmatrix}=abcr^2\sin\varphi.$$

于是 $V'=\left\{(r,\theta,\varphi):0\leqslant r\leqslant 1,0\leqslant\theta\leqslant 2\pi,0\leqslant\varphi\leqslant\frac{\pi}{2}\right\}$，从而

$$\begin{aligned}\iiint\limits_{V}z\mathrm{d}x\mathrm{d}y\mathrm{d}z&=\iiint\limits_{V'}abc^2r^3\sin\varphi\cos\varphi\mathrm{d}r\mathrm{d}\varphi\mathrm{d}\theta=\int_0^{2\pi}\mathrm{d}\theta\int_0^{\frac{\pi}{2}}\mathrm{d}\varphi\int_0^1abc^2r^3\sin\varphi\cos\varphi\mathrm{d}r\\&=abc^2\int_0^{2\pi}\mathrm{d}\theta\int_0^{\frac{\pi}{2}}\sin\varphi\cos\varphi\mathrm{d}\varphi\int_0^1r^3\mathrm{d}r\\&=\frac{1}{2}\pi abc^2\int_0^{\frac{\pi}{2}}\sin\varphi\cos\varphi\mathrm{d}\varphi\\&=\frac{1}{4}\pi abc^2.\end{aligned}$$

习题 19.5

1. 利用适当的坐标变换，求下列曲面所围成的体积：

(1) $z=x^2+y^2,z=2(x^2+y^2),y=x,y=x^2$；

(2) $\left(\frac{x}{a}+\frac{y}{b}\right)^2+\left(\frac{z}{c}\right)^2=1(x\geqslant 0,y\geqslant 0,z\geqslant 0,a>0,b>0,c>0)$.

2. 设球体 $x^2+y^2+z^2\leqslant 2x$ 上各点的密度等于该点到原点的距离，求这球体的质量.

3. 设函数 $f(x,y,z)$ 在长方体 $V=[a,b]\times[c,d]\times[e,h]$ 上可积，若 $\forall(y,z)\in D=[c,d]\times[e,h]$，定积分 $F(y,z)=\int_a^b f(x,y,z)\mathrm{d}x$ 存在，证明 $F(y,z)$ 在 $D=[c,d]\times[e,h]$ 上可积，且

$$\iint_D F(y,z)\mathrm{d}y\mathrm{d}z=\iiint_V f(x,y,z)\mathrm{d}x\mathrm{d}y\mathrm{d}z.$$

4. 设 $V=\left\{(x,y,z):\frac{x^2}{a^2}+\frac{y^2}{b^2}+\frac{z^2}{c^2}\leqslant 1\right\}$，计算下列积分：

(1) $\iiint_V \sqrt{1-\frac{x^2}{a^2}-\frac{y^2}{b^2}-\frac{z^2}{c^2}}\mathrm{d}x\mathrm{d}y\mathrm{d}z$； (2) $\iiint_V \mathrm{e}^{\sqrt{\frac{x^2}{a^2}+\frac{y^2}{b^2}+\frac{z^2}{c^2}}}\mathrm{d}x\mathrm{d}y\mathrm{d}z$.

19.6 曲面的面积

19.6.1 曲面的面积的定义

二元连续函数 $z=f(x,y),(x,y)\in D$ 的图像是三维空间的一张曲面 π，我们将研究光滑曲面在有界闭区域 D 上的面积.

定义 1 设 $z=f(x,y),(x,y)\in D$ 具有一阶连续的偏导数，对 D 作分割 $T:D_1,D_2,\cdots,D_n$，记对应的直径为 $d_1,d_2\cdots,d_n$，此分割相应地把曲面 π 分割为 $\pi_1,\pi_2,\cdots,\pi_n$，在 $\pi_1,\pi_2,\cdots,\pi_n$ 上任取一点 P_i，设曲面在 P_i 点的切平面位于 D_i 上的面积为 A_i，作和式 $\sum_{i=1}^n A_i$，如果 $\lambda(T)=\max\{d_i\}\to 0$ 时，和式极限存在，且与分割无关，与 P_i 在 π_i 上的选择无关，则称此极限为曲面 $z=f(x,y),(x,y)\in D$ 的面积，记作 S，即 $S=\lim_{\lambda(T)\to 0}\sum_{i=1}^n A_i$.

19.6.2 曲面面积的计算

如果给出 $z=f(x,y),(x,y)\in D$ 的图形在空间平面 π 上(见图 19.29)，其法线 $\boldsymbol{n}$ 与 z 轴正向的夹角为 $\gamma\left(0\leqslant\gamma\leqslant\frac{\pi}{2}\right)$，则曲面的面积 S 与定义域 D 的面积 S_D 间的关系为

$$S_D=S\cdot\cos\gamma.$$

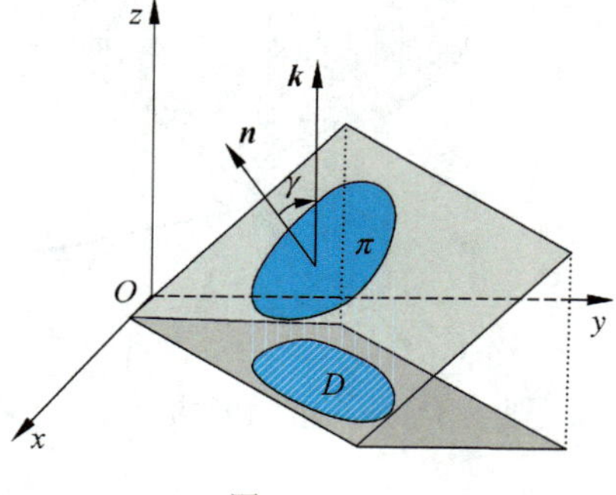

图 19.29

如果给出的图形是空间曲面 $z=f(x,y),(x,y)\in D$，则 $\forall(x,y)\in D$，曲面在 $P(x,y,f(x,y))$ 点的法向量 $\boldsymbol{n}$ 与 z 轴正向的夹角 $\gamma\left(0\leqslant\gamma\leqslant\frac{\pi}{2}\right)$ 是 x,y 的函数，记作 $\gamma(x,y)$. 当曲面是光滑曲面时，$\gamma(x,y)$ 是 D 上的连续函数，且

$$\cos\gamma(x,y)=\frac{1}{\sqrt{1+f'^2_x(x,y)+f'^2_y(x,y)}},$$

于是在曲面面积的定义中,取 $P(\xi_i,\eta_i)\in\pi_i$ 有

$$A_i=\frac{1}{\cos\gamma(\xi_i,\eta_i)}\Delta D_i=\sqrt{1+f'^2_x(\xi_i,\eta_i)+f'^2_y(\xi_i,\eta_i)}\Delta D_i,$$

从而 $\sum\limits_{i=1}^{n}A_i=\sum\limits_{i=1}^{n}\sqrt{1+f'^2_x(\xi_i,\eta_i)+f'^2_y(\xi_i,\eta_i)}\Delta D_i$,取极限则得

$$S=\iint\limits_D\sqrt{1+f'^2_x(x,y)+f'^2_y(x,y)}\mathrm{d}x\mathrm{d}y.$$

此乃曲面的面积公式,其亦可表示为

$$S=\lim_{\lambda(T)\to 0}\sum_{i=1}^{n}\frac{1}{|\cos\gamma(\xi_i,\eta_i)|}\Delta D_i=\iint\limits_D\frac{1}{|\cos(\boldsymbol{n},\boldsymbol{k})|}\mathrm{d}x\mathrm{d}y,$$

(其中 $\boldsymbol{k}$ 为 z 轴正方向)或 $S=\iint\limits_D\frac{1}{|\cos\gamma(x,y)|}\mathrm{d}x\mathrm{d}y$.

例 1 求圆锥 $z=\sqrt{x^2+y^2}$ 在圆柱 $x^2+y^2=x$ 内的面积.

解 $z'_x=\frac{x}{\sqrt{x^2+y^2}}$, $z'_y=\frac{y}{\sqrt{x^2+y^2}}$,所以

$$\sqrt{1+f'^2_x(x,y)+f'^2_y(x,y)}=\sqrt{1+\frac{x^2}{x^2+y^2}+\frac{y^2}{x^2+y^2}}=\sqrt{2},$$

如图 19.30 所示,则有

$$S=\iint\limits_D\sqrt{1+f'^2_x(x,y)+f'^2_y(x,y)}\mathrm{d}x\mathrm{d}y=\iint\limits_D\sqrt{2}\mathrm{d}x\mathrm{d}y=\sqrt{2}\iint\limits_D\mathrm{d}x\mathrm{d}y=\frac{\sqrt{2}}{4}\pi.$$

例 2 计算半径为 R,高为 $h(0<h<R)$ 的球冠的面积.

解 如图 19.31 所示,球面方程为 $z=\sqrt{R^2-x^2-y^2}$,从而

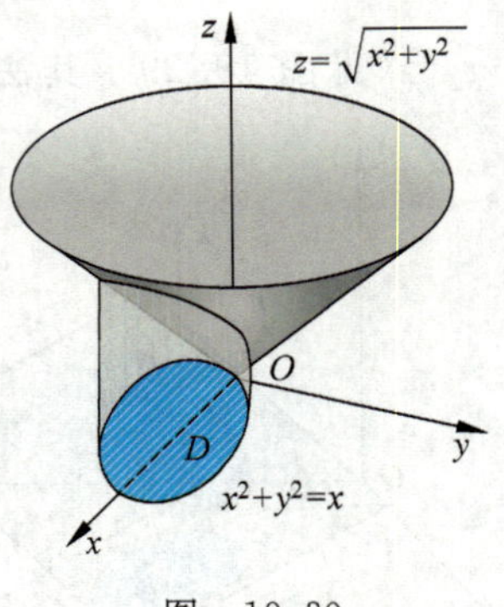

图 19.30

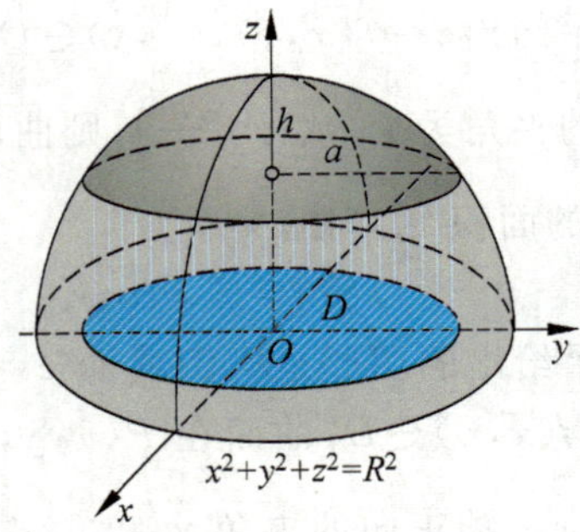

图 19.31

$$z'_x=\frac{-x}{\sqrt{R^2-x^2-y^2}},\quad z'_y=\frac{-y}{\sqrt{R^2-x^2-y^2}}.$$

球冠在 xOy 平面上的投影为

$$D: x^2+y^2\leqslant a^2\quad (a=\sqrt{2Rh-h^2}),$$

于是

$$S=\iint_D\sqrt{1+z'^2_x(x,y)+z'^2_y(x,y)}\,\mathrm{d}x\mathrm{d}y=\iint_D\frac{R}{\sqrt{R^2-x^2-y^2}}\mathrm{d}x\mathrm{d}y$$

$$=\iint_{D'}\frac{Rr}{\sqrt{R^2-r^2}}\mathrm{d}r\mathrm{d}\theta=\int_0^{2\pi}\mathrm{d}\theta\int_0^a\frac{Rr}{\sqrt{R^2-r^2}}\mathrm{d}r=2\pi Rh.$$

例 3 求圆锥 $z=\sqrt{x^2+y^2}$ 被圆柱 $z^2+3x^2=1$ 截下的面积.

解 如图 19.32 所示,所截曲面在 xOy 平面上的投影 D 由方程组

$$\begin{cases}z=\sqrt{x^2+y^2},\\ z^2+3x^2=1\end{cases}$$

给出,即 $D: 4x^2+y^2\leqslant 1$,其面积为 $\frac{1}{2}\pi$,而

$$z'_x=\frac{x}{\sqrt{x^2+y^2}},\quad z'_y=\frac{y}{\sqrt{x^2+y^2}},$$

于是

$$S=\iint_D\sqrt{1+z'^2_x(x,y)+z'^2_y(x,y)}\,\mathrm{d}x\mathrm{d}y$$

$$=\iint_D\sqrt{2}\,\mathrm{d}x\mathrm{d}y=\sqrt{2}\iint_D\mathrm{d}x\mathrm{d}y=\frac{\sqrt{2}}{2}\pi.$$

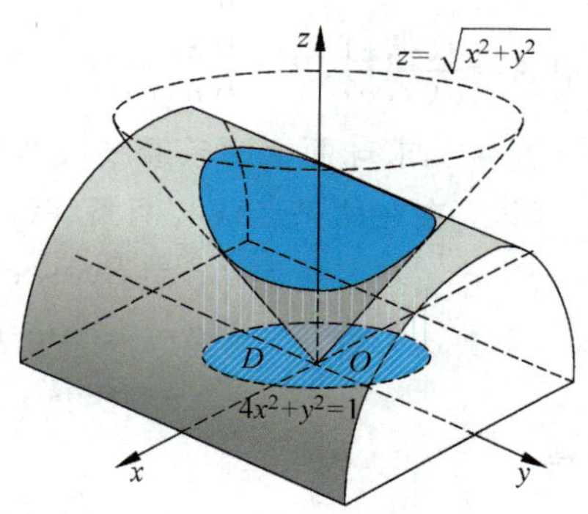

图 19.32

如果曲面 S 由

$$\begin{cases}x=x(u,v),\\ y=y(u,v),\quad (u,v)\in D\\ z=z(u,v),\end{cases}$$

给出,且 $x=x(u,v),y=y(u,v),z=z(u,v)$ 在 D 上具有一阶连续的偏导数,当

$$\frac{\partial(y,z)}{\partial(u,v)},\frac{\partial(z,x)}{\partial(u,v)},\frac{\partial(x,y)}{\partial(u,v)},$$

不全为零时,曲面 S 在点 (x,y,z) 的法向量为

$$\boldsymbol{n}=\left(\frac{\partial(y,z)}{\partial(u,v)},\frac{\partial(z,x)}{\partial(u,v)},\frac{\partial(x,y)}{\partial(u,v)}\right),$$

它与 z 轴正方向 $\boldsymbol{k}$ 的夹角的余弦的绝对值为

$$|\cos(\boldsymbol{n},\boldsymbol{k})| = \left| \frac{\dfrac{\partial(x,y)}{\partial(u,v)}}{\sqrt{\left(\dfrac{\partial(y,z)}{\partial(u,v)}\right)^2 + \left(\dfrac{\partial(z,x)}{\partial(u,v)}\right)^2 + \left(\dfrac{\partial(x,y)}{\partial(u,v)}\right)^2}} \right|,$$

于是

$$\begin{aligned} S &= \iint\limits_{D'} \left| \frac{1}{\cos(\boldsymbol{n},\boldsymbol{k})} \right| \mathrm{d}x\mathrm{d}y = \iint\limits_{D} \left| \frac{1}{\cos(\boldsymbol{n},\boldsymbol{k})} \right| \left| \frac{\partial(x,y)}{\partial(u,v)} \right| \mathrm{d}u\mathrm{d}v \\ &= \iint\limits_{D} \sqrt{\left(\frac{\partial(y,z)}{\partial(u,v)}\right)^2 + \left(\frac{\partial(z,x)}{\partial(u,v)}\right)^2 + \left(\frac{\partial(x,y)}{\partial(u,v)}\right)^2}\, \mathrm{d}u\mathrm{d}v \\ &\overset{\text{def}}{=} \iint\limits_{D} \sqrt{A^2+B^2+C^2}\, \mathrm{d}u\mathrm{d}v. \end{aligned}$$

其中 $A=\dfrac{\partial(y,z)}{\partial(u,v)}, B=\dfrac{\partial(z,x)}{\partial(u,v)}, C=\dfrac{\partial(x,y)}{\partial(u,v)}$.

例 4　求球面上两条经线与两条纬线之间的曲面的面积.

解　夹在两条经线与两条纬线之间的球面的方程可表示为

$$\begin{cases} x = R\cos\varphi\cos\theta, \\ y = R\cos\varphi\sin\theta, \quad \varphi_1 \leqslant \varphi \leqslant \varphi_2, \theta_1 \leqslant \theta \leqslant \theta_2, \\ z = R\sin\theta, \end{cases}$$

于是

$$A = \frac{\partial(y,z)}{\partial(\varphi,\theta)} = \begin{vmatrix} -R\sin\varphi\sin\theta & R\cos\varphi\cos\theta \\ R\cos\varphi & 0 \end{vmatrix} = -R^2\cos^2\varphi\cos\theta,$$

$$B = \frac{\partial(z,x)}{\partial(\varphi,\theta)} = \begin{vmatrix} R\cos\varphi & 0 \\ -R\sin\varphi\cos\theta & -R\cos\varphi\sin\theta \end{vmatrix} = -R^2\cos^2\varphi\sin\theta,$$

$$C = \frac{\partial(x,y)}{\partial(\varphi,\theta)} = \begin{vmatrix} -R\sin\varphi\cos\theta & -R\cos\varphi\sin\theta \\ -R\sin\varphi\sin\theta & R\cos\varphi\cos\theta \end{vmatrix} = -R^2\sin\varphi\cos\varphi,$$

所以

$$\sqrt{A^2+B^2+C^2} = R^2\sqrt{\cos^4\varphi\sin^2\theta + \cos^4\varphi\cos^2\theta + \sin^2\varphi\cos^2\varphi} = R^2\cos\varphi,$$

从而

$$S = R^2\int_{\theta_1}^{\theta_2}\mathrm{d}\theta\int_{\varphi_1}^{\varphi_2}\cos\varphi\mathrm{d}\varphi = R^2(\theta_2-\theta_1)(\sin\varphi_2-\sin\varphi_1).$$

习　题 19.6

1. 求曲面 $az=xy$ 包含在 $x^2+y^2=a^2$ 圆柱内那部分的面积.

2. 求锥面 $z=\sqrt{x^2+y^2}$ 被柱面 $z^2=2x$ 所截部分的曲面面积.

3. 计算上半球面 $z=\sqrt{R^2-(x^2+y^2)}$ 被柱面 $x^2+y^2=Rx$ 所割下的部分的面积.

4. 将 $z=\sqrt{R^2-(x^2+y^2)}$ 表示为

$$\begin{cases} x = R\sin\varphi\cos\theta, \\ y = R\sin\varphi\sin\theta, \quad 0\leqslant\varphi\leqslant\dfrac{\pi}{2}, 0\leqslant\theta\leqslant 2\pi, \\ z = R\cos\varphi, \end{cases}$$

求被柱面 $x^2+y^2=Rx$ 所割下的部分的面积.

19.7 三重积分在物理上的应用

以下的讨论,我们用微元法处理.

19.7.1 质心

设 V 是密度函数为 $\rho(x,y,z)$ 的空间物体,在 V 上取微元 $\mathrm{d}V$,则其质量微元为 $\mathrm{d}m=\rho(x,y,z)\mathrm{d}V$,其相对于坐标面的力矩为

$$\mathrm{d}l_{yz} = x\mathrm{d}m = x\rho(x,y,z)\mathrm{d}V; \quad \mathrm{d}l_{xz} = y\mathrm{d}m = y\rho(x,y,z)\mathrm{d}V;$$
$$\mathrm{d}l_{xy} = z\mathrm{d}m = z\rho(x,y,z)\mathrm{d}V.$$

于是物体相对于坐标面的总力矩为

$$l_{yz} = \iiint_V x\rho(x,y,z)\mathrm{d}V; \quad l_{xz} = \iiint_V y\rho(x,y,z)\mathrm{d}V; \quad l_{xy} = \iiint_V z\rho(x,y,z)\mathrm{d}V.$$

从而得到物体的重心坐标公式为

$$\bar{x} = \frac{\iiint_V x\rho(x,y,z)\mathrm{d}V}{\iiint_V \rho(x,y,z)\mathrm{d}V}; \quad \bar{y} = \frac{\iiint_V y\rho(x,y,z)\mathrm{d}V}{\iiint_V \rho(x,y,z)\mathrm{d}V}; \quad \bar{z} = \frac{\iiint_V z\rho(x,y,z)\mathrm{d}V}{\iiint_V \rho(x,y,z)\mathrm{d}V}.$$

当物体 V 的质量均匀,即 $\rho(x,y,z)$ 为常数时,我们称质心为形心. 形心坐标公式为

$$\bar{x} = \frac{\iiint_V x\,\mathrm{d}V}{\iiint_V \mathrm{d}V}; \quad \bar{y} = \frac{\iiint_V y\,\mathrm{d}V}{\iiint_V \mathrm{d}V}; \quad \bar{z} = \frac{\iiint_V z\,\mathrm{d}V}{\iiint_V \mathrm{d}V}.$$

同理可得平面薄板 D 的质心坐标公式为

$$\bar{x} = \frac{\iint_D x\rho(x,y)\mathrm{d}x\mathrm{d}y}{\iint_D \rho(x,y)\mathrm{d}x\mathrm{d}y}; \quad \bar{y} = \frac{\iint_D y\rho(x,y)\mathrm{d}x\mathrm{d}y}{\iint_D \rho(x,y)\mathrm{d}x\mathrm{d}y}.$$

当平面薄板 D 的质量均匀,即 $\rho(x,y)$ 为常数时,我们称质心为形心. 形心坐标公式为

$$\bar{x}=\frac{\iint\limits_D x\,\mathrm{d}x\mathrm{d}y}{\iint\limits_D \mathrm{d}x\mathrm{d}y};\quad \bar{y}=\frac{\iint\limits_D y\,\mathrm{d}x\mathrm{d}y}{\iint\limits_D \mathrm{d}x\mathrm{d}y}.$$

例 1　求上半椭球体$\frac{x^2}{a^2}+\frac{y^2}{b^2}+\frac{z^2}{c^2}\leqslant 1,z\geqslant 0$ 的形心.

解　由对称性知 $\bar{x}=0,\bar{y}=0$. 又

$$\begin{aligned}\iiint\limits_V z\,\mathrm{d}V &= \iiint\limits_V abc^2r^3\sin\varphi\cos\varphi\,\mathrm{d}r\mathrm{d}\varphi\mathrm{d}\theta=\int_0^{2\pi}\mathrm{d}\theta\int_0^{\frac{\pi}{2}}\mathrm{d}\varphi\int_0^1 abc^2r^3\sin\varphi\cos\varphi\,\mathrm{d}r\\ &= abc^2\int_0^{2\pi}\mathrm{d}\theta\int_0^{\frac{\pi}{2}}\sin\varphi\cos\varphi\,\mathrm{d}\varphi\int_0^1 r^3\,\mathrm{d}r=\frac{1}{2}\pi abc^2\int_0^{\frac{\pi}{2}}\sin\varphi\cos\varphi\,\mathrm{d}\varphi\\ &= \frac{1}{4}\pi abc^2.\end{aligned}$$

$$\begin{aligned}\iiint\limits_V \mathrm{d}V &= \iiint\limits_V abcr^3\sin\varphi\,\mathrm{d}r\mathrm{d}\varphi\mathrm{d}\theta=\int_0^{2\pi}\mathrm{d}\theta\int_0^{\frac{\pi}{2}}\mathrm{d}\varphi\int_0^1 abcr^2\sin\varphi\,\mathrm{d}r\\ &= abc\int_0^{2\pi}\mathrm{d}\theta\int_0^{\frac{\pi}{2}}\sin\varphi\,\mathrm{d}\varphi\int_0^1 r^2\,\mathrm{d}r=\frac{2}{3}\pi abc\int_0^{\frac{\pi}{2}}\sin\varphi\,\mathrm{d}\varphi\\ &= \frac{2}{3}\pi abc,\end{aligned}$$

所以 $\bar{z}=\dfrac{\frac{1}{4}\pi abc^2}{\frac{2}{3}\pi abc}=\dfrac{3}{8}c$,故所求形心为$\left(0,0,\dfrac{3}{8}c\right)$.

19.7.2　转动惯量

设 V 是密度函数为 $\rho(x,y,z)$ 的空间物体,在 V 上取微元 $\mathrm{d}V$,则质量微元为 $\mathrm{d}m=\rho(x,y,z)\mathrm{d}V$,其相对于坐标轴的转动惯量为

$$\mathrm{d}J_x=(y^2+z^2)\mathrm{d}m=(y^2+z^2)\rho(x,y,z)\mathrm{d}V;$$
$$\mathrm{d}J_y=(z^2+x^2)\mathrm{d}m=(z^2+x^2)\rho(x,y,z)\mathrm{d}V;$$
$$\mathrm{d}J_z=(x^2+y^2)\mathrm{d}m=(x^2+y^2)\rho(x,y,z)\mathrm{d}V.$$

于是物体相对于坐标轴的转动惯量为

$$J_x=\iiint\limits_V (y^2+z^2)\rho(x,y,z)\mathrm{d}V;\quad J_y=\iiint\limits_V (z^2+x^2)\rho(x,y,z)\mathrm{d}V;$$

$$J_z=\iiint\limits_V (x^2+y^2)\rho(x,y,z)\mathrm{d}V.$$

同理可得,物体相对于坐标面的转动惯量为

$$J_{xy}=\iiint_V z^2\rho(x,y,z)\mathrm{d}V;\quad J_{yz}=\iiint_V x^2\rho(x,y,z)\mathrm{d}V;\quad J_{zx}=\iiint_V y^2\rho(x,y,z)\mathrm{d}V.$$

也一样可得，平面薄板 D 相对于坐标轴的转动惯量为

$$J_x=\iint_D y^2\rho(x,y)\mathrm{d}x\mathrm{d}y,\quad J_y=\iint_D x^2\rho(x,y)\mathrm{d}x\mathrm{d}y;$$

而平面薄板 D 相对于直线 l 的转动惯量为

$$J_l=\iint_D r^2(x,y)\rho(x,y)\mathrm{d}x\mathrm{d}y,$$

其中 $r(x,y)$ 为 D 中的点 (x,y) 到直线 l 的距离.

例 2 求质量均匀的圆环 D 对垂直于圆环面中心轴的转动惯量.

解 设圆环面为 $D=\{(x,y):R_1^2\leqslant x^2+y^2\leqslant R_2^2\}$(见图 19.33)，圆环面的密度为 ρ，则利用极坐标变换，有

$$J=\iint_D \rho(x^2+y^2)\mathrm{d}x\mathrm{d}y=\rho\int_0^{2\pi}\mathrm{d}\theta\int_{R_1}^{R_2}r^3\mathrm{d}r=\frac{1}{2}\pi\rho(R_2^4-R_1^4).$$

设圆环的质量为 m，则 $m=\pi\rho(R_2^2-R_1^2)$，于是 $J=\frac{1}{2}m(R_2^2+R_1^2)$ 为所求.

例 3 求质量均匀的圆盘 D 对其某一直径的转动惯量.

解 取 z 为旋转轴，圆盘 D 在 yOz 平面上，且圆盘 D 的方程为 $y^2+(z-R)^2\leqslant R^2$(见图 19.34)，再设圆盘面的密度为 ρ，则

$$J=\iint_D \rho y^2\mathrm{d}z\mathrm{d}y=\rho\int_0^{2\pi}\mathrm{d}\theta\int_0^R r^2\sin^2\theta r\mathrm{d}r=\rho\int_0^{2\pi}\sin^2\theta\mathrm{d}\theta\int_0^R r^3\mathrm{d}r=\frac{1}{4}\rho\pi R^4.$$

设圆盘的质量为 m，则 $m=\pi\rho R^2$，于是 $J=\frac{1}{4}mR^2$ 为所求.

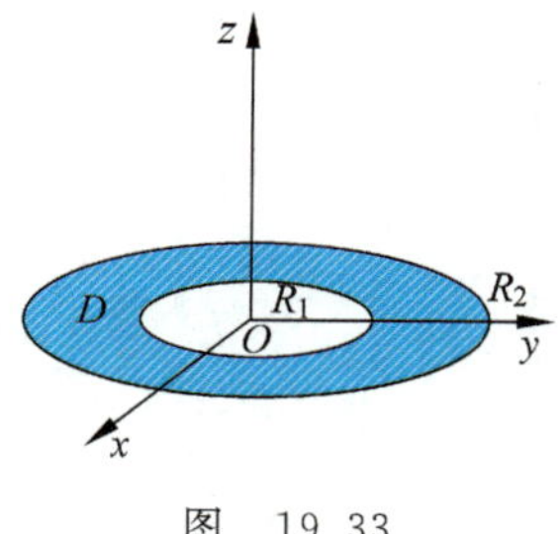

图 19.33

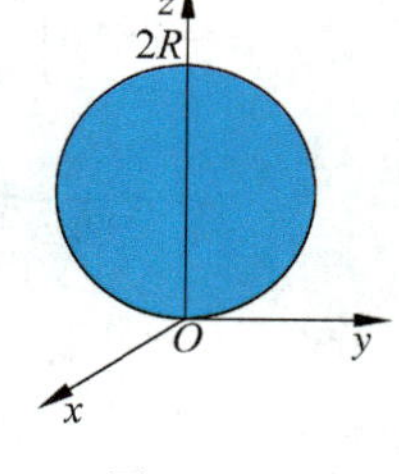

图 19.34

19.7.3 引力

设 V 是密度函数 $\rho(x,y,z)$ 为的空间物体，在 V 外有一质点 $A(\xi,\eta,\zeta)$，其质量为 1，求 V 对质点A 的引力.

在 V 上取微元 $\mathrm{d}V$，则其质量为 $\mathrm{d}m=\rho(x,y,z)\mathrm{d}V$，微元 $\mathrm{d}V$ 对质点 A 的引力在坐标轴

上的投影为

$$dF_x=\frac{k\rho(x,y,z)\mathrm{d}V}{r^2}\cos\alpha;\quad dF_y=\frac{k\rho(x,y,z)\mathrm{d}V}{r^2}\cos\beta;\quad dF_z=\frac{k\rho(x,y,z)\mathrm{d}V}{r^2}\cos\gamma,$$

其中 $r=\sqrt{(x-\xi)^2+(y-\eta)^2+(z-\zeta)^2}$，而

$$\cos\alpha=\frac{x-\xi}{r},\quad \cos\beta=\frac{y-\eta}{r},\quad \cos\beta=\frac{z-\zeta}{r},$$

所以

$$F_x=k\iiint\limits_V\frac{x-\xi}{r^3}\rho(x,y,z)\mathrm{d}V,\quad F_y=k\iiint\limits_V\frac{y-\eta}{r^3}\rho(x,y,z)\mathrm{d}V,\quad F_z=k\iiint\limits_V\frac{z-\zeta}{r^3}\rho(x,y,z)\mathrm{d}V,$$

于是 $\boldsymbol{F}=F_x\boldsymbol{i}+F_y\boldsymbol{j}+F_z\boldsymbol{k}$.

例 4　求均匀球体对球外一点 A(质量为 1)的引力.

解　设球体为 $x^2+y^2+z^2\leqslant R^2$，$A(0,0,a)(0<R<a)$，由对称性知

$$F_x=F_y=0,$$

而 $F_z=k\rho\iiint\limits_V\frac{z-a}{[x^2+y^2+(z-a)^2]^{\frac{3}{2}}}\mathrm{d}x\mathrm{d}y\mathrm{d}z$，由柱坐标变换得

$$V'=\{(r,\theta,z):0\leqslant r\leqslant\sqrt{R^2-z^2},0\leqslant\theta<2\pi,-R\leqslant z\leqslant R\},$$

于是

$$\begin{aligned}F_z&=k\rho\int_{-R}^{R}\mathrm{d}z\int_0^{2\pi}\mathrm{d}\theta\int_0^{\sqrt{R^2-z^2}}\frac{(z-a)}{[r^2+(z-a)^2]^{\frac{3}{2}}}r\mathrm{d}r\\&=k\rho\int_{-R}^{R}(z-a)\mathrm{d}z\int_0^{2\pi}\mathrm{d}\theta\int_0^{\sqrt{R^2-z^2}}\frac{r}{[r^2+(z-a)^2]^{\frac{3}{2}}}\mathrm{d}r\\&=2\pi k\rho\int_{-R}^{R}\left(-1-\frac{z-a}{\sqrt{R^2-2az+a^2}}\right)\mathrm{d}z\\&=-\frac{4}{3a^2}\pi R^3k\rho.\end{aligned}$$

习题 19.7

1. 求下列均匀密度的平面薄板的质心：

(1) 半椭圆 $\frac{x^2}{a^2}+\frac{y^2}{b^2}\leqslant1,y\geqslant0$；　　(2) 高为 h，底分别为 a 和 b 的等腰梯形.

2. 求下列均匀密度的平面的转动惯量.

(1) 半径 R 的圆关于其切线的转动惯量；

(2) 边长为 a,b，且夹角为 φ 的平行四边形关于底边 b 的转动惯量.

3. 计算下列引力：

(1) 均匀薄片 $x^2+y^2\leqslant R^2$，$z=0$ 对于轴上一点 $(0,0,c)(c>0)$ 处的单位质量的引力；

(2) 均匀柱体 $x^2+y^2\leqslant a^2$，$0\leqslant z\leqslant h$ 对于点 $P(0,0,c)(c>h)$ 处的单位质量的引力；

(3) 均匀的正圆锥体(高 h，底半径 R)对于在它的顶点处质量为 M 的质点的引力.

4. 求曲面

$$\begin{cases} x=(b+a\cos\psi)\cos\varphi, \\ y=(b+a\cos\psi)\sin\varphi, \quad 0\leqslant\varphi\leqslant 2\pi,\quad 0\leqslant\psi\leqslant 2\pi \\ z=a\sin\psi, \end{cases}$$

的面积，其中常数 a,b，满足 $0\leqslant a\leqslant b$.

5. 求螺旋面

$$\begin{cases} x=r\cos\varphi, \\ y=r\sin\varphi, \quad 0\leqslant r\leqslant a,\quad 0\leqslant\varphi\leqslant 2\pi \\ z=b\varphi, \end{cases}$$

的面积.

6. 求边长为 a 密度均匀的立方体关于其任一棱边的转动惯量.

总练习题19

1. 求下列函数在所指定区域 D 内的平均值：

(1) $f(x,y)=\sin^2 x\cos^2 y$，$D=[0,\pi]\times[0,\pi]$；

(2) $f(x,y,z)=x^2+y^2+z^2$；$V=\{(x,y,z):x^2+y^2+z^2\leqslant x+y+z\}$.

2. 计算下列积分：

(1) $\displaystyle\iint\limits_{\substack{0\leqslant x\leqslant 2\\0\leqslant y\leqslant 2}}[x+y]\mathrm{d}\sigma$；　　(2) $\displaystyle\iint\limits_{x^2+y^2\leqslant 4}\operatorname{sgn}(x^2-y^2+2)\mathrm{d}\sigma$.

3. 求 $F'(t)$，设：(1) $F(t)=\displaystyle\iint\limits_{\substack{0\leqslant x\leqslant t\\0\leqslant y\leqslant t}}\mathrm{e}^{\frac{tx}{y^2}}\mathrm{d}\sigma(t>0)$；

(2) $F(t)=\displaystyle\iiint\limits_{x^2+y^2+z^2\leqslant t^2}f(x^2+y^2+z^2)\mathrm{d}V$，$f(u)$ 为可微函数；

(3) $F(t)=\displaystyle\iiint\limits_{\substack{0\leqslant x\leqslant t\\0\leqslant y\leqslant t\\0\leqslant z\leqslant t}}f(xyz)\mathrm{d}V$，$f(u)$ 为可微函数.

4. 设 $f(t)=\displaystyle\int_1^{t^2}\mathrm{e}^{-x^2}\mathrm{d}x$，求 $\displaystyle\int_0^1 tf(t)\mathrm{d}t$.

5. 证明 $\displaystyle\iiint\limits_V f(x,y,z)\mathrm{d}V=abc\iiint\limits_\Omega f(ax,by,cz)\mathrm{d}V$，其中

$$V: \frac{x^2}{a^2}+\frac{y^2}{b^2}+\frac{z^2}{c^2}\leqslant 1,\quad \Omega: x^2+y^2+z^2\leqslant 1.$$

6. 试写出单位正方形为积分区域时，柱面坐标系和球面坐标系下的三重积分的上下限.

7. 设函数 $f(x)$ 和 $g(x)$ 在 $[a,b]$ 上可积，则

$$\left[\int_b^a f(x)g(x)\mathrm{d}x\right]^2\leqslant\int_b^a f^2(x)\mathrm{d}x\cdot\int_b^a g^2(x)\mathrm{d}x.$$

8. 设 $f(x,y)$ 在 $[0,\pi]\times[0,\pi]$ 上连续，且恒取正值，试求

$$\lim_{n\to\infty}\iint\limits_{\substack{0\leqslant x\leqslant\pi\\0\leqslant y\leqslant\pi}}(\sin x)(f(x,y))^{\frac{1}{n}}\mathrm{d}\sigma.$$

9. 求由椭圆 $(a_1x+b_1y+c_1)^2+(a_2x+b_2y+c_2)^2=1$ 所界的面积，其中 $a_1b_2-a_2b_1\neq 0$.

10. 设

$$\Delta=\begin{vmatrix}a_1 & b_1 & c_1\\ a_2 & b_2 & c_2\\ a_3 & b_3 & c_3\end{vmatrix}\neq 0,$$

求由平面

$$\begin{cases}a_1x+b_1y+c_1z=\pm h_1,\\ a_2x+b_2y+c_2z=\pm h_2,\\ a_3x+b_3y+c_3z=\pm h_3\end{cases}$$

所界平行六面体的体积.

11. 设有一质量分布不均匀的半圆弧

$$\begin{cases}x=r\cos\theta,\\ y=r\sin\theta,\end{cases}\quad 0\leqslant\theta\leqslant\pi,$$

设线密度为 $\rho=a\theta$(a 为常数)，求它对原点(0,0)处质量为 m 的质点的引力.

12. 求螺旋线

$$\begin{cases}x=a\cos t,\\ y=a\sin t,\quad 0\leqslant t\leqslant 2\pi\\ z=bt,\end{cases}$$

对 z 轴的转动惯量，设曲线的密度为 1.

13. 求摆线

$$\begin{cases}z=a(t-\sin t),\\ y=a(1-\cos t),\end{cases}\quad 0\leqslant t\leqslant\pi$$

的质心，设其质量分布均匀.

硕士研究生入学试题选录

14. 设有一高度为 $h(t)$(t 为时间)的雪堆在融化过程中,其侧面满足方程 $z=h(t)-\frac{2(x^2+y^2)}{h(t)}$(设长度单位为 cm,时间单位为 h),已知体积减少的速度与侧面积成正比(比例系数 0.9),问高度为 130(cm)的雪堆全部融化需多少时间?(2001 数一)

15. (填空题)交换积分次序:$\int_{-1}^{0}\mathrm{d}y\int_{2}^{1-y}f(x,y)\mathrm{d}x=$ ________ .(2001 数一)

16. 计算二重积分 $\iint\limits_D \mathrm{e}^{\max\{x^2,y^2\}}\mathrm{d}x\mathrm{d}y$,其中

$$D=\{(x,y):0\leqslant x\leqslant 1,0\leqslant y\leqslant 1\}.$$(2002 数一)

17. 设函数 $f(x)$连续且恒大于零,

$$F(t)=\frac{\iiint\limits_{\Omega(t)}f(x^2+y^2+z^2)\mathrm{d}V}{\iint\limits_{D(t)}f(x^2+y^2)\mathrm{d}\sigma},\quad G(t)=\frac{\iint\limits_{D(t)}f(x^2+y^2)\mathrm{d}\sigma}{\int_{-t}^{t}f(x^2)\mathrm{d}x},$$

其中 $\Omega(t)=\{(x,y,z):x^2+y^2+z^2\leqslant t^2\}$,$D(t)=\{(x,y):x^2+y^2\leqslant t^2\}$.

(1) 讨论 $F(t)$在$(0,+\infty)$上单调性;

(2) 证明当 $t>0$ 时,$F(t)>\frac{2}{\pi}G(t)$.

18. 设 $D=\{(x,y):x^2+y^2\leqslant\sqrt{2},x\geqslant 0,y\geqslant 0\}$,$[1+x^2+y^2]$表示不超过 $1+x^2+y^2$ 的最大整数.计算二重积分 $\iint\limits_D xy[1+x^2+y^2]\mathrm{d}x\mathrm{d}y$.(2005 数一)

19. 设 $D=\{(x,y):x^2+y^2\leqslant 1,x\geqslant 0\}$,计算二重积分 $\iint\limits_D\frac{1+xy}{1+x^2+y^2}\mathrm{d}x\mathrm{d}y$.(2006 数一)

第20章 曲线积分与曲面积分

20.1 第一型曲线积分

本节研究的是定义在曲线上的函数的积分，称为曲线积分.

20.1.1 基本概念

1. 引入与定义

设弧$\overset{\frown}{AB}$是一条可求长的平面或空间曲线，密度函数$\rho(P)$是定义在曲线上的连续函数，求曲线的质量.

以平面曲线为例，设密度函数为$\rho(x,y)$.

方法 对曲线L作分割T，分L为n个小段$C_i(i=1,2,\cdots,n)$，其长度为Δs_i，在C_i上任取一点(x_i,y_i)，则每一小段的质量为$m_i\approx\rho(x_i,y_i)\cdot\Delta s_i$，从而质量

$$m\approx\sum_{i=1}^{n}\rho(x_i,y_i)\cdot\Delta s_i,$$

令$\lambda(T)=\max\limits_{1\leqslant i\leqslant n}\{\Delta s_i\}$，并称为分割$T$的细度. 取极限则得

$$m=\lim_{\lambda(T)\to 0}\sum_{i=1}^{n}\rho(x_i,y_i)\cdot\Delta s_i.$$

由此而得第一类曲线积分的定义.

定义 1 设$f(x,y)$是定义在平面连续曲线L上的有界函数，对曲线L作分割T，分L为n个小段$C_i(i=1,2,\cdots,n)$，其长度为Δs_i，在C_i上任取一点(ξ_i,η_i)，作和式

$$\sum_{i=1}^{n}f(\xi_i,\eta_i)\cdot\Delta s_i.$$

如果分割的细度$\lambda(T)=\max\limits_{1\leqslant i\leqslant n}\{\Delta s_i\}$趋于零时，和式极限存在，且与分割$T$无关，与$(\xi_i,\eta_i)$在$C_i$上的选择无关，则称此极限为$f(x,y)$在$L$上的第一类曲线积分，记作

$$\int_L f(x,y)\mathrm{d}s,$$

即

$$\int_L f(x,y)\mathrm{d}s=\lim_{\lambda(T)\to 0}\sum_{i=1}^{n}f(\xi_i,\eta_i)\cdot\Delta s_i.$$

由此定义，曲线的质量就是

$$m=\int_L \rho(x,y)\mathrm{d}s.$$

如果 L 是一条空间曲线，$f(x,y,z)$是定义在 L 上的函数，则

$$\int_L f(x,y,z)\mathrm{d}s=\lim_{\lambda(T)\to 0}\sum_{i=1}^{n}(\xi_i,\eta_i,\zeta_i)\Delta s_i.$$

2. 可积条件

对于可积性的讨论，就如定积分一样，先给出达布大和与达布小和，就可以得到可积的等价条件. 在这里我们仅给出下面的充分条件，其证明可参照定积分的证明.

定理 1 如果曲线 L 是一条连续的曲线，$f(x,y)$是定义在 L 上连续函数，则 $f(x,y)$在 L 上可积. 即

$$\text{连续} \Rightarrow \text{可积}.$$

3. 第一类曲线积分的性质

性质 1(线性) 如果函数 $f(x,y)$，$g(x,y)$均在曲线 L 上可积，则 $\forall k_1,k_2\in\mathbb{R}$，$k_1 f(x,y)+k_2 g(x,y)$在 L 上亦可积，且

$$\int_L [k_1 f(x,y)+k_2 g(x,y)]\mathrm{d}s=k_1\int_L f(x,y)\mathrm{d}s+k_2\int_L g(x,y)\mathrm{d}s.$$

性质 2(可分性) 如果 $f(x,y)$在以 A，B 为端点的曲线 $L(AB)$上可积，C 为 $L(AB)$的分点，则 $f(x,y)$在 $L(AC)$，$L(BC)$上亦可积，且

$$\int_{L(AB)} f(x,y)\mathrm{d}s=\int_{L(AC)} f(x,y)\mathrm{d}s+\int_{L(BC)} f(x,y)\mathrm{d}s.$$

性质 3(有序性) 如果函数 $f(x,y)$，$g(x,y)$均在曲线 L 上可积，且 $\forall(x,y)\in L$，$f(x,y)\leqslant g(x,y)$，则

$$\int_L f(x,y)\mathrm{d}s\leqslant\int_L g(x,y)\mathrm{d}s.$$

性质 4(绝对可积性) 如果函数 $f(x,y)$在曲线 L 上可积，则$|f(x,y)|$在 L 上亦可积，且

$$\left|\int_L (x,y)\mathrm{d}s\right|\leqslant\int_L |f(x,y)|\mathrm{d}s.$$

以上性质的证明皆可仿定积分的性质证明来证明，这里略去.

20.1.2 计算

定理 2 设平面光滑曲线 L 由参数式

$$L:\begin{cases}x=\varphi(t),\\ y=\psi(t),\end{cases}\quad t\in[\alpha,\beta]$$

给出，函数 $f(x,y)$在曲线 L 上连续，则

$$\int_L f(x,y)\mathrm{d}s=\int_\alpha^\beta f(\varphi(t),\psi(t))\sqrt{\varphi'^2(t)+\psi'^2(t)}\mathrm{d}t.$$

即第一型曲线积分可转换为定积分进行计算.

证　对$[\alpha,\beta]$作分划 $T:\alpha=t_0<t_1<\cdots<t_n=\beta$,其等价于在 L 上插入分点 $P_i(\varphi(t_i),\psi(t_i)),i=1,2,\cdots,n-1$,在$\overset{\frown}{P_{i-1}P_i}$上由中值公式得

$$\Delta s_i=\sqrt{\varphi'^2(\tau_i)+\psi'^2(\tau_i)}\Delta t_i,\quad \tau_i\in(t_{i-1},t_i).$$

所以

$$\begin{aligned}\sum_{i=1}^n f(\xi_i,\eta_i)\Delta s_i&=\sum_{i=1}^n f(\varphi(\tau_i'),\psi(\tau_i'))\sqrt{\varphi'^2(\tau_i)+\psi'^2(\tau_i)}\Delta t_i\\&=\sum_{i=1}^n f(\varphi(\tau_i'),\psi(\tau_i'))\sqrt{\varphi'^2(\tau_i')+\psi'^2(\tau_i')}\Delta t_i+\sigma,\quad \tau_i'\in(t_{i-1},t_i),\end{aligned}$$

其中 $\sigma=\sum\limits_{i=1}^n f(\varphi(\tau_i'),\psi(\tau_i'))\left[\sqrt{\varphi'^2(\tau_i)+\psi'^2(\tau_i)}-\sqrt{\varphi'^2(\tau_i')+\psi'^2(\tau_i')}\right]\Delta t_i$.

因 $f(x,y)$在曲线 L 上连续,所以$\exists M>0$,∋“$|f(x,y)|<M$”.又 $x'=\varphi'(t)$,$y'=\psi'(t)$在$[t_{i-1},t_i]$上连续,从而一致连续,所以

$$\forall\varepsilon>0,\exists\delta>0,\ni\text{“}|\Delta t_i|<\delta\Rightarrow\left|\sqrt{\varphi'^2(\tau_i)+\psi'^2(\tau_i)}-\sqrt{\varphi'^2(\tau_i')+\psi'^2(\tau_i')}\right|<\varepsilon\text{”},$$

于是

$$|\sigma|\leqslant M\varepsilon\sum_{i=1}^n\Delta t_i=M\varepsilon(\beta-\alpha),\quad 即\ \lim_{\lambda(T)\to0}\sigma=0,$$

故

$$\begin{aligned}\int_L f(x,y)\mathrm{d}s&=\lim_{\lambda(T)\to0}\sum_{i=1}^n f(\xi_i,\eta_i)\Delta s_i\\&=\lim_{\lambda(T)\to0}\sum_{i=1}^n f(\varphi(\tau_i'),\psi(\tau_i'))\sqrt{\varphi'^2(\tau_i')+\psi'^2(\tau_i')}\Delta t_i+\lim_{\lambda(T)\to0}\sigma\\&=\int_\alpha^\beta f(\varphi(t),\psi(t))\sqrt{\varphi'^2(t)+\psi'^2(t)}\mathrm{d}t.\end{aligned}$$

定理 2 得证.

推广　设

$$L:\begin{cases}x=\varphi(t),\\y=\psi(t),\quad \alpha\leqslant t\leqslant\beta,\\z=\omega(t),\end{cases}$$

则

$$\int_L f(x,y,z)\mathrm{d}s=\int_\alpha^\beta f[\varphi(t),\psi(t),\omega(t)]\sqrt{\varphi'^2(t)+\psi'^2(t)+\omega'^2(t)}\mathrm{d}t.$$

注　(1) 当曲线 L 由 $y=\varphi(x)$,$x\in[a,b]$给出时,

$$\int_L f(x,y)\mathrm{d}s = \int_a^b f(x,\varphi(x))\sqrt{1+\varphi'^2(x)}\mathrm{d}x;$$

(2) 当被积函数 $f(x,y)=1$ 时，$\int_L f(x,y)\mathrm{d}s$ 为曲线 L 的弧长；

(3) 当 $f(x,y)$ 表示立于 L 上的柱面在点 (x,y) 处的高时，$\int_L f(x,y)\mathrm{d}s = S_{柱面}$（见图 20.1）.

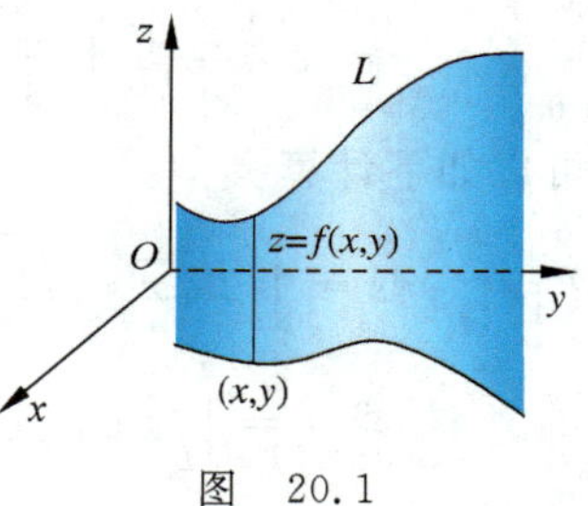

图 20.1

20.1.3 例题

例 1 设曲线 L 为半圆周

$$L:\begin{cases} x = a\cos t, \\ y = a\sin t, \end{cases} \quad t\in[0,\pi],$$

计算第一型曲线积分 $\int_L (x^2+y^2)\mathrm{d}s$.

解 $\int_L (x^2+y^2)\mathrm{d}s = \int_0^\pi a^2\sqrt{a^2(\cos^2 t+\sin^2 t)}\mathrm{d}t = \int_0^\pi a^3\mathrm{d}t = a^3\pi.$

例 2 求 $I=\int_L xy\mathrm{d}s$，其中 L 为椭圆

$$\begin{cases} x = a\cos t, \\ y = b\sin t, \end{cases} \quad t\in\left[0,\frac{\pi}{2}\right]$$

在第一象限的部分.

解 $x'=-a\sin t, y'=b\cos t$，所以

$$\begin{aligned} I &= \int_L xy\mathrm{d}s = \int_0^{\frac{\pi}{2}} a\cos t\cdot b\sin t\sqrt{(-a\sin t)^2+(b\cos t)^2}\mathrm{d}t \\ &= ab\int_0^{\frac{\pi}{2}}\cos t\cdot\sin t\sqrt{a^2\sin^2 t+b^2\cos^2 t}\mathrm{d}t \\ &= \frac{ab}{2}\int_0^{\frac{\pi}{2}}\sqrt{(a^2-b^2)\sin^2 t+b^2}\mathrm{d}(\sin^2 t) \\ &= \frac{ab}{2(a^2-b^2)}\int_0^{\frac{\pi}{2}}\sqrt{(a^2-b^2)\sin^2 t+b^2}\mathrm{d}[(a^2-b^2)\sin^2 t] \\ &= \frac{ab}{2(a^2-b^2)}\cdot\frac{2}{3}((a^2-b^2)\sin^2 t+b^2)^{\frac{3}{2}}\Big|_0^{\frac{\pi}{2}} \\ &= \frac{ab(a^2+ab+b^2)}{3(a+b)}. \end{aligned}$$

例 3 求 $I=\int_L y\mathrm{d}s$，其中 L 是曲线 $y^2=4x$ 从 $(0,0)$ 点到 $(1,2)$ 点的一段.

解 $I=\int_L y\mathrm{d}s = \int_0^2 y\sqrt{1+\frac{y^2}{4}}\mathrm{d}y$

$$= 2 \cdot \frac{2}{3}\left(1+\frac{y^2}{4}\right)^{\frac{3}{2}}\bigg|_0^2 = \frac{4}{3}(2\sqrt{2}-1).$$

也可以如下计算

$$I = \int_L y\,\mathrm{d}s = \int_0^1 2\sqrt{x}\cdot\sqrt{1+\frac{1}{x}}\,\mathrm{d}x = \int_0^1 2\sqrt{1+x}\,\mathrm{d}x = \frac{4}{3}(1+x)^{\frac{3}{2}}\bigg|_0^1 = \frac{4}{3}(2\sqrt{2}-1).$$

例 4　求 $I = \int_L y\,\mathrm{d}s$，其中 L 是曲线 $y^2=4x$ 从 $(1,-2)$ 点到 $(1,2)$ 点的一段.

解　$$I = \int_L y\,\mathrm{d}s = \int_{-2}^{2} y\sqrt{1+\frac{y^2}{4}}\,\mathrm{d}y$$
$$= 2\cdot\frac{2}{3}\left(1+\frac{y^2}{4}\right)^{\frac{3}{2}}\bigg|_{-2}^{2} = 0.$$

值得注意的是，这里不能以 x 为参数来求解，为什么？

例 5　求 $I = \int_L x^2\,\mathrm{d}s$，其中 L 是球面 $x^2+y^2+z^2=a^2$ 与平面 $x+y+z=0$ 的交线.

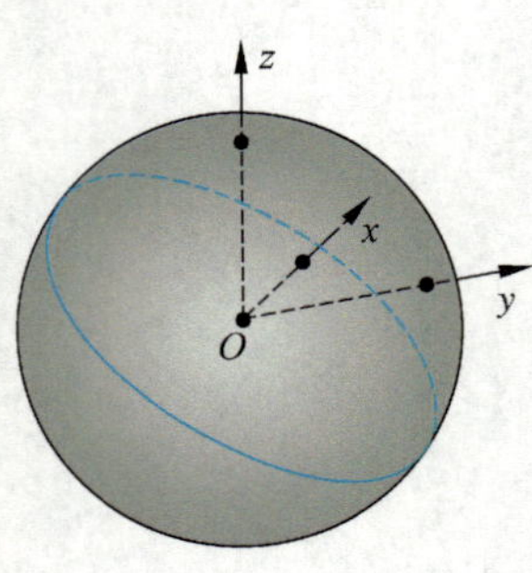

图　20.2

解　如图 20.2 所示，由曲线关于 x,y,z 的对称性得

$$I = \int_L x^2\,\mathrm{d}s = \int_L y^2\,\mathrm{d}s = \int_L z^2\,\mathrm{d}s,$$

所以

$$I = \frac{1}{3}\int_L (x^2+y^2+z^2)\,\mathrm{d}s, = \frac{1}{3}\int_L a^2\,\mathrm{d}s = \frac{2\pi a^2}{3}.$$

习　题 20.1

1. 计算下列第一型曲线积分：

(1) $\int_L (x+y)\,\mathrm{d}s$，其中 L 是以 $O(0,0)$，$A(1,0)$，$B(0,1)$ 为顶点的三角形；

(2) $\int_L \sqrt{x^2+y^2}\,\mathrm{d}s$，其中 L 是以原点为中心，以 R 为半径的右半圆周；

(3) $\int_L |y|\,\mathrm{d}s$，其中 L 是单位圆 $x^2+y^2=1$ 的圆周；

(4) $\int_L (x^2+y^2+z^2)\,\mathrm{d}s$，其中 L 为螺旋线

$$\begin{cases} x = a\cos t, \\ y = a\sin t, \quad 0\leqslant t\leqslant 2\pi \\ z = bt, \end{cases}$$

的一段；

(5) $\int_L xyz\mathrm{d}s$，其中 L 为曲线

$$\begin{cases} x = t, \\ y = \dfrac{2}{3}\sqrt{2t^3}, \\ z = \dfrac{1}{2}t^2, \end{cases} \quad 0 \leqslant t \leqslant 1$$

的一段；

(6) $\int_L \sqrt{2y^2 + z^2}\mathrm{d}s$，其中 L 为 $x^2+y^2+z^2=a^2$ 与 $x=y$ 相交的圆周.

2. 求曲线

$$\begin{cases} x = a, \\ y = at, \\ z = \dfrac{1}{2}at^2, \end{cases} \quad 0 \leqslant t \leqslant 1, a > 0$$

的质量，其中线密度为 $\rho=\sqrt{\dfrac{2z}{a}}$.

3. 求摆线

$$\begin{cases} x = a(t - \sin t), \\ y = a(1 - \cos t), \end{cases} \quad 0 \leqslant t \leqslant \pi$$

的质心，设其质量分布均匀.

4. 若曲线以极坐标 $\rho=\rho(\theta)(\theta_1 \leqslant \theta \leqslant \theta_2)$ 表示，试给出计算 $\int_L f(x,y)\mathrm{d}s$ 的公式，并用此公式计算下列曲线积分.

(1) $\int_L \mathrm{e}^{\sqrt{x^2+y^2}}\mathrm{d}s$，其中 L 为曲线 $\rho=a\left(0 \leqslant \theta \leqslant \dfrac{\pi}{4}\right)$ 的一段；

(2) $\int_L x\mathrm{d}s$，其中 L 为对数曲线 $\rho=a\mathrm{e}^{k\theta}(k>0)$ 在圆内 $r=a$ 的一段.

5. 证明：若函数 $f(x,y)$ 在光滑曲线

$$L: \begin{cases} x = x(t), \\ y = y(t), \end{cases} \quad t \in [\alpha, \beta]$$

上连续，则 $\exists (x_0, y_0) \in L$，$\ni$“$\int_L f(x,y)\mathrm{d}s = f(x_0,y_0)\Delta L$”，其中 ΔL 为 L 的弧长.

20.2　第二型曲线积分

20.2.1　基本概念

1. 引入与定义

在物理学中有这样的问题，质点在变力的作用下，沿平面曲线 L 由 A 点运动到 B 点，求变力所做的功. 由于在同一力的作用下，沿平面曲线 L 由 A 点运动到 B 点与由 B 点运动到 A 点所做的功不同，所以我们要规定曲线 L 的方向. 如由 A 点运动到 B 点的曲线记作 $L(AB)$. 这种规定了方向的曲线称为**有向曲线**.

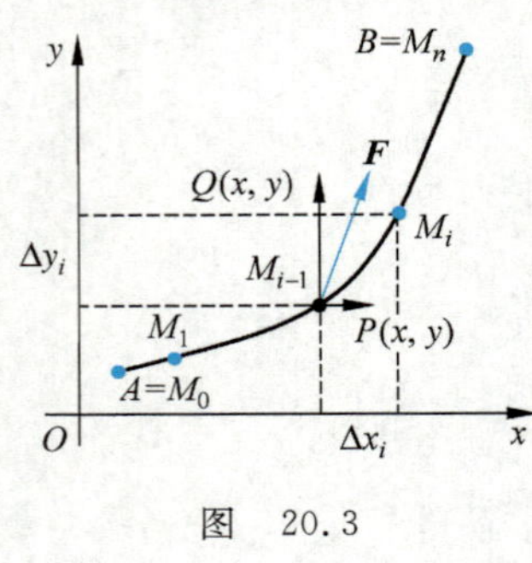

图　20.3

方法　在弧$\overset{\frown}{AB}$内插入 $n-1$ 个分点 $M_1, M_2, \cdots, M_{n-1}$（见图 20.3）. 设力 $\boldsymbol{F}(x,y)=P(x,y)\boldsymbol{i}+Q(x,y)\boldsymbol{j}$，曲线段 $\overset{\frown}{M_{i-1}M_i}$在坐标轴上的投影为

$$\Delta x_i,\quad \Delta y_i,$$

记$\overrightarrow{\Delta s_i}=\overset{\frown}{M_{i-1}M_i}=(\Delta x_i,\Delta y_i)$，则变力

$$\boldsymbol{F}(x,y)=P(x,y)\boldsymbol{i}+Q(x,y)\boldsymbol{j}$$

在$\overrightarrow{\Delta s_i}=\overset{\frown}{M_{i-1}M_i}=(\Delta x_i,\Delta y_i)$上使质点运动所做的功为

$$W_i\approx \boldsymbol{F}(x,y)\cdot\overrightarrow{\Delta s_i}=P(x,y)\Delta x_i+Q(x,y)\Delta y_i,$$

总功为

$$W\approx\sum_{i=1}^{n}\boldsymbol{F}(x,y)\cdot\overrightarrow{\Delta s_i}=\sum_{i=1}^{n}[P(x,y)\Delta x_i+Q(x,y)\Delta y_i].$$

如果 $\lambda(T)\to 0$ 时和式极限存在，则此极限就是变力 $\boldsymbol{F}(x,y)$使质点由 A 点运动到 B 点所做的功. 由此抽象而得到的模型称为**第二型曲线积分**.

定义 1　设 $P(x,y)$，$Q(x,y)$是定义在平面可求长的曲线 $L(AB)$上的函数，对 $L(AB)$ 作分割 T:$A=M_0, M_1, \cdots, M_n=B$，记有向小曲线段

$$\overset{\frown}{M_{i-1}M_i}=\overrightarrow{\Delta s_i}=(\Delta x_i,\Delta y_i),$$

在$\overset{\frown}{M_{i-1}M_i}$上任取一点$(\xi_i,\eta_i)$，若极限

$$\lim_{\lambda(T)\to 0}\sum_{i=1}^{n}P(\xi_i,\eta_i)\Delta x_i+\lim_{\lambda(T)\to 0}\sum_{i=1}^{n}Q(\xi_i,\eta_i)\Delta y_i$$

存在，且与分割 T 无关，与(ξ_i,η_i)的选择无关，则称此极限为 $P(x,y)$，$Q(x,y)$在 $L(AB)$上的**第二型曲线积分**，记作

$$\int_{L(AB)}P(x,y)\mathrm{d}x+Q(x,y)\mathrm{d}y,$$

即

$$\int_{L(AB)} P\mathrm{d}x + Q\mathrm{d}y = \lim_{\lambda(T)\to 0}\sum_{i=1}^{n} P(\xi_i,\eta_i)\Delta x_i + \lim_{\lambda(T)\to 0}\sum_{i=1}^{n} Q(\xi_i,\eta_i)\Delta y_i.$$

若 L 为封闭的有向曲线，则曲线积分记为 $\oint_L P\mathrm{d}x + Q\mathrm{d}y$.

在物理学中，常记 $\boldsymbol{F}(x,y)=(P(x,y),Q(x,y))$，$\overrightarrow{\mathrm{d}s}=(\mathrm{d}x,\mathrm{d}y)$，则

$$\int_L P\mathrm{d}x + Q\mathrm{d}y = \int_L \boldsymbol{F}\cdot\overrightarrow{\mathrm{d}s} = \int_{\widehat{AB}} \boldsymbol{F}\cdot\overrightarrow{\mathrm{d}s}.$$

推广 函数 $P(x,y,z)$，$Q(x,y,z)$，$R(x,y,z)$ 在空间可求长的曲线 $L:\widehat{AB}$ 上的第二型曲线积分为 $\int_{L(AB)} P\mathrm{d}x + Q\mathrm{d}y + R\mathrm{d}z$.

2. 第二类曲线积分的性质

性质 1（线性） 若 $\forall i = 1,2,\cdots,k$，$\int_L P_i\mathrm{d}x + Q_i\mathrm{d}y$ 存在，则

$$\forall c_1,c_2,\cdots,c_k \in \mathbb{R},\quad \int_L \left(\sum_{i=1}^{k} c_i P_i\right)\mathrm{d}x + \left(\sum_{i=1}^{k} c_i Q_i\right)\mathrm{d}y$$

在 L 上亦存在，且

$$\int_L \left(\sum_{i=1}^{k} c_i P_i\right)\mathrm{d}x + \left(\sum_{i=1}^{k} c_i Q_i\right)\mathrm{d}y = \sum_{i=1}^{k}\left(c_i\int_L P_i\mathrm{d}x + Q_i\mathrm{d}y\right).$$

性质 2（线段可加性） 若有向曲线 L 由有向曲线 $L_1,L_2,\cdots,L_k$ 首尾相接而成，且 $\forall i=1,2,\cdots,k$，$\int_{L_i} P\mathrm{d}x + Q\mathrm{d}y$ 存在，则 $\int_L P\mathrm{d}x + Q\mathrm{d}y$ 在 L 上亦存在，且

$$\int_L P\mathrm{d}x + Q\mathrm{d}y = \sum_{i=1}^{k}\int_{L_i} P\mathrm{d}x + Q\mathrm{d}y.$$

性质 3（方向性）

$$\int_{L(AB)} P(x,y)\mathrm{d}x + Q(x,y)\mathrm{d}y = -\int_{L(BA)} P(x,y)\mathrm{d}x + Q(x,y)\mathrm{d}y.$$

20.2.2 计算

与第一型曲线积分一样，第二型曲线积分也可以化为定积分来计算.

1. 曲线由参数式给出

设平面曲线

$$L:\begin{cases} x = \varphi(t), \\ y = \psi(t), \end{cases} \quad t\in[\alpha,\beta], \qquad \text{其中 } \varphi'(t),\psi'(t)\in C[\alpha,\beta].$$

令 $A(\varphi(\alpha),\psi(\alpha))$，$B(\varphi(\beta),\psi(\beta))$. 又设 $P(x,y)$，$Q(x,y)$ 为 L 上的连续函数，则沿 L 由 A 到 B 的第二型曲线积分

$$\int_L P(x,y)\mathrm{d}x + Q(x,y)\mathrm{d}y = \int_\alpha^\beta [P(\varphi(t),\psi(t))\varphi'(t) + Q(\varphi(t),\psi(t))\psi'(t)]\mathrm{d}t.$$

实质　$\int_L P(x,y)\mathrm{d}x=\int_\alpha^\beta P(\varphi(t),\psi(t))\varphi'(t)\mathrm{d}t$；$\int_L Q(x,y)\mathrm{d}y=\int_\alpha^\beta Q(\varphi(t),\psi(t))\psi'(t)\mathrm{d}t$，所以由 $\mathrm{d}x=\varphi'(t)\mathrm{d}t$，$\mathrm{d}y=\psi'(t)\mathrm{d}t$ 即可证明.

2. 曲线由函数式给出

设平面曲线 $y=f(x)$，$x\in[a,b]$给出，$A(a,f(a))$，$B(b,f(b))$，则由 A 到 B 的第二型曲线积分

$$\int_{AB}P(x,y)\mathrm{d}x+Q(x,y)\mathrm{d}y=\int_a^b[P(x,f(x))+Q(x,f(x))f'(x)]\mathrm{d}x.$$

此时视曲线由

$$\begin{cases}x=x,\\ y=f(x),\end{cases}\quad x\in[a,b]$$

给出即可. 如果平面曲线由 $x=g(y)$，$y\in[c,d]$给出，$A(g(c),c)$，$B(g(d),d)$，则由 A 到 B 的第二型曲线积分

$$\int_{AB}P(x,y)\mathrm{d}x+Q(x,y)\mathrm{d}y=\int_c^d[P(g(y),y)g'(y)+Q(g(y),y)]\mathrm{d}y.$$

此时视曲线由

$$\begin{cases}x=g(y),\\ y=y,\end{cases}\quad y\in[c,d]$$

给出即可.

对于封闭曲线 L 的第二型曲线积分的计算，可在 L 上任取一点作为起点，沿 L 所指定的方向前进，最后回到起点即可.

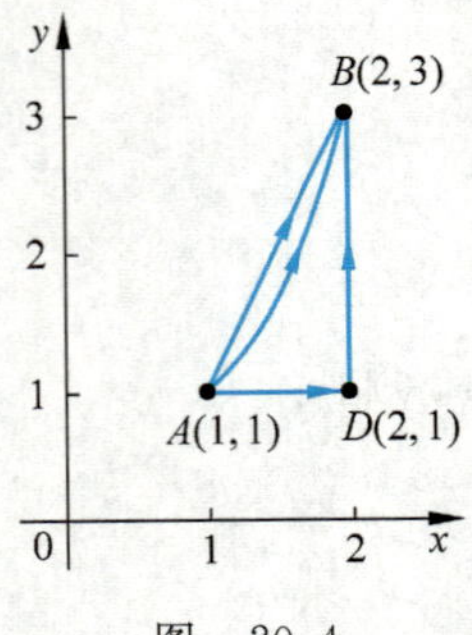

图　20.4

例 1　计算 $\int_L xy\mathrm{d}x+(y-x)\mathrm{d}y$，其中 L 沿图 20.4 中

(1) 直线 A 到 B；

(2) 抛物线 $y=2(x-1)^2+1$ 由 A 到 B；

(3) 直线由 A 到 D，由 D 到 B 再到 A.

解　(1) 直线 AB 的方程为 $y=2x-1$，$x\in[1,2]$，所以 $\mathrm{d}y=2\mathrm{d}x$，从而

$$\begin{aligned}\int_{\overline{AB}}xy\mathrm{d}x+(y-x)\mathrm{d}y&=\int_1^2[x(2x-1)+2(2x-1-x)]\mathrm{d}x\\&=\int_1^2[2x^2+x-2]\mathrm{d}x\\&=\left[\frac{2}{3}x^3+\frac{1}{2}x^2-2x\right]_1^2\\&=\frac{25}{6}.\end{aligned}$$

(2) 由 $y=2(x-1)^2+1$ 得，$dy=4(x-1)dx$，从而

$$\int_{\overset{\frown}{AB}} xy\,dx+(y-x)dy=\int_1^2[x(2(x-1)^2+1)+4(x-1)(2(x-1)^2+1-x)]dx$$
$$=\int_1^2(10x^3-32x^2+35x-12)dx$$
$$=\frac{10}{3},$$

(3) $\overline{AD}$：$x=x,y=1,x\in[1,2],dy=0$，所以

$$\int_{\overline{AD}} xy\,dx+(y-x)dy=\int_1^2 x\,dx=\frac{3}{2},$$

$\overline{DB}$：$x=2,y=y,y\in[1,3],dx=0$，所以

$$\int_{\overline{DB}} xy\,dx+(y-x)dy=\int_1^3(y-2)dy=0.$$

从而

$$\int_{\overline{BA}} xy\,dx+(y-x)dy=-\int_{\overline{AB}} xy\,dx+(y-x)dy=-\frac{25}{6},$$

故 $\oint_L xy\,dx+(y-x)dy=\frac{3}{2}+0-\frac{25}{6}=-\frac{8}{3}.$

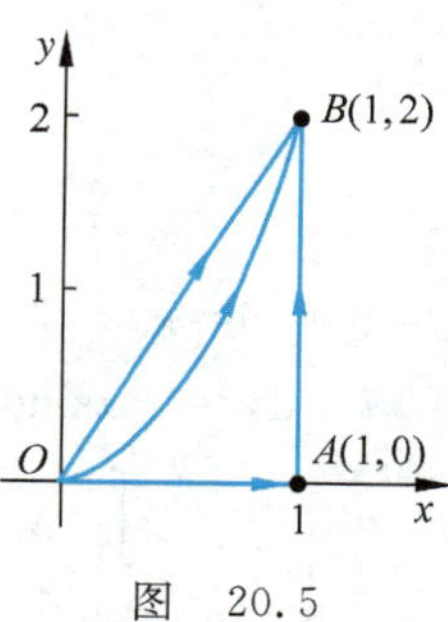

图 20.5

例 2 计算 $\int_L y\,dx+x\,dy$，其中 L 为图 20.5 中

(1) 直线 O 到 B；

(2) 抛物线 $y=2x^2+1$ 由 O 到 B；

(3) 直线由 O 到 A，到 B 再到 O.

解 (1) 直线 OB 的方程为 $y=2x,x\in[0,1]$，所以 $dy=2dx$，从而 $\int_{\overline{OB}} y\,dx+x\,dy=\int_0^1(2x+2x)dx=2.$

(2) 由 $y=2x^2$ 得，$dy=4x\,dx$，从而

$$\int_{\overset{\frown}{OB}} y\,dx+x\,dy=\int_0^1(2x^2+4x^2)dx=2.$$

(3) $\overline{OA}$：$x=x,y=0,x\in[0,1],dy=0$，所以

$$\int_{\overline{OA}} y\,dx+x\,dy=\int_0^1 0\,dx=0,$$

$\overline{AB}$：$x=1,y=y,y\in[0,2],dx=0$，所以

$$\int_{\overline{AB}} y\,dx+x\,dy=\int_0^2 1\,dy=2,$$

而 $\int_{\overline{BO}} y\,dx+x\,dy=-\int_{\overline{OB}} y\,dx+x\,dy=-2$，故

$$\oint_L y\,dx+x\,dy=0.$$

20.2.3 推广

设空间有向光滑曲线 L 由

$$L:\begin{cases}x=x(t),\\ y=y(t), \quad t\in[\alpha,\beta]\\ z=z(t),\end{cases}$$

给出，其中 $A(x(\alpha),\ y(\alpha),\ z(\alpha))$，$B(x(\beta),\ y(\beta),\ z(\beta))$，则

$$\int_L P\,\mathrm{d}x+Q\mathrm{d}y+R\mathrm{d}z=\int_\alpha^\beta[P(x(t),y(t),z(t))x'(t)+Q(x(t),y(t),z(t))y'(t)$$
$$+R(x(t),y(t),z(t))z'(t)]\mathrm{d}t.$$

这里要注意曲线方向与定积分的上下限的确定要一致.

例 3 计算第二型曲线积分

$$\int_L xy\,\mathrm{d}x+(x-y)\mathrm{d}y+x^2\,\mathrm{d}z,$$

其中 L 是螺旋线

$$\begin{cases}x=a\cos\theta,\\ y=a\sin\theta,\\ z=b\theta,\end{cases}$$

从 $\theta=0$ 到 $\theta=\pi$.

解 $\mathrm{d}x=-a\sin\theta\mathrm{d}\theta,\mathrm{d}y=a\cos\theta\mathrm{d}\theta,\mathrm{d}z=b\mathrm{d}\theta$，所以

$$\begin{aligned}&\int_L xy\,\mathrm{d}x+(x-y)\mathrm{d}y+x^2\,\mathrm{d}z\\ &=\int_0^\pi(-a^3\cos\theta\sin^2\theta+a^2\cos^2\theta-a^2\cos\theta\sin\theta+a^2b\cos^2\theta)\,\mathrm{d}\theta\\ &=\left[-\frac{1}{3}a^3\sin^3\theta-\frac{1}{2}a^2\sin^2\theta+\frac{1}{2}a^2(1+b)\left(\theta+\frac{1}{2}\sin2\theta\right)\cos^2\theta\right]_0^\pi\\ &=\frac{1}{2}a^2(1+b)\pi.\end{aligned}$$

例 4 求在力 $F=F(y,-y,x+y+z)$ 的作用下，

(1) 质点沿螺旋线

$$L_1:\begin{cases}x=a\cos\theta,\\ y=a\sin\theta,\\ z=b\theta\end{cases}$$

从 $A(a,0,0)$ 到 $B(a,0,2\pi b)$ 所做的功；

(2) 质点沿直线 L_2 由 $A(a,0,0)$ 到 $B(a,0,2\pi b)$ 所做的功.

解 $W=\int_L \boldsymbol{F}\cdot\overrightarrow{\mathrm{d}s}=\int_L y\mathrm{d}x-x\mathrm{d}y+(x+y+z)\mathrm{d}z.$

(1) $\mathrm{d}x=-a\sin\theta\mathrm{d}\theta,\mathrm{d}y=a\cos\theta\mathrm{d}\theta,\mathrm{d}z=b\mathrm{d}\theta$,所以

$$\begin{aligned}W&=\int_L y\mathrm{d}x-x\mathrm{d}y+(x+y+z)\mathrm{d}z\\&=\int_0^{2\pi}(-a^2\sin^2\theta-a^2\cos^2\theta+ab\cos\theta+ab\sin\theta+b^2\theta)\mathrm{d}\theta\\&=\int_0^{2\pi}(-a^2+ab\cos\theta+ab\sin\theta+b^2\theta)\mathrm{d}\theta\\&=\left(-a^2\theta+ab\sin\theta-ab\cos\theta+\frac{1}{2}b^2\theta^2\right)\Big|_0^{2\pi}\\&=-2\pi a^2+2\pi^2b^2.\end{aligned}$$

(2) 直线 L_2:$x=a,y=0,z=b\theta(0\leqslant\theta\leqslant2\pi)$,所以

$$W=\int_L y\mathrm{d}x-x\mathrm{d}y+(x+y+z)\mathrm{d}z=\int_0^{2\pi}b(a+b\theta)\mathrm{d}\theta=2\pi ab+2\pi^2b^2.$$

20.2.4 两类曲线积分的联系

两类曲线积分的引入有着不同的背景,但在一定的条件下,可以得到它们之间的联系.

设 L 为由 A 到 B 的光滑曲线,它是由以弧长 s 为参数的方程

$$L:\begin{cases}x=x(s),\\y=y(s),\end{cases}\quad s\in[0,l]$$

给出,则 $\mathrm{d}x=x'(s)\mathrm{d}x,\mathrm{d}y=y'(s)\mathrm{d}s$,从而

$$\int_L P(x,y)\mathrm{d}x+Q(x,y)\mathrm{d}y=\int_0^l[P(x(s),y(s))x'(s)+Q(x(s),y(s))y'(s)]\mathrm{d}s.$$

又 $x'(s)=\frac{\mathrm{d}x}{\mathrm{d}s}=\cos\alpha,y'(s)=\frac{\mathrm{d}y}{\mathrm{d}s}=\cos\beta$,其中 α,β 分别是曲线 L 在(x,y)点的切线方向与坐标轴方向的夹角.于是

$$\mathrm{d}x=\cos\alpha\cdot\mathrm{d}s,\quad \mathrm{d}y=\cos\beta\cdot\mathrm{d}s,$$

所以

$$\begin{aligned}\int_L P(x,y)\mathrm{d}x+Q(x,y)\mathrm{d}y&=\int_0^l[P(x(s),y(s))x'(s)+Q(x(s),y(s))y'(s)]\mathrm{d}s\\&=\int_L[P(x,y)\cos\alpha+Q(x,y)\cos\beta]\mathrm{d}s.\end{aligned}$$

这就是两类曲线积分的联系式.其中 $\cos\alpha,\cos\beta$ 是 x,y 的函数.

习　题 20.2

1. 计算第二型曲线积分：

(1) $\int_L x\mathrm{d}y - y\mathrm{d}x$，其中 L 为：

① 沿抛物线 $y=2x^2$ 从原点 O 到 $B(1,2)$；

② 沿直线段 OB；

③ 沿封闭曲线 $OABO$，其中 A 点坐标为 $(1,0)$.

(2) $\int_L (2a-y)\mathrm{d}x + \mathrm{d}y$，其中 L 为摆线

$$\begin{cases} x = a(t-\sin t), \\ y = a(1-\cos t), \end{cases} \quad 0 \leqslant t \leqslant 2\pi$$

沿 t 增加的方向的一段.

(3) $\oint_L \dfrac{-x\mathrm{d}x + y\mathrm{d}y}{x^2+y^2}$，$L$ 为圆周 $x^2+y^2=R^2$，顺时针方向.

(4) $\oint_L y\mathrm{d}x + \sin x\mathrm{d}y$，$L$ 为 $y=\sin x(0\leqslant x\leqslant \pi)$ 与 x 轴所围的闭曲线，顺时针方向.

(5) $\int_L x\mathrm{d}x + y\mathrm{d}y + z\mathrm{d}z$，$L$ 是从 $(1,1,1)$ 到 $(2,3,4)$ 的直线段.

2. 设质点受力的作用，力的方向指向原点，大小与质点到原点的距离成正比，若质点由 $(a,0)$ 沿椭圆移动到 $(0,b)$，求力所做的功.

3. 设力的方向指向原点，大小与质点到 xOy 平面的距离成正比，质点受力的作用沿曲线

$$\begin{cases} x = at, \\ y = bt, \quad c \neq 0 \\ z = ct, \end{cases}$$

从 $M(a,b,c)$ 到 $N(2a,2b,2c)$，求力所做的功.

4. 证明曲线积分的估计式 $\int_{\widehat{AB}} P\mathrm{d}x + Q\mathrm{d}y \leqslant LM$. 其中 L 为 AB 的弧长，$M=\max\left\{\sqrt{P^2+Q^2}:(x,y)\in AB\right\}$. 利用上估计式估计积分

$$I_R = \int_{x^2+y^2=R^2} \frac{y\mathrm{d}x - x\mathrm{d}y}{(x^2+xy+y^2)^2},$$

并证明 $\lim\limits_{R\to+\infty} I_R = 0$.

5. 计算沿空间曲线的第二型曲线积分：

(1) $\int_L xyz\mathrm{d}z$，其中 L：$x^2+y^2+z^2=1$ 与 $y=z$ 相交的圆，其方向按曲线依次经过 1，2，

7,8 卦限；

(2) $\int_L (y^2-z^2)\mathrm{d}x+(z^2-x^2)\mathrm{d}y+(x^2-y^2)\mathrm{d}z$，其中 L：$x^2+y^2+z^2=1$ 在第一卦限部分的边界，其方向按曲线经过 xOy 平面到 yOz 平面再到 xOz 平面.

20.3 格林公式及其应用

20.3.1 区域连通性的分类

设 D 为平面区域，如果 D 内任一闭曲线 L 所围成的部分都属于 D，则称 D 为平面单连通区域，否则称为**复连通区域**. 其区别在于无"洞"与有"洞".（见图 20.6）

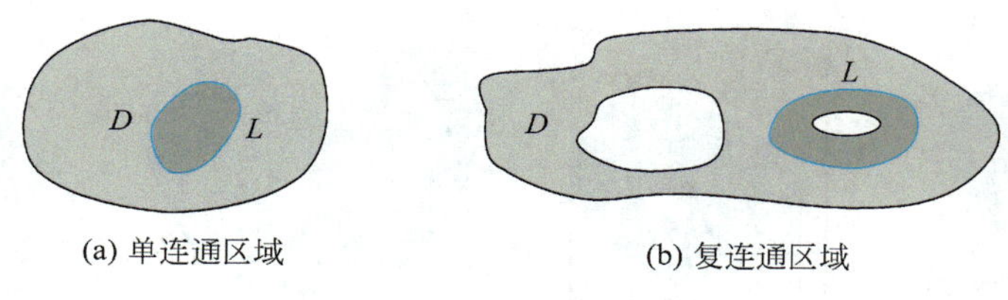

(a) 单连通区域　　(b) 复连通区域

图 20.6

对于平面曲线，当曲线有两个端点时，我们由端点获得了曲线的方向，对于封闭曲线，则要作新的规定.

我们常用的一种方法是用顺时针或逆时针来决定方向，但对较复杂的封闭曲线是不行的. 如图 20.7(a)所示就不能用这种方法获得方向，实因质点在曲线上运动时，不论怎么走，都有一部分是顺时针，有一部分是逆时针. 于是就要另找方法来规定封闭曲线的方向. 下面所给出的方法是封闭曲线所围区域的位置来确定，即正向规定为：当观察者沿边界行走时，区域 D 总在他的左边(见图 20.7(b)).

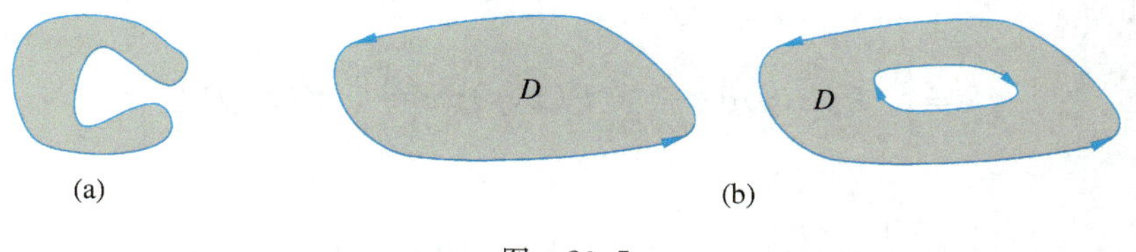

(a)　　(b)

图 20.7

20.3.2 格林公式

定理 1 设闭区域 D 由按段光滑的曲线 L 围成，函数 $P(x,y)$，$Q(x,y)$ 及 $\frac{\partial P}{\partial y}$，$\frac{\partial Q}{\partial x}$ 均在 D 及其边界上连续，则

$$\iint_D\left(\frac{\partial Q}{\partial x}-\frac{\partial P}{\partial y}\right)\mathrm{d}x\mathrm{d}y=\oint_{L^+}P\mathrm{d}x+Q\mathrm{d}y.$$

证　(1) 若区域 D 既是 x 型又是 y 型的单连通区域,即

$$D:\begin{cases}\psi_1(y)\leqslant x\leqslant\psi_2(y),\\ c\leqslant y\leqslant d,\end{cases}$$

如图 20.8(a)所示. 于是化公式右端第一项为累次积分得

$$\iint_D\frac{\partial Q}{\partial x}\mathrm{d}x\mathrm{d}y=\int_c^d\mathrm{d}y\int_{\psi_1(y)}^{\psi_2(y)}\frac{\partial Q}{\partial x}\mathrm{d}x=\int_c^d[Q(\psi_2(y),y)-Q(\psi_1(y),y)]\mathrm{d}y$$

$$=\oint_{L_2}Q(x,y)\mathrm{d}y+\int_{L_1}Q(x,y)\mathrm{d}y=\int_L Q(x,y)\mathrm{d}y.$$

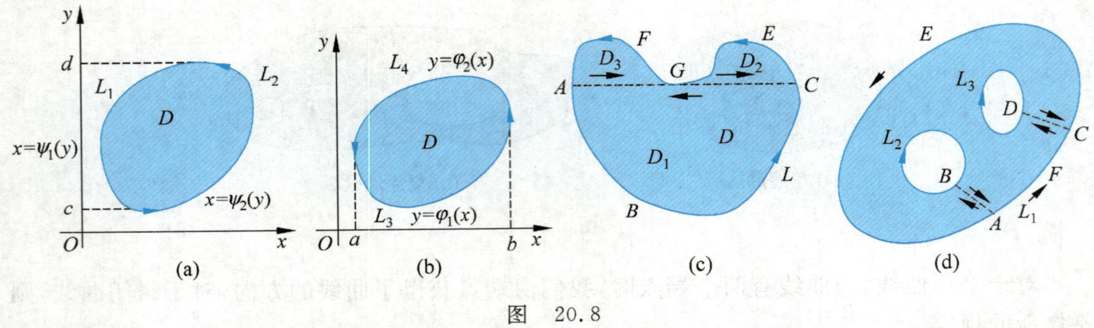

图　20.8

又

$$D:\begin{cases}\varphi_1(x)\leqslant y\leqslant\varphi_2(x),\\ a\leqslant x\leqslant b,\end{cases}$$

如图 20.8(b)所示,所以

$$-\iint_D\frac{\partial P}{\partial y}\mathrm{d}x\mathrm{d}y=-\int_a^b\mathrm{d}x\int_{\varphi_1(x)}^{\varphi_2(x)}\frac{\partial P}{\partial y}\mathrm{d}y=-\int_a^b[P(x,\varphi_2(x))-P(x,\varphi_1(x))]\mathrm{d}y$$

$$=\int_{L_4}P(x,y)\mathrm{d}x+\int_{L_3}P(x,y)\mathrm{d}x=\oint_L P(x,y)\mathrm{d}x,$$

故

$$\iint_D\left(\frac{\partial Q}{\partial x}-\frac{\partial P}{\partial y}\right)\mathrm{d}x\mathrm{d}y=\oint_{L^+}P(x,y)\mathrm{d}x+Q(x,y)\mathrm{d}y.$$

(2) 若区域 D 既不是 x 型,也不是 y 型的单连通区域,不妨设区域 D 如图 20.8(c)所示,则将区域 D 分为三个既是 x 型又是 y 型区域,于是

$$\iint_D\left(\frac{\partial Q}{\partial x}-\frac{\partial P}{\partial y}\right)\mathrm{d}x\mathrm{d}y=\iint_{D_1+D_2+D_3}\left(\frac{\partial D}{\partial x}-\frac{\partial P}{\partial y}\right)\mathrm{d}x\mathrm{d}y$$

$$=\iint\limits_{D_1}\left(\frac{\partial Q}{\partial x}-\frac{\partial P}{\partial y}\right)\mathrm{d}x\mathrm{d}y+\iint\limits_{D_2}\left(\frac{\partial Q}{\partial x}-\frac{\partial P}{\partial y}\right)\mathrm{d}x\mathrm{d}y+\iint\limits_{D_3}\left(\frac{\partial Q}{\partial x}-\frac{\partial P}{\partial y}\right)\mathrm{d}x\mathrm{d}y$$

$$=\oint_{\overset{\frown}{ABCGA}}P\,\mathrm{d}x+Q\mathrm{d}y+\oint_{\overset{\frown}{GCEG}}P\,\mathrm{d}x+Q\mathrm{d}y+\oint_{\overset{\frown}{AGFA}}P\,\mathrm{d}x+Q\mathrm{d}y$$

$$=\int_{\overset{\frown}{ABC}}+\int_{\overrightarrow{CG}}+\int_{\overrightarrow{GA}}+\int_{\overrightarrow{GC}}+\int_{\overset{\frown}{CEG}}+\int_{\overrightarrow{AG}}+\int_{\overset{\frown}{GFA}}$$

$$=\int_{\overset{\frown}{ABC}}P\,\mathrm{d}x+Q\mathrm{d}y+\int_{\overset{\frown}{CED}}P\,\mathrm{d}x+Q\mathrm{d}y+\int_{\overset{\frown}{DFA}}P\,\mathrm{d}x+Q\mathrm{d}y$$

$$=\oint_{L^+}P\mathrm{d}x+Q\mathrm{d}y.$$

(3) 若区域 D 由不止一条曲线所围成,不妨设区域 D 为如图 20.8(d)所示的复连通区域,则添加直线 AB,CD,由(2)知

$$\iint\limits_{D}\left(\frac{\partial Q}{\partial x}-\frac{\partial P}{\partial y}\right)\mathrm{d}x\mathrm{d}y=\left\{\int_{\overrightarrow{AB}}+\oint_{L_2}+\int_{\overrightarrow{BA}}+\int_{\overset{\frown}{AFC}}+\int_{\overrightarrow{CD}}+\oint_{L_3}+\int_{\overrightarrow{DC}}+\int_{\overset{\frown}{CEA}}\right\}\cdot(P\mathrm{d}x+Q\mathrm{d}y)$$

$$=\left(\oint_{L_2}+\oint_{L_3}+\oint_{L_1}\right)(P\mathrm{d}x+Q\mathrm{d}y)$$

$$=\oint_{L^+}P\mathrm{d}x+Q\mathrm{d}y,$$

综上可知结论成立.

实质 沟通了沿闭路曲线的积分与二重积分之间的关系.

20.3.3 应用

例 1 计算 $\int_{\overset{\frown}{AB}}x\,\mathrm{d}y$,其中曲线 AB 是半径为 r 的 $\frac{1}{4}$ 圆周.

解 如图 20.9 所示,引入辅助曲线 $L:\overrightarrow{OA}+\overset{\frown}{AB}+\overrightarrow{BO}$,则由格林公式得

$$\iint\limits_{D}\left(\frac{\partial Q}{\partial x}-\frac{\partial P}{\partial y}\right)\mathrm{d}\sigma=\int_{\overset{\frown}{AB}}x\,\mathrm{d}y+\int_{\overrightarrow{BO}}x\,\mathrm{d}y+\int_{\overrightarrow{OA}}x\,\mathrm{d}y.$$

而 $\int_{\overrightarrow{BO}}x\,\mathrm{d}y=\int_{\overrightarrow{OA}}x\,\mathrm{d}y=0$,$\iint\limits_{D}\left(\frac{\partial Q}{\partial x}-\frac{\partial P}{\partial y}\right)\mathrm{d}\sigma=\iint\limits_{D}\mathrm{d}\sigma$,所以 $\int_{\overset{\frown}{AB}}x\,\mathrm{d}y=\iint\limits_{D}\mathrm{d}\sigma=\frac{1}{4}\pi r^2$.

例 2 计算 $\iint\limits_{D}\mathrm{e}^{-y^2}\,\mathrm{d}x\mathrm{d}y$,其中 D 是以 $O(0,0)$,$A(1,1)$,$B(0,1)$ 为顶点的三角形闭区域.

解 令 $P=0,Q=x\mathrm{e}^{-y^2}$,则

$$\iint\limits_{D}\mathrm{e}^{-y^2}\,\mathrm{d}\sigma=\iint\limits_{D}\left(\frac{\partial Q}{\partial x}-\frac{\partial P}{\partial y}\right)\mathrm{d}\sigma.$$

如图 20.10 所示,应用格林公式,有

$$\iint_D e^{-y^2}\,d\sigma = \int_{\overrightarrow{OA}} x e^{-y^2}\,dy + \int_{\overrightarrow{AB}} x e^{-y^2}\,dy + \int_{\overrightarrow{BO}} x e^{-y^2}\,dy = \int_{\overrightarrow{OA}} x e^{-y^2}\,dy$$

$$= \int_0^1 x e^{-x^2}\,dx = -\frac{1}{2}e^{-x^2}\Big|_0^1$$

$$= \frac{1}{2}(1 - e^{-1}).$$

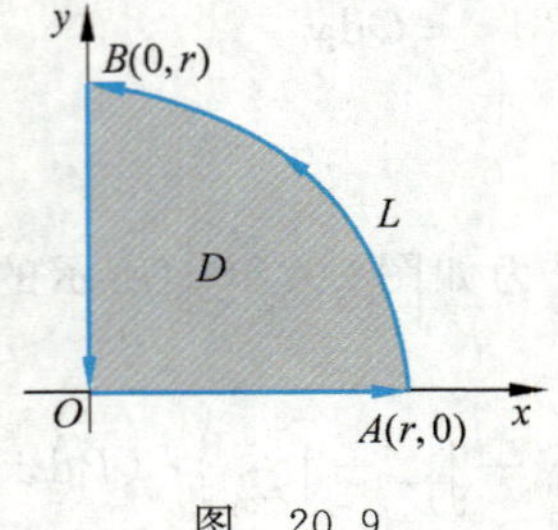

图　20.9

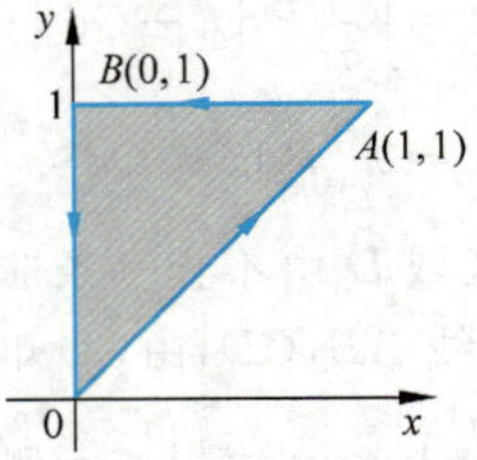

图　20.10

例 3　计算 $\oint_{L^+} \frac{x\,dy - y\,dx}{x^2 + y^2}$，其中 L 是一条不经过原点的闭区域的边界.

解　记 L 所围的闭区域为 D，令 $P = \frac{-y}{x^2+y^2}$，$Q = \frac{x}{x^2+y^2}$，则当 $x^2 + y^2 \neq 0$ 时，

$$\frac{\partial Q}{\partial x} = \frac{y^2 - x^2}{(x^2+y^2)^2} = \frac{\partial P}{\partial y}.$$

(1) 如图 20.11(a)所示，当$(0,0) \notin D$ 时，由格林公式得

$$\oint_{L^+} \frac{x\,dy - y\,dx}{x^2+y^2} = \iint_D \left(\frac{\partial Q}{\partial x} - \frac{\partial P}{\partial y}\right) d\sigma = 0.$$

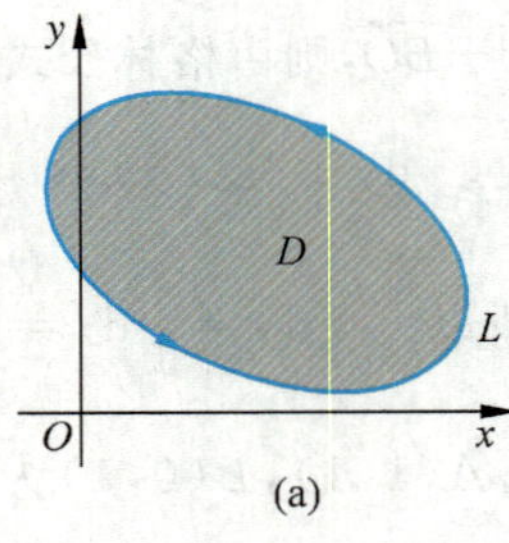

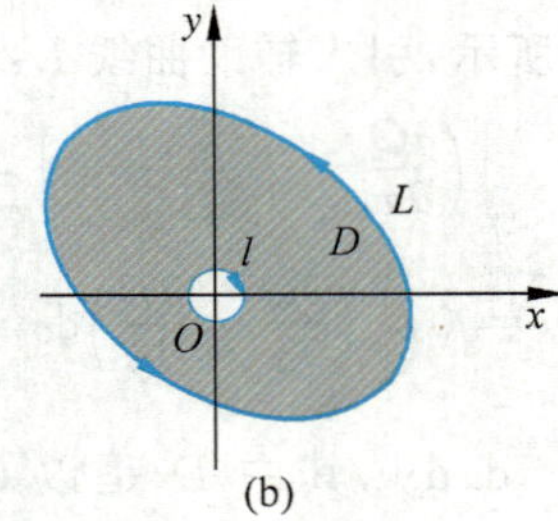

图　20.11

(2) 当$(0,0) \in D$ 时(见图 20.11(b))，作位于 D 内的圆周 $l: x^2 + y^2 = r^2$. 记 D_1 是由 L, l 所围成的闭区域. 由格林公式得

$$\oint_{L^+} \frac{x\,dy - y\,dx}{x^2+y^2} - \oint_{l^+} \frac{x\,dy - y\,dx}{x^2+y^2} = \iint_D \left(\frac{\partial Q}{\partial x} - \frac{\partial P}{\partial y}\right) d\sigma = 0,$$

所以$\oint_{L^+}\dfrac{x\mathrm{d}y-y\mathrm{d}x}{x^2+y^2}=\oint_{l^+}\dfrac{x\mathrm{d}y-y\mathrm{d}x}{x^2+y^2}$. 而

$$\begin{cases}x=r\cos\theta,\\ y=r\sin\theta,\end{cases}\quad 0\leqslant\theta<2\pi,$$

故

$$\oint_{L^+}\frac{x\mathrm{d}y-y\mathrm{d}x}{x^2+y^2}=\oint_{l^+}\frac{x\mathrm{d}y-y\mathrm{d}x}{x^2+y^2}=\int_0^{2\pi}\frac{r^2\cos^2\theta+r^2\sin^2\theta}{r^2}\mathrm{d}\theta=2\pi.$$

在格林公式$\iint\limits_D\left(\dfrac{\partial Q}{\partial x}-\dfrac{\partial P}{\partial y}\right)\mathrm{d}x\mathrm{d}y=\oint_{L^+}P\mathrm{d}x+Q\mathrm{d}y$中，取$P=-y,Q=x$得

$$2\iint\limits_D\mathrm{d}x\mathrm{d}y=\oint_L x\mathrm{d}y-y\mathrm{d}x,$$

由此而得闭区域D的面积公式$S=\dfrac{1}{2}\oint_L x\mathrm{d}y-y\mathrm{d}x$.

例 4 计算椭圆

$$\begin{cases}x=a\cos\theta,\\ y=b\sin\theta\end{cases}$$

所围的面积.

解 $S=\dfrac{1}{2}\oint_L x\mathrm{d}y-y\mathrm{d}x=\dfrac{1}{2}\int_0^{2\pi}[a\cos\theta\cdot b\cos\theta-b\sin\theta(-a\sin\theta)]\mathrm{d}\theta$

$=\dfrac{1}{2}ab\int_0^{2\pi}\mathrm{d}\theta=\pi ab.$

例 5 计算抛物线$(x+y)^2=ax(a>0)$与x轴所围区域的面积.

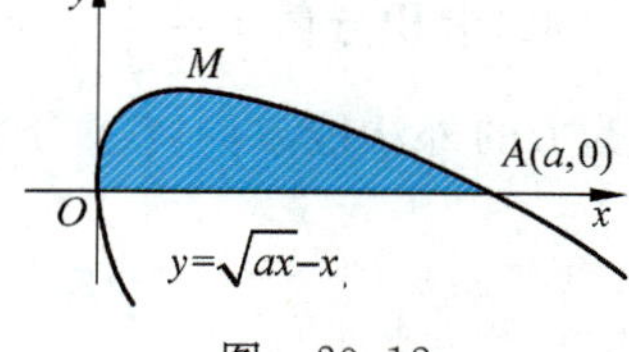

图 20.12

解 如图 20.12 所示，

$$\begin{aligned}S&=\frac{1}{2}\oint_L x\mathrm{d}y-y\mathrm{d}x\\&=\frac{1}{2}\int_{\overrightarrow{OA}}x\mathrm{d}y-y\mathrm{d}x+\frac{1}{2}\int_{\overset{\frown}{AMO}}x\mathrm{d}y-y\mathrm{d}x\\&=\frac{1}{2}\int_{\overset{\frown}{AMO}}x\mathrm{d}y-y\mathrm{d}x\\&=\frac{1}{2}\int_0^a\left[(\sqrt{ax}-x)-x\left(\frac{a}{2\sqrt{ax}}-1\right)\right]\mathrm{d}x\\&=\frac{1}{4}\sqrt{a}\int_0^a\sqrt{x}\mathrm{d}x=\frac{1}{4}\int_0^a\sqrt{ax}\,\mathrm{d}x\\&=\frac{1}{6}a^2.\end{aligned}$$

习　题 20.3

1. 应用格林公式计算下列曲线积分：

(1) $\oint_L (x+y)^2\mathrm{d}x-(x^2+y^2)\mathrm{d}y$，其中 L 是以 $A(1,1)$，$B(3,2)$，$C(2,5)$ 为顶点三角形，方向取正向；

(2) $\int_{\overset{\frown}{AB}}(\mathrm{e}^x\sin y-my)\mathrm{d}x+(\mathrm{e}^x\cos y-m)\mathrm{d}y$，其中 m 为常数，$\overset{\frown}{AB}$ 为由 $(a,0)$ 到 $(0,0)$ 经过圆 $x^2+y^2=ax$ 上半部的曲线.

2. 应用格林公式计算下列曲线所围成的平面面积：

(1) 星形线：

$$\begin{cases}x=a\cos^3 t,\\ y=a\sin^3 t,\end{cases}$$

(2) 双纽线：$(x^2+y^2)^2=a^2(x^2-y^2)$.

3. 证明：若 L 为平面上的封闭曲线，$\boldsymbol{l}$ 为任意方向向量，则 $\oint_L\cos(\boldsymbol{l},\boldsymbol{n})\mathrm{d}s=0$，其中 $\boldsymbol{n}$ 为 L 曲线的外法线方向.

4. 求积分值 $I=\int_L[x\cos(\boldsymbol{n},\boldsymbol{i})+y\cos(\boldsymbol{n},\boldsymbol{j})]\mathrm{d}s$，其中 L 为包围有界区域的封闭曲线，$\boldsymbol{n}$ 为 L 的外法线方向，$\boldsymbol{i},\boldsymbol{j}$ 分别为 x 轴、y 轴的单位向量.

20.4　曲线积分与路径的无关性

20.4.1　与路径无关的定义与条件

如果对于区域 D 中的任意两点 A,B，以及 D 内的任意两条由 A 到 B 的路径 L_1,L_2（见图 20.13）都有

$$\int_{L_1}P\mathrm{d}x+Q\mathrm{d}y=\int_{L_2}P\mathrm{d}x+Q\mathrm{d}y,$$

则称曲线积分 $\int_{\overset{\frown}{AB}}P\mathrm{d}x+Q\mathrm{d}y$ 在 D 内与路径无关.

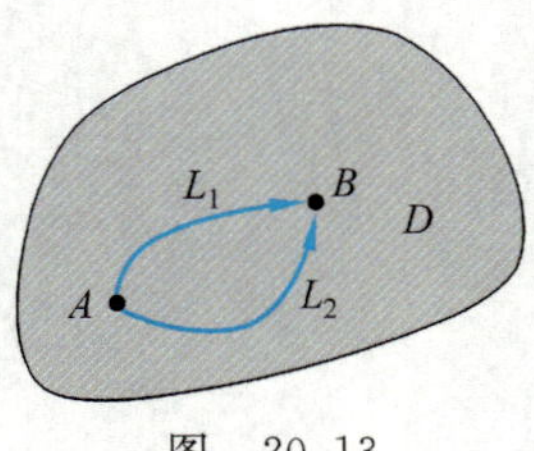

图　20.13

下面介绍曲线积分与路径无关的条件.

定理 1　设 D 是单连通区域，若函数 $P(x,y)$，$Q(x,y)$ 在 D 内连续，且具有一阶连续的偏导数，则下面 4 个条件等价：

(1) 沿 D 内任一按段光滑的封闭曲线 L 上，有 $\oint_L P\mathrm{d}x+Q\mathrm{d}y=0$；

(2) 沿 D 内任一按段光滑的曲线 L 上，曲线积分 $\int_{L(AB)} P\mathrm{d}x+Q\mathrm{d}y$ 与路径无关，只取决于 L 的始点和终点；

(3) $\exists u(x,y),(x,y)\in D,\ni$“$\mathrm{d}u=P\mathrm{d}x+Q\mathrm{d}y$”；

(4) $\forall(x,y)\in D,\dfrac{\partial P}{\partial y}=\dfrac{\partial Q}{\partial x}$.

证 (1)⇒(2)设 D 内任一按段光滑的封闭曲线 L，有

$$\oint_L P\mathrm{d}x+Q\mathrm{d}y=0.$$

设 L_1,L_2 是 D 中由 A 到 B 的任意两条路径(见图 20.13)，则

$$\oint_{L_1^{+}+L_2^{-}} P\mathrm{d}x+Q\mathrm{d}y=0,$$

即 $\int_{L_1} P\mathrm{d}x+Q\mathrm{d}y=\int_{L_2} P\mathrm{d}x+Q\mathrm{d}y$.

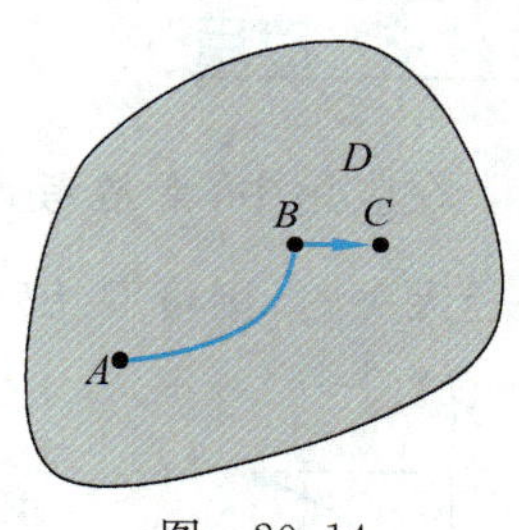

图 20.14

(2)⇒(3)设曲线积分 $\int_L P\mathrm{d}x+Q\mathrm{d}y$ 与路径无关，则

$$\forall A(x_0,y_0),\quad B(x,y)\in D.$$

作函数

$$u(x,y)=\int_{\overset{\frown}{AB}} P\mathrm{d}x+Q\mathrm{d}y,$$

于是 $\forall C(x+\Delta x,y)\in D$(见图 20.14)，

$$\begin{aligned}\Delta_x u&=u(x+\Delta x,y)-u(x,y)=\int_{\overset{\frown}{AC}} P\mathrm{d}x+Q\mathrm{d}y-\int_{\overset{\frown}{AB}} P\mathrm{d}x+Q\mathrm{d}y\\&=\int_{\overset{\frown}{ABC}} P\mathrm{d}x+Q\mathrm{d}y-\int_{\overset{\frown}{AB}} P\mathrm{d}x+Q\mathrm{d}y\\&=\int_{\overrightarrow{BC}} P\mathrm{d}x+Q\mathrm{d}y\\&=\int_x^{x+\Delta x} P(t,y)\mathrm{d}t,\end{aligned}$$

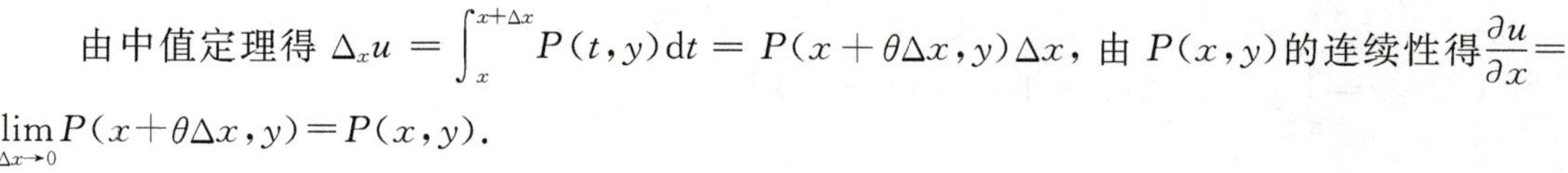

由中值定理得 $\Delta_x u=\int_x^{x+\Delta x} P(t,y)\mathrm{d}t=P(x+\theta\Delta x,y)\Delta x$，由 $P(x,y)$的连续性得$\dfrac{\partial u}{\partial x}=\lim\limits_{\Delta x\to 0} P(x+\theta\Delta x,y)=P(x,y)$.

同理可得$\dfrac{\partial u}{\partial y}=Q(x,y)$，所以 $\mathrm{d}u=P\mathrm{d}x+Q\mathrm{d}y$.

(3)⇒(4)设 $\exists u(x,y),(x,y)\in D,\ni$“$\mathrm{d}u=P\mathrm{d}x+Q\mathrm{d}y$”，则

$$\frac{\partial u}{\partial y}=Q(x,y),\quad \frac{\partial u}{\partial x}=P(x,y).$$

于是$\dfrac{\partial Q}{\partial x}=\dfrac{\partial^2 u}{\partial y\partial x},\dfrac{\partial P}{\partial y}=\dfrac{\partial^2 u}{\partial x\partial y}$，由$\dfrac{\partial P}{\partial y},\dfrac{\partial Q}{\partial x}$连续知$\dfrac{\partial^2 u}{\partial x\partial y}=\dfrac{\partial^2 u}{\partial y\partial x}$，故 $\forall(x,y)\in D,\dfrac{\partial P}{\partial y}=\dfrac{\partial Q}{\partial x}$.

(4)⇒(1) 设 $\forall(x,y)\in D,\frac{\partial P}{\partial y}=\frac{\partial Q}{\partial x}$,$L$ 为 D 内任一按段光滑的封闭曲线,L 所围区域为 σ,由格林公式得

$$\oint_L P\mathrm{d}x+Q\mathrm{d}y=\iint_\sigma\left(\frac{\partial P}{\partial y}-\frac{\partial Q}{\partial x}\right)\mathrm{d}x\mathrm{d}y=0.$$

综上可知结论成立.

在定理 1 中给出了两个前提条件:

(1) 区域 D 为单连通区域;

(2) 函数 $P(x,y),Q(x,y)$ 在 D 内连续,且具有一阶连续的偏导数,两条件缺一不可.

20.4.2　应用

在应用中,常常考查 $\frac{\partial P}{\partial y},\frac{\partial Q}{\partial x}$ 是否相等来判别曲线积分是否与路径无关.当曲线积分与路径无关时,则可取特殊路径计算该曲线积分.

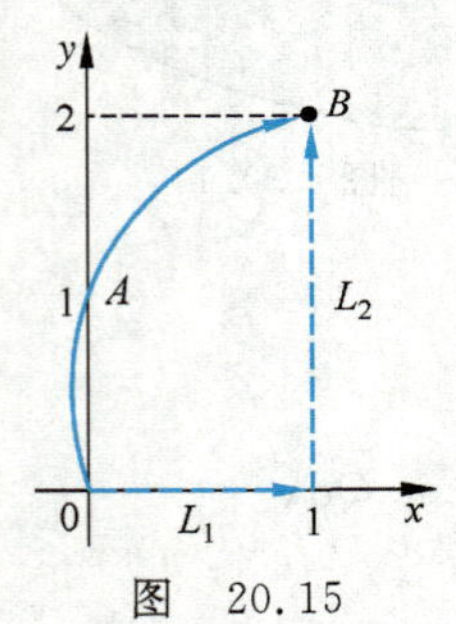

图　20.15

例 1　验证 $\int_L(\mathrm{e}^y+x)\mathrm{d}x+(x\mathrm{e}^y-2y)\mathrm{d}y$ 与路径无关,并计算之,其中 L 为过 3 点 $O(0,0),A(0,1),B(1,2)$ 的圆周上由 O 到 B 的圆弧线.

解　令 $P=\mathrm{e}^y+x,Q=x\mathrm{e}^y-2y$,则

$$\frac{\partial P}{\partial y}=\mathrm{e}^y=\frac{\partial Q}{\partial x}.$$

又 P,Q 在全平面上具有一阶连续的偏导数,所以曲线积分与路径无关.

如图 20.15 所示,取路径 $L_1:(0,0)\to(1,0);L_2:(1,0)\to(1,2)$得

$$\begin{aligned}&\int_L(\mathrm{e}^y+x)\mathrm{d}x+(x\mathrm{e}^y-2y)\mathrm{d}y\\&=\int_{L_1}(\mathrm{e}^y+x)\mathrm{d}x+(x\mathrm{e}^y-2y)\mathrm{d}y+\int_{L_2}(\mathrm{e}^y+x)\mathrm{d}x+(x\mathrm{e}^y-2y)\mathrm{d}y\\&=\int_0^1(\mathrm{e}^0+x)\mathrm{d}x+\int_0^2(1\cdot\mathrm{e}^y-2y)\mathrm{d}y\\&=1+\frac{1}{2}+(\mathrm{e}^y-y^2)\Big|_0^2\\&=\mathrm{e}^2-\frac{7}{2}.\end{aligned}$$

例 2　验证 $\int_{(0,0)}^{(1,1)}(1-2xy-y^2)\mathrm{d}x-(x+y)^2\mathrm{d}y$ 与路径无关,并求其值.

解　设 $P=1-2xy-y^2,Q=(x+y)^2$,则

$$\frac{\partial P}{\partial y}=-2x-2y,\quad \frac{\partial Q}{\partial x}=-2(x+y),$$

所以$\frac{\partial P}{\partial y}=\frac{\partial Q}{\partial x}$，于是积分与路径无关.

取直线路径$(0,0)\to(1,0)\to(1,1)$，则

$$\int_{(0,0)}^{(1,1)}(1-2xy-y^2)\mathrm{d}x-(x+y)^2\mathrm{d}y=\int_0^1\mathrm{d}x-\int_0^1(1+y)^2\mathrm{d}y=-\frac{4}{3}.$$

例 3 验证 $\int_{(\sqrt[3]{2},0)}^{(1,1)}x^2\ln(x^3+y^3-1)\mathrm{d}x+y^2\ln(x^3+y^3-1)\mathrm{d}y$ 与路径无关，并求其值.

解 设 $P=x^2\ln(x^3+y^3-1)$，$Q=y^2\ln(x^3+y^3-1)$，则

$$\frac{\partial P}{\partial y}=\frac{3x^2y^2}{x^3+y^3-1}=\frac{\partial Q}{\partial x}.$$

于是积分与路径无关，取直线路径$(\sqrt[3]{2},0)\xrightarrow{L:\ x^3+y^3=2}(1,1)$，则

$$\int_{(\sqrt[3]{2},0)}^{(1,1)}x^2\ln(x^3+y^3-1)\mathrm{d}x+y^2\ln(x^3+y^3-1)\mathrm{d}y=\int_L x^2\ln1\mathrm{d}x+y^2\ln1\mathrm{d}y=0.$$

20.4.3 求原函数

若函数 $P(x,y)$，$Q(x,y)$满足定理 1 的条件，则

$$\exists u(x,y),(x,y)\in D,\quad \ni \text{“}\mathrm{d}u=P\mathrm{d}x+Q\mathrm{d}y\text{”},$$

与一元函数一样，我们称 $u(x,y)$为 $P\mathrm{d}x+Q\mathrm{d}y$ 的一个原函数，而且

$$u(x,y)=\int_{\overset{\frown}{AB}}P(x,y)\mathrm{d}x+Q(x,y)\mathrm{d}y$$
$$=\int_{A(x_0,y_0)}^{B(x,y)}P(s,t)\mathrm{d}s+Q(s,t)\mathrm{d}t.$$

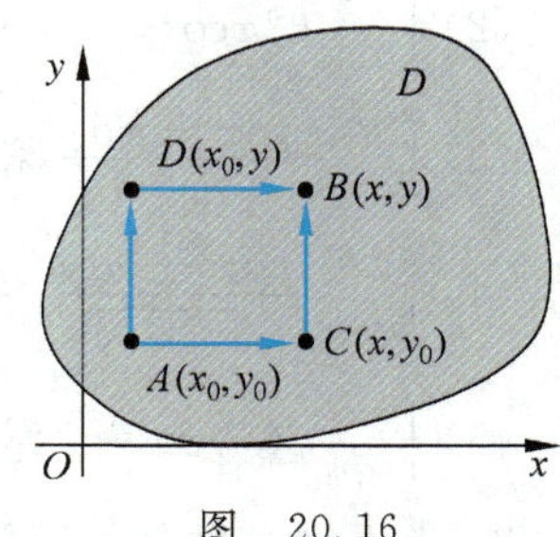

图 20.16

如图 20.16 所示，取路径$(x_0,y_0)\to(x_0,y)\to(x,y)$得

$$u(x,y)=\int_{y_0}^{y}Q(x_0,t)\mathrm{d}t+\int_{x_0}^{x}P(s,y)\mathrm{d}s,$$

取路径$(x_0,y_0)\to(x,y_0)\to(x,y)$得

$$u(x,y)=\int_{x_0}^{x}P(s,y_0)\mathrm{d}s+\int_{y_0}^{y}Q(x,t)\mathrm{d}t.$$

因为取路径$(x_0,y_0)\to(x_0,y)$时，$s=x_0$，$0\leqslant t\leqslant y$，$\mathrm{d}s=0$，所以

$$\int_{A(x_0,y_0)}^{D(x_0,y)}P(s,t)\mathrm{d}s+Q(s,t)\mathrm{d}t=\int_{y_0}^{y}Q(x_0,t)\mathrm{d}t.$$

再取路径$(x_0,y)\to(x,y)$时，$t=y$，$x_0\leqslant t\leqslant x$，$\mathrm{d}y=0$，所以

$$\int_{D(x_0,y)}^{B(x,y)}P(s,t)\mathrm{d}s+Q(s,t)\mathrm{d}t=\int_{x_0}^{x}P(s,y)\mathrm{d}s,$$

故 $u(x,y)=\int_{y_0}^{y} Q(x_0,t)\mathrm{d}t+\int_{x_0}^{x} P(s,y)\mathrm{d}s.$

同理可得 $u(x,y)=\int_{x_0}^{x} P(s,y_0)\mathrm{d}s+\int_{y_0}^{y} Q(x,t)\mathrm{d}t.$

例 4　验证：在 xOy 面内，$xy^2\mathrm{d}x+x^2y\mathrm{d}y$ 是某个函数 $u(x,y)$ 的全微分，并求出一个这样的函数.

解　这里 $P=xy^2$，$Q=x^2y$，且

$$\frac{\partial P}{\partial y}=\frac{\partial}{\partial y}(xy^2)=2xy=\frac{\partial Q}{\partial x},$$

因此，在 xOy 面内，$xy^2\mathrm{d}x+x^2y\mathrm{d}y$ 是某个函数 $u(x,y)$ 的全微分.

取 $x_0=0$，$y_0=0$ 得

$$u(x,y)=\int_0^x s\cdot 0^2\mathrm{d}s+\int_0^y x^2t\mathrm{d}t=\frac{x^2y^2}{2}.$$

习　题 20.4

1. 验证下列积分与路线无关，并求它们的值：

(1) $\int_{(0,0)}^{(1,1)}(x-y)(\mathrm{d}x-\mathrm{d}y)$；

(2) $\int_{(0,0)}^{(x,y)}(2x\cos y-y^2\sin x)\mathrm{d}x+(2y\cos x-x^2\sin y)\mathrm{d}y$；

(3) $\int_{(2,1)}^{(1,2)}\frac{y\mathrm{d}x-x\mathrm{d}y}{x^2}$，沿在右半平面的路线；

(4) $\int_{(1,0)}^{(6,8)}\frac{x\mathrm{d}x-y\mathrm{d}y}{\sqrt{x^2+y^2}}$，沿不经过原点的路线；

(5) $\int_{(2,1)}^{(1,2)}\varphi(x)\mathrm{d}x+\psi(y)\mathrm{d}y$，其中 $\varphi(x)$，$\psi(y)$ 为连续函数.

2. 求下列全微分的原函数：

(1) $(x^2+2xy+y^2)\mathrm{d}x+(x^2-2xy-y^2)\mathrm{d}y$；

(2) $\mathrm{e}^x[\mathrm{e}^y(x-y+2)+y]\mathrm{d}x+\mathrm{e}^x[\mathrm{e}^y(x-y)+1]\mathrm{d}y$；

(3) $f(\sqrt{x^2+y^2})x\mathrm{d}x+f(\sqrt{x^2+y^2})y\mathrm{d}y.$

3. 为了使曲线积分 $\int_L F(x,y)(y\mathrm{d}x+x\mathrm{d}y)$ 与积分路线无关，可微函数 $F(x,y)$ 应该满足怎样的条件？

4. 计算曲线积分 $\int_{\overset{\frown}{AMB}}[\varphi(y)\mathrm{e}^x-my]\mathrm{d}x+[\varphi'(y)\mathrm{e}^x-m]\mathrm{d}y$，其中 $\varphi(y)$ 和 $\varphi'(y)$ 为连续函数，$\overset{\frown}{AMB}$ 为连接点 $A(x_1,y_1)$ 和点 $B(x_2,y_2)$ 的任何路线，但与直线段 AB 围成已知大小为 S 的面积.

5. 设函数 $f(u)$ 具有一阶连续导数,证明对任何光滑封闭曲线 L,有

$$\oint_L f(xy)(y\mathrm{d}x+x\mathrm{d}y)=0.$$

6. 设函数在由封闭的光滑曲线 L 所围的区域 D 上有二阶连续偏导数,证明

$$\iint_D\left(\frac{\partial^2 u}{\partial x^2}+\frac{\partial^2 u}{\partial y^2}\right)\mathrm{d}\sigma=\oint_L\frac{\partial u}{\partial \boldsymbol{n}}\mathrm{d}s,$$

其中$\dfrac{\partial u}{\partial \boldsymbol{n}}$是 $u(x,y)$ 沿 L 外法线方向 $\boldsymbol{n}$ 的方向导数.

7. 设 $u(x,y)$,$v(x,y)$ 是具有二阶连续偏导数的函数,证明:

(1) $\displaystyle\iint_D v\left(\frac{\partial^2 u}{\partial x^2}+\frac{\partial^2 u}{\partial y^2}\right)\mathrm{d}\sigma=-\iint_D\left(\frac{\partial u}{\partial x}\frac{\partial v}{\partial x}+\frac{\partial u}{\partial y}\frac{\partial v}{\partial y}\right)\mathrm{d}\sigma+\oint_L v\frac{\partial u}{\partial \boldsymbol{n}}\mathrm{d}s$;

(2) $\displaystyle\iint_D\left[u\left(\frac{\partial^2 v}{\partial x^2}+\frac{\partial^2 v}{\partial y^2}\right)-v\left(\frac{\partial^2 u}{\partial x^2}+\frac{\partial^2 u}{\partial y^2}\right)\right]\mathrm{d}\sigma=\oint_L\left(u\frac{\partial v}{\partial \boldsymbol{n}}-v\frac{\partial u}{\partial \boldsymbol{n}}\right)\mathrm{d}s$.

其中 D 为光滑曲线 L 所围的平面区域,而

$$\frac{\partial u}{\partial \boldsymbol{n}}=\frac{\partial u}{\partial x}\cos(\boldsymbol{n},\boldsymbol{i})+\frac{\partial u}{\partial y}\sin(\boldsymbol{n},\boldsymbol{i}),\quad \frac{\partial v}{\partial \boldsymbol{n}}=\frac{\partial v}{\partial x}\cos(\boldsymbol{n},\boldsymbol{i})+\frac{\partial v}{\partial y}\sin(\boldsymbol{n},\boldsymbol{i})$$

是 $u(x,y)$,$v(x,y)$ 沿曲线 L 的外法线 $\boldsymbol{n}$ 的方向导数,$\boldsymbol{i}$ 是 x 轴的单位向量.

8. 求指数 λ,使得曲线积分 $k=\displaystyle\int_{(s_0,t_0)}^{(s,t)}\frac{x}{y}r^\lambda\mathrm{d}x-\frac{x^2}{y^2}r^\lambda\mathrm{d}y$ 与路线无关,其中 $r^2=x^2+y^2$,并求 k.

20.5 第一型曲面积分

20.5.1 概念

问题 设有一空间有界曲面 S,其密度函数为 $\rho(x,y,z)$,求其质量.

方法 对曲面 S 作分割 T:$S_1,S_2,\cdots,S_n$,记 S_i 的面积为 ΔS_i,d_i 为 S_i 的直径,在 S_i 上任取一点 (ξ_i,η_i,ζ_i),作和 $\displaystyle\sum_{i=1}^n\rho(\xi_i,\eta_i,\zeta_i)\Delta S_i$,记 $\lambda(T)=\max\{d_i\}$,则曲面的质量 $m=\displaystyle\lim_{\lambda(T)\to 0}\sum_{i=1}^n\rho(\xi_i,\eta_i,\zeta_i)\Delta S_i$. 由此模型而引入的积分称为第一型曲面积分,请看下面的定义.

定义 1 设有一空间有界曲面 S,$f(x,y,z)$ 是定义在 S 上的函数,对曲面 S 作分割 T:$S_1,S_2,\cdots,S_n$,S_i 的面积记为 ΔS_i,S_i 的直径记为 d_i,在 S_i 上任取一点(ξ_i,η_i,ζ_i),作和 $\displaystyle\sum_{i=1}^n f(\xi_i,\eta_i,\zeta_i)\Delta S_i$,记 $\lambda(T)=\max\{d_i\}$,如果 $\lambda(T)\to 0$ 时,和式极限存在,且与分割无关,与(ξ_i,η_i,ζ_i)在 S_i 上的选择无关,则称此极限为 $f(x,y,z)$ 在曲面 S 上的第一型曲面积分,记作$\displaystyle\iint_S f(x,y,z)\mathrm{d}S$. 即

$$\iint_S f(x,y,z)\,\mathrm{d}S = \lim_{\lambda(T)\to 0}\sum_{i=1}^{n} f(\xi_i,\eta_i,\zeta_i)\Delta S_i.$$

也可以说,第一型曲面积分是由求曲面的质量而引出的积分.由定义可以看出,密度函数为 $\rho(x,y,z)$ 的曲面 S,其质量为

$$m = \iint_S \rho(x,y,z)\,\mathrm{d}S.$$

当曲面为封闭曲面时,积分记作 $\oint\!\!\oint_S f(x,y,z)\,\mathrm{d}S$. 当 $f(x,y,z)\equiv 1$ 时,曲面 $\iint_S \mathrm{d}S$ 积分就是曲面 S 的面积.第一型曲面积分的性质完全相同于第一型曲线积分.

20.5.2　计算

计算第一型曲面积分的方法为将第一型曲面积分化为二重积分进行计算.

1. 当曲面 S 由函数 $z=z(x,y)$, $(x,y)\in D$ 给出时

定理 1　设光滑曲面 S 由 $z=z(x,y)$, $(x,y)\in D$ 给出, $f(x,y,z)$ 是曲面 S 上的连续函数,则

$$\iint_S f(x,y,z)\,\mathrm{d}S = \iint_D f(x,y,z(x,y))\sqrt{1+z'^2_x+z'^2_y}\,\mathrm{d}x\mathrm{d}y.$$

证　对曲面 S 作分割 $T: S_1, S_2, \cdots, S_n$,记 S_i 的面积为 ΔS_i,此分割亦把 D 分为 D_1, $D_2, \cdots, D_n$,在 D_i 上任取一点 (ξ_i,η_i),则

$$\Delta S_i = \sqrt{1+z'^2_x(\xi_i,\eta_i)+z'^2_y(\xi_i,\eta_i)}\,\Delta D_i,$$

于是

$$\sum_{i=1}^{n} f(\xi_i,\eta_i,\zeta_i)\Delta S_i = \sum_{i=1}^{n} f(\xi_i,\eta_i,z(\xi_i,\eta_i))\sqrt{1+z'^2_x(\zeta_i,\eta_i)+z'^2_y(\zeta_i,\eta_i)}\,\Delta D_i,$$

从而令 $\lambda(T)\to 0$ 得

$$\iint_S f(x,y,z)\,\mathrm{d}S = \iint_D f(x,y,z(x,y))\sqrt{1+z'^2_x+z'^2_y}\,\mathrm{d}x\mathrm{d}y.$$

如果曲面 S 由 $y=y(x,z)$, $(x,z)\in D_{xz}$ 给出,则

$$\iint_S f(x,y,z)\,\mathrm{d}S = \iint_{D_{xz}} f(x,y(x,z),z)\sqrt{1+y'^2_x+y'^2_y}\,\mathrm{d}x\mathrm{d}z.$$

如果曲面 S 由 $x=x(y,z)$, $(y,z)\in D_{yz}$ 给出,则

$$\iint_S f(x,y,z)\,\mathrm{d}S = \iint_{D_{yz}} f(x(y,z),y,z)\sqrt{1+x'^2_y+x'^2_z}\,\mathrm{d}y\mathrm{d}z.$$

在应用中,可把 D 视为 S 在坐标面上的投影,这里要求从 D 中引出的垂线仅与 S 有一个交点.如有多个交点,则分片处理之.

例 1　计算 $\iint_S z\,\mathrm{d}S$. 其中 S 为 $z=1-\frac{1}{2}(x^2+y^2)$ 位于 xOy 平面的上部分.

解 如图 20.17 所示，曲面在平面 xOy 的投影 $D: x^2+y^2\leqslant 2$，而 $z'_x=-x, z'_y=-y$，所以 $\sqrt{1+z'^2_x+z'^2_y}=\sqrt{1+x^2+y^2}$，故

$$\iint_S z\,\mathrm{d}S=\iint_D\left[1-\frac{1}{2}(x^2+y^2)\right]\sqrt{1+x^2+y^2}\,\mathrm{d}x\mathrm{d}y$$

$$=\int_0^{2\pi}\mathrm{d}\theta\int_0^{\sqrt{2}}\left(1-\frac{1}{2}r^2\right)\sqrt{1+r^2}\,r\mathrm{d}r$$

$$=\frac{6}{5}\sqrt{3}\pi-\frac{4}{5}\pi.$$

例 2 计算 $\iint_S z\,\mathrm{d}S$，其中 $S: z=-\sqrt{a^2-(x^2+y^2)}\ (a>0)$.

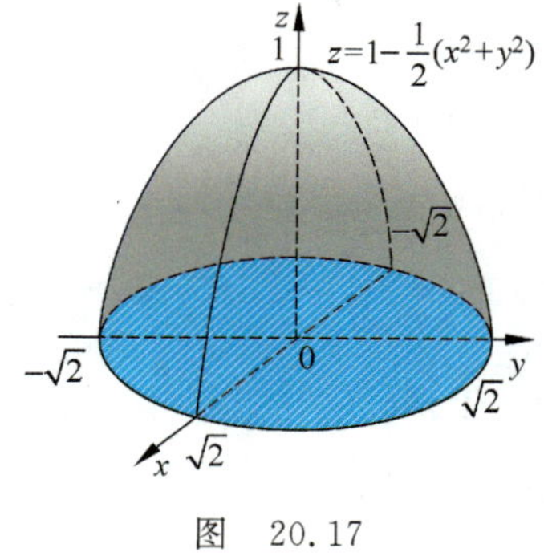

图 20.17

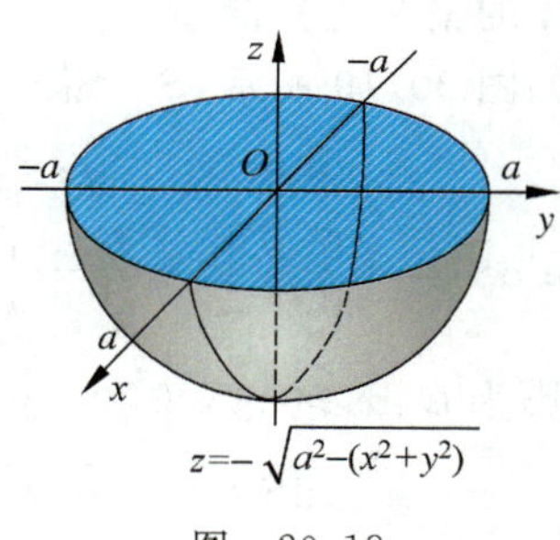

图 20.18

解 如图 20.18 所示，曲面 xOy 平面的投影 $D: x^2+y^2\leqslant a^2$，而 $z'_x=\dfrac{-x}{\sqrt{a^2-(x^2+y^2)}}$，$z'_y=\dfrac{-y}{\sqrt{a^2-(x^2+y^2)}}$，所以 $\sqrt{1+z'^2_x+z'^2_y}=\dfrac{a}{\sqrt{a^2-(x^2+y^2)}}$，故

$$\iint_S z\,\mathrm{d}S=-\iint_D\sqrt{a^2-(x^2+y^2)}\,\frac{a}{\sqrt{a^2-(x^2+y^2)}}\mathrm{d}x\mathrm{d}y=-a\iint_D\mathrm{d}x\mathrm{d}y=-\pi a^3.$$

例 3 计算 $\iint_S z^2\,\mathrm{d}S$. 其中 $S: x^2+y^2+z^2=a^2\,(a>0)$.

解 由 S 关于 x,y,z 的对称性得 $\iint_S z^2\,\mathrm{d}S=\iint_D x^2\,\mathrm{d}S=\iint_S y^2\,\mathrm{d}S$，所以

$$\iint_S z^2\,\mathrm{d}S=\frac{1}{3}\iint_S a^2\,\mathrm{d}S=\frac{4}{3}\pi a^4.$$

例 4 计算 $\iint_S\dfrac{\mathrm{d}S}{z}$，其中 S 为 $x^2+y^2+z^2=R^2\,(R>0)$ 位于 $0<h\leqslant z\leqslant R$ 部分.

解 见图 19.31，曲面 $S: z=\sqrt{R^2-x^2-y^2}$，在 xOy 平面的投影 $D: x^2+y^2\leqslant R^2-h^2$，而

$$z'_x=\frac{-x}{\sqrt{R^2-(x^2+y^2)}},\quad z'_y=\frac{-y}{\sqrt{R^2-(x^2+y^2)}},$$

所以 $\sqrt{1+z_x'^2+z_y'^2}=\dfrac{R}{\sqrt{R^2-(x^2+y^2)}}$，故

$$\iint_S\frac{\mathrm{d}S}{z}=\iint_D\frac{R}{R^2-(x^2+y^2)}\mathrm{d}x\mathrm{d}y.$$

由极坐标变换得 $\displaystyle\iint_S\frac{\mathrm{d}S}{z}=2R\pi\ln\frac{R}{h}$，此即所求.

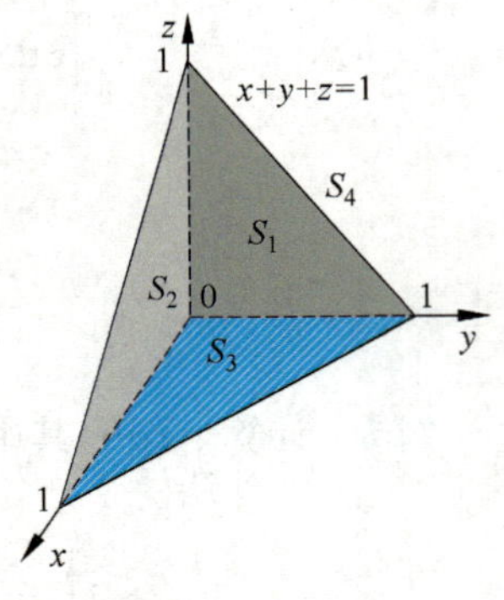

图　20.19

例 5　计算 $\displaystyle\oiint_S xyz\mathrm{d}S$，其中 S 是由

$$x=0,\quad y=0,\quad z=0,\quad x+y+z=1$$

所围四面体的整个边界曲面.

解　如图 20.19 所示，$S=S_1+S_2+S_3+S_4$，

$$S_1:x=0,\quad S_2:y=0,\quad S_3:z=0,\quad S_4:z=1-x-y,$$

所以 $\displaystyle\oiint_S xyz\mathrm{d}S=\left(\iint_{S_1}+\iint_{S_2}+\iint_{S_3}+\iint_{S_4}\right)xyz\mathrm{d}S$，从而 $\displaystyle\oiint_S xyz\mathrm{d}S=\oiint_{S_4}xyz\mathrm{d}S$. 又 S_4 其在平面 xOy 的投影为 $D:x\geqslant0,y\geqslant0,x+y\leqslant1$，由 $z_x'=-1,z_y'=-1$ 得

$$\mathrm{d}S=\sqrt{1+z_x^2(x,y)+z_y^2(x,y)}\mathrm{d}x\mathrm{d}y=\sqrt{3}\mathrm{d}x\mathrm{d}y,$$

故

$$\begin{aligned}\oiint_S xyz\mathrm{d}S&=\iint_{S_4}=xyz\mathrm{d}S=\iint_D xy(1-x-y)\sqrt{3}\mathrm{d}x\mathrm{d}y\\&=\sqrt{3}\int_0^1\mathrm{d}x\int_0^{1-x}xy(1-x-y)\mathrm{d}y\\&=\frac{\sqrt{3}}{120}.\end{aligned}$$

2. 当曲面 S 由参数方程给出时

设参数方程为

$$\begin{cases}x=x(u,v),\\y=y(u,v),\quad(u,v)\in D\\z=z(u,v),\end{cases}$$

则面积微元

$$\begin{aligned}\mathrm{d}S&=\sqrt{\left(\frac{\partial(y,z)}{\partial(u,v)}\right)^2+\left(\frac{\partial(z,x)}{\partial(u,v)}\right)^2+\left(\frac{\partial(x,y)}{\partial(u,v)}\right)^2}\mathrm{d}u\mathrm{d}v\\&=\sqrt{A^2+B^2+C^2}\mathrm{d}u\mathrm{d}v,\end{aligned}$$

所以 $\iint\limits_S f(x,y,z)\mathrm{d}S=\iint\limits_D f(x(u,v),y(u,v),z(u,v))\sqrt{A^2+B^2+C^2}\mathrm{d}u\mathrm{d}v$，其中 A,B,C 不全为零.

例 6 计算 $\iint\limits_S z\mathrm{d}S$. 其中 S 是螺旋面(见图 20.20)

$$S:\begin{cases}x=u\cos v,\\ y=u\sin v,\\ z=v,\end{cases}\quad (u,v)\in D,\quad D:\begin{cases}0\leqslant u\leqslant a,\\ 0\leqslant v\leqslant 2\pi.\end{cases}$$

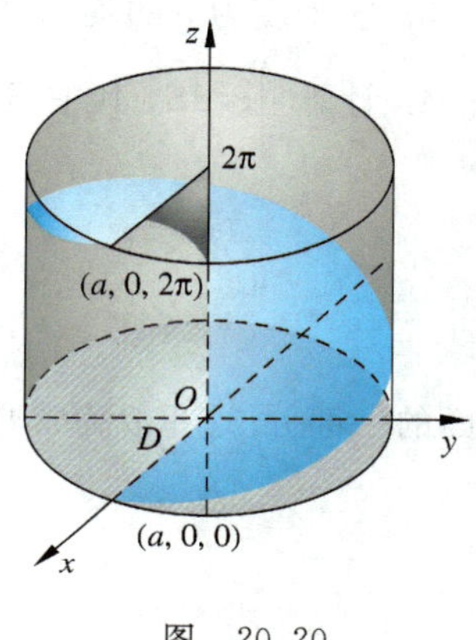

图 20.20

解 $\dfrac{\partial(y,z)}{\partial(u,v)}=\begin{vmatrix}\sin v & u\cos v\\ 0 & 1\end{vmatrix}=\sin v,$

$$\frac{\partial(z,x)}{\partial(u,v)}=\begin{vmatrix}0 & 1\\ \cos v & -u\sin v\end{vmatrix}=-\cos v,$$

$$\frac{\partial(x,y)}{\partial(u,v)}=\begin{vmatrix}\cos v & -u\sin v\\ \sin v & u\cos v\end{vmatrix}=u,$$

所以 $\mathrm{d}S=\sqrt{1+u^2}\mathrm{d}u\mathrm{d}v$,从而

$$\begin{aligned}\iint\limits_S z\mathrm{d}S&=\iint\limits_D v\sqrt{1+u^2}\mathrm{d}u\mathrm{d}v\\&=\int_0^{2\pi}v\mathrm{d}v\int_0^a\sqrt{1+u^2}\mathrm{d}u\\&=2\pi^2\left[\frac{u}{2}\sqrt{1+u^2}+\frac{1}{2}\ln(u+\sqrt{1+u^2})\right]\Big|_0^a\\&=\pi^2[a\sqrt{1+a^2}+\ln(a+\sqrt{1+a^2})].\end{aligned}$$

总结 第一型曲面积分的计算分 3 步走，即：

(1) 投:将曲面投影在坐标面上；

(2) 换:将曲面微元进行替换；

(3) 代:将曲面表达式代入被积函数中.

习题 20.5

1. 计算下列第一型曲面积分：

(1) $\iint\limits_S (x+y+z)\mathrm{d}S$，$S$ 是上半球面 $x^2+y^2+z^2=a^2$，$z\geqslant 0$；

(2) $\iint\limits_S (x^2+y^2)\mathrm{d}S$，$S$ 为立体 $\sqrt{x^2+y^2}\leqslant z\leqslant 1$ 的边界曲面；

(3) $\iint\limits_S \dfrac{\mathrm{d}S}{x^2+y^2}$，$S$ 为柱面 $x^2+y^2=R^2$ 被 $z=0$，$z=H$ 所截取的部分；

(4) $\iint\limits_{S} xyz\,\mathrm{d}S$，$S$ 为平面 $x+y+z=1$ 在第一卦限中的部分.

2. 求均匀曲面 $x^2+y^2+z^2=a^2, x\geqslant 0, y\geqslant 0, z\geqslant 0$ 的质心.

3. 求密度为 ρ 的均匀球面 $x^2+y^2+z^2=a^2\,(z\geqslant 0)$ 对于 z 轴的转动惯量.

4. 计算 $\iint\limits_{S} z^2\,\mathrm{d}S$，其中 S 为圆锥.

$$S:\begin{cases} x = r\cos\varphi\sin\theta, \\ y = r\sin\varphi\sin\theta, \\ z = r\cos\theta, \end{cases} \quad D:\begin{cases} 0\leqslant r\leqslant a \\ 0\leqslant \varphi\leqslant 2\pi \end{cases}$$

表面的一部分. 这里 θ 为常数 $\left(0<\theta<\dfrac{\pi}{2}\right)$.

20.6　第二型曲面积分

20.6.1　曲面的侧

第二型曲面积分必须对曲面给出方向，为了对曲面给出方向，则由曲面的侧说起.

一般地，曲面有两个侧，如图 20.21(a)所示，有上侧与下侧. 当然亦有前侧与后侧，左侧与右侧之说. 这是由于曲面上任一点处的法线有两个方向造就的. $\forall M\in S$，设 S 是一张空间曲面，过 M 点引 S 的法向量 $\boldsymbol{n}$，如 M 点在 S 内不越过边界连续运动，回到原来位置时，$\boldsymbol{n}$ 的方向不变，则称 S 为双侧曲面. 否则称为单侧曲面. 单侧曲面的例子为默比乌斯(Mobius)带(见图 20.21(b)).

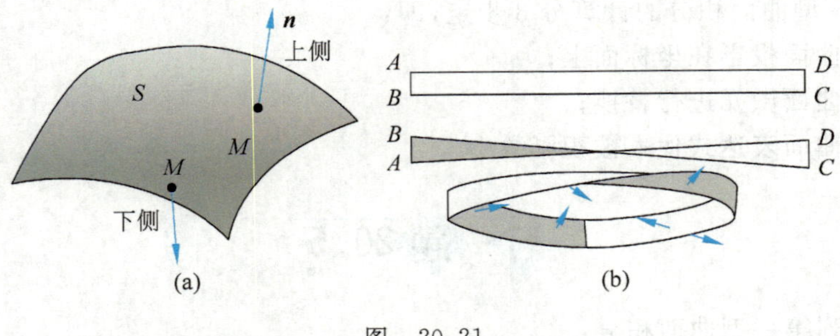

图　20.21

将长纸条翻转一端对接则得默比乌斯带，默比乌斯带是单侧曲面. 在这里，我们只讨论双侧曲面. 对于双侧曲面 S，取定一侧为正侧，记作 S^+，则另一侧为负侧，记作 S^-，这种规定了方向的曲面称为有向曲面. 有向曲面的方向总是从负侧指向正侧.

20.6.2 有向曲面上的正侧面积微元向量

设 S 为有向曲面(见图 20.22),在 S 上取小块曲面 ΔS,规定 ΔS 在平面上 xOy 的代数投影 ΔS_{xy} 为

$$\Delta S_{xy}=\begin{cases}\Delta\sigma_{xy}, & \text{当} \cos\gamma>0 \text{时(正侧)},\\ -\Delta\sigma_{xy}, & \text{当} \cos\gamma<0 \text{时(负侧)},\\ 0, & \text{当} \cos\gamma=0 \text{时},\end{cases}$$

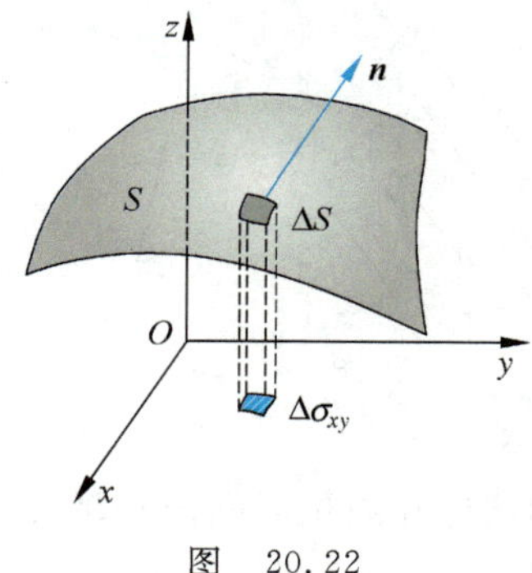

图 20.22

其中 $\Delta\sigma_{xy}$ 是 ΔS 在 xOy 平面上的投影,γ 是曲面 S 规定的方向 $\boldsymbol{n}$ 与 z 轴的夹角.

规定 ΔS 在 yOz 平面上的代数投影 ΔS_{yz} 为

$$\Delta S_{yz}=\begin{cases}\Delta\sigma_{yz}, & \text{当} \cos\alpha>0 \text{时(前侧)},\\ -\Delta\sigma_{yz}, & \text{当} \cos\alpha<0 \text{时(后侧)},\\ 0, & \text{当} \cos\alpha=0 \text{时},\end{cases}$$

其中 $\Delta\sigma_{yz}$ 是 ΔS 在 yOz 平面上的投影,α 是曲面 S 规定的方向 $\boldsymbol{n}$ 与 x 轴的夹角.

规定 ΔS 在 xOz 平面上的代数投影 ΔS_{xz} 为

$$\Delta S_{xz}=\begin{cases}\Delta\sigma_{xz}, & \text{当} \cos\beta>0 \text{时(右侧)},\\ -\Delta\sigma_{xz}, & \text{当} \cos\beta<0 \text{时(左侧)},\\ 0, & \text{当} \cos\beta=0 \text{时},\end{cases}$$

其中 $\Delta\sigma_{xz}$ 是 ΔS 在 xOz 平面上的投影,β 是曲面 S 规定的方向 $\boldsymbol{n}$ 与 y 轴的夹角.

如果 ΔS 是一平面图形,其面积仍记为 ΔS,则

$$\Delta\sigma_{yz}=\cos\alpha\Delta S,\quad \Delta\sigma_{zx}=\cos\beta\Delta S,\quad \Delta\sigma_{xy}=\cos\gamma\Delta S.$$

当 ΔS 是一曲面图形时,在微小的情况下,可以“以平代曲”,取 $P\in\Delta S$,ΔS 在 P 点的方向余弦为$(\cos\alpha,\cos\beta,\cos\gamma)$,则

$$\Delta\sigma_{yz}\approx\cos\alpha\Delta S,\quad \Delta\sigma_{zx}\approx\cos\beta\Delta S,\quad \Delta\sigma_{xy}\approx\cos\gamma\Delta S.$$

于是 $\overrightarrow{\Delta S}\approx(\Delta\sigma_{yz},\Delta\sigma_{zx},\Delta\sigma_{xy})$,取微元就有

$$\overrightarrow{\mathrm{d}S}=(\mathrm{d}y\mathrm{d}z,\mathrm{d}z\mathrm{d}x,\mathrm{d}x\mathrm{d}y),$$

此时,我们称为$\overrightarrow{\mathrm{d}S}$曲面 S 的正侧面积微元向量.

20.6.3 第二型曲面积分的概念

1. 引入

在物理学中,常研究流量问题,即求流体在单位时间内穿越某一曲面的流量.例如在温度场中,温度由高流到低,在电场中,电流由高压区流向低压区,在磁场中,磁通量就是一种流量.流体的流动,给出了在空间每一点的速度,这就给出了一个速度场

$$\boldsymbol{v}=(P(x,y,z),\ Q(x,y,z),\ R(x,y,z)),$$

我们的问题变成流体由曲面 S 的负侧流向正侧时,总流量有多少?下面我们将从最简单的

情况进行讨论. 在特殊情况下，即流速为常量，S 为平面.

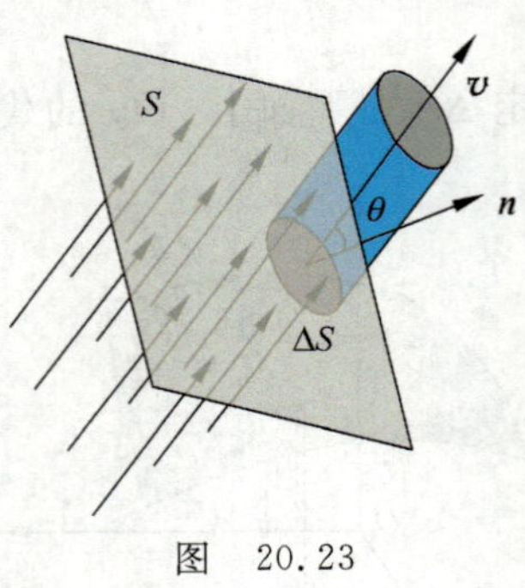

图　20.23

设有向平面 S 的法向量为 $\boldsymbol{n}$，流体的流速为 $\boldsymbol{v}$，$\Delta S\subset S$，单位时间内穿越平面的流体为图 20.23 中柱体，$(\boldsymbol{n},\boldsymbol{v})=\theta$，于是，当流体的密度为 1 时，流量

$$\Delta\Phi=|\boldsymbol{v}|\Delta S\cos\theta=\boldsymbol{v}\cdot\overrightarrow{\Delta S},$$

总流量为 $\Phi=|\boldsymbol{v}|S\cos\theta=\boldsymbol{v}\cdot S=S\boldsymbol{v}\cdot\boldsymbol{n}^0$.

当流体以流速 $\boldsymbol{v}=(P(x,y,z),Q(x,y,z),R(x,y,z))$ 从给定曲面 S 的负侧流向正侧时，对 S 作分割 $T:\Delta S_1,\Delta S_2,\cdots,\Delta S_n$，$\Delta S_i$ 的面积仍记为 ΔS_i，ΔS_i 的直径记为 d_i. 在 ΔS_i 上任取一点 $P_i(\xi_i,\eta_i,\zeta_i)$，曲面 S 在 $P_i(\xi_i,\eta_i,\zeta_i)$ 点的单位法向量为

$$\boldsymbol{n}(\xi_i,\eta_i,\zeta_i)=(\cos\alpha_i,\cos\beta_i,\cos\gamma_i),$$

则流体在单位时间内穿越 ΔS_i 的流量为

$$\begin{aligned}\Phi&=\iint_S P\,\mathrm{d}y\mathrm{d}x+Q\mathrm{d}z\mathrm{d}x+R\mathrm{d}x\mathrm{d}y\\&=[P(\xi_i,\eta_i,\zeta_i)\cos\alpha_i+Q(\xi_i,\eta_i,\zeta_i)\cos\beta_i+R(\xi_i,\eta_i,\zeta_i)\cos\gamma_i]\Delta S_i,\end{aligned}$$

总流量则为 $\Phi=\lim\limits_{\lambda(T)\to0}\sum\limits_{i=1}^{n}\boldsymbol{v}(\xi_i,\eta_i,\zeta_i)\cdot\boldsymbol{n}(\xi_i,\eta_i,\zeta_i)\Delta S_i$，其中 $\lambda(T)=\max\{d_i\}$. 由此模型就得到了第二型曲面积分.

2. 第二型曲面积分的定义

定义 1　设 $P(x,y,z),Q(x,y,z),R(x,y,z)$ 是定义在有向曲面 S 上的函数，对 S 作分割 $T:S_1,S_2,\cdots,S_n$，S_i 的面积记为 ΔS_i，S_i 的直径记为 d_i，在 S_i 上任取一点 $P_i(\xi_i,\eta_i,\zeta_i)$，曲面 S 在点 P_i 的单位法向量为 $\boldsymbol{n}(\xi_i,\eta_i,\zeta_i)=(\cos\alpha_i,\cos\beta_i,\cos\gamma_i)$，作和

$$\sum_{i=1}^{n}(P(\xi_i,\eta_i,\zeta_i),Q(\xi_i,\eta_i,\zeta_i),R(\xi_i,\eta_i,\zeta_i))\cdot\boldsymbol{n}(\xi_i,\eta_i,\zeta_i)\Delta S_i.$$

记 $\lambda(T)=\max\{d_i\}$，如果 $\lambda(T)\to0$ 时和式极限存在，且与分割无关，与 (ξ_i,η_i,ζ_i) 在 S_i 上的选择无关，则称此极限为 $P(x,y,z),Q(x,y,z),R(x,y,z)$ 在曲面 S 上的第二型曲面积分，记作

$$\iint_S P(x,y,z)\mathrm{d}y\mathrm{d}z+Q(x,y,z)\mathrm{d}z\mathrm{d}x+R(x,y,z)\mathrm{d}x\mathrm{d}y,$$

或 $\iint\limits_S P(x,y,z)\mathrm{d}y\mathrm{d}z+\iint\limits_S Q(x,y,z)\mathrm{d}z\mathrm{d}x+\iint\limits_S R(x,y,z)\mathrm{d}x\mathrm{d}y$，其中

$$\iint_S P(x,y,z)\mathrm{d}y\mathrm{d}z=\lim_{\lambda(T)\to0}\sum_{i=1}^{n}P(\xi_i,\eta_i,\zeta_i)\Delta S_i\cos\alpha_i;$$

$$\iint_S Q(x,y,z)\mathrm{d}z\mathrm{d}x=\lim_{\lambda(T)\to0}\sum_{i=1}^{n}Q(\xi_i,\eta_i,\zeta_i)\Delta S_i\cos\beta_i;$$

$$\iint_S R(x,y,z)\mathrm{d}x\mathrm{d}y=\lim_{\lambda(T)\to0}\sum_{i=1}^{n}R(\xi_i,\eta_i,\zeta_i)\Delta S_i\cos\gamma_i.$$

由定义可知,流体以速度$\boldsymbol{v}=(P(x,y,z),Q(x,y,z),R(x,y,z))$在单位时间内从曲面$S$的负侧流向正侧的总流量为

$$\Phi=\iint_S P\,\mathrm{d}y\mathrm{d}z+Q\mathrm{d}z\mathrm{d}x+R\mathrm{d}x\mathrm{d}y.$$

当磁场强度由$\boldsymbol{v}=(P(x,y,z),Q(x,y,z),R(x,y,z))$给出时,在单位时间内从曲面$S$的负侧流向正侧的总磁通量为(磁力线总数)

$$\Phi=\iint_S P\,\mathrm{d}y\mathrm{d}z+Q\mathrm{d}z\mathrm{d}x+R\mathrm{d}x\mathrm{d}y.$$

当流体在单位时间内从曲面S的正侧流向负侧时,由定义可知

$$\iint_S P\,\mathrm{d}y\mathrm{d}z+Q\mathrm{d}z\mathrm{d}x+R\mathrm{d}x\mathrm{d}y=-\iint_{S^-} P\mathrm{d}y\mathrm{d}z+Q\mathrm{d}z\mathrm{d}x+R\mathrm{d}x\mathrm{d}y.$$

第二型曲面积分的性质与第二型曲线积分一样,这里不再重复.

20.6.4 第二型曲面积分的计算

计算第二型曲面积分的方法为将第二型曲面积分化为二重积分进行计算.

1. 当曲面 S 由函数 $z=z(x,y),(x,y)\in D$ 给出时

定理 1 设光滑曲面S由$z=z(x,y),(x,y)\in D$给出,$R(x,y,z)$是有向曲面S上的连续函数,则由下侧到上侧的积分

$$\iint_S R(x,y,z)\mathrm{d}x\mathrm{d}y=\iint_D R(x,y,z(x,y))\mathrm{d}x\mathrm{d}y.$$

证 对曲面S作分割$T:S_1,S_2,\cdots,S_n$,记S_i的面积为ΔS_i,此分割亦把D分为D_1,$D_2,\cdots,D_n$,在D_i上任取一点(ξ_i,η_i),作和

$$\sum_{i=1}^n R(\xi_i,\eta_i,z(\xi_i,\eta_i))\Delta S_i\cos\gamma_i,$$

由复合函数的连续性知,上面给出的和式极限存在,且

$$\sum_{i=1}^n R(\xi_i,\eta_i,\zeta_i)\Delta S_i\cos\gamma_i=\sum_{i=1}^n R(\xi_i,\eta_i,z(\xi_i,\eta_i))\Delta S_i\cos\gamma_i,$$

故$\displaystyle\iint_S R(x,y,z)\mathrm{d}x\mathrm{d}y=\iint_D R(x,y,z(x,y))\mathrm{d}x\mathrm{d}y$.

记D_{xy}为S在xOy平面上的投影,则

$$\iint_S R(x,y,z)\mathrm{d}x\mathrm{d}y=\iint_{D_{xy}} R(x,y,z(x,y))\mathrm{d}x\mathrm{d}y.$$

同理,函数$P(x,y,z)$在光滑曲面$S:x=x(y,z),(y,z)\in D_{yz}$上连续时,由后侧到前侧的积分

$$\iint_S P(x,y,z)\mathrm{d}y\mathrm{d}z=\iint_{D_{yz}} P(x(y,z),y,z)\mathrm{d}y\mathrm{d}z.$$

函数 $Q(x,y,z)$ 在光滑曲面 $S: y=y(z,x),(z,x)\in D_{zx}$ 上连续时,由左侧到右侧的积分

$$\iint_S Q(x,y,z)\mathrm{d}z\mathrm{d}x = \iint_{D_{zx}} Q(x,y(x,z),z)\mathrm{d}z\mathrm{d}x.$$

规定　(1) 曲面由下到上、由后到前、由左到右为正侧;

(2) 封闭曲面由内到外为正侧.

注　曲面方程均是单值函数.特别地,在 S 上恒有:

(1) 当 $\cos\alpha\equiv 0$, 即 S 的法向量垂直于 x 轴时, $\iint_S P\mathrm{d}y\mathrm{d}z=0$;

(2) 当 $\cos\beta\equiv 0$, 即 S 的法向量垂直于 y 轴时, $\iint_S Q\mathrm{d}z\mathrm{d}x=0$;

(3) 当 $\cos\gamma\equiv 0$, 即 S 的法向量垂直于 z 轴时, $\iint_S R\mathrm{d}x\mathrm{d}y=0$.

例 1　计算 $\iint_S xyz\mathrm{d}x\mathrm{d}y$, 其中 S: $x^2+y^2+z^2=1$ 在:

(1) 第一卦限的外侧; (2)第一、五卦限的外侧.

解　(1) 如图 20.24(a)所示, S: $z=\sqrt{1-(x^2+y^2)}$, 其在 xOy 上的投影 $D_{xy}: x^2+y^2\leqslant 1, x\geqslant 0, y\geqslant 0$, 于是

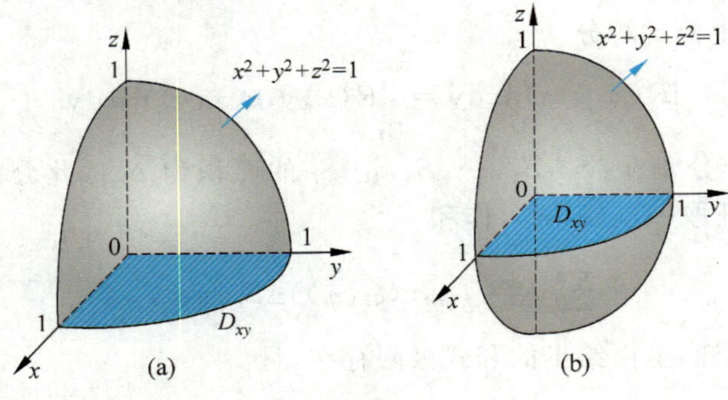

图　20.24

$$\iint_S xyz\mathrm{d}x\mathrm{d}y = \iint_{D_{xy}} xy\sqrt{1-(x^2+y^2)}\mathrm{d}x\mathrm{d}y$$

$$= \iint_{D_{xy}} r^2\sin\theta\cos\theta\sqrt{1-r^2}\cdot r\mathrm{d}r\mathrm{d}\theta$$

$$= \frac{1}{2}\int_0^{\frac{\pi}{2}}\sin 2\theta\mathrm{d}\theta\int_0^1 r\sqrt{1-r^2}\mathrm{d}r = \frac{1}{15}.$$

(2) 如图 20.24 所示,设 $S_1: z=\sqrt{1-(x^2+y^2)}$, $S_2: z=-\sqrt{1-(x^2+y^2)}$, 其在 xOy 上的投影 $D_{xy}: x^2+y^2\leqslant 1, x\geqslant 0, y\geqslant 0$, 于是

$$\begin{aligned}\iint_S xyz\,dxdy &= \iint_{S_1} xyz\,dxdy + \iint_{S_2} xyz\,dxdy \\ &= \iint_{D_{xy}} xy\sqrt{1-(x^2+y^2)}\,dxdy - \iint_{D_{xy}} -xy\sqrt{1-(x^2+y^2)}\,dxdy \\ &= 2\iint_{D_{xy}} xy\sqrt{1-(x^2+y^2)}\,dxdy \\ &= \frac{2}{15}.\end{aligned}$$

2. 当曲面 S 由参数方程给出时

设参数方程为

$$S:\begin{cases} x = x(u,v), \\ y = y(u,v), \quad (u,v)\in D. \\ z = z(u,v), \end{cases}$$

此时利用微元替换公式有

$$dydz = \left|\frac{\partial(y,z)}{\partial(u,v)}\right| dudv, \quad dzdx = \left|\frac{\partial(z,x)}{\partial(u,v)}\right| dudv, \quad dxdy = \left|\frac{\partial(x,y)}{\partial(u,v)}\right| dudv,$$

于是

$$\iint_S P(x,y,z)\,dydz = \pm\iint_D P(x(u,v),y(u,v),z(u,v))\,\frac{\partial(y,z)}{\partial(u,v)}dudv;$$

$$\iint_S Q(x,y,z)\,dzdx = \pm\iint_D Q(x(u,v),y(u,v),z(u,v))\,\frac{\partial(z,x)}{\partial(u,v)}dudv;$$

$$\iint_S R(x,y,z)\,dxdy = \pm\iint_D R(x(u,v),y(u,v),z(u,v))\,\frac{\partial(x,y)}{\partial(u,v)}dudv.$$

符号的选择规定 S 的正侧与投影面的正方向同向时为正.

例 2 计算 $\iint_S x^3\,dydz$，S：$\frac{x^2}{a^2}+\frac{y^2}{b^2}+\frac{z^2}{c^2}=1$ 的上半部的外侧.

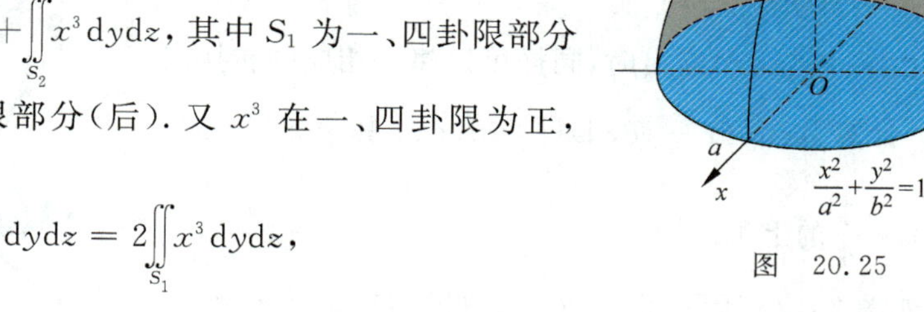

图 20.25

解 如图 20.25 所示，由于投影面在 yOz 平面上，所以 $\iint_S x^3\,dydz = \iint_{S_1} x^3\,dydz + \iint_{S_2} x^3\,dydz$，其中 S_1 为一、四卦限部分(前)，S_2 为二、三卦限部分(后). 又 x^3 在一、四卦限为正，二、三卦限为负，所以

$$\iint_S x^3\,dydz = 2\iint_{S_1} x^3\,dydz,$$

作变换

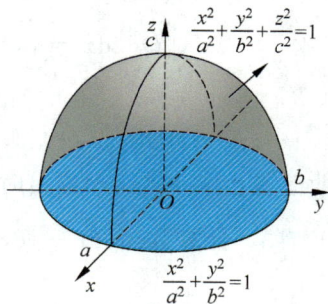

$$\begin{cases}x=a\sin\varphi\cos\theta\\ y=b\sin\varphi\sin\theta\\ z=c\cos\varphi\end{cases},\quad D=\left\{(\varphi,\theta):0\leqslant\varphi\leqslant\frac{\pi}{2},-\frac{\pi}{2}\leqslant\theta\leqslant\frac{\pi}{2}\right\},$$

则

$$\frac{\partial(y,z)}{\partial(\varphi,\theta)}=\begin{vmatrix}b\cos\varphi\sin\theta & b\sin\varphi\cos\theta\\ -c\sin\varphi & 0\end{vmatrix}=bc\ \sin^2\varphi\cos\theta,$$

故

$$\begin{aligned}\iint_S x^3\mathrm{d}y\mathrm{d}z&=2\iint_D a^3\sin^3\varphi\cos^3\theta\cdot bc\sin^2\varphi\cos\theta\mathrm{d}\varphi\mathrm{d}\theta=2a^3bc\iint_D\sin^5\varphi\cos^4\theta\mathrm{d}\varphi\mathrm{d}\theta\\&=2a^3bc\int_0^{\frac{\pi}{2}}\sin^5\varphi\mathrm{d}\varphi\int_{-\frac{\pi}{2}}^{\frac{\pi}{2}}\cos^4\theta\mathrm{d}\theta=2a^3bc\cdot\frac{1}{6}\cdot\frac{2}{5}\\&=\frac{2}{15}a^3bc.\end{aligned}$$

20.6.5　两类曲面积分的联系

由于 $\mathrm{d}y\mathrm{d}z=\cos\alpha\mathrm{d}S$，$\mathrm{d}z\mathrm{d}x=\cos\beta\mathrm{d}S$，$\mathrm{d}x\mathrm{d}y=\cos\gamma\mathrm{d}S$，所以得到两类曲面积分的联系式为

$$\iint_S P\mathrm{d}y\mathrm{d}z+Q\mathrm{d}z\mathrm{d}x+R\mathrm{d}x\mathrm{d}y=\iint_S(P\cos\alpha+Q\cos\beta+R\cos\gamma)\mathrm{d}S.$$

当曲面 S 由 $z=z(x,y)$ 给出时，由于曲面 S 在点 $(x,y,z(x,y))$ 的法向量为 $\boldsymbol{n}=(z'_x,z'_y,-1)$，所以在取上侧为正时，有

$$\cos\alpha=\frac{-z'_x}{\sqrt{z'^2_x+z'^2_y+1}},\quad\cos\beta=\frac{-z'_y}{\sqrt{z'^2_x+z'^2_y+1}},\quad\cos\gamma=\frac{1}{\sqrt{z'^2_x+z'^2_y+1}}.$$

由此可得转换式

$$\begin{aligned}\iint_S P\mathrm{d}y\mathrm{d}z&=\iint_S P\cos\alpha\mathrm{d}S=\iint_S P\frac{\cos\alpha}{\cos\gamma}\cdot\cos\gamma\mathrm{d}S=-\iint_S Pz'_x\mathrm{d}x\mathrm{d}y,\\ \iint_S Q\mathrm{d}z\mathrm{d}x&=\iint_S Q\cos\beta\mathrm{d}S=\iint_S Q\frac{\cos\beta}{\cos\gamma}\cdot\cos\gamma\mathrm{d}S\\&=-\iint_S Qz'_y\mathrm{d}x\mathrm{d}y,\end{aligned}$$

当曲面 S 由 $y=y(z,x)$ 给出时，同样可以建立相应的转换式.

例 3　计算 $\iint_S x\mathrm{d}y\mathrm{d}z+y\mathrm{d}z\mathrm{d}x+2z\mathrm{d}x\mathrm{d}y$，其中 $S:z=x^2+y^2+\frac{1}{4},z\leqslant 4\frac{1}{4}$ 的上侧.

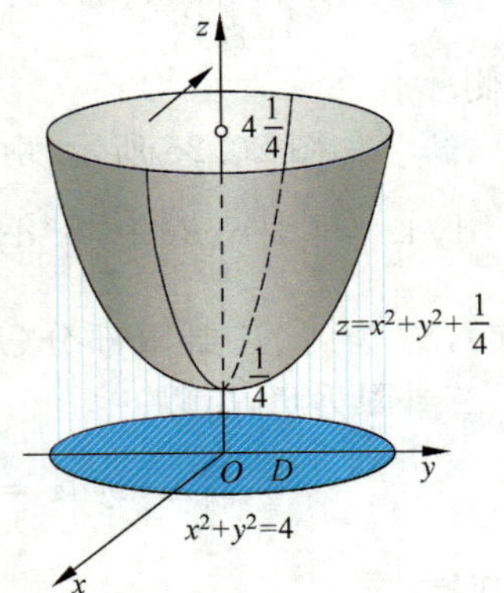

图　20.26

解　如图 20.26 所示，S 在 xOy 的投影 D_{xy}：$x^2+y^2\leqslant 4$，由于 $z'_x=2x$，$z'_y=2y$，所以

$$\iint_S x\,\mathrm{d}y\mathrm{d}z + y\mathrm{d}z\mathrm{d}x + 2z\mathrm{d}x\mathrm{d}y = \iint_S x\,\mathrm{d}y\mathrm{d}z + \iint_S y\,\mathrm{d}z\mathrm{d}x + \iint_S 2z\mathrm{d}x\mathrm{d}y$$
$$= -\iint_S 2x^2\mathrm{d}x\mathrm{d}y - \iint_S 2y^2\mathrm{d}x\mathrm{d}y + \iint_S 2\left(x^2+y^2+\frac{1}{4}\right)\mathrm{d}x\mathrm{d}y$$
$$= \iint_S \frac{1}{2}\mathrm{d}x\mathrm{d}y = \frac{1}{2}\cdot \pi 2^2$$
$$= 2\pi.$$

例 4 设 S 为曲顶柱体 Ω：$z_1(x,y)\leqslant z\leqslant z_2(x,y)$，$(x,y)\in D$ 的表面，取外侧. 如果 $\forall(x,y)\in D$，$F(x,y,z_1(x,y))=F(x,y,z_2(x,y))$，则

$$\oiint_S F(x,y,z)\mathrm{d}x\mathrm{d}y = 0;$$

如果 $\forall(x,y)\in D$，$F(x,y,z_1(x,y))=-F(x,y,z_2(x,y))$，则

$$\oiint_S F(x,y,z)\mathrm{d}x\mathrm{d}y = 2\iint_D F(x,y,z_2(x,y))\mathrm{d}x\mathrm{d}y.$$

证 设 Ω 的表面由

$S_1: z=z_1(x,y)$，$(x,y)\in D$（下面），　$S_2: z=z_2(x,y)$，$(x,y)\in D$（上面），

$S_3:\Omega$ 侧面（柱面）给出，

则

$$\oiint_S F(x,y,z)\mathrm{d}x\mathrm{d}y = \iint_{S_1} F\mathrm{d}x\mathrm{d}y + \iint_{S_2} F\mathrm{d}x\mathrm{d}y + \iint_{S_3} F\mathrm{d}x\mathrm{d}y.$$

而 $\iint_{S_3} F\mathrm{d}x\mathrm{d}y = 0$，所以当 $\forall(x,y)\in D$，$F(x,y,z_1(x,y))=F(x,y,z_2(x,y))$ 时，

$$\oiint_S F(x,y,z)\mathrm{d}x\mathrm{d}y = \iint_{S_1} F(x,y,z)\mathrm{d}x\mathrm{d}y + \iint_{S_2} F(x,y,z)\mathrm{d}x\mathrm{d}y,$$
$$= -\iint_D F(x,y,z_1(x,y))\mathrm{d}x\mathrm{d}y + \iint_D F(x,y,z_2(x,y))\mathrm{d}x\mathrm{d}y$$
$$= 0.$$

当 $\forall(x,y)\in D$，$F(x,y,z_1(x,y))=-F(x,y,z_2(x,y))$ 时，

$$\oiint_S F(x,y,z)\mathrm{d}x\mathrm{d}y = \iint_{S_1} F(x,y,z)\mathrm{d}x\mathrm{d}y + \iint_{S_2} F(x,y,z)\mathrm{d}x\mathrm{d}y$$
$$= 2\iint_D F(x,y,z_2(x,y))\mathrm{d}x\mathrm{d}y.$$

习　题 20.6

1. 计算下列第二型曲面积分：

(1) $\iint\limits_S y(x-z)\mathrm{d}y\mathrm{d}z+x^2\mathrm{d}z\mathrm{d}x+(y^2+xz)\mathrm{d}x\mathrm{d}y$，其中 S 为由 $x=y=z=0,x=y=z=a$ 这 6 个平面所围的立方体表面并取外侧为正向；

(2) $\iint\limits_S (x+y)\mathrm{d}y\mathrm{d}z+(y+z)\mathrm{d}z\mathrm{d}x+(z+x)\mathrm{d}x\mathrm{d}y$，其中 S 是以原点为中心，边长为 2 的立方体表面并取外侧为正向；

(3) $\iint\limits_S xy\mathrm{d}y\mathrm{d}z+yz\mathrm{d}z\mathrm{d}x+xz\mathrm{d}x\mathrm{d}y$，其中 S 是由平面 $x=y=z=0,x+y+z=1$ 所围的四面体表面并取外侧为正向；

(4) $\iint\limits_S yz\mathrm{d}z\mathrm{d}x$，其中 S 是球面 $x^2+y^2+z^2=1$ 的上半部分并取外侧为正向；

(5) $\iint\limits_S x^2\mathrm{d}y\mathrm{d}z+y^2\mathrm{d}z\mathrm{d}x+z^2\mathrm{d}x\mathrm{d}y$，其中 S 是球面 $(x-a)^2+(y-b)^2+(z-c)^2=0$，并取外侧为正向.

2. 设某流体的流速为 $\boldsymbol{v}=(k,y,0)$，求单位时间内从球面 $x^2+y^2+z^2=4$ 的内部流出球面的流量.

3. 计算第二型曲面积分 $I=\iint\limits_S f(x)\mathrm{d}y\mathrm{d}z+g(y)\mathrm{d}z\mathrm{d}x+h(z)\mathrm{d}x\mathrm{d}y$，其中 S 是平行六面体 $0\leqslant x\leqslant a,0\leqslant y\leqslant b,0\leqslant z\leqslant c$ 的表面并取外侧为正向，$f(x),g(y),h(z)$ 在 S 上连续.

20.7　奥高公式与斯托克斯公式

20.7.1　奥高公式

沿闭路曲线上的曲线积分与二重积分的关系由格林公式给出，下面给出沿闭曲面上的曲面积分与三重积分的关系，这就是奥高公式.

定理 1　设空间区域 Ω 是由分片光滑的封闭曲面 S 围成，函数 P,Q,R 在 V 上连续，且具有一阶连续的偏导数，则

$$\iiint\limits_D\left(\frac{\partial P}{\partial x}+\frac{\partial Q}{\partial y}+\frac{\partial R}{\partial z}\right)\mathrm{d}x\mathrm{d}y\mathrm{d}z=\oiint\limits_S P\mathrm{d}y\mathrm{d}z+Q\mathrm{d}z\mathrm{d}x+R\mathrm{d}x\mathrm{d}y,$$

此公式称为奥高公式，其中 S 取外侧.

证　设 V 为 xy 型区域(见图 19.18)，则

$$\iiint\limits_{\Omega}\frac{\partial R}{\partial z}\mathrm{d}x\mathrm{d}y\mathrm{d}z=\iint\limits_{D}\mathrm{d}x\mathrm{d}y\int_{z_1(x,y)}^{z_2(x,y)}\frac{\partial R}{\partial z}\mathrm{d}z$$

$$=\iint\limits_{D}[R(x,y,z_2(x,y))-R(x,y,z_1(x,y))]\mathrm{d}x\mathrm{d}y$$

$$=\iint\limits_{S_2}R(x,y,z)\mathrm{d}S-\iint\limits_{S_1}R(x,y,z)\mathrm{d}S$$

$$=\iint\limits_{S_2}R(x,y,z)\mathrm{d}S+\iint\limits_{S_1^-}R(x,y,z)\mathrm{d}S.$$

而 $\iint\limits_{S_3}R(x,y,z)\mathrm{d}S=0$，所以

$$\iiint\limits_{\Omega}\frac{\partial R}{\partial z}\mathrm{d}x\mathrm{d}y\mathrm{d}z=\iint\limits_{S_1}R\mathrm{d}x\mathrm{d}y+\iint\limits_{S_2^-}R\mathrm{d}x\mathrm{d}y+\iint\limits_{S_3}R\mathrm{d}x\mathrm{d}y=\oiint\limits_{S}R\,\mathrm{d}x\mathrm{d}y.$$

如果 Ω 为非 xy 型区域，则可用有限个光滑曲面将 Ω 分为若干个 xy 型区域，亦有 $\iiint\limits_{\Omega}\frac{\partial R}{\partial z}\mathrm{d}x\mathrm{d}y\mathrm{d}z=\oiint\limits_{S}R\,\mathrm{d}x\mathrm{d}y$. 同理可证

$$\iiint\limits_{\Omega}\frac{\partial P}{\partial x}\mathrm{d}x\mathrm{d}y\mathrm{d}z=\oiint\limits_{S}P\,\mathrm{d}y\mathrm{d}z,\quad \iiint\limits_{\Omega}\frac{\partial Q}{\partial y}\mathrm{d}x\mathrm{d}y\mathrm{d}z=\oiint\limits_{S}Q\mathrm{d}z\mathrm{d}x.$$

故 $\iiint\limits_{\Omega}\left(\frac{\partial P}{\partial x}+\frac{\partial Q}{\partial y}+\frac{\partial R}{\partial z}\right)\mathrm{d}x\mathrm{d}y\mathrm{d}z=\oiint\limits_{S}P\,\mathrm{d}y\mathrm{d}z+Q\mathrm{d}z\mathrm{d}x+R\mathrm{d}x\mathrm{d}y.$

在奥高公式中，取 $P=x,Q=y,R=z$，则

$$\iiint\limits_{\Omega}(1+1+1)\mathrm{d}x\mathrm{d}y\mathrm{d}z=\oiint\limits_{S}x\,\mathrm{d}y\mathrm{d}z+y\mathrm{d}z\mathrm{d}x+z\mathrm{d}x\mathrm{d}y.$$

由此得体积公式 $V=\frac{1}{3}\oiint\limits_{S}x\,\mathrm{d}y\mathrm{d}z+y\mathrm{d}z\mathrm{d}x+z\mathrm{d}x\mathrm{d}y.$

奥高公式的实质表达了空间闭区域上的三重积分与其边界曲面上的第二型曲面积分之间的关系. 由第一型曲面积分与第二型曲面积分的关系得

$$\iiint\limits_{\Omega}\left(\frac{\partial P}{\partial x}+\frac{\partial Q}{\partial y}+\frac{\partial R}{\partial z}\right)\mathrm{d}x\mathrm{d}y\mathrm{d}z=\oiint\limits_{S}(P\cos\alpha+Q\cos\beta+R\cos\gamma)\mathrm{d}S.$$

20.7.2 简单的应用

例 1 计算曲面积分

$$\oiint\limits_{S}(x-y)\mathrm{d}x\mathrm{d}y+x(y-z)\mathrm{d}y\mathrm{d}z,$$

其中 S 为柱面 $x^2+y^2=1$ 及平面 $z=1$，$z=3$ 所围成的空间闭区域 Ω 的整个边界曲面的外侧.

解　$P=(y-z)x, Q=0, R=x-y$，所以

$$\frac{\partial P}{\partial x}=y-z,\quad \frac{\partial Q}{\partial y}=0,\quad \frac{\partial R}{\partial z}=0,$$

从而

$$\oiint_S (x-y)\mathrm{d}x\mathrm{d}y+x(y-z)\mathrm{d}y\mathrm{d}z=\iiint_\Omega\left(\frac{\partial P}{\partial x}+\frac{\partial Q}{\partial y}+\frac{\partial R}{\partial z}\right)\mathrm{d}V=\iiint_\Omega (y-z)\mathrm{d}x\mathrm{d}y\mathrm{d}z.$$

如图 20.27 所示，由柱坐标变换得

$$\begin{aligned}\oiint_S (x-y)\mathrm{d}x\mathrm{d}y+x(y-z)\mathrm{d}y\mathrm{d}z&=\int_0^{2\pi}\mathrm{d}\theta\int_0^1\mathrm{d}r\int_1^3 r(r\sin\theta-z)\mathrm{d}z\\&=\int_0^{2\pi}\mathrm{d}\theta\int_0^1(2r^2\sin\theta-4r)\mathrm{d}r\\&=-4\pi.\end{aligned}$$

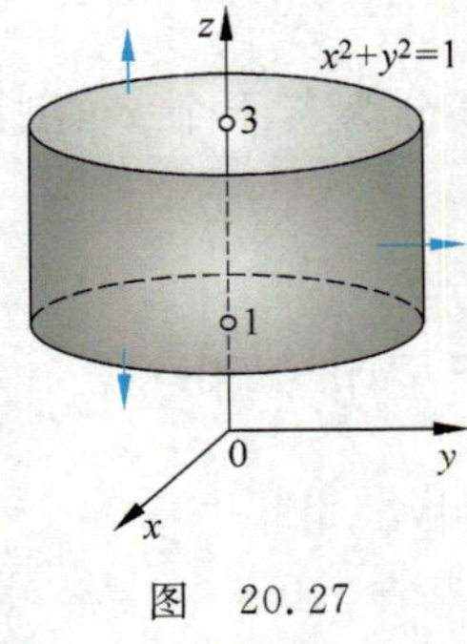

图　20.27

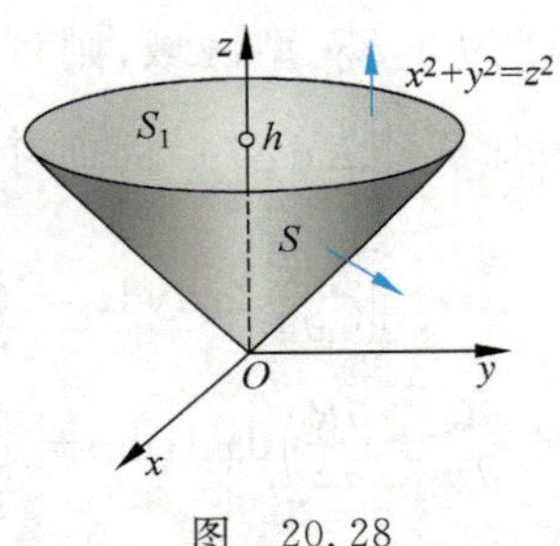

图　20.28

例 2　利用奥高公式计算曲面积分

$$\iint_S (x^2\cos\alpha+y^2\cos\beta+z^2\cos\gamma)\mathrm{d}S,$$

其中 S 为锥面 $x^2+y^2=z^2$ 界于平面

$$z=0, z=h\quad (h>0)$$

之间的部分的下侧，$\cos\alpha,\cos\beta,\cos\gamma$ 是锥面 S 在 (x,y,z) 处的法向量的方向余弦.

解　曲面 S 不是封闭曲面，不能直接用奥高公式. 如图 20.28 所示，令 $S_1: z=h$，由 S，S_1 所围锥体为 Ω，则

$$\iint_{S\cup S_1}(x^2\cos\alpha+y^2\cos\beta+z^2\cos\gamma)\mathrm{d}S=2\iiint_\Omega (x+y+z)\mathrm{d}x\mathrm{d}y\mathrm{d}z,$$

由柱坐标变换

$$\begin{cases}x=r\cos\theta,\\ y=r\sin\theta,\\ z=z,\end{cases}\quad 得\quad \Omega':\begin{cases}0\leqslant\theta\leqslant 2\pi,\\ 0\leqslant r\leqslant h,\\ r\leqslant z\leqslant h,\end{cases}$$

从而

$$2\iiint_{\Omega}(x+y+z)\mathrm{d}x\mathrm{d}y\mathrm{d}z=2\int_0^{2\pi}\mathrm{d}\theta\int_0^h\mathrm{d}r\int_r^h(r\cos\theta+r\sin\theta+z)\cdot r\mathrm{d}z=\frac{1}{2}\pi h^4,$$

又 $\iint_{S_1}(x^2\cos\alpha+y^2\cos\beta+z^2\cos\gamma)\mathrm{d}S=\iint_{S_1}z^2\mathrm{d}S=\iint_{D_{xy}}h^2\mathrm{d}S=\pi h^4$，故

$$\iint_S(x^2\cos\alpha+y^2\cos\beta+z^2\cos\gamma)\mathrm{d}S=\frac{1}{2}\pi h^4-\pi h^4=-\frac{1}{2}\pi h^4.$$

20.7.3 斯托克斯公式

斯托克斯(Stokes)公式给出了双侧曲面积分与曲面边界的曲线积分的关系，而两种积分的关系与曲面的方向的边界的曲线的方向有着密切的联系.

现给出空间双侧曲面 S(见图 20.29)，设想有一人站在曲面的正侧沿边界曲线行走，规定曲面 S 都位于其左方为正向，否则为负向. 此规定称为**右手法则**，即右手的大拇指的方向为曲面的正侧方向，而其余四指所指的方向为曲线的正向.

图 20.29

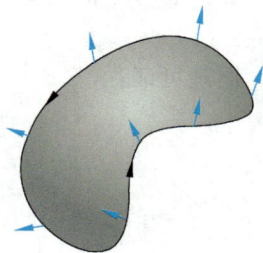

定理 2 设光滑曲面 S 的边界是按分段光滑的封闭曲线 L，若函数

$$P(x,y,z),\quad Q(x,y,z),\quad R(x,y,z),$$

在 $S\cup L$ 上连续，且具有一阶连续的偏导数，则

$$\iint_S\left(\frac{\partial R}{\partial y}-\frac{\partial Q}{\partial z}\right)\mathrm{d}y\mathrm{d}z+\left(\frac{\partial P}{\partial z}-\frac{\partial R}{\partial x}\right)\mathrm{d}z\mathrm{d}x+\left(\frac{\partial Q}{\partial x}-\frac{\partial P}{\partial y}\right)\mathrm{d}x\mathrm{d}y=\oint_L P\mathrm{d}x+Q\mathrm{d}y+R\mathrm{d}z,$$

其中 S 的侧与 L 的方向按右手定则，此公式称为**斯托克斯公式**.

为了记忆，斯托克斯公式可表示为

$$\iint_S\begin{vmatrix}\mathrm{d}y\mathrm{d}z & \mathrm{d}z\mathrm{d}x & \mathrm{d}x\mathrm{d}y\\ \dfrac{\partial}{\partial x} & \dfrac{\partial}{\partial y} & \dfrac{\partial}{\partial z}\\ P & Q & R\end{vmatrix}=\oint_L P\mathrm{d}x+Q\mathrm{d}y+R\mathrm{d}z.$$

证 设曲面 S 由 $z=z(x,y),(x,y)\in D_{xy}$ 给出，边界 L 在 xOy 平面的投影为 Γ，则其正侧为 $(-z'_x,-z'_y,1)$，方向余弦为 $(\cos\alpha,\cos\beta,\cos\gamma)$，于是

$$\frac{\partial z}{\partial x}=-\frac{\cos\alpha}{\cos\gamma},\quad \frac{\partial z}{\partial y}=-\frac{\cos\beta}{\cos\gamma},$$

从而

$$\begin{aligned}\oint_L P(x,y,z)\mathrm{d}x&=\oint_\Gamma P(x,y,z(x,y))\mathrm{d}x\\&=-\iint_{D_{xy}}\frac{\partial}{\partial y}P(x,y,z(x,y))\mathrm{d}x\mathrm{d}y\quad(\text{格林公式})\end{aligned}$$

$$
\begin{aligned}
&= -\iint_{D_{xy}} \left(\frac{\partial P}{\partial y} + \frac{\partial P}{\partial z} \cdot \frac{\partial z}{\partial y} \right) \mathrm{d}x\mathrm{d}y \\
&= -\iint_{D_{xy}} \left(\frac{\partial P}{\partial y}\cos\gamma - \frac{\partial P}{\partial z} \cdot \cos\beta \right) \frac{\mathrm{d}x\mathrm{d}y}{\cos\gamma} \\
&= -\iint_{D_{xy}} \left(\frac{\partial P}{\partial y}\cos\gamma - \frac{\partial P}{\partial z} \cdot \cos\beta \right) \mathrm{d}S \\
&= \iint_{D_{xy}} \frac{\partial P}{\partial z}\mathrm{d}z\mathrm{d}x - \frac{\partial P}{\partial y}\mathrm{d}x\mathrm{d}y.
\end{aligned}
$$

如果曲 S 不能由 $z=z(x,y)$ 给出，则用光滑曲面把 S 分为若干小块，上面的结论亦成立.

同理可证，

$$
\oint_L Q(x,y,z)\mathrm{d}x = \iint_S \frac{\partial Q}{\partial x}\mathrm{d}x\mathrm{d}y - \frac{\partial Q}{\partial z}\mathrm{d}y\mathrm{d}z,
$$

$$
\oint_L R(x,y,z)\mathrm{d}x = \iint_S \frac{\partial R}{\partial y}\mathrm{d}y\mathrm{d}z - \frac{\partial R}{\partial x}\mathrm{d}z\mathrm{d}x.
$$

故结论成立.

斯托克斯公式的实质　表达了有向曲面上的曲面积分与其边界曲线上的曲线积分的关系. 由第一型曲面积分与第二型曲面积分的关系可得

$$
\iint_S \left[\left(\frac{\partial R}{\partial y} - \frac{\partial Q}{\partial z} \right)\cos\alpha + \left(\frac{\partial P}{\partial z} - \frac{\partial R}{\partial x} \right)\cos\beta + \left(\frac{\partial Q}{\partial x} - \frac{\partial P}{\partial y} \right)\cos\gamma \right] \mathrm{d}S = \oint_L P\,\mathrm{d}x + Q\mathrm{d}y + R\mathrm{d}z,
$$

亦可表示为

$$
\iint_S \begin{vmatrix} \cos\alpha & \cos\beta & \cos\gamma \\ \dfrac{\partial}{\partial x} & \dfrac{\partial}{\partial y} & \dfrac{\partial}{\partial z} \\ P & Q & R \end{vmatrix} \mathrm{d}S = \oint_L P\,\mathrm{d}x + Q\mathrm{d}y + R\mathrm{d}z.
$$

特别地，曲面 S 为 xOy 上的平面区域时，斯托克斯公式就是格林公式，所以说斯托克斯公式是格林公式的推广.

20.7.4　应用

例 3　利用斯托克斯公式计算曲线积分

$$
\oint_L z\,\mathrm{d}x + x\mathrm{d}y + y\mathrm{d}z,
$$

其中 L 是平面 $x+y+z=1$ 与坐标面所截三角形 S 的边界，方向与平面上侧符合右手法则.

解　按斯托克斯公式，有

$$\oint_L z\mathrm{d}x + x\mathrm{d}y + y\mathrm{d}z = \iint_S \mathrm{d}y\mathrm{d}z + \mathrm{d}z\mathrm{d}x + \mathrm{d}x\mathrm{d}y = 3\iint_S \mathrm{d}x\mathrm{d}y.$$

如图 20.30(a)所示，因为 S 在 xOy 上的投影

$$D_{xy}: x \geqslant 0, y \geqslant 0,\quad x + y \leqslant 1(\text{见图 } 20.30(\text{b})),$$

所以 $\oint_L z\mathrm{d}x + x\mathrm{d}y + y\mathrm{d}z = 3\iint\limits_{D_{xy}} \mathrm{d}x\mathrm{d}y = \frac{3}{2}$.

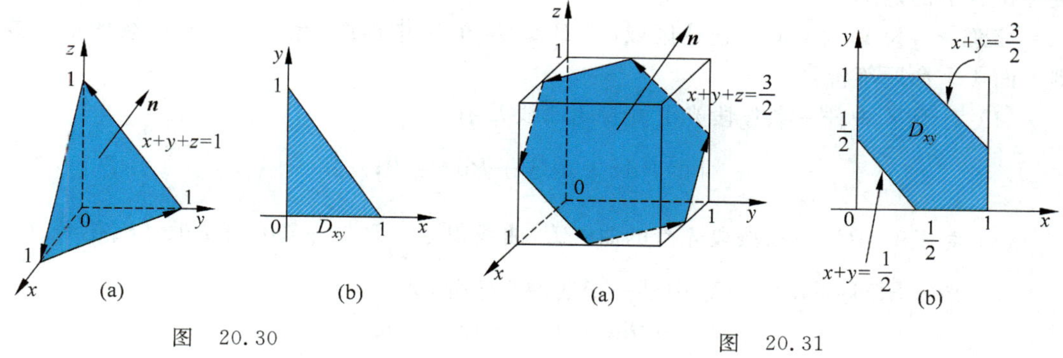

图 20.30　　　　图 20.31

例 4　利用斯托克斯公式计算曲线积分

$$I = \oint_L (y^2 - z^2)\mathrm{d}x + (z^2 - x^2)\mathrm{d}y + (x^2 - y^2)\mathrm{d}z,$$

其中 L 是平面 $x+y+z=\frac{3}{2}$ 截立方 $0\leqslant x\leqslant 1, 0\leqslant y\leqslant 1, 0\leqslant z\leqslant 1$ 体的表面所得曲线，方向与平面上侧符合右手法则.

解　如图 20.31(a)所示，$\boldsymbol{n}=\left(\frac{1}{\sqrt{3}},\frac{1}{\sqrt{3}},\frac{1}{\sqrt{3}}\right)$，$\cos\alpha=\cos\beta=\cos\gamma=\frac{1}{\sqrt{3}}$，由斯托克斯公式得

$$\begin{aligned} I &= \iint_S \begin{vmatrix} \frac{1}{\sqrt{3}} & \frac{1}{\sqrt{3}} & \frac{1}{\sqrt{3}} \\ \frac{\partial}{\partial x} & \frac{\partial}{\partial y} & \frac{\partial}{\partial z} \\ y^2 - z^2 & z^2 - x^2 & x^2 - y^2 \end{vmatrix} \mathrm{d}S \\ &= \frac{1}{\sqrt{3}}\iint_S (-2y - 2z - 2x - 2z - 2x - 2y)\mathrm{d}S \\ &= -\frac{4}{\sqrt{3}}\iint_S (x + y + z)\mathrm{d}S = -\frac{4}{\sqrt{3}}\iint\limits_{D_{xy}} \frac{3}{2}\cdot\sqrt{3}\mathrm{d}x\mathrm{d}y \\ &= -\frac{9}{2}. \end{aligned}$$

其中 $S(D_{xy})=1-2\cdot\frac{1}{8}=\frac{3}{4}$(见图 20.31(b)).

20.7.5 曲线积分与路径无关的条件

如果空间几何体 V 内任一条封闭曲线可以不经过 V 外的点而连续收缩为 V 中一点，则称 V 为单连通区域. 否则称为复连通区域. 与平面曲线积分相仿，空间曲线积分与路径的无关性也有下的定理.

定理 3 设 V 为空间单连通区域，若 P,Q,R 在 V 中连续，且具有一阶连续的偏导数，则下面 4 个命题等价：

(1) 对于 V 中任一条按段光滑的封闭曲线 L 有

$$\oint_L P\mathrm{d}x+Q\mathrm{d}y+R\mathrm{d}z=0;$$

(2) 对于 V 中任一条按段光滑的曲线 L，曲线积分 $\int_L P\mathrm{d}x+Q\mathrm{d}y+R\mathrm{d}z$ 与路径无关；

(3) $P\mathrm{d}x+Q\mathrm{d}y+R\mathrm{d}z$ 是 V 中某一函数的全微分，即

$$\exists u, \ni \text{“}\mathrm{d}u=P\mathrm{d}x+Q\mathrm{d}y+R\mathrm{d}z\text{”};$$

(4) 在 V 内处处成立 $\frac{\partial P}{\partial y}=\frac{\partial Q}{\partial x},\frac{\partial Q}{\partial z}=\frac{\partial R}{\partial y},\frac{\partial R}{\partial x}=\frac{\partial P}{\partial z}$.

此定理的证明与平面上曲线积分与路径无关的定理证明相仿，这里不再重复. 在应用中，一般是用命题(4)去验证曲线积分与路径的无关性，然后再取特殊路径求积分或求函数 $u(x,y,z)$.

例 5 验证曲线积分

$$\int_L (y+z)\mathrm{d}x+(z+x)\mathrm{d}y+(x+y)\mathrm{d}z$$

与路径的无关性，并求被积表达式的原函数 $u(x,y,z)$.

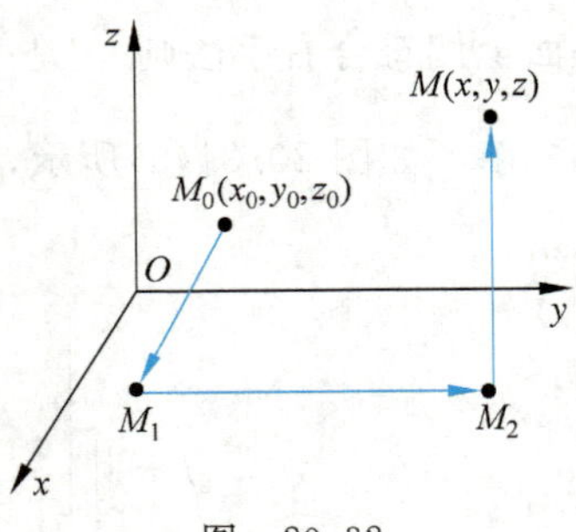

图 20.32

解 由于

$$P=y+z,\quad Q=z+x,\quad R=x+y,$$

而 $\frac{\partial P}{\partial y}=\frac{\partial Q}{\partial x}=\frac{\partial Q}{\partial z}=\frac{\partial R}{\partial y}=\frac{\partial R}{\partial x}=\frac{\partial P}{\partial z}=1$，所以曲线积分与路径的无关性.

如图 20.32 所示，取路径 $M_0(x_0,y_0,z_0)\to M_1(x,y_0,z_0)\to M_2(x,y,z_0)\to M(x,y,z)$，于是

$$\begin{aligned}u(x,y,z)&=\int_{\overset{\frown}{M_0M}}(y+z)\mathrm{d}x+(z+x)\mathrm{d}y+(x+y)\mathrm{d}z\\&=\int_{x_0}^{x}(y_0+z_0)\mathrm{d}s+\int_{y_0}^{y}(z_0+x)\mathrm{d}t+\int_{z_0}^{z}(x+y)\mathrm{d}r\\&=(y_0+z_0)(x-x_0)+(z_0+x)(y-y_0)+(x+y)(z-z_0)\end{aligned}$$

$$=xy+xz+yz+C,$$

其中 $C=-(x_0y_0+x_0z_0+y_0z_0)$. 若 M_0 取原点，则

$$u(x,y,z)=xy+xz+yz.$$

习　题 20.7

1. 应用奥高公式计算下列曲面积分：

(1) $\oiint\limits_S yz\,\mathrm{d}y\mathrm{d}z+zx\,\mathrm{d}z\mathrm{d}x+xy\,\mathrm{d}x\mathrm{d}y$, S: $x^2+y^2+z^2=1$ 的外侧；

(2) $\oiint\limits_S x^2\mathrm{d}y\mathrm{d}z+y^2\mathrm{d}z\mathrm{d}x+z^2\mathrm{d}x\mathrm{d}y$, S: $0\leqslant x,y,z\leqslant a$ 的外侧；

(3) $\oiint\limits_S x^2\mathrm{d}y\mathrm{d}z+y^2\mathrm{d}z\mathrm{d}x+z^2\mathrm{d}x\mathrm{d}y$, 其中 S 是锥面 $x^2+y^2=z^2$ 与平面 $z=h$ 所围空间区域的($0\leqslant z\leqslant h$)表面，方向取外侧；

(4) $\oiint\limits_S x^3\mathrm{d}y\mathrm{d}z+y^3\mathrm{d}z\mathrm{d}x+z^3\mathrm{d}x\mathrm{d}y$, S: $x^2+y^2+z^2=1$ 的外侧；

(5) $\oiint\limits_S x\,\mathrm{d}y\mathrm{d}z+y\mathrm{d}z\mathrm{d}x+z\mathrm{d}x\mathrm{d}y$, S: $z=\sqrt{a^2-x^2-y^2}$ 的外侧.

2. 应用奥高公式计算三重积分 $\iiint\limits_V(xy+yz+zx)\mathrm{d}x\mathrm{d}y\mathrm{d}z$, V 是由 $x\geqslant0, y\geqslant0, 0\leqslant z\leqslant1$ 与 $x^2+y^2\leqslant1$ 所确定的空间区域.

3. 应用斯托克斯公式计算下列曲线积分：

(1) $\oint_L(y^2+z^2)\mathrm{d}x+(x^2+z^2)\mathrm{d}y+(x^2+y^2)\mathrm{d}z$, 其中 L 为 $x+y+z=1$ 与 3 个坐标面的交线，它的走向使所围平面区域的上侧为正侧；

(2) $\oint_L x^2y^3\mathrm{d}x+\mathrm{d}y+z\mathrm{d}z$, 其中 L 为 $y^2+z^2=1$ 与 $x=y$ 所交的椭圆的正向；

(3) $\oint_L(z-y)\mathrm{d}z+(x-z)\mathrm{d}y+(y-x)\mathrm{d}z$, 其中 L 为以 $A(a,0,0)$, $B(0,a,0)$, $C(0,0,a)$ 为顶点的三角形沿 $ABCA$ 的正向.

4. 求下列全微分的原函数：

(1) $yz\mathrm{d}x+xz\mathrm{d}y+xy\mathrm{d}z$;

(2) $(x^2-2yz)\mathrm{d}x+(y^2-2xz)\mathrm{d}y+(z^2-2xy)\mathrm{d}z$.

5. 验证下列线积分与路线无关，并计算其值：

(1) $\int_{(1,1,1)}^{(2,3,-4)}x\mathrm{d}x+y^2\mathrm{d}y-z^3\mathrm{d}z$;

(2) $\int_{(x_1,y_1,z_1)}^{(x_2,y_2,z_2)}\dfrac{x\mathrm{d}x+y\mathrm{d}y+z\mathrm{d}z}{\sqrt{x^2+y^2+z^2}}$, 其中 (x_1,y_1,z_1), (x_2,y_2,z_2) 在球面 $x^2+y^2+z^2=$

a^2 上.

6. 证明:由曲面 S 所包围的立体 V 的体积 ΔV 为

$$\Delta V = \frac{1}{3}\oint\!\!\!\oint_S (x\cos\alpha + y\cos\beta + z\cos\gamma)\,\mathrm{d}S,$$

其中 $\cos\alpha,\cos\beta,\cos\gamma$ 为曲面 S 的外法线的方向余弦.

7. 证明:若 S 为封闭曲面,$\boldsymbol{l}$ 为任何固定方向,则 $\oint\!\!\!\oint_S \cos(\boldsymbol{n},\boldsymbol{l})\,\mathrm{d}S = 0$,其中 $\boldsymbol{n}$ 为曲面 S 的外法线方向.

8. 证明公式

$$\iiint_V \frac{\mathrm{d}x\mathrm{d}y\mathrm{d}z}{r} = \frac{1}{2}\oint\!\!\!\oint_S \cos(\boldsymbol{r},\boldsymbol{n})\,\mathrm{d}S,$$

其中 S 是包围 V 的曲面,$\boldsymbol{n}$ 是 S 的外法线方向,$r=\sqrt{x^2+y^2+z^2}$,$\boldsymbol{r}=(x,y,z)$.

9. 若 L 是平面 $x\cos\alpha+y\cos\beta+z\cos\gamma-p=0$ 上的闭曲线,它所包围区域的面积为 S,求

$$\oint_L \begin{vmatrix} \mathrm{d}x & \mathrm{d}y & \mathrm{d}z \\ \cos\alpha & \cos\beta & \cos\gamma \\ x & y & z \end{vmatrix},$$

其中 L 依正向进行.

20.8 场论初步

20.8.1 场的概念

物理量在空间的分布在物理学上称为场,而物理量有的是数量,有的是向量,故场分为数量场与向量场.

如果在空间 X 所给的物理量是一个函数

$$u = u(x,y,z),\quad (x,y,z)\in X,$$

则称 X 建立了一个数量场. 例如空间某一区域 V 内各点的温度 T 是一个 V 上的函数 $T(x,y,z)$,$(x,y,z)\in V$,我们称这个场为温度场.

如果在空间 X 所给的物理量是一个向量

$$\boldsymbol{A}(x,y,z) = P(x,y,z)\boldsymbol{i} + Q(x,y,z)\boldsymbol{j} + R(x,y,z)\boldsymbol{k},$$

则称 X 建立了一个向量场. 例如流体在空间某一区域 V 内各点的流速 $\boldsymbol{v}$ 是一个 V 上的向量函数 $\boldsymbol{v}(x,y,z)$,$(x,y,z)\in V$,我们称这个场为流速场.

在场论的讨论中,我们对涉及到的函数

$$u = f(x,y,z),\quad P(x,y,z),\quad Q(x,y,z),\quad R(x,y,z),$$

皆考虑其具有连续的偏导数,这样,我们就可利用微分的知识去讨论场的性态.

例如 $u=u(x,y,z)$ 对每一个变量的偏导数不全为零时,点集

$$\{(x,y,z):u(x,y,z)=c\}$$

就是空间的一张曲面. 由于函数 $u=u(x,y,z)$ 在曲面上的每一点处的函数值都相等,所以我们称这曲面为等值面,例如温度场中的等温面等.

用线去研究面,用面去研究体,是我们常用的方法. 例如地形图中的等高线就是一个用线研究地形表面的实例. 在向量场

$$\boldsymbol{A}(x,y,z)=P(x,y,z)\boldsymbol{i}+Q(x,y,z)\boldsymbol{j}+R(x,y,z)\boldsymbol{k}$$

中的一条曲线 L,如果在 L 上的每一点 $M(x,y,z)$ 处的切线方向与向量函数 $\boldsymbol{A}(x,y,z)$ 的方向一致,即

$$\frac{\mathrm{d}x}{P}=\frac{\mathrm{d}y}{Q}=\frac{\mathrm{d}z}{R},$$

则称曲线 L 为向量场 $\boldsymbol{A}$ 的向量线. 例如静电场中的电力线,磁场中的磁力线都是向量线.

等值面(向量线)只能粗略地刻画数量场(向量场)的分布规律,要得到较深刻的属性,就得引入坐标系,通过数学方法才能达到这一目的. 值得注意的是,场的性质与坐标系的选择无关.

20.8.2 数量场的方向导数与梯度

研究物理量在数量场 $u=u(x,y,z)$ 中沿某一方向 $\boldsymbol{l}=(\cos\alpha,\cos\beta,\cos\gamma)$ 的变化率,就是我们在第 16 章中给出的方向导数$\frac{\partial u}{\partial \boldsymbol{l}}$. 在 $u(x,y,z)$ 于点 $M(x,y,z)$ 处可微的条件下,

$$\frac{\partial u}{\partial \boldsymbol{l}}=\frac{\partial u}{\partial x}\cos\alpha+\frac{\partial u}{\partial y}\cos\beta+\frac{\partial u}{\partial z}\cos\gamma.$$

这就是方向导数与偏导数的关系式.

由于数量场 $u=u(x,y,z)$ 中点 $M(x,y,z)$ 处的梯度 $\mathrm{grad}u=\left(\frac{\partial u}{\partial x},\frac{\partial u}{\partial y},\frac{\partial u}{\partial z}\right)$ 是一个向量函数,$\frac{\partial u}{\partial \boldsymbol{l}}=\mathrm{grad}u\cdot\boldsymbol{l}$,当 $\mathrm{grad}u\parallel\boldsymbol{l}$ 时,

$$\frac{\partial u}{\partial \boldsymbol{l}}=|\mathrm{grad}u|=\sqrt{\left(\frac{\partial u}{\partial x}\right)^2+\left(\frac{\partial u}{\partial y}\right)^2+\left(\frac{\partial u}{\partial z}\right)^2},$$

且梯度与坐标的选择无关,所以数量场 $u=u(x,y,z)$ 中的梯度是一个向量场,我们称为梯度场,它是由数量场产生的向量场.

设 $M_0(x_0,y_0,z_0)$ 为数量场 $u=u(x,y,z)$ 中等值面 $u(x,y,z)=c$ 上的任一点,则过 M_0 点的切平面方程是

$$\left.\frac{\partial u}{\partial x}\right|_{M_0}(x-x_0)+\left.\frac{\partial u}{\partial y}\right|_{M_0}(y-y_0)+\left.\frac{\partial u}{\partial z}\right|_{M_0}(z-z_0)=0,$$

故等值面在 M_0 的法向量为 $\boldsymbol{n}=\mathrm{grad}u|_{M_0}$,即数量场的梯度方向是等值面的法向量方向,且是由低等值面到高等值面的方向.

例 1 设质量为 m 的质点位于原点，质量为 1 的质点位于 $M(x,y,z)$ 点，记 $r=|OM|=\sqrt{x^2+y^2+z^2}$，求 $u=\dfrac{m}{r}$ 的梯度.

解 $\operatorname{grad}u=-\dfrac{m}{r^2}\left(\dfrac{x}{r},\dfrac{y}{r},\dfrac{z}{r}\right).$

因为 $|\operatorname{grad}u|=-\dfrac{m}{r^2}$，它表示两质点间的引力，所以引力场是数量场 $u=\dfrac{m}{r}$ 的梯度场. 引力的方向是朝着原点，大小与质量成正比，与两点距离的平方成反比.

20.8.3 向量场的流量与散度

在前面，我们已建立了流速场

$$\boldsymbol{A}(x,y,z)=P(x,y,z)\boldsymbol{i}+Q(x,y,z)\boldsymbol{j}+R(x,y,z)\boldsymbol{k},$$

其中流体曲面 S 的负侧流向曲线的正侧的流量为

$$\Phi=\iint_S P\,\mathrm{d}y\mathrm{d}z+Q\,\mathrm{d}z\mathrm{d}x+R\,\mathrm{d}x\mathrm{d}y=\iint_S \boldsymbol{A}\cdot\mathrm{d}\overrightarrow{S}.$$

如果 S 为封闭曲面，$\boldsymbol{n}$ 为外法线的单位方向，则向量 $\boldsymbol{A}(x,y,z)$ 通过曲面 S 的流量为 $\Phi=\oiint_S \boldsymbol{A}\cdot\boldsymbol{n}\mathrm{d}S$. 在许多问题中，常常要研究流量对封闭曲面所围体积的变化率，即流量密度.

设内含 M 点的封闭曲面 S 所围几何体 V 体积为 $\mu(V)$，则

$$\frac{\oiint_S \boldsymbol{A}\cdot\boldsymbol{n}\mathrm{d}S}{\mu(V)}$$

就是 M 点处流量对体积的平均变化率，记 d 为 V 的直径，让 V 缩成一点 M，若极限

$$\lim_{\substack{d\to0\\V\to M}}=\frac{\oiint_S \boldsymbol{A}\cdot\boldsymbol{n}\mathrm{d}S}{\mu(V)}$$

存在，则称此极限为流体在 M 点的流量密度，亦称散度，记作 $\operatorname{div}\boldsymbol{A}$，即

$$\operatorname{div}\boldsymbol{A}=\lim_{\substack{d\to0\\V\to M}}\frac{\oiint_S \boldsymbol{A}\cdot\boldsymbol{n}\mathrm{d}S}{\mu(V)}.$$

散度 $\operatorname{div}\boldsymbol{A}$ 是一个数量，它与坐标的选择无关，所以它是由向量场产生的数量场，称为散度场.

由奥高公式得

$$\oiint_S \boldsymbol{A}\cdot\boldsymbol{n}\mathrm{d}S=\iiint_\Omega\left(\frac{\partial P}{\partial x}+\frac{\partial Q}{\partial y}+\frac{\partial R}{\partial z}\right)\mathrm{d}x\mathrm{d}y\mathrm{d}z=\left(\frac{\partial P}{\partial x}+\frac{\partial Q}{\partial y}+\frac{\partial R}{\partial z}\right)_{M'}\mu(V),$$

所以

$$\operatorname{div}\boldsymbol{A}=\lim_{\substack{d\to 0\\ V\to M}}\frac{\oiint\limits_{S}\boldsymbol{A}\cdot\boldsymbol{n}\mathrm{d}S}{\mu(V)}=\frac{\partial P}{\partial x}+\frac{\partial Q}{\partial y}+\frac{\partial R}{\partial z}.$$

散度刻画了流速场 $\boldsymbol{A}$ 中各点的能源散发情况，如果 $\operatorname{div}\boldsymbol{A}>0$，则在 M 点有能源；如果 $\operatorname{div}\boldsymbol{A}<0$，则 M 点吸收了能源，如果 $\operatorname{div}\boldsymbol{A}=0$，则流速场在 M 点无能源. 若 $\forall M\in X,\operatorname{div}\boldsymbol{A}=0$，则称流速场 $\boldsymbol{A}$ 为无源场. 在无源场中，穿越任一封闭 S 封闭的流量 $\iint\limits_{S}\boldsymbol{A}\cdot\boldsymbol{n}\mathrm{d}S=0$. 其可解释为进与出一样多.

例 2 求引力场 $\boldsymbol{F}=-\frac{m}{r^2}\left(\frac{x}{r},\frac{y}{r},\frac{z}{r}\right)$所产生的散度场.

解 因为

$$\frac{\partial P}{\partial x}=-\frac{\partial}{\partial x}\left(\frac{mx}{r^3}\right)=-\frac{mr^3-3mxr^2\cdot\frac{\partial r}{\partial x}}{r^6}=-\frac{mr^3-3mxr^2\cdot\frac{x}{r}}{r^6}=-\frac{3mx^2r-mr^3}{r^6},$$

同理

$$\frac{\partial Q}{\partial y}=\frac{3my^2r-mr^3}{r^6},\quad \frac{\partial R}{\partial xz}=\frac{3mz^2r-mr^3}{r^6}.$$

所以 $\operatorname{div}\boldsymbol{A}=\frac{\partial P}{\partial x}+\frac{\partial Q}{\partial y}+\frac{\partial R}{\partial z}=0$，即引力场除原点外，每一点的散度都为零.

20.8.4 向量场的环流量与旋度

在湍流的河流中，我们常常看到一个个的旋涡，有的转得快，有的转得慢，我们可以用流体的环流量来刻画这种旋涡的强弱.

在流速场 $\boldsymbol{A}(x,y,z)=P(x,y,z)\boldsymbol{i}+Q(x,y,z)\boldsymbol{j}+R(x,y,z)\boldsymbol{k}$ 中，给出一封闭曲线 L，流体沿曲线流动的强弱由第二类曲线积分

$$\oint_L P\mathrm{d}x+Q\mathrm{d}y+R\mathrm{d}z=\oint_L\boldsymbol{A}\cdot\overrightarrow{\mathrm{d}s}$$

来描述，并称它为向量 $\boldsymbol{A}$ 沿曲线 L 的环流量. 环流量是流体在单位时间内沿闭路曲线 L 的流体总量，反映了流体沿 L 的旋转强弱程度. 如果 L 是一条平面曲线，则环流量刻画了 L 所围区域 D 上的旋转强弱. 进一步，我们还要研究环流量在点上的强弱问题，即环流密度.

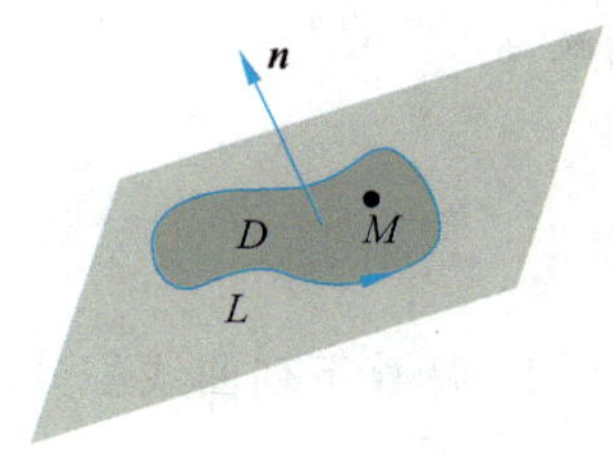

图 20.33

设点 M 在平面封闭曲线 L 所围区域 D 内，D 的法向量$\boldsymbol{n}$ 与曲线 L 的正向构成右手系，如图 20.33 所示.

记 D 的面积为 $\mu(D)$，则

$$\frac{\oint_L \boldsymbol{A}\cdot\overrightarrow{\mathrm{d}s}}{\mu(D)}$$

表示了流体绕 $\boldsymbol{n}$ 轴旋转的环流量对面积的平均变化率. 用 d 表示 D 的直径,让 D 缩为一点 M. 若极限

$$\lim_{\substack{d\to 0\\ D\to M}}\frac{\oint_L \boldsymbol{A}\cdot\overrightarrow{\mathrm{d}s}}{\mu(D)}$$

存在,则称此极限为流体在 M 点绕 $\boldsymbol{n}$ 旋转的环流量密度,并称为旋度,记作 $\mathrm{rot}\boldsymbol{A}$,即

$$\mathrm{rot}\boldsymbol{A}=\lim_{\substack{d\to 0\\ D\to M}}\frac{\oint_L \boldsymbol{A}\cdot\overrightarrow{\mathrm{d}s}}{\mu(D)}.$$

由斯托克斯公式得

$$\int_L \boldsymbol{A}\cdot\overrightarrow{\mathrm{d}s}=\int_L P\,\mathrm{d}x+Q\mathrm{d}y+R\mathrm{d}z=\iint_D\begin{vmatrix}\boldsymbol{i} & \boldsymbol{j} & \boldsymbol{k}\\ \dfrac{\partial}{\partial x} & \dfrac{\partial}{\partial y} & \dfrac{\partial}{\partial z}\\ P & Q & R\end{vmatrix}\mathrm{d}S=\begin{vmatrix}\boldsymbol{i} & \boldsymbol{j} & \boldsymbol{k}\\ \dfrac{\partial}{\partial x} & \dfrac{\partial}{\partial y} & \dfrac{\partial}{\partial z}\\ P & Q & R\end{vmatrix}_{M'}\mu(D),$$

所以

$$\mathrm{rot}\boldsymbol{A}=\left(\frac{\partial R}{\partial y}-\frac{\partial Q}{\partial z},\frac{\partial P}{\partial z}-\frac{\partial R}{\partial x},\frac{\partial Q}{\partial x}-\frac{\partial P}{\partial y}\right).$$

由此可得,旋度是一个向量,其与坐标的选择无关,所以构成旋度场. 旋度场是由向量场产生的向量场.

有了旋度后,斯托克斯公式可表示为

$$\int_L \boldsymbol{A}\cdot\overrightarrow{\mathrm{d}s}=\iint_S \mathrm{rot}\boldsymbol{A}\cdot\boldsymbol{n}\mathrm{d}S.$$

环流能产生穿越封闭曲线所围曲面的能量,这就是电流能产生磁场,而磁场能产生电流的解释.

总练习题20

1. 计算下列曲线积分:

(1) $\int_L y\mathrm{d}s$,其中 L 是由 $y^2=x$ 和 $x+y=2$ 所围的闭曲线;

(2) $\int_L |y|\mathrm{d}s$,其中 L 为双纽线 $(x^2+y^2)^2=a^2(x^2-y^2)$;

(3) $\int_L z\mathrm{d}s$,其中 L 为螺线

$$\begin{cases} x = t\cos t, \\ y = t\sin t, \quad t \in [0, t_0]; \\ z = t, \end{cases}$$

(4) $\int_L xy^2 \mathrm{d}y - x^2 y \mathrm{d}x$，其中 L 为以 a 为半径，圆心在原点的右半圆周从最上面一点 A 到最下面一点 B；

(5) $\int_L \dfrac{\mathrm{d}y - \mathrm{d}x}{x - y}$，其中 L 为抛物线 $y = x^2 - 4$，从 $A(0,-4)$ 到 $B(2,0)$ 的一段；

(6) $\int_L y^2 \mathrm{d}x + z^2 \mathrm{d}y + x^2 \mathrm{d}z$，其中 L 为维安尼曲线 $x^2+y^2+z^2=a^2$，$x^2+y^2=ax$($z \geqslant 0$，$a>0$)，若从 x 轴正向看去，L 沿顺时针方向进行.

2. 设 $f(x,y)$ 为连续函数，试就以下曲线：

(1) L：连接 $A(a,a)$，$C(b,a)$ 的直线段；

(2) L：连接 $A(a,a)$，$C(b,a)$，$B(b,b)$ 三点的三角形(逆时针)，

计算下列曲线积分

$$\int_L f(x,y)\mathrm{d}s, \quad \int_L f(x,y)\mathrm{d}x, \quad \int_L f(x,y)\mathrm{d}y.$$

3. 设 $f(x,y)$ 为定义在平面曲线弧段 $\overset{\frown}{AB}$ 上的非负连续函数，且在 $\overset{\frown}{AB}$ 上恒大于零.

(1) 试证明：$\int_{\overset{\frown}{AB}} f(x,y)\mathrm{d}s > 0$；

(2) 试问在相同条件下，第二型曲线积分 $\int_{\overset{\frown}{AB}} f(x,y)\mathrm{d}x > 0$ 是否成立？为什么？

4. 应用格林公式计算曲线积分 $\int_L xy^2 \mathrm{d}x - x^2 y \mathrm{d}y$，其中 L 为上半圆周 $x^2+y^2=a^2$ 从 $(0,a)$ 到 $(-a,0)$ 的一段.

5. 求 $\lim\limits_{\rho \to 0} \dfrac{1}{\pi\rho^2} \iint\limits_{x^2+y^2 \leqslant \rho^2} f(x,y)\mathrm{d}\sigma$，其中 $f(x,y)$ 为连续函数.

硕士研究生入学试题选录

6. 设 S 为椭球面 $\dfrac{x^2}{2}+\dfrac{y^2}{2}+z^2=1$ 的上半部分，点 $P(x,y,z) \in S$，π 为 S 在点 P 处的切平面，$\rho(x,y,z)$ 为 $O(0,0,0)$ 到平面 π 的距离，求 $\iint\limits_S \dfrac{z}{\rho(x,y,z)}\mathrm{d}S$.(1999 数一)

7. 求 $I = \int_L (\mathrm{e}^x \sin y - (x+y))\mathrm{d}x + (\mathrm{e}^x \cos y - ax)\mathrm{d}y$，其中 a，b 为正常数，L 为从点 $A(2a,0)$ 沿曲线 $y=\sqrt{2ax-x^2}$ 到 $O(0,0)$ 的弧.(1999 数一)

8. 计算曲线积分 $I = \oint_L \dfrac{x\mathrm{d}y - y\mathrm{d}x}{4x^2+y^2}$，其中 L 是以 $(1,0)$ 为中心，R 为半径的圆周

$(R>1)$，取逆时针方向.(2000 数一)

9. 设对于半空间 $x>0$ 内任意的光滑有向封闭曲面 S，都有

$$\iint_S xf(x)\mathrm{d}y\mathrm{d}z - xyf(x)\mathrm{d}z\mathrm{d}x - \mathrm{e}^{2x}z\,\mathrm{d}x\mathrm{d}y = 0,$$

其中函数 $f(x)$ 在 $(0,+\infty)$ 上具有连续的一阶导数，且 $\lim\limits_{x\to 0^+} f(x)=1$，求 $f(x)$.(2000 数一)

10. 计算 $I=\oint_L (y^2-x^2)\mathrm{d}x+(2z^2-x^2)\mathrm{d}y+(3x^2-y^2)\mathrm{d}z$，其中 L 是平面 $x+y+z=2$ 与柱面 $|x|+|y|=1$ 的交线，从 z 正向看去，L 为逆时针方向.(2001 数一)

11. 设函数 $f(x)$ 在 $(-\infty,+\infty)$ 内具有一阶连续导数，L 是上半平面 $(y>0)$ 内的有向分段光滑曲线，其起点为 (a,b)，终点为 (c,d)，记

$$I=\int_L \frac{1}{y}[1+y^2f(xy)]\mathrm{d}x+\frac{x}{y^2}[y^2f(xy)-1]\mathrm{d}y.$$

(1) 证明曲线积分 I 与路径 L 无关；

(2) 当 $ab=cd$ 时，求 I 的值.(2002 数一)

12. 计算曲线积分 $I=\int_L \sin 2x\mathrm{d}x+2(x^2-1)y\mathrm{d}y$，其中 L 是曲线 $y=\sin x$ 上从点 $(0,0)$ 到 $(\pi,0)$ 的一段.(2008 数一)

参考书目

[1] 菲赫金哥尔茨．微积分学教程[M]．北京：高等教育出版社，1956．

[2] 欧阳光中，朱学炎，秦曾复．数学分析[M]．上海：上海科技教育出版社，1990．

[3] 宋国柱．数学分析教程[M]．南京：南京大学出版社，1990．

[4] 纪乐刚．数学分析[M]．上海：华东师大出版社，2002．

[5] 华东师大数学系．数学分析[M]．北京：高等教育出版社，2004．